JINGGUAN SHEJI LILUN
YU SHIJIAN YANJIU

景观设计理论与实践研究

主　编　徐昌斌　李　燕　张露思
副主编　陈　琳　史澎涛　杨文璟　陈虎

中国水利水电出版社
www.waterpub.com.cn

内容提要

本书内容涉及景观设计的内涵及概况，景观设计的理论基础，景观设计的要素，景观设计的基本原则，景观设计方法、过程及审美，景观设计制图与分项设计，景观设计的案例，景观设计指导与实践，景观小品及建筑景观设计，园林景观的设计等几个重要方面，不仅结构紧凑、资料详实，而且论述上具有全面性和系统性。本书聚集了国内外最新的景观艺术设计理论与应用的研究成果，并结合了作者自身的艺术设计实践经验，有着诸多的创新点并具有很好的学科前瞻性。

图书在版编目(CIP)数据

景观设计理论与实践研究/徐昌斌、李燕、张露思主编. 一北京：中国水利水电出版社，2014.6（2022.10重印）
ISBN 978-7-5170-2057-8

Ⅰ.①景… Ⅱ.①徐… ②李… ③张… Ⅲ.①景观设计 Ⅳ.①TU986.2

中国版本图书馆 CIP 数据核字(2014)第 104773 号

策划编辑：杨庆川　责任编辑：陈艳蕊　封面设计：马静静

书　名	景观设计理论与实践研究
作　者	主　编　徐昌斌　李燕　张露思
	副主编　陈　琳　史澎涛　杨文璟　陈虎
出版发行	中国水利水电出版社
	(北京市海淀区玉渊潭南路 1 号 D 座 100038)
	网址：www. waterpub. com. cn
	E-mail：mchannel@263. net(万水)
	sales@ mwr.gov.cn
	电话：(010)68545888(营销中心)、82562819(万水)
经　售	北京科水图书销售有限公司
	电话：(010)63202643、68545874
	全国各地新华书店和相关出版物销售网点
排　版	北京鑫海胜蓝数码科技有限公司
印　刷	三河市人民印务有限公司
规　格	184mm×260mm　16 开本　23 印张　588 千字
版　次	2014 年 10 月第 1 版　2022年10月第2次印刷
印　数	3001-4001册
定　价	79.00 元

前　言

工业革命以来，环境危机日益加重，至今日，由其引发的种种灾害频繁爆发，给人们的日常工作和生活以及整个社会的可持续发展均带来极其严重的负面作用。对于人类聚居的城镇，则突出表现在大气污染、水污染、热岛现象、能源负荷加重、人类缺少赖以生存的绿色生态基础设施、游憩休闲场地不足、设计水平低下等问题上。

我国正处于快速城市化的过程中，同时，我国又是世界人口大国、能源大国，环境问题在我国的表现尤为明显。能否解决好环境问题，是关系到我国社会健康发展的头等大事。从国际经验来看，景观设计是最能够解决上述问题的方法之一，能够发挥建筑设计和城市规划所没有的作用。景观设计也被认为是反映地方文化特色和地域形象，增强地方吸引力，提高环境建设水平的重要手段。正是基于上述原因，才有了这本《景观设计理论与实践研究》。

本书有十章的内容，系统论述了景观设计的内涵及概况，景观设计的理论基础，景观设计的要素，景观设计的基本原则，景观设计方法、过程及审美，景观设计制图与分项设计，景观设计的案例，景观设计指导与实践，景观小品及建筑景观设计，园林景观的设计几个方面的理论课题，并进行了全面、系统的分析、阐述和研究。虽然其中有些课题已有专家、学者的论著，但专注于景观设计理论与实际应用的学术著作却并不多见。本书聚集了国内外最新的景观艺术设计理论与应用的研究成果，并结合了作者自身的艺术设计实践经验编写完成，很多课题都有其独特的见解和创新。

本书以学科理论和实际应用为依据，坚持理论与实践相结合、国内与国外相结合、目前与将来相结合的原则；遵循环境艺术设计的基本规律，集设计的新观念、新理论、新技术、新材料、新工艺、新成果于一体，结构完整新颖，内容详实，图文并茂，系统性、可读性强，并从实际需要出发，适用面广泛。另外，本书还结合了景观设计案例与实践的规律，并特别注意分门别类等应用性特点。

通过本书的分析和研究，我们能够了解我国景观艺术设计研究的趋向；了解国内外环境艺术设计的应用实践的发展动态；掌握景观艺术设计专业各门类知识技能的一般规律和方法；能熟练地配用、选用相关艺术设计技能；遵循景观艺术设计的特殊规律，规范实践和指导专业设计；熟练地将理论应用于设计的组织与管理当中去。另外，本书从实际出发，精选了不同类型项目案例，对调查分析、确定功能、明确布局方案等设计过程进行说明，每个过程配以相应的分析图和设计图。除了典型案例以外，本书还收集了国内外其他相似案例和相关数据资料，作为对典型案例的补充。这样将实际工作中的构思与过程以及所需要的知识点作为比较完整的资料呈现给读者，可以使其迅速掌握要领，从而快速进入实际的景观设计角色。

本书所涉及的内容是深刻、细致的。这与作者长期实践、累积及深厚的学识有关，也正因为如此，作者才能有系统而深入的研究，并有所建树。由于我们的认识往往会滞后于社会发展的水平，所以本书只能边编写边修正，以跟上时代的发展步伐。在本书编写过程中，参考了国内外众多学者的研究成果和文献资料，对此谨致谢意！参考文献在文中及书后均尽力注明。作者虽力求完美无瑕，但由于作者学识有限、编写人员较多、内容调整频繁，难免会有不足，有待于进一步的完善，对此，望各位专家、学者、同行及研究者批评指正，企盼各位审读并提出宝贵意见。

编者

2014年4月

目　　录

前言

第一章　景观设计内涵及概况 …… 1

第一节　景观与园林 …… 1
第二节　景观建筑学 …… 13
第三节　景观设计概况 …… 19

第二章　景观设计的理论基础 …… 30

第一节　景观设计的内容与对象 …… 30
第二节　景观设计的基本功能与风格 …… 33
第三节　景观设计的空间尺度 …… 39

第三章　景观设计的要素分析 …… 66

第一节　景观设计的自然要素 …… 66
第二节　景观设计的人为要素 …… 87

第四章　景观设计的基本原则 …… 108

第一节　景观设计程序性原则 …… 108
第二节　功能性与生态性原则 …… 111
第三节　文化性与艺术性原则 …… 122

第五章　景观设计方法、过程及审美 …… 148

第一节　景观设计的方法 …… 148
第二节　景观设计的过程 …… 156
第三节　景观设计的审美 …… 162

第六章　景观设计制图与分项设计 …… 173

第一节　景观设计制图 …… 173
第二节　景观分项设计 …… 186

第七章　景观设计的案例分析 …… 206

第一节　住宅庭园与中庭景观设计 …… 206
第二节　办公环境与居住环境设计 …… 217
第三节　城市公园及公共环境设计 …… 236

第八章　景观设计指导与实践 …… 252

第一节　景观设计思维与方法 …… 252
第二节　景观设计的艺术表现 …… 266
第三节　景观规划与绿化设计 …… 279

第九章　景观小品及建筑景观设计 …… 292

第一节　景观小品的设计 …… 292
第二节　建筑景观的设计 …… 302

第十章　园林景观的设计研究 …… 317

第一节　园林设计的构成要素 …… 317
第二节　园林设计手法、原则与形式美 …… 338
第三节　中外园林景观分析与相互影响 …… 350

参考文献 …… 358

第一章　景观设计内涵及概况

第一节　景观与园林

一、景观

(一)景观概念

用简单的文字描述景观的概念非常困难,因为景观的概念经历了一个漫长的发展演化过程。[①] 时至今日,提起景观,映入人们脑海的意象往往仍然是九寨沟斑斓的水体和黄山壮观的奇峰(图 1-1)这样的自然风光,颐和园浩瀚的昆明湖与恢弘的万寿山浑然一体的皇家园林(图 1-2),以及具有"小桥流水人家"特征的江南水乡(图 1-3)等这样的人文景致。当提及国外的景观时,诸如加拿大尼亚加拉大瀑布这样气势磅礴的景象极易进入人们的眼帘(图 1-4),这是因为在日常生活中,人们常常将景观当成风景的同义语。因此,对大多数人来讲最容易理解的景观概念也是最早出现并形成于视觉美学上的与"风景"、"景致"意思相近的概念。

图 1-1　黄山

① 俞孔坚,刘冬云,孟亚凡.景观设计:专业、学科与教育.北京:中国建筑工业出版社,2003

图 1-2　颐和园

图 1-3　江苏周庄

图 1-4　加拿大尼亚加拉大瀑布

"景观"一词最早在欧洲出现在希伯来文本的《圣经》旧约全书中，它被用来描写梭罗门皇城(耶路撒冷)的瑰丽景色(Naveh and Lieberman，1984)。[1] 这里的景观也仅仅是视觉上的描述。[2] 而后大约在 19 世纪的时候，景观又被引入到地理学科中。中国辞书对"景观"的定义也反映了这一点，如中国《辞海》中"景观"以"景观图"、"景观学"的词语出现，景观在此被定义成"自然地理学的分支，主要研究景观形态、结构、景观中地理过程的相互联系，阐明景观发展规律、人类对它的影响及其经济利用的可能性"。[3] 所以，"景观"这个词实际上广泛应用于地理学、生态学等许多领域。而要学习专业景观设计，首先必须了解作为专业名称的"景观建筑学"和其中"景观"的本体含义。

对于景观的概念目前学术界有很多表述，如"土地及其土地上的空间和物体所构成的综合体，是复杂的自然过程和人类活动在大地上的烙印"；[4]"是人眼所见各部分的总和，是形成场所

① Naveh Z，Liebeman A. S. Landscape Ecology[M]//Theory and Application. New York：Springer—Verlag，1984：356.

② 俞孔坚. 景观：文化、生态与感知. 北京：科学出版社，2000

③ 辞海. 上海：上海辞书出版社，1995

④ 俞孔坚，李迪华. 景观设计：专业、学科与教育. 北京：中国建筑出版社，2003

的时间和文化的叠加与融合，是自然和文化不断雕琢的作品”；[①]“景观作为一种视觉现象既是一种自然景象，也是一种生态景象和文化景象，是人类环境中一切视觉事务和视觉事件的总和”[②]等。这些表述各有侧重。

实际上，景观的英语表达是“Landscape”，由“大地”（Land）和“景象”（Scape）两部分组成，在西方人的视野中，景观是呈现在物质形态的大地之上的空间和物体所形成的景象集成，这些景象有的是没有经过人为加工而自然形成的，如自然的土地、山体、水体、植物、动物以及光线、气候条件等，由自然要素所集成的景象被称为自然景观（Natural Landscape）（图 1-5）；另外的景象是人类根据自身的不同需要对土地进行了不同程度的加工、利用后形成的，如农田、水库、道路、村落、城市等，经过人类活动作用于土地之后所集成的景象被称为文化景观（Cultural Landscape），也就是人造景观（Man-made Landscape）[③]（图 1-6）。

图 1-5　青藏高原景观

图 1-6　成都平原景观

人类的活动已经深刻地影响了整个地球，今天借助科技的力量，完全没有经过人类影响的大地是极少的，即使是人迹罕至的高山或海洋、甚至南极和北极都不能例外，只要是有人类活动的地方，就会对其土地产生影响，只是影响的程度不同而已。由此，根据人类对大地影响的程度，从自然景观到文化景观呈现出一种梯度的概念，影响程度越小越趋向于自然景观，反之越趋于文化景观（Qiu，1997）。

（二）景观属性

要完整地理解景观概念还必须了解景观的基本属性，即：景观的物质性、景观的文化性、景观的人本性、景观的艺术性和景观的系统性。

1. 物质性

物质是不依赖于人的意识并能为人的意识所反映的客观实在。客观实在性是物质的唯一特性，是一切物质形态所共同具有的特征与共同本质，是对意识以外的万事万物共性的概括和抽

---

① （美）弗雷德里克·斯坦纳著；周兴年等译．生命的景观．北京：中国建筑工业出版社，2004

② 严国泰，陶凯．景观资源学的学科特点及其课程结构．见：2005 国际景观教育大会论文集．北京：中国建筑出版社，2006

③ Jian Qiu. Old and New Buildings in Chinese Cultural National Parks：Values and Perceptions with Particular Reference to the Mount Emei Buildings. The University of Sheffield，1997.

象。然而，客观实在性存在于物质的具体形态之中，没有物质的具体形态就不可能有客观实在的物质，物质的具体形态千差万别，它们都是客观实在的具体表现形式。

景观的概念表明，无论是原始状态的自然景观，还是经过人类改造使用过的文化景观，都是集成在大地之上的景象，是不以人的意志为转移的，并且是区别于人的意识、离开人的意识而独立存在的客观实在，具有物质的客观实在性；同时，呈现在大地之上的所有景象都以千姿百态的具体形态而存在，这是作为物质的景观客观实在表现出的形式多样性。值得一提的是，景观作为物质具有永恒性，既不能被创造也不会消失，不管是经过亿万年时间大自然通过鬼斧神工“创作”出的张家界、峨眉山这样的世界遗产景观，还是人们为了满足自己各方面的需要，按照自己意愿来塑造的文化景观，如城市景观、农业景观、街道景观小品，甚至是有意识地创造出自然界原来没有出现过的景观，如迪士尼乐园景观，就其物质属性来讲，只是景观的一种形态转化成为另一种形态，即只是改变了景观作为自然物的具体形态以及物质存在的方式，使自然物人工化，而不是创造了物质，因为具体景观尽管形态变化万千，景观物质的客观实在性这一特点并没有发生改变，自然物人工化的前提和基础是客观存在的自然物及其属性与规律。

景观具有的物质性决定了景观各物质要素之间存在着相互作用和影响的各种复杂关系。学习景观，就是要掌握景观的物质属性，发现景观作为自然物的发展和运动特征，揭示景观要素之间存在的规律。在此基础上，景观设计即是以设计为手段、以安排和塑造各景观要素为出发点，使呈现在大地之上的景观形态反映出景观自然物的特征，符合其规律，最终创造出丰富多彩、人与自然和谐相处的景观环境。

2. 文化性

准确地定义文化是极其困难的，最早并且最权威地把文化作为专门术语来使用的是被称为“人类学之父”的英国人泰勒(E. B. Tylor)，他在1871年发表的《原始文化》一书中给文化下了定义：“文化或文明，就其广泛的民族学意义来讲，是一复合整体，包括知识、信仰、艺术、道德、法律、习俗以及作为一个社会成员的人所习得的其他一切能力和习惯。”[①]这个定义将文化解释为社会发展过程中人类创造物的总称，包括物质技术、社会规范和观念精神。[②]

在社会发展的历史进程中，人类针对大地的活动都是以客观世界为载体，根据自身的不同需要对土地进行加工和利用后形成的，是集成在大地之上的所有景象，这些景象是人们将“知识、信仰、艺术、道德、法律、习俗以及作为一个社会成员的人所习得的其他一切能力和习惯”附着在大地之上的“创造物”，是人们综合运用“物质技术”、“社会规范”和“观念精神”作用于大地之后的产物，演绎着人们对大地孜孜不倦的解读，阐释着人们与大地唇齿相依的情怀，见证着人们对大地无微不至的呵护，同时也留下了人们对大地进行过度掠夺的痕迹。因此，景观具有强烈的文化属性，即文化景观(Cultural Landscape)。

针对东西方文化背景而言，文化景观的价值取向不完全一致，当谈及文化景观时，东方人很难与物质层面的内容相关联，映入脑海的意象往往是祭天圣地泰山或者是佛教圣地峨眉山(图1-7)；而西方人更容易想象出人们截断了奔腾不息的大江之后形成的拦江大坝配之以波光粼粼的高原平湖，或者是填海造地后形成的一望无际的农田、水渠配之以地标式的风车(图1-8)。

---

① (英)爱德华·泰勒著；连树声译. 原始文化. 南宁：广西师范大学出版社，2005

② 曾小华. 关于文化的定义，2004－04. http://www.studytimes.com.cn/txtcontent.htm.

图 1-7 峨眉山金顶文化景观

图 1-8 荷兰由农田、水渠以及风车构成的文化景观

人类作用于大地的需求千差万别，无穷无尽，但就其目的来讲可以人为地分为物质和精神两方面的需求。当人们以物质需求为主要目的对大地进行加工和利用后形成的景观称为物质性文化景观(Material Cultural Landscape)，如西方人常常理解的农田、矿山等；相应的以精神需求为主要目的的称为精神性文化景观(Spiritual Cultural Landscape)，如东方人常常理解的纪念地、宗教圣地等。值得注意的是，绝对以物质需求形成的物质性文化景观或是绝对以精神需求为目的而利用大地后形成的精神性文化景观都是不存在的。即使存在纯粹的物质性文化景观，人们对此创造物也会寄托自己的情感；同理，即使存在纯粹的精神性文化景观，此类景观也是以物质为载体的，具有物质属性。与从自然景观到文化景观的概念类似，从物质性文化景观到精神性文化景观也是根据物质需求和精神需求所具有的权重动态地呈现出梯度概念，物质需求越多越趋向于物质性文化景观，反之越趋向于精神性文化景观。

3. 人本性

不管如何理解景观，景观总是和人紧密联系在一起的，具有人本性。

首先，从人的需要角度看，没有人的需要，就没有人的存在，可以说，人的需要是人的本质属性。① 根据这一哲学原理，人们在利用大地后无论是形成的物质性文化景观还是精神性文化景观，都是以物质需要或精神需要为目的的，体现出人的基本属性。

其次，哲学知识还告诉我们，任何物质虽然不依赖于意识而独立地存在于意识之外，但人通过意识可以能动地反映它，并且有能力认识它和改造它，反映出人对于景观这一客观存在的主观能动属性，因为景观需要通过人才能被认识，即使存在绝对的自然景观也不例外。景观脱离了纯粹的物质现象在某种程度上来说是因为人赋予其特殊的意义，成为“人类表达和体验的基本形式”。② 例如，从西方景观一词的词源变化上看，现代英语中的 landscape 最早出现在 1598 年，来自于荷兰语 landschap，最初的意思是物质性的“区域，一片土地”，16 世纪时成为荷兰风景画中描述自然景色绘画的术语，后引入英语。Landscape 在英文中最初也是指自然风景画，经历近 40

① 徐鸣. 企业思想工程学. 成都：巴蜀书社，1989

② Hunt J. D. Greater Perfection：the Practice of Garden Theory. London：Thames&Hudson，2000.

年后才被用来形容自然风景，继而又用来指人们一眼望去的视觉景观。这个演化说明人们对“区域，一片土地”的能动反映过程。

再次，景观脱离了纯粹的物质现象在某种程度上来说是因为人。人独立于景观外进行观察，进而根据自己的各种需要对其进行改造，反映出人对于景观的主体属性。人们很早就意识到了这一点。早在古罗马的时候，著名作家西赛罗就将道路、桥梁、海港等人们为了改善自己的生活而营造的文化景观称为“第二自然”。16世纪的时候，园林在意大利十分兴盛，许多评论家认为这是自然与艺术的结合，并称之为“第三自然”。今天人们借助科技的力量更是进行着大规模的建设活动，人类的活动已经深刻地影响了整个地球，甚至改变了整个地球的地表景观。基于这种人与景观的关系，有人从知觉心理学角度出发定义景观为“通过知觉过程对空间信息进行捕捉的认知”。[①]

最后，景观的人本性还体现在人本身。作为人类活动的场所而言，景观和人是融为一体的，人是大地之上景象集成的重要组成部分，没有人类的自然尽管是客观实在的，但将是苍白的，只有人类将自己作为景观元素和大地景象的一部分参与到人与自然的活动中，并在自然中留下自己活动的烙印，景观世界才会千姿百态、丰富多彩，我们拥有的各级各类城市景观即是最好的注解。因此景观绝不仅仅就是我们看到的外在形态，它被认为是一本内涵丰富、可以阅读并将被不断续写的史书。

4. 系统性

系统是客观事物中普遍存在的一种结构组成模式。景观也存在着各种组成部分，存在着结构组成模式，构成了完整的系统性，系统中各部分相互联系和影响。很多学者针对这个系统的内容开展了广泛的研究，例如认为景观系统“是一个有机的系统，是一个自然生态系统和人类生态系统”。[②] 在这个景观系统中存在着五个层次以上的生态关系：景观与外部系统、景观内部各元素之间、景观内部的结构与功能之间、生命与环境之间、人类与其环境之间的物质、营养和能量关系。[③] 德国学者 Buchwald[④] 认为景观是一个多层次的生活空间，是一个由陆圈（geosphere）和生物圈（biosphere）组成的、相互作用的系统。[⑤] 所以景观是一个综合的整体概念，如果对其中的某部分进行变动，将会牵一发而动全身，影响到景观中的其他部分。这一认识非常重要，因为景观的发展越来越重视其生态方面及内部要素关系方面的研究，这要求对景观系统中相应关系有非常清晰的认识。

但是，如何将景观系统结构组成模式抽象出来形成指导人们认识景观的一种世界观？即如何在系统论的指导下构建科学的景观观？其实，前文对景观的概念与属性的分析已经涉及景观系统的结构组成，现在关键是要抽象出景观系统的结构组成模式。

景观虽然可以分类为自然景观和文化景观，但是在一定的时空范围内，两者并不是截然独立

---

① 许浩．空间信息科学的发展对景观规划设计的影响//2005国际景观教育大会论文集．北京：中国建筑工业出版社，2006

② 俞孔坚，李迪华．景观设计：专业、学科与教育．北京：中国建筑工业出版社，2003

③ 同上。

④ Buchwald K.，Engelhart W. eds. Hundback fur Lands—chaftpflege and Naturschutz. Bd. 1. Grundlagen. B1V Vedagsgesellschaft，Munich Bern，Wien，1968.

⑤ Daniel T. C.，Boster R. S. Measuring Landscape Aesthetics. The Scenic Beauty Estimation Method（USDAForest Service Research Paper RM—167，Fort），1976.

的两极，而是根据其自然或文化所占的地位动态地从自然景观向文化景观渐变的、呈梯度的过程。① 根据人们不同需要作用于自然所形成的文化景观可以分为物质性文化景观和精神性文化景观，同理，两者不能截然划分。但是，理解物质性文化景观需要更多的自然科学知识，相应的研究精神性文化景观需要更多地应用社会科学和艺术知识(图 1-9)。

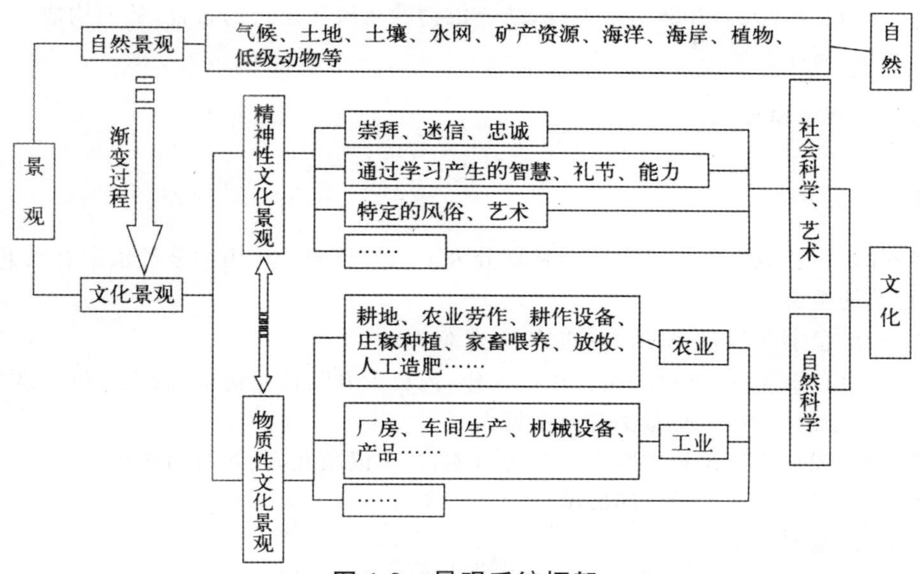

图 1-9　景观系统框架

图 1-9 所揭示的景观系统模式，其思想实质上是对人类改造自然的本底认知，这种思想对景观观念的构建具有积极意义，同时对下面景观建筑学、景观设计的概念界定、内涵认知以及研究方式和实践工作都具有基础性的推动和借鉴作用。

然而，相对于传统深厚的园林(Garden)，景观建筑学是在园林基础上根据社会需求的变化而建立起来的一门年轻的学科，园林的历史甚至与人类文明一样悠久。东西方在园林领域都取得了辉煌的成就，成为人类进步的有机组成部分。尽管景观建筑学在不断地更新与发展，但是园林对其渊源作用不可否认。无论景观建筑学理论如何发展、无论景观设计方法如何演进，园林始终是景观之“母”。由此，学习景观的同学必须具备一定的中外园林历史知识。

二、园林

(一)园林的定义

园林，在中国古籍里根据不同性质也称作园、圃、苑、园亭、庭院、园池、山池、池馆、别业、山庄等，英美等国则称之为 Garden、Park、Landscape Garden、Ornamental Horticulture。

目前学术界对园林这一概念尚无定论。依据篆体“(園)”字理解的含义为：“□”表示围墙(人

① Jian Qiu, old and New Buildings in Chinese Cultural National Parks: Values and Perceptions with Particular Reference to the Mount Emei Buildings[D]. The University of Sheffield, PhD Thesis, 1997: 28.

工构筑物)；“土”表示地形变化；“口”是井口，代表水体；“衣”表示树木的枝杈。可以看出，在限定的范围中，通过对地形、水体、建筑、植物的合理布置而创造的可供欣赏自然美的环境综合体就是园林。

园林的性质、规模虽不完全一样，但都具有一个共同的特点，即在一定的地段范围内，利用并改造天然山水地貌或者人为开辟山水地貌，结合植物的栽植和建筑的布置，从而构成一个供人们观赏、游憩、娱乐、居住的环境。

(二)园林的基本类型

1.园林的分类方法

按照不同的分类方法，我们可以将园林划分为不同的类型。常用的分类依据有以下几种。

(1)按建筑的组合关系划分

规整式园林：皇家苑园，中轴线，左右均衡，几何对位。

风景式园林：自由灵活，不拘一格，“虽由人作，宛自天开”，精练概括，看观天然风趣之美。天然风景缩到一个小范围内，以写意手法小中见大。

混合式园林：规整式与风景式合在一起的形式，其中以颐和园、北海为典型。

庭院式园林：以建筑从三面或四面围合。

(2)按园林设施划分①

街心花园、小游园：建置在林荫道或居住区道路的一侧或尽端，规模不大，可视为城市道路绿化的扩大部分。

花园广场：即园林化的城市广场。

儿童公园：专供少年儿童游乐的公园。

文化公园：可进行综合性或单一文化活动的公园。

小区公园：建置在居住区内部、楼群中的庭院。

体育公园：即园林化的群众体育活动场所。

(3)按园林功能划分

动物园：展览动物的园林，如规模较小，可设置在公园内。

植物园：展览植物的园林，还可分为花卉园、盆景园等。

游乐园：进行各种特殊游戏或文娱活动的园林，此种游乐园现在发展得十分迅猛，全国各地都有。

疗养园：供人们休息疗养的公园，如温泉公园等。

纪念园：为纪念某一历史事件、人物、革命烈士而建置的园林。

文物古迹园：全部或部分以古代文物建筑、园苑或遗址为主体的园林。

庭院：公共建筑或住宅的内庭院，入口、平台、屋顶、室内等处所设置的水、石、植物美景等。

宅园：主要是指中国四合院的内庭院，私家园林。

别墅园：郊外的私家园林。

---

① 按园林设施和园林功能划分是划分公共园林的方法，公共园林建筑在城镇之内的，称为群众游憩活动的地方，一般应有饮食服务、文化娱乐、体育设施等。

2. 园林的分类介绍

园林的种类多种多样，限于篇幅原因，我们无法对其进行一一分析，只能选择其中的一部分进行详细分析。

(1)动物园

动物园以1829年伦敦动物园的建成为标志，仅有100多年的历史，但它却已成为衡量一个国家文化教育与科学技术发展的标志之一。

动物园可细分为城市动物园、人工自然动物园、专类动物园与自然动物园。城市动物园动物种类丰富，多至千种以上，以兽舍和室外活动场地形式展出。人工自然动物园多位于城郊，种类少至几十种，以群养敞放的形式展示，富于自然情趣。专类动物园面积最小，展出富有地方特色的种类。而自然动物园的面积最为广阔，多在环境优美的自然风景保护区，游人乘车观赏野生动物。我国四川都江堰建立了全国最大的野生动物园，其中有大熊猫、金丝猴等10多种珍稀动物。动物园的规划布局有按动物进化系统、动物原产地、动物的食性与种类3种类型。

目前全世界有900多处。著名的动物园有柏林动物园、阿姆斯特丹动物园、伦敦动物园、东京上野动物园(图1-10)以及我国的北京动物园、广州动物园、上海动物园等。

图1-10　日本上野动物园

(2)植物园

植物园的历史最为渊远，我国公元前138年汉代的上林苑即具备了植物园的雏形。植物园的规划应充分考虑植物的生长与发育，具有充足清洁的水源，适宜的地形地貌、土壤、气候。公园的选址应为原生植物茂盛的区域。

植物园有综合性的与专业性的，在观光游览的基础上具有科普、科研、科学生产的多种功能，一般分为植物进化、地理分布、植物生态、经济植物、观赏植物、树木园以及园林艺术(图 1-11)等。

目前全世界有上千所植物园，著名的植物园有莫斯科植物园、英国邱园、柏林植物园、意大利比萨植物园、中国的昆明世界园艺博览园、北京植物园等。

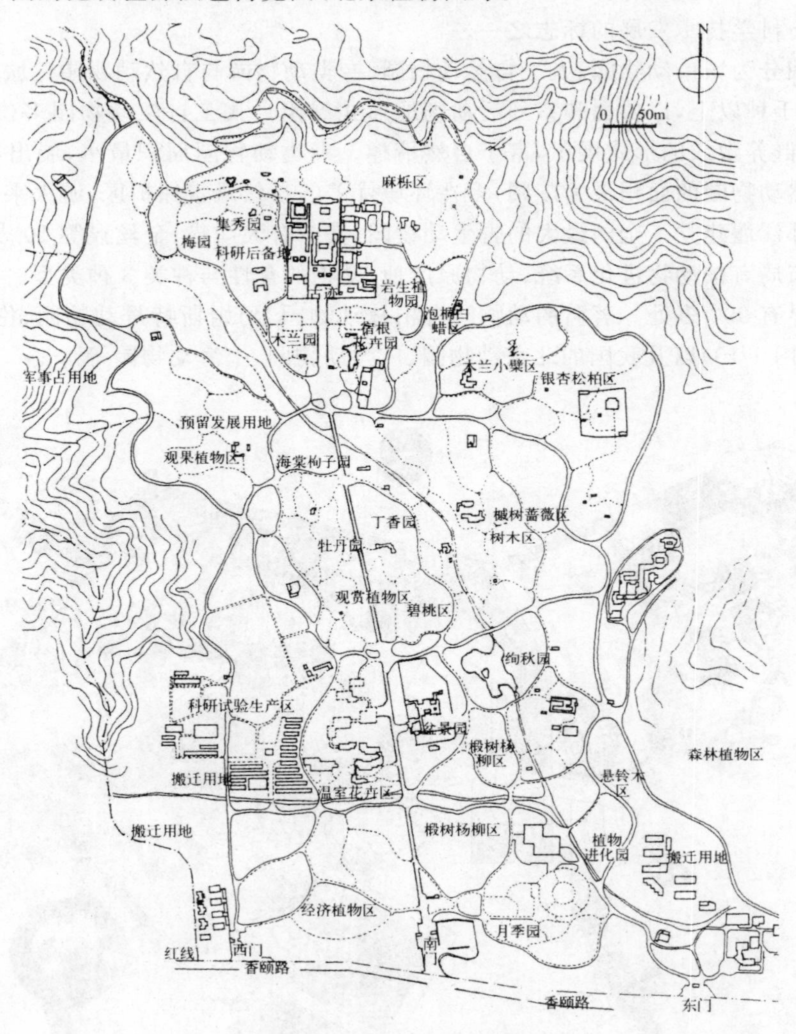

图 1-11　北京植物园

(3)儿童公园

儿童是人类、国家、民族的未来，儿童公园的发展充分显示了对儿童成长的关怀。儿童公园在规划上应考虑以下几个方面：选址应具有良好的生态空间、优美的自然环境、安全便利的交通设施，有供儿童活动的草坪、铺装与沙地；建筑、各类小品、园路等应力求形象生动、造型优美、色彩鲜艳；活动内容应涉及娱乐性、趣味性、知识性、科学性、教育性。

目前。世界各地儿童公园已成为最普通的设施，其中包括综合性的儿童公园、专题特色的儿童公园、城区与居住区的儿童公园以及各种儿童游乐园。另外，很多其他类型的公园同时又具有园中园式的大小不同的儿童公园以及供儿童活动的场所(图 1-12)。

图 1-12　香港迪士尼乐园

(4)森林公园

森林公园是为了满足长期居住生活在工业文明与城市文明的人类重返自然的需要而设计出来的。它的规划一要考虑林道交通的导向性,即具有观赏最典型景区的起承转合的程序,达到步移景异的效果;具有自然顺畅、回避险情、便于内外沟通的作用。二要考虑森林公园封闭区与森林砍伐区的布局,如果过于封闭,郁闭度过大,林间阴湿黑暗不利于停留与观赏;如过于开敞,郁闭度过小,则缺少森林公园浓郁幽深的境界,适量的抚育间伐会使林中郁闭度适中。

三要在林中的空地设计高低起伏的林冠线与曲折、富于韵律感的林缘线,要形成向密林的自然过渡,为游人提供遮阴休憩的场所。林中可开辟透景线,形成前景、中景、远景的层次。居高地势可开辟眺望点,形成俯视森林,领略森林的整体美感。

此外,森林公园人工林的营造还应增强森林的季相感,以形成不同季节变化明显的景观效果(图 1-13)。

美国是开发森林公园最早的国家,美国第一个建立的森林公园是黄石国家公园(1872 年)。我国的森林公园建设起步于 20 世纪 80 年代,第一个森林公园是——张家界国家森林公园(1982 年)。

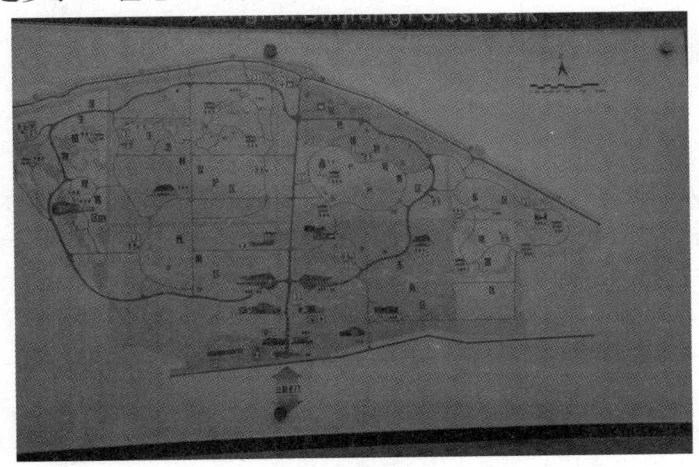

图 1-13　上海滨江森林公园

(5)综合性公园

综合性公园往往成为一个城市或地区的象征，是市民活动的重要场所。综合性公园的面积很大，有数十公顷至数百公顷。我国限定的范围是不小于 $10hm^2$，市区公园游人的人均占有面积以 $60m^2$ 为宜。

综合性公园普遍具有明确的功能区域的划分，充分利用道路、交通使功能区形成有机的联系。同时针对游人多、游览时间长的特点具备更完善的服务设施。

最早建立的综合性公园是美国的纽约中央公园(1853 年)。我国比较典型的综合性公园有北京陶然亭公园(图 1-14)、上海长风公园、广州越秀公园。

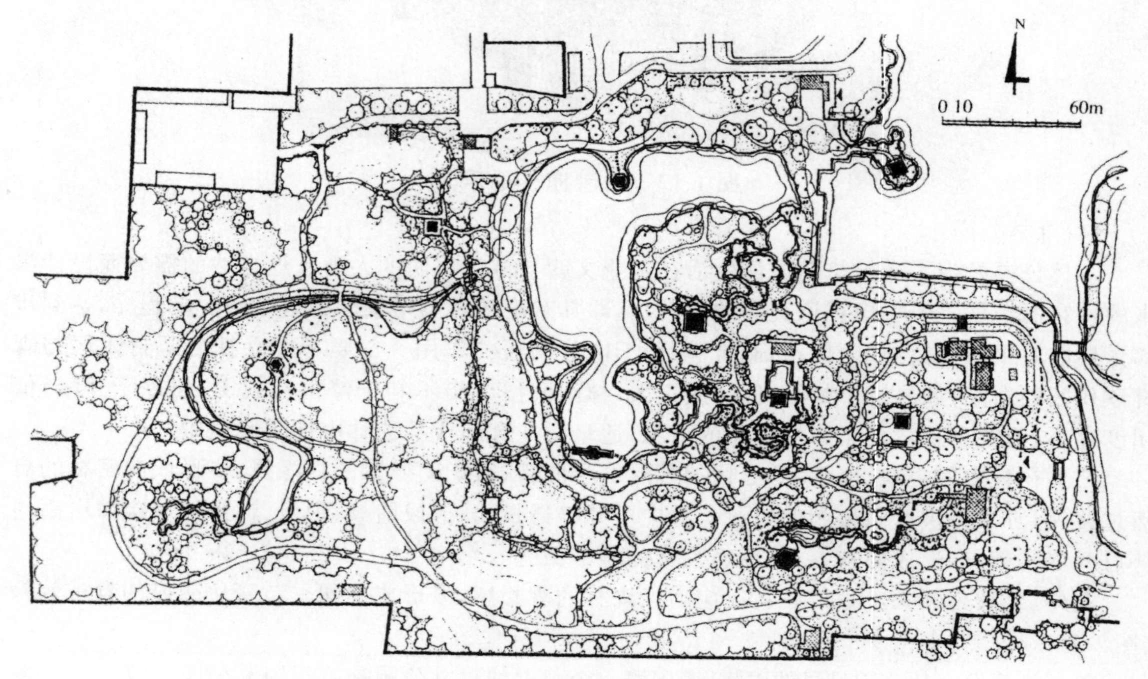

图 1-14　北京陶然亭公园华夏名亭园

(三)园林的功能

1. 游憩功能

游乐和休息是人们恢复精神和体力所必不可少的。在所有用于游乐和休息的场地中，园林是极为常见的。园林的规划者在对园林进行规划时，考虑公众的游憩休闲是十分必要的。从当前情况来看，园林中进行的游憩活动大概可概括为以下几类表 1-1。

表 1-1　园林中的游憩活动

类别	项　目
运动、游戏类	专业性的(标准的)体育运动；日常锻炼——散步、打拳、抖空竹、放风筝、气功；迪士尼式乐园；游泳、戏水；棋弈钓鱼；航模、射箭、踢毽子、赛龙舟

续表

类别	项　　目
文化、娱乐类	露天舞会、音乐会；戏剧表演、马戏；业余集体唱歌；庙会、花会；纪念性植树；庆典游园；各种雕塑（雪雕、冰雕、沙雕）比赛；美术书法展览、艺术讲座
旅游、观光类	历史文物参观；民俗表演；现代科技、文化展示；乡村生活体验；农业采摘、手工艺品制作
休闲、观赏类	盆景花卉展览；大型季节性花木游赏（樱花、红叶、牡丹、海棠）；瀑布、温泉、潭水、海潮（季节性活动）；高山、雪景；地质遗痕；雾凇；日光浴、森林浴

2. 美化功能

随着社会经济和文化的发展，人类文明进入了用美的尺度自觉地建造美的生活空间和居住环境的时期。园林就是这种创造活动的结果之一。城市中的园林往往是对自然的加工，或是完全由人工塑造。城市中园林的形式能使人受到感动，造成一种情绪，激发美感。园林美的作用主要是提高人们对自然美、社会美和艺术美的感受力、鉴赏力与创造力，激发美的情感，提高审美的知觉能力，培养高尚的趣味。

3. 改善环境功能

园林在改善环境方面具有以下功能：

(1)改善小气候。

(2)增加空气湿度。

(3)制造氧气。

(4)吸收有害气体。

(5)滞留尘埃。

(6)减低噪声。

(7)分泌杀菌物质。

(8)吸收放射性物质。

(9)净化污水。

(10)防灾避震。

如果对园林的功能作深究，那么它们除了上述的功能外，还能通过诗情画意的融入、景物理趣的构思，表达出造园者对社会生活的认识理解及其理想追求。像拙政园、网师园等就是这类园林的代表。这类园林产生了第三层次的境界——意境。具有第三境界层次的园林称为狭义的园林。

第二节　景观建筑学

景观建筑学是对英文单词“Landscape Architecture”(LA)的直译，在西方是一个约定俗成的概念，几乎没有什么歧义。如果说使用汉语描述景观概念非常困难，而在景观(Landscape)一词之后再加上建筑学(Architecture)之后，如何将其翻译成汉语就是一个争论的问题。LA除了被翻译成景观建筑学外，还被翻译成造园学、园林学、地景学、风景园林、景园建筑学、景观设计学和景观学等。由此产生的如何为中国LA命名的问题，一方面困扰着本领域的学生和从业人员，但是另一方面，争论本身同时有益于理清本学科所要学习的内容和研究的范畴。

本节在追溯LA一词的起源、发展和成型过程的基础上，通过比较借鉴国际景观建筑师联盟(International Federation of Landscape Architects，简称IFLA)、美国景观建筑师协会(American Society of Landscape Architects，简称ASLA)和英国景观协会(UK Landscape Institute，简称LI)等国际上权威机构对LA的定义，使之能更好地理解景观建筑学的专业内涵。

一、溯源

景观建筑学学科形成之前经历了源起、继承和拓展、发展和成形三个阶段，其过程与四位学者有着密切关系。

(一)源起

现代英语中的景观(Landscape)最早出现在1598年，来自于荷兰语Landschap，最初的意思是物质性的"区域，一片土地"。现在首先需要回答的问题是：谁创造了"Landscape Architecture"一词？它的本意是什么？

"Landscape Architecture"一词是G·L·梅森(Gilber Laing Mason)在其1828年发表的*On the Landscape Architecture of the Great Painters of Italy*一书中首次使用的，梅森也因创造这个词汇而载入景观史册。

梅森出生于英国苏格兰，一生没有机会去意大利，但是他非常欣赏罗马风景画巨作中景观和建筑的关系，并且通过学习维特鲁威(Marcus Vitruvius Pollio)的《建筑十书》(*Ten Books on Architecture*)来研究建筑和自然环境之间的潜在关系与美学原则，探寻如何将建筑物和场地景观进行组合来创造优美景观的方法。

梅森的这本著作本质上是一本艺术评论书籍，当时将"Landscape"和"Architecture"组合为"Landscape Architecture"一词的本意是从新的视角来理解和评论意大利的风景绘画艺术，并没有学科和教育意义，也没有将"Landscape Architecture"拓展为完整学科的初衷。但是他首次触及的关于建筑物与其环境之关系(图1-15)，实际上正是日后景观建筑学学科以及现代景观建筑师所从事工作的核心部分，同时还可清楚地辨别出：此时"Landscape Architecture"一词中的"Architecture"可以确定是指建筑，而"Landscape"则用来表达建筑外的场地环境景观。

(二)继承和拓展

梅森没有想到自己所创造的"Landscape Architecture"一词会被广泛使用，其含义也被外延。苏格兰著名的园艺学家劳顿(John Claudius Loudon)对此作出了决定性贡献。

劳顿认为"Landscape Architecture"一词在艺术理论之外还有更广泛的应用意义，该词适合描述在景观设计中采用的特殊类型的建筑以及人类创造的景观的组合。

受劳顿的直接影响，美国近现代景观园林(Landscape Gardening)风格的创始人安德鲁·杰克逊·唐宁(Andrew Jackson Downing)在其第一本著作《园林的理论与实践概论》中，将"Land-

图 1-15　爱丁堡市中心(梅森探讨景观和建筑组合方法的例子)

scape Architecture"作为书中一章的标题。[①] 劳顿和唐宁将"Landscape Architecture"一词的含义从艺术领域拓展到景观园林领域，并且给该词赋予新含义：描述人工创造的景观组合，"Architecture"除了有"建筑"的含义外还有"人工创造和建造"的含义。

(三)发展和成型

奥姆斯特德(Frederick Law Olmsted)是美国景观设计事业的创始人之一，从其老师唐宁口中第一次听说"Landscape Architecture"一词，1858 年在与沃克斯(Calvert Vaux)成功获得纽约中央公园的设计任务后自称为"景观建筑师"(Landscape Architect)，并将其解释为：以对植物、地形、水、铺装和其他构筑物的综合体进行设计为任务的职业。1863 年 5 月奥姆斯特德与沃克斯联名给纽约公园委员会写了一封信，信中描述他们的城市公园系统规划，并落款使用了"景观建筑师"(Landscape Architect)作为专业名称，据称这是该职业名称首次正式出现在官方文档之中。奥姆斯特德在波士顿设计的"翡翠项链"公园体系项目以及其他景观设计师们在城市广场、公园、校园、居民生活区以及自然保护区等方面创造出的一系列成功的景观设计作品：使"景观建筑师"作为一种职业称呼在欧洲产生巨大影响，标志着现代景观设计的产生，也奠定了景观建筑学作为一门单独学科的基础。此后，景观建筑师用来称呼从事景观设计的人，简称景观设计师。而随着哈佛大学开设了景观设计方面的课程，并首创了四年制的景观建筑学专业学士学位，景观建筑学逐渐成为一门新兴的独立学科。

现在景观建筑学教育已发展成为具有学士、硕士、博士和博士后的不同层次并且相对成熟的学科专业教育体系，景观建筑师也已成为世界公认的职业，被世界劳工组织承认，并成立了 IFLA、LI 和 ASLA 等一系列景观建筑师协会组织。

二、专业定位

景观建筑学追求提高环境的品质，改善人与环境的关系，其专业在国外经过百余年的发展后

① Downing A. J. , A Treatise on the Theory and Practice of Landscape Gardening, Adapted to North America; with a View to the Development of Country Residences, New York, 1841.

形成了与建筑学、城市规划三足鼎立的局势，在专业定位上被认为是构建和谐人居环境的“三驾马车”之一。

实际上，城市规划、建筑学与景观建筑学这三门学科在实践上并不是截然分开的，而且在理论上也有很多相似之处，其共同目标都是通过对空间进行分析和处理，完善人与环境的关系，来创造和谐的人类生存环境，但各自又有独立的学科研究领域。相比较而言，城市规划更关注社会经济和城市总体发展，研究并确定城市性质、规模和发展方向，注重在协调城市的现实与发展目标基础上科学、合理地规划城市的物质空间布局和各项建设的综合布置和具体安排，并从宏观政策上控制、指导和管理规划的实施；建筑学从广义来说是研究建筑及其环境的学科，主要是综合运用科学、技术、艺术和人文等相关学科知识构建人们的生活、工作、居住空间，设计具有特定功能的建筑物。尽管也涉及部分环境空间，但它更强调的是墙、柱等物质要素构成的内部空间和外部形态。与这两门学科相比，景观建筑学更关注于安排土地以及土地上的各种物质要素和空间，并对大面积的土地利用和生态、生物等多学科问题进行广泛研究。

目前我国景观建筑学专业的发展滞后于国外，但社会经济的高速发展和环境问题的日益突出为三者的平衡发展创造了条件，越来越多的工作需要三个行业的从业者紧密合作才能完成，而在后工业文明的今天景观设计的重要性越来越突出。所以在营建和谐的人居环境中景观建筑学是必不可少的组成部分。

三、定义讨论

进入20世纪90年代以来，在维护生态、可持续发展等思想的推动下，景观设计在许多发达国家以其在人与自然和谐方面所取得的成就受到从政府到公众的广泛赞扬，景观建筑学由于具有极大的包容性和发展潜力，已经是一门很难用简单词汇描述清楚的学科。

美国景观建筑师协会、英国景观协会和国际景观建筑师联盟等机构均为“Landscape Architecture”下了定义，如美国景观建筑师协会对LA的定义是“将科学和艺术的原理运用到自然环境和人工环境的研究、规划及管理中”。① 也有人认为这门学科是“为了人们安全、方便、健康、恰当的用途而科学利用土地的艺术，包括空间和土地上的物体”。② 目前我国对这门学科的定义是“关于景观的分析、规划布局、设计、改造、管理、保护和恢复的科学和艺术”，③“以协调人类与自然的和谐关系为总目标，以环境、生态、地理、农、林、心理、社会等广泛的自然科学和人文艺术学科为基础，以规划设计为核心，面向人类聚居环境创造建设与保护管理的工程应用性学科专业”。④ 同时人们更进一步地认识到景观是一个不断拓展的领域，它既是一门艺术也是科学，并成为了连接科学与艺术、沟通自然与文化的桥梁。

针对景观建筑学的不同定义，在此选取了包括ASLA、LI和IFLA在内的几个权威解释进行了比较（表1-2）。

---

① http://www.asla.org.

② 见 Norman T Netwon. Design on the Land 的前言。

③ 引自：全国高校景观学专业教学研讨会会议纪要，2004.

④ John Beardsley，A Word for Architecture. Harverd Design，2000.

表 1-2　对不同的景观建筑学定义的评论

定义来源	定义	评论
普林斯顿大学 wordwebonline 网站①	建筑学的分支，为了人类的使用和娱乐对土地和建筑进行配置的学科	景观建筑学、建筑学和城市规划学是三个并列的学科，没有哪个景观建筑师承认他们的工作是建筑学的分支
大不列颠百科全书在线②	对花园、庭院、地面、公园以及其他室外绿色空间的开发和种植装饰	缺乏对生态和可持续发展等方面的重视
微软的 MSN 百科全书③	通过对自然的、栽植的或建造的元素进行组织来改造大地的科学和艺术	这个定义比前两个的涵盖面广，但是对于定义一个学科来说，显得过于宽泛
ASLA④	景观建筑学包括对自然和建筑环境的分析、规划、设计、管理和服务工作，项目类型包括：居住、公园和游憩、纪念场所、城市设计、街景和公共空间、交通廊道和设施、花园和植物园、安全设计、度假胜地、公共机构、校园、疗养花园，历史建筑环境的保护和修复、改造，公司和商场、景观艺术和雕塑等	这个定义告诉我们景观建筑学做什么，可谓包罗万象。但是没有告诉我们景观建筑学是什么
IFLA⑤	要实现未来没有环境退化和资源垃圾的目的，需要与自然系统、自然过程与人类的关系相关的专业知识、技能和经验，这些在景观建筑学的职业实践中都可以体现	这不是一个真正的定义
LI⑥	景观建筑师利用“软”或“硬”的材料对所有类型的外部空间（不管大小，不论城乡）进行工作	虽然比 ASLA 的定义短，但是同样没有告诉我们景观建筑学是什么
Wikipedia 百科全书⑦	景观建筑学是关于土地的艺术，是对土地的规划、设计、管理、保护和重建，同时它也是对人工构筑物进行设计的学科。其涉及的领域包括建筑设计、场地规划、土地开发、环境保护、城镇规划、城市设计、公园和游憩规划、区域规划和历史建筑环境的保护	比较具体地定义了景观建筑学的学科性质，提出了工作涉及的领域

注：本表的定义评论部分参考了 http://www.gardenvisit.com/landscape/LIH/history/definitions.htm 上的部分内容。

① Princeton WordNet definition of landscape architecture at http://www.wordwebonline.com/en/LANDSCAPE ARCHITECTURE.

② Britannica Online at http://www.britannica.corn/eb/article—9047061/landscape—architecture.

③ MSN Encarta definition of landscape architecture at http://encarta.msn.com/encnet/refpages/search.aspx? q=landscape+architecture&Submit2=GO.

④ ASLA，American Society of Landscape Architects definition of landscape architecture at http://www.asla.org/nonmembers/publicrelations/factshtpr.htm.

⑤ IFLA，International Federation of Landscape Architects definition of landscape architecture at http://www.ifla.net/Main.asox? Page=21.

⑥ UK，Landscape Institute definition of landscape architecture at http://www.1—i.org.uk/liprof.htm.

⑦ http://en.wikipedia.org/wiki/Landscape_architecture.

由表1-2可知，国际上不同的组织机构对景观建筑学的定义在基本内涵方面一致的情况下也存在分歧，可谓百家争鸣。而这种百家争鸣的形势是有利于景观建筑学的健康发展的。

四、专业内涵

“Landscape Architecture”这一词汇的起源和发展过程可以帮助我们更好地理解景观建筑学丰富的历史含义，从景观建筑学实践中的专业划分可以看出景观设计、景观规划和园林设计等几个概念的区别和联系，再结合国际权威机构对景观建筑学的各种定义，景观建筑学的内涵至少应该包括以下几项：

研究目的是为人类创造更健康、更愉悦的室外空间环境；

研究对象是与土地相关的自然景观和人工景观；

研究内容包括对自然景观元素和人工景观元素的改造、规划、设计和管理等；

其学科性质是一门交叉性的学科，除了设计学科属性外，还包括数学、自然科学、计算机科学、工程学、艺术、工艺技术、社会科学、政治学、历史学、哲学等；

从业人员必须综合利用各学科知识，考虑建筑物与其周围的地形、地貌、道路、种植等环境的关系，必须了解气候、土壤、植物、水体和建筑材料对创造一个自然和人工环境融合的景观的影响；

其涉及领域是广泛的，但并不是万能的，从业人员只能从自己的专业角度对相关项目提出意见和建议。

具体来说其学科内涵具备三个层次：

第一是景观形态。即是景观的外在显现形式，是人们基于视觉感知景观的主要途径。景观的形态是由地形、植被、水体、人工构筑物等组成部分的外在形式综合构成的。对景观形态的设计就是结合美学规律和审美需求，控制景观要素的外在形态，使之合乎人们的审美标准及行为需求，带给人精神上的愉悦。这是“科学与艺术原理”中的艺术原理。

第二是景观生态。景观是一个综合的生态系统，存在着各种的生态关系，是人们赖以生活的场所。景观的生态对于人们的生活品质甚至环境安全都至关重要。因为“人和自然的关系问题不是一个为人类表演的舞台提供一个装饰性背景，或者改善一下肮脏的城市的问题，而是需要把自然作为生命的源泉、社会的环境、诲人的老师、神圣的场所来维护……”景观学中景观生态层次就是科学综合地利用土地、水体、动植物、气候等自然资源，使环境整体协调，保持有序的生态平衡。这是“科学与艺术原理”中的科学原理。

第三是景观文化。景观和文化是密切相关的，这不仅包括景观中积淀的历史文化内涵、艺术审美倾向，还包括人的文化背景、行为心理带来的景观审美需求。基于视觉感知的景观形态绝不仅仅是简单的“看上去很美”，其景观的可行、可看、可居往往与各种文化背景有着广泛的联系。所以景观要想真正成为人类憩居的理想场所还必须在文化层面进行深入的思考。

对于这三个层次也有学者总结为景观规划设计三元论：视觉景观形象、环境生态绿化、大众行为心理；还有学者以景观学构成三个子系统即艺术、生态、人文子系统来概括。总的来说，景观建筑学是由这些内涵综合构成的，只有充分认识了这其中的丰富内涵才能真正理解景观建筑学。

结合图1-9所揭示的景观系统模式，景观建筑学专业内涵的每一方面都涉及人对自然景观

(Natural Landscape)的改造,或者说赋予自然景观特定的精神和物质层面的文化内涵和功能价值,这与文化景观(Cultural Landscape)的内涵相吻合。从这个意义上讲,景观建筑师工作的初始对象可能是自然景观也可能是文化景观,但其工作成果必然是文化景观。

第三节　景观设计概况

第一节介绍了景观的基本概念及其属性,在初步了解了中外园林发展的基础上,可以进一步认识景观建筑学(Landscape Architecture)的起源、发展和成型过程,并就景观建筑学的专业定位、定义和内涵进行了讨论。正如城市规划专业(City Planning)培养的人才主要是从事城市规划的城市规划师(City Planner)、建筑学(Architecture)专业培养的人才主要是从事建筑设计的建筑师(Architect)一样,景观建筑学专业培养的人才自然主要是从事景观设计的景观建筑设计师(Landscape Architect,简称景观设计师)。本章分别简要回顾欧洲、北美、中国以及其他地区景观设计实践的发展情况。

一、欧洲景观规划设计

欧洲景观规划设计经历了萌芽期、诞生期、发展期以及特征形成期等几个阶段。

(一)萌芽期

如前所述,18世纪末开始的英国工业革命导致了环境恶化,为改善城市卫生状况和提高城市生活质量,政府划出大量土地用于建设公园和注重环境的新居住区。随着工业城市的出现和现代民主社会的形成,普通大众对景观的要求逐渐增加,英国政府将传统园林面向大众,传统园林的使用对象和使用方式发生了根本的变化,开始向现代景观空间转化。例如1811年伦敦摄政公园(Regent's Park)在原来皇家狩猎园址上通过自然式布局来表达城市中再现乡村景色的追求,1847年利物浦市建成的面积达50hm^{2}的伯肯海德公园(Birkenhead Park),成为当时最有影响的城市公园项目。此后,欧洲其他各大城市也开始陆续建造为公众服务的公园,同时大量建造城市公园,公园真正进入普通人的生活。很多欧洲大陆国家也开始注重公共绿地的建设,着力改善城市环境,划出大片用地作为公园等城市公共绿地。

英国设计师雷普顿(Humphrey Repton,1752—1818)被认为是欧洲传统园林设计与现代景观规划设计承上启下的人物,他最早从理论角度思考规划设计工作,将18世纪英国自然风景园林对自然与非对称趣味的追求和自由浪漫的精神纳入符合现代人使用的理性功能秩序,他的设计注重空间关系和外部联系,对后来欧洲城市公园的发展有深远影响。

19世纪下半叶,英国的一些艺术家为了反对工业革命带来的机械化生产,发起了"工艺美术运动"(Arts and Crafts Movement),许多景观设计师抛弃华而不实的维多利亚风格转而追求更简洁、浪漫、高雅的自然风格。随后在比利时、法国兴起的"新艺术运动"(Art Nouveau)进一步脱离古典主义风格,使欧洲景观设计进入萌芽期并具备雏形。

(二)诞生期

欧洲的工艺美术运动和新艺术运动对欧洲的艺术思潮产生了很大影响,古典主义风格被逐渐脱离,而简洁、高雅的现代艺术风格逐渐被很多建筑师和艺术家采用,并且出现在一些景观设计作品当中。1925年法国巴黎的现代工艺美术展览会(Exposition des Arts Decoratifs et Industriels Modernes)是现代景观设计发展史上的里程碑。早期的一批现代园林设计大师,从20世纪20年代开始,将现代艺术引入景观设计之中,如盖夫雷金(Gabriel Guevrekian)在展览会上设计的"光与水的庭院",打破了以往的规则式传统,运用立体派绘画艺术手法,完全采用三角形母题来进行构图。设计师P. E. Legrain设计的Tachard住宅庭院体现了现代景观设计的新理念和新的技术手段,引导了景观设计发展的新方向。英国现代景观设计奠基人唐纳德(C. Tunnard)则在理论上指出现代景观设计的三个方面:功能、移情、美学。

二战中,许多著名规划师、建筑师、景观设计师在战争阴云笼罩下离开故土而移居美洲,但是,在欧洲特别是在一些没有受到战争破坏的斯堪的纳维亚半岛国家,现代景观设计的实践仍在继续,景观设计师根据北欧地区特有的自然、地理环境特征,采取自然或有机形式,以简单、柔和的风格创造本土化的富有诗意的景观,如瑞典从20世纪30年代起,在许多城市设立公园局,专门负责城市公园绿地的规划设计与建设,公园局负责人O. Almquist和H. Blom以及优秀设计师E. Glemme等人在推广新公园思想与实践中,主张以强化的形式在城市公园中塑造地区性景观特征,既为城市提供了良好环境,为市民提供了休闲娱乐场所,也为地区保存了自然景观,并促使了"斯德哥尔摩学派"(Stockholm School)的形成;丹麦景观有设计师G. N. Brandt和C. T. Sorensen等人提倡单纯的几何风格,并主张用生态原则进行设计,通过运用野生植物和花卉软化几何式的建筑和场地,获得柔和的景观形式。

这一时期,欧洲的景观设计师并没有像美国同行一样自称为景观建筑师(Landscape Architect),但是,欧洲深厚的园林文化传统和现代工业文明一旦孕育了现代景观设计的诞生,尽管"花开欧洲、果结美国",现代景观设计的部分果实仍然留在了欧洲,其生命也在欧洲大地上得以延续。

(三)发展期

20世纪40年代战争的阴影退去之后,欧洲景观设计师们的目光已经不只是停留在艺术与形式的层面,面对战争留下的废墟,他们转而寻求通过景观设计促进城市的发展与更新。

例如,德国法兰克福市在二战时几乎被夷为平地,所幸部分历史文化古迹得以保留,战后德国不仅精心修复法兰克福大教堂建筑物本身,而且对城市进行有机更新,特别值得一提的是:他们在大教堂旁保留一片战争遗址进行景观塑造,由此形成的开放空间(Open Space)不仅为城市居民和游客提供了游憩休闲的场所,而且此景观使二战的历史得到永恒纪念。

英国伦敦早在1938年就正式颁布了《绿带法》,1944年由帕特里克·阿伯克隆比(Patrick Abercrombie)主持的大伦敦规划(The Greater London Plan),将大伦敦地区由内至外分为四个地域圈:城市内圈要降低人口密度,外迁40万居民;近郊圈必须加以改善和重组后才能继续发展;绿带圈通过整个地区提供休闲活动场所;外围乡村圈预备建设卫星城和扩建一些原有社区。这次规划形成了由绿带限制城市发展、界定中心城市与周围卫星城的大伦敦城市发展布局。经过长时间的城市环境发展和公园绿带政策的实施,在整个大伦敦区域形成了较为完善的景观环境系统，其成功的绿地建设模式和经验推动了英国全国范围内的绿带建设及其规划法规的完善；其环城绿带和开放空间网络被世界所推崇，是公认的“绿色城市”和“最适宜居住的城市”。

华沙、莫斯科等的重建计划都把限制城市工业、扩大绿地面积作为城市发展的重要内容，前联邦德国从1951年起通过举办两年一届的园林景观展，改善城市环境，调整城市结构布局，促进城市重建与更新，许多城市将公园连成网络系统，为市民提供散步、运动、休息、游戏空间和聚会、游行、跳舞甚至宗教活动的场所。这个时期的欧洲景观设计师仍然没有系统地自称为景观建筑师，但其队伍更加壮大和成熟，现代景观设计基本形成并得到发展。

（四）特征形成期

20世纪50年代末60年代初，欧洲社会进入全盛发展期，许多国家的福利制度日趋完善，但经济高速发展所带来的各种环境问题也日趋严重，人们对自身生存环境和文化价值危机感加重，景观建筑学专业（Landscape Architecture）开始系统地在欧洲设置，景观建筑师（Landscape Architect）的称谓也逐渐出现在欧洲。他们开始反思以往沉迷于空间与平面形式的设计风格，转而将环境与生态问题纳入景观设计的范畴，生态规划思想得到全面发展；他们开始关注社会问题，主张把对社会发展的关注纳入到设计主题之中，在城市环境设计中强调对人的尊重，借助环境学、行为学的研究成果，创造真正符合人的多种需求的人性空间；在区域环境中提倡生态规划，通过对自然环境的生态分析，提出解决环境问题的方法。此外，艺术领域中各种流派如波普艺术、极简艺术、装置艺术、大地艺术等的兴起也为景观设计师提供了更宽泛的设计语言素材，一些艺术家甚至直接参与环境创造和景观设计，将对自然的感觉、体验融入艺术作品中，表现自然力的伟大和自然本身的脆弱性，自然过程的复杂、丰富等。

20世纪70年代以后，由于欧洲许多城市和区域环境问题仍然严重，生态规划设计的思想与实践在继续发展。这一时期，建筑学领域的后现代主义和解构主义思潮再次影响景观设计，景观设计师重新探索形式的意义，他们开始有意摆脱现代主义的简洁、纯粹，或从传统园林中寻回设计语言，或采取多义、复杂、隐喻的方式来发掘景观更深邃的内涵。

20世纪90年代以来，一些年轻的欧洲建筑师认为美国用奢华材料做出来的“优雅”、“简洁”的所谓工业或后工业时代景观只为富人或大公司服务，很少关注普通大众的需要，是冰冷僵硬、没有生气的。他们转向自己园林文化传统中寻找现代景观设计的依据和固有特征。欧洲景观设计师经常在传统的环境中工作，面对的是几个甚至十几个世纪遗留下来的街道、广场、城墙、护堤、教堂、庄园，他们善于寻找到问题的关键，把传统的精髓提炼出来，并转化为崭新的设计语言，最后创造出别具一格、充满韵味的作品。

值得注意的是，全球化的快速进程使全世界及时共享经济技术进步的成果，欧洲一体化又在使欧洲的文化传统进行新的大融合。景观设计也不例外，欧洲景观设计师没有采取闭关自守的方式，不仅设计师之间相互学习、交流频繁，而且大量设计师正在跨地域工作，彼此把自己的文化背景、个人风格融入当地，甚至在欧洲也出现了为数不少的即时性、波普性的景观作品。但是总体上讲，因为传统的深层次影响，欧洲景观设计师并没有盲目追逐潮流，而是以其对传统性和地方性的尊重，在把传统作为本源的信念支持下和求新求变的开拓精神的指引下，通过对最新科学技术的应用和对各种艺术观念与形式的借鉴，在经历了各种风格形式和思想观念的演变之后，欧洲景观设计观正在以一种独特的气质、强烈的个性，特别是浓郁的文化特征，在全球化进程急速推进的今天，逐渐确立了在世界上独树一帜的地位并且成为在当代世界景观设计舞台上引领潮流的主要力量之一。

(五)部分作品简介

欧洲景观设计师不仅在第二次世界大战留下的废墟中通过景观设计促进城市的发展与更新,而且还擅长历史环境景观的改善和修复,强调历史风貌的原真性保护,在景观细部设计时注重历史沧桑感的表达。如赫特(B. Huet)设计改造后的巴黎香榭丽舍林荫道,在保留17世纪勒诺特的建造特征和19世纪奥斯曼风格的基础上,通过铺地、树木布局和设施设计统一了整体风格和视觉秩序,并对巴黎协和广场地面进行了铺装处理。

发端于欧洲的工业革命所造成的人与自然的紧张关系,在很大程度上催生了景观建筑学科。伴随着社会的进步和科技的发展,原有产业被大量更新换代,工业用地和厂房失去原有的功能,逐步退出了历史舞台,欧洲的规划师和景观设计师并没有盲目地将这些“废弃”的场地夷为平地而改为诸如房地产开发等其他用途,相反是尊重历史,像改善和修复历史环境景观一样,通过景观设计的手段对有价值的工业“废弃”场地加以更新改造,使其成为具有特殊价值的工业遗产而得到保护。

一个经典案例是德国景观设计师彼得·拉茨(Peter Latz)在德国北部设计的杜伊斯堡工业遗址公园。工业遗址公园是埃姆舍公园国际建筑展的组成部分,占地200hm²,由一座废弃的具有百年历史的A. G. Tyssen钢铁厂改造而成。设计思想是要表现钢铁的制造加工过程,包括它的熔化、硬化状态。设计方法是重新诠释和改造,通过生态设计和视觉设计改变工业设施的功能和应用,让它转型而不是毁掉它们。场地由遍布整个工厂的高大的烟囱、巨大的炼钢炉、各式各样的工业管道和铁路组成,而多年的荒废使得这一切又破败不堪、荒草丛生。拉茨通过对残留的工业废墟进行的城市环境再塑造。首先,保留了场地里的烟囱、炼钢炉、铁路、桥梁、构筑物等已有设施,并加以改造。废弃的混凝土净化水箱变成了封闭式花园,铁路成了步道,高塔可以眺望,残墙被改造成了攀岩场地。这些设施在转变功能的同时,又承载着历史气息,让人们体味到了一个世纪前工业文明的情景。其次,建筑材料尽量废物利用,尽量减少对环境的索取。废铁板被再利用为地面铺装,矿渣用作地面材料等。最后,是生态的恢复,设计自然式河道、坡道和可下渗雨水的地表,让污水慢慢自清净化;植树造林,使这片废墟有了绿色的基底。公园方案实施后于1994年部分建成开放。现在,在这片“废墟”上,残垣断壁“讲述”着这块场地的历史,在绿色的掩映中,人们感觉不到荒凉与伤感,而是在一种浓浓的怀旧情绪中体会到勃勃生机。以一种不动声色的改造使城市废墟获得新生,为城市注入了活力。

与其他形式的艺术作品一样,欧洲的现代景观设计在继承传统的同时注重创新性,现代景观设计语言同传统的规则式园林手法相结合,同时兼收并蓄各种最新的艺术风格和创作理念,不仅创造出具有欧洲特色的现代景观作品,而且凭借具有标志性的景观设计作品使设计师的创作思想和设计观念对景观设计进程甚至现代景观设计思潮产生影响。例如,屈米运用解构主义手法设计的法国巴黎拉维莱特公园于1982年建成,在景观设计界具有较大影响。拉维莱特公园是巴黎市为纪念法国大革命200周年建造的九大工程之一,位于巴黎的东北角,1974年以前,这里还是一个有着百年历史的大市场,当时的牲畜及其他商品就是由横穿公园的乌尔克运河运送的。公园面积约55hm²,乌尔克运河把公园分成了南北两部分,北区展示科技与未来的景观,南区以艺术氛围为主题。

屈米将传统公园构成要素分解成“点、线、面”三个体系,然后通过一种与现存结构不连续的方式，又将点、线、面三种要素"毫无联系"地重新叠加在公园上，三个要素相互之间各自可以单独成一系统。首先是"点"：26个红色的点状景物(folie)出现在120m×120m的方格网的交点上，有些仅作为点的要素存在，有些景物作为信息中心、小卖部、医务室之用；其次是"线"：公园的游览路线，包括长廊、林荫道和一条贯穿全园的弯弯曲曲的小径，小径联系了公园的十个主题园；最后是"面"：十个主题园，包括镜园、恐怖童话园、风园、雾园、竹园等。这种相对体系的设置、各个分离系统的重叠产生了丰富的结构纹理，它们形成一个大的层次，其中包括原有的建筑，然后形成循环连续层面。

屈米通过拉维莱特公园对公园与城市的关系作了一定的探索：公园没有明显的边界，方格网以及网格交点处的点状景物(建筑)形成了一种城市新的肌理。公园通过这一肌理扩散到城市，从而在未来城市发展中来取得公园与城市环境的融合——城市有了公园的肌理，公园里有城市的建筑与格局。现在，拉维莱特公园不仅是一个有魅力的公园，而且成为一个符号。它所体现出的"反对"形式、功能、结构、联系，提倡解构、不完整、无中心的特质，为传统园林文化注入了新的活力。

欧洲景观设计师还结合不同的自然条件，创作出极富地域特色的景观作品。西班牙独特的地理位置和历史文化，使其景观设计给人的总体印象是变幻无常，既有南部乡间充满乡土味的田园风格和东方情调，也有东部加泰罗尼亚地区以巴塞罗那为代表的浪漫、奔放的海洋气息，如赫瑞希(J. Herixi)等人设计的巴塞罗那海洋广场以灰绿色调的石灰石表现海洋反射光的颜色，为居民提供亲近大海的舒适空间，中部马德里地区的内陆性沉稳特征，如埃及于1968年赠送给西班牙的神庙被用于马德里沃伊斯特公园后所形成的景观。

荷兰景观设计师个性鲜明的风格源于荷兰人与自然的关系，大自然展现出来的纯粹形态、明亮原色，使他们喜欢简洁风格、采用自然手法、保留自然特色，他们运用少量元素、平凡材料，犹如风车和郁金香构成的风光一样，创造出美丽景观，给人简洁而大气、安静而迷人的感觉。荷兰WEST8设计公司设计的东斯尔德大坝景观(Eastern Scheldt Storm Surge Barrier)，其理念即是根据环境条件进行设计，这一景观是建设东斯尔德大坝时留下的工地，由于没有足够的资金去清理，设计者采用一定的技术手段将其进行了艺术化的处理，在上面覆盖一层附近蚌养殖场的废弃蚌壳和鸟蛤壳，黑白相间，形成美丽的大地景观。

英国独特的自然条件和气候特征使英国人一如既往地追求自然的景观设计，英国人对植物的喜爱使英国的景观设计充分利用植物来表现自然之美，这不仅体现在传统的庭园、庄园和城市公园，而且在运用新的设计手法来进行现代景观设计时也没有放弃固有的观念，巴尔斯顿(M. Balston)1999年设计的获切尔西花展最佳庭园奖的"反光庭园"，采用不锈钢的墙体、花盆、管子等将植物与高技术结合起来。

英国的历史遗产保护理论和实践对世界作出了不可替代的贡献，对于工业遗产的更新利用也具有鲜明的特征。2001年3月耗资8700万英镑并全部正式投入使用的伊甸园，在一定程度上诠释了英国的工业遗产景观更新理念。伊甸园场地位于英国西南部的康沃尔郡的一个废弃的采矿场，这个矿场原来生产制造陶瓷用的黏土，黏土经过150多年的连续开采后，剩下一个巨型的大土坑，严重破坏了当地的生态环境，被当地人视为"死地"。但如今，在这片土地上却建立了全球最大的温室——伊甸园植物园景观工程。

作为21世纪废弃物利用的现代景观设计作品，伊甸园仍然反映出英国人热爱植物的天性，园内有三个生态展区，集中种植了来自世界各地无数的奇花异草，容纳了全球不同气候条件下的数万种植物，其中最大的生态区是目前世界上面积最大的温室：潮湿热带馆，占地近1.6hm²、高约55m的巨大展馆内，生长着棕榈树、橡胶树、桃花心木、红树林等来自亚马孙河地区、大洋洲、马来西亚和西非等地的1.2万种植物；在温暖气候馆里，有来自地中海、美国加利福尼亚、南非等地区的植物，如橄榄树、兰花、柑橘类植物等，长势茂盛。而在凉爽气候区里原生长在日本、英国、智利等地区的各种植物也是郁郁葱葱。

伊甸园景观被科学家称作“绿色主题公园”，其建筑本身体现了节能环保的理念：这个“生物群落区”的建筑被设计成能够储存热量，并以此节约能源，建筑内的气候由电脑系统自动控制通风和供暖，建筑背墙的作用就像一个蓄热池，白天吸收热量而晚上则释放出热量，其内的植物也起到协助调节气候的作用；温室内的植物也起到调节气温的作用，当室内过热时，植物会散发出更多的水分，以此来冷却空气。

在伊甸园可以看到人类的未来——一幅人类与植物和谐相处的图景，以一种未来世界的姿态跻身历史遗迹万里长城、金字塔等的队列而被有些人称之为世界上的第八大奇迹。

二、北美景观设计发展

景观设计实践诞生于美国，景观学科教育来源于美国，景观理论研究成熟于美国。美国的景观领域人才辈出，在世界范围内产生了巨大的影响。北美景观规划设计以美国为主体，因此，本节主要结合重要的景观人物，简要介绍美国景观规划设计的萌芽、诞生、发展以及特征形成期等几个阶段，同时介绍北美近代的部分景观作品。

（一）萌芽期

美国现代景观行业的诞生与西方古典园林的发展是密不可分的，西方景观发展历史，从远古的美索不达米亚庭院，历经古希腊、古罗马的柱廊式庭院，到西班牙的伊斯兰庭院，再到意大利的台地园，法国的勒诺特式宫苑及英国的自然风景园，一直延续到美国城市公园运动的开始。这一漫长的历史时期可称为西方古典园林时期。19世纪中叶，以唐宁（Andrew Jackson Downing）为代表的一批美国园林工作者在系统总结美国风景园林发展历史的同时，积极向欧洲学习，引进当时先进的园林设计方法和理论，并形成了有美国特色的景观园林理论。

18世纪英国的自然派园林出现之前，欧洲的园林以意大利和法国为代表，都是几何式对称布局人工气息很浓的古典主义园林，随着产业革命的发展，追求精神自由的审美理想的兴起，人们重新发现对伟大自然的任何程度的模仿所给予人们的快感，要比精巧艺术所能给予的更崇高。这里所涉及的“模仿”正是法国人库特弥尔（A. C. Quatremere de Quincy）在他的《模仿论》（Essay on Imitation）中所探讨的问题，在这一思想的影响下，英国园林设计大师劳顿（John Claudius Loudon）形成了相对的造园理论，认为园林是一门与模仿有关的艺术，鼓励使用差异性的植物，甚至引进异地植物来营造园林景观。唐宁在其《园林的理论与实践概要》第一版（1841年）中参考库特弥尔的观点，支持劳顿的理论，认为引进植物树种是有必要的，在劳顿园林分类的基础上加入“唯美式”的风格。然而在《园林的理论与实践概要》第三版（1849年）中，唐宁摒弃了对外来树种的使用，认为在美国这个拥有丰富本土资源的国家完全没有必要引入外来树种，对自然的人工修饰无须太重就能达到宜人的景观效果。对当时美国经济状况的考虑也是唐宁设计理论发生转变的原因之一，也成为其理论特色之一。

纵观这一时期(19 世纪初至中叶)美国景观设计的理论和实践，受到欧洲尤其是英国的影响最大，但其并不是盲目的效仿，而是经历了一个模仿到结合美国实际的过程。虽然这一时期美国景观园林没有法国和意大利古典主义园林的理性逻辑和宏大气势，没有英国自然派风景园林的诗意的浪漫和如画的景致，也没有中国园林丰富的理念和文人情感，但是却更接近于美国国情，突出为大多数人服务的目的，已经是现代景观设计的价值体现，从单纯模仿到与实际结合的思想更是现代景观设计的基本原则的思想来源。

(二)诞生期

唐宁等人为美国现代景观的诞生不但提供了理论和实践准备，而且培养了一批继承者和开拓者，如为美国现代景观诞生作出重要贡献的代表性人物奥姆斯特德(Frederick Low Olmsted)便是唐宁的学生，其主持设计的纽约中央公园(Central Park)是第一次真正意义的现代景观设计实践。

1858 年开始，以奥姆斯特德为代表的一批景观建筑师发起了美国城市公园运动，设计了纽约中央公园、旧金山金门公园和波士顿公园体系(Boston Park System)等大量城市公园和公园体系。19 世纪中后期的这场城市公园运动拉开了美国现代景观发展的序幕，标志着美国现代景观的诞生。

这一时期面向公众的城市公园成为真正意义上的大众景观，通常具有用地规模大、环境条件复杂的特点，需要更为综合的行为心理、功能形式，及工艺技术方面的理论和方法。在公园运动时期，各国普遍认同城市公园具有五个方面的价值，即：保障公众健康、滋养道德精神、体现浪漫主义(社会思潮)、提高劳动者工作效率、促使城市地价增值。在注重城市公园建设的同时，利用绿化将数个公园连接到一起，公园选址注重与水系的结合，并充分尊重自然地形和地貌，形成比较完整的城市公园系统，这种方法沿用至今：用绿色廊道(Corridor)将绿色斑块(Patch)联系起来，从今天的景观生态学角度讲，这样的公园布局更能有效地发挥其生态、游憩等功能。

奥姆斯特德等人拒绝对自己的职业用其他称呼，坚持自己为景观建筑师，1899 年美国景观建筑师协会(American Society of Landscape Architects)成立。1900 年，奥姆斯特德之子小弗雷德里克·劳·奥姆斯特德(F. L. Olmstedn)与舒克利夫(A. A. Sharcliff)在哈佛大学开设景观课程，并在全美首创四年制的 LA 理学学士学位，随后马萨诸塞大学、康奈尔大学、伊利诺伊大学、加利福尼亚大学伯克利分校等院校也相继开设了类似的专业，标志着景观建筑学成为一门现代独立学科，现代景观教育由此诞生。一个新型的行业——继承传统而自身又有长足发展的景观建筑行业(Landscape Architecture)便伴随着城市公园运动在美国诞生。

(三)发展期

尽管在 19 世纪中后期美国景观实践相对于传统造园已发生了翻天覆地的变化，但其在形式上仍然主要继承了英国自然风景园和法国古典主义园林，“巴黎美术学院派”的正统课程和奥姆斯特德的自然主义理想占据了美国景观规划设计行业的主体。社会经济的变化和发展对景观规划设计提出新的要求，孕育着美国景观变革和快速发展期的到来。

与其他行业一样，景观行业也受到 20 世纪初期世界范围内的经济大萧条，及其后的第一次世界大战带来的负面影响，美国现代景观进入一个徘徊不前的时期。30 年代后期，第二次世界大战的阴云再次笼罩了世界，这次大战重新划分了世界的格局，同时对景观行业也有着划时代的影响。由于这次大战，欧洲不少有影响的艺术家和建筑师纷纷来到了美国，如德国的格罗皮乌斯(W. Gropius)、英国的唐纳德等人，他们引入了欧洲现代主义设计思想，世界的艺术和建筑中心从欧洲转移到了美国。1938～1941年间，以罗斯(Jame Rose)、丹·凯利(Dan Kiley)和埃克博(Garrett Eckbo)为代表人物，哈佛大学发表了一系列的文章，提出郊区和城市景观的新思想，这些文章阐述了革命性的观点，引起了强烈反响，导致了哈佛景观学院"巴黎美术学院派"教条的解体，并推动美国乃至世界景观行业朝着符合时代精神的现代主义方向发展，这就是著名的"哈佛革命"(Harvard Revolution)，其宣告了现代主义景观设计的诞生。

"哈佛革命"推动了美国景观理论的发展，与此同时，美国另一位伟大的景观设计师托马斯·丘奇(Thomas Church)也在实践中尝试新的风格，他将"立体主义"和"超现实主义"的形式语言应用在景观设计中，培养了埃克博、劳耶斯通、贝里斯、奥斯芒和哈普林等著名的设计师。在他们以及其他景观建筑师的共同努力下形成了西海岸的"加利福尼亚学派"，与东海岸的"欧洲移植现代主义"并驾齐驱。

20世纪上半叶是美国景观的发展期，这一时期美国景观理论和实践的变革与尝试，促进了其景观设计元素和手法的拓展，自然主义与古典主义的桎梏开始被打破，呈现出"百花齐放"的发展格局，为日后美国景观设计特征的形成打下了坚实的基础。

(四)特征形成期

1945年二战结束后，美国政治、经济和文化各方面发生了巨大变化，经济发展和政府支持的大量建设项目，为景观建筑师提供了前所未有的机遇和挑战，由此景观行业也发生了翻天覆地的变革，各种新的设计思潮和设计方法被应用于美国景观行业并占据主导地位，美国的景观也进入其发展的黄金期，经历了三个主要的特征变化阶段，并形成基本的设计特征。

1.现代主义流行期

空间的概念作为现代景观设计中的核心，直接来源于现代建筑的流动空间理论。早在1938年，罗斯就在《花园的自由》(*Freedom in the Garden*)中宣称空间不是风格，而是景观设计中真正的领域。"哈佛革命"也表现出对现代主义的极大兴趣。但现代主义的应用是在二战后的20年间，对于美国的景观业来说，战后的前20年，有很多与众不同之处。这个时期对世界上其他发达国家来说是努力治愈二战巨大创伤的时期，而对于美国来说是一个繁荣和发展的时期，在这个时期里美国经济快速发展，大量大型建设项目开始实施，很大一部分是在现代主义思想指引下规划设计的，在此大环境下，继续沿用战前的景观设计方法就很难使景观融合在更大的环境，得到令人满意的方案，因此景观设计对现代主义设计方法的需求日益增强。在此背景下，越来越多的景观设计师接受并应用现代主义设计方法，形成一种潮流，具有代表性的人物是劳伦斯·哈普林、佐佐木·英夫和丹·凯利等人。

现代主义景观设计中分析和关注人们在环境中的运动和空间感受，认为设计不仅是视觉的享受，更是人们在运动中其他感官的感受，如嗅觉、触觉和听觉等，强调人的生理和心理参与。其实现代主义景观从不拘泥于哪一种固定的设计范式，它是一种基于空间划分的场地塑造手法。现代主义对景观建筑学最积极的贡献并不在于新材料的运用，而是认为功能应当是设计的起点这一理念，从而摆脱了某种美丽的图案或风景画式的先验主义，得以与场地和时代的现实状况相适应，赋予了景观建筑适用的理性和更大的创作自由，通过对社会因素和功能的进一步强调，走上了与社会现实相同步的道路。具有代表性的设计作品是劳伦斯·哈普林的海滨农庄住宅区、佐佐木·英夫的威廉姆斯广场和丹·凯利的米勒花园等。

2. 生态主义倾向期

从20世纪40年代中期到60年代，美国景观业内对艺术追求的倾向是非常明显的，但是经济发展和技术的进步给美国带来了急剧增加的污染，环境危机敲响了人类未来的警钟，一系列环境保护运动开展，相关法律法规也不断出台，一些有远见的景观建筑师也开始在生态学的基础上对行业进行反思和研究。麦克哈格经过长时间的探索，于1969年出版了在学术界引起轰动的《设计结合自然》一书，该书将生态学原理与景观规划设计相结合，提出了一整套规划方法，其创建的千层饼模式沿用至今。麦克哈格的理论将景观规划设计提到一个科学的高度，其客观分析和系统研究的方法代表着严谨的学术原则，但是其实际应用尚存在局限性，尤其是在小尺度景观设计方面。

生态主义思想已成为当今景观规划设计的一项重要思想基础，但也有人批评生态主义设计由于强调对生态系统的保护而忽视了艺术的创造，从而显得过于平淡，缺乏艺术价值。这些批评和思考也影响了美国景观20世纪70年代的发展方向。

3. 艺术与科学结合的特征形成期

经过现代主义和生态主义“各领风骚”的时期后，20世纪70年代开始，各种社会的、文化的、艺术的和科学的思想逐渐融合到景观领域，美国景观规划设计开始呈现出多元化的发展趋势。

20世纪80年代以来景观生态学的发展为建立更易操作的规划设计方法提供了途径，受到全球科学家和景观建筑师的极大关注，第一个将景观生态学思想应用于景观规划设计的方案是哈贝(Haber)等提出的土地利用分类系统，1986年他们总结出一套完整的景观生态规划方法，包括五个步骤:土地利用现状类型调查；景观空间格局的描述分析；基于景观单位的景观敏感性评价；景观单元的空间关联度分析；景观敏感度格局研究。

艺术领域的各种流派，如波普主义、极简主义、大地艺术等思想和表现手法给景观建筑师很大的启发，艺术家纷纷投入景观规划设计中，成为景观从业人员的一部分。建筑界的后现代主义和结构主义等思潮也影响到景观设计，并反映在很多作品中。

艺术与科学的完美结合，已成为当今美国景观建筑师追求的目标，它实际上体现着景观规划设计目标的丰富，既要满足功能要求，改善生态环境，同时要符合人们的审美需求，创造艺术化的空间环境。新一代景观建筑师中的乔治·哈格里夫斯的作品即体现了科学与艺术的结合，如悉尼奥运会公共区设计等。

(五)部分作品简介

美国的现代景观设计界人才辈出，在世界景观舞台上创造了很多经典之作。盖瑞特·埃克博(Garrett Eckbo)便是其中一位。埃博克是一位现代主义者，他的作品中既有包豪斯的影响，又有超现实主义特点的加州学派的影子，但是每一个设计都是从特定的基地条件而来。埃克博认为，设计是为土地、植物、动物和人类解决各种问题，而不是仅仅为了人类本身。如果上帝赐予了人类主宰世界的力量，那么，这也许是对我们的考验，而不是赠与我们的礼物；一旦我们在考验中失败，等待我们的将是巨大的灾难。他认为，设计师、生态学家和社会学家只有合作，才能真正解决景观规划设计学科中的问题。埃克博比较有名的作品是阿尔卡(Alcoa)花园。实际上这是他自己的住宅花园，在他居住的同时，他一直在修建这个花园，这个花园也是他试验各种新材料、新思想的场所。园子中用铝合金建造的花架凉棚和喷泉是这个花园的特色。

彼得·沃克(Peter Walker)是极简主义景观设计的代表人物之一。他是美国一位具有40年实践和教学经验的优秀的景观建筑师，作为佐佐木与沃克及其他合作者事务所(1957年成立)东海岸公司的奠基人，沃克开设了公司的西海岸事务所，并于1975年成立SWA事务所。作为SWA的负责人、主要顾问及董事会主席，沃克关注的领域从小花园的设计、工艺，直到城市发展和社区发展的规划、设计。其大部分的工作和思想致力于中等尺度的问题：学术园区、公司总部、民用和准公共广场，以及城市复兴地区的规划设计。他通过各种工作，坚持寻求超越单纯功能性的解决方式，创造出充满意义和纪念价值的室外空间。沃克有名的作品有波奈特公园(Burnett Park，1983年)、IBM公司净湖(IBM Clearlake，1987年)等。在波奈特公园设计中，沃克运用网格的叠加形成草坪、树林、水池等场地。公园内道路也呈网格状分布。几何形的处理手法体现出沃克的极简主义特征。IBM公司净湖设计也是采用几何形的图案处理手法，形成与建筑相互协调的室外环境。

丹·凯利是美国现代结构主义景观设计大师，1912年出生于马萨诸塞州波士顿的一个普通人家。他是“哈佛革命”(Harvard Revolution)的发起者之一，也是美国现代景观设计的奠基人。凯利的作品表现出强烈的组织性，常常用网格来确定园林中要素的位置。他创造了建立在几何秩序上与众不同的空间和完整的环境。凯利有名的作品有米勒花园(Miller Garden)、国家银行广场等。

路易斯·巴拉干(Luis Barragan)是墨西哥20世纪有名的景观设计师，他以极简的设计风格而著称，善于大胆地应用光与色，用简单的设计元素营造出宁静而富有情感的空间，创造了诸多经典的景观作品，如拉萨波里达花园(Las Arboledas Garden)、吉拉迪住宅庭院(Gliardi House)、埃柏爵谷花园(EI Pedregal Garden)等。

三、中国景观设计与实践

中国有着悠久的园林历史和灿烂的园林文化，中国园林经过上千年的发展，已经形成了成熟的设计理论，拥有杰出的园林作品。改革开放以来，随着人民生活水平的提高和城市化进程的加快，人们对生活环境有了较高的要求。21世纪伊始，为应对学科发展的需要，国内的诸多高校结合原有的学科基础建立景观专业，形成了建筑学、农林、生态学、地理学、艺术等不同办学特色的景观教育体系。目前，我国内地按照LA的专业构成体系和培养目标，分别以“景观建筑设计”、“景观学”、“景观规划设计”、“风景园林”、“园林”等为名称开设相应专业的高等院校已经超过百所，景观教育呈现火热的发展趋势。总的来说，我国的景观规划设计教育逐渐从各类公园、专业绿地和绿地系统的规划设计转向以聚居领域公共开放空间开发、生态恢复整治为核心的景观规划设计。在当前阶段，我国尚处于景观专业形成初期，经历了激烈的结构分化与重组，在学科建设、专业设置、知识体系、实践取向等各方面经过了结构性的转变，教学模式和培养思路正在逐渐发展完善。

我国的景观专业实践经过近20年的发展，在景观设计实践方面也有了诸多成果：在国际性景观设计方面，有1999世界园艺博览会规划设计、2007年厦门花博会园博园景观规划、2008北京奥林匹克公园景观规划、2010上海世博会景观规划等。这些设计作品能够挖掘中国传统文化精髓，将其融合在全新的设计理念中，形成与自然和谐相处的新景观。如中外联合设计的2008北京奥林匹克公园方案中，通过一条长长的步道，贯穿起中国上下五千年的历史文脉；在地域性景观设计方面有西安大唐芙蓉园、新疆大巴扎景观规划、西藏昌都昌庆街景观设计等。这类设计作品能够结合地方文化，体现强烈的地域风格，如大唐芙蓉园设计通过建筑、饮食、音乐、民俗活动等方式，全方位地呈现了古长安盛唐景象；此外，在一些专类景观设计方面，近年也不断有作品问世，如城市景观方面，很多城市为改善城市环境，在主要位置修建了一些有影响的城市广场，还有住区景观设计、滨水景观设计、郊野景观设计、旧工业区改造、校园和科技园区等方面也成果卓著。

四、其他地区景观设计的发展

亚太地区许多国家如日本、澳大利亚、新加坡、韩国等基本上都是在第二次世界大战以后开始了其现代景观的发展历程，并且在20世纪六七十年代，受到西方能源危机的影响，亚太国家也认识到了生态环境与人类生存的密切关系，景观设计逐渐转向从环境的角度实现生态全局的治理。

与我国相似，日本现代景观根植于日本传统园林艺术，也有选择地吸收西方文化，并随着现代科学技术的应用在逐步发展壮大。长谷川浩己和户田芳树都是日本有名的景观设计师，长谷川浩己的设计作品突出“功能与景观创造的有机结合”及“简洁的景观塑造”，他善于使用交叉线条的平面构图，代表作品有名取文化馆景观设计、大野健康交流公园、出云地区交易中心及站前广场等。而户田芳树的作品中则充满了流畅的曲线、大面积的缓坡草坪、通畅简洁的空间、散置的构筑物、蜿蜒的小溪流水以及似水墨画般的水中倒影，体现了“看”、“体验”、“描述”的设计理念，如绿色津南中央庭院。

澳大利亚的景观设计在二战之前受到了英国风景式园林的影响，二战后，随着美国奥姆斯特德景观设计思想的传播，美国的景观设计开始影响澳大利亚。

到了20世纪60年代，澳大利亚开始出现真正的景观设计师。此后，由于多元化的社会结构，澳大利亚的景观设计也不可避免地受到多方面文化的影响，呈现多元化。澳大利亚著名的景观作品有2000年悉尼奥运会公共区域设计、澳大利亚花园、澳大利亚国家博物馆景观设计等。

新加坡特有的自然条件、众多的社会因素促成了新加坡景观风格的多元化。宜人的气候、休闲的热带生活、开明的政治与民族文化等结合在一起，使新加坡得以建设出优美的、多元平衡的生活环境，新加坡景观也形成了独树一帜的风格特色，如著名的圣陶沙景观。

韩国的现代史上也经历了以牺牲生态环境而推动经济快速发展的阶段，因此也面临了人与环境冲突的后续问题。在1988年汉城奥运会之后，韩国的国家综合实力有了很大提高，其景观设计有了很大的发展，一是对自然的尊重，喜欢依仗自然地形进行景观加工；二是小中见大，注重细节，为使用者考虑得详尽而周到。如韩国蓝天公园（Haneul Park），原来是首尔的垃圾填埋场，在申办世界杯足球赛时，首尔对此进行了环境整治，利用垃圾填埋产生沼气、使用风力发电，体现了自然和环保的设计理念。

第二章　景观设计的理论基础

第一节　景观设计的内容与对象

一、景观设计的内容

我国的空间设计体系包括建筑设计、城市规划设计、景观设计三大类。建筑设计以人工建筑物、建构物为设计对象。城市规划设计以城市空间为规划设计对象，包括城市发展概念规划、总体规划、详细规划、城市设计等不同空间层次、不同单项性质的规划。景观设计主要处理户外空间的规划设计，主要包括城市公园绿地设计、风景区设计、建筑外部空间设计、街道景观设计、广场景观设计、休闲度假区设计、建筑中庭设计、庭院设计等，不仅是空间设计体系的重要组成部分，也是建筑设计、城市规划设计的有机补充，对人居环境的建设有重要的作用。

景观设计的对象——户外空间，是人类游憩、休闲、交往、休憩的主要场所，同时，这类空间较少有建筑物覆盖，成为绿色植被、水体等自然生态因子的主要场所。因此，景观设计要同时考虑到自然生态环境的保护、恢复，以及人类游憩休闲体系的构建（图 2-1、图 2-2）。

图 2-1　杭州西湖边的滨水景观

图 2-2　新加坡街头绿地景观

二、景观设计的对象

景观设计的对象主要为非建筑空间。从使用性质上划分，包括城市公园绿地、居住区绿地、林地、园地、防护绿地、废弃地、广场、街道、文物古迹、历史街区、体育场馆户外运动区、度假区、风景区、绿道、滨水区、建筑墙壁和屋顶，以及其他各类开放空间。

我国和日本对公园绿地已经形成了比较规范的分类标准，见表 2-1、表 2-2。

表 2-1　我国城市绿地分类

<table>
<tr><th>大类别</th><th>种类别</th><th>小类别</th><th>内容与范围</th></tr>
<tr><td rowspan="8">公园绿地</td><td rowspan="2">综合公园</td><td>全市性公园</td><td>为全市居民服务，活动内容丰富、设施完善的绿地</td></tr>
<tr><td>区域性公园</td><td>为市区内一定区域的居民服务，具有较为丰富的活动内容和完善设施的绿地</td></tr>
<tr><td rowspan="2">社区公园</td><td>居住区公园</td><td>服务于一个居住区的居民，具有一定活动内容和设施，为居住区配套建设的集中绿地</td></tr>
<tr><td>小区游园</td><td>为一个居住小区的居民服务，配套建设的集中绿地</td></tr>
<tr><td rowspan="4">专类公园</td><td>儿童公园</td><td>单独设置，为少年儿童提供游戏及开展科普、文体活动，有安全、完善设施的绿地</td></tr>
<tr><td>动物园</td><td>在人工饲养条件下，移地保护野生动物，供观赏、普及科学知识，进行科学研究和动物繁育，并具有良好设施的绿地</td></tr>
<tr><td>植物园</td><td>进行植物科学研究和引种驯化，并且供观赏、游憩及开展科普活动的绿地</td></tr>
<tr><td>历史名园</td><td>历史悠久，知名度高，体现传统造园艺术并被审定为文物保护单位的园林</td></tr>
</table>

续表

大类别	种类别	小类别	内容与范围
公园绿地	专类公园	风景名胜园林	位于城市建设用地范围内，以文物古迹、风景名胜点（区）为主形成的具有城市公园功能的绿地
		游乐公园	具有大型游乐设施，单独设置，生态环境较好的绿地
		其他专类公园	除以上各类专类公园外具有特定主题内容的绿地，包括雕塑园、盆景园、体育公园、纪念性公园等
	带状公园		沿城市道路、城墙、水滨等，有一定游憩设施的狭长绿地
	街旁绿地		位于城市道路用地以外、相对独立成片的绿地，包括街道广场绿地、小型沿街绿化用地等

表 2-2　日本都市公园的种类

种类			内容
基干公园	住区基干公园	街区公园	主要供街区居住者使用，服务半径 250 米，标准面积 0.25 公顷
		近郊公园	主要供邻里单位内居住者使用，服务半径 500 米，标准面积 2 公顷
		地区公园	主要供徒步圈内居住者使用，服务半径 1 千米，标准面积 4 公顷
	都市基干公园	综合公园	主要功能为满足城市居民综合使用的需要，标准面积 10～50 公顷
		运动公园	主要功能为向城市居民提供体育运动场所，标准面积 15～75 公顷
特殊公园			风致公园、动植物公园、历史公园、墓园
大规模公园	广域公园		主要功能为满足跨行政区的休闲需要，标准面积 50 公顷以上
	休闲公园		以满足大城市和都市圈内的休闲需要为目的，根据城市规划，以自然环境良好的地域为主体，包括核心型大公园和各种休闲设施的地域综合体。标准面积 1 000 公顷以上
国营公园			服务半径超过县一级行政区、由国家设置的大规模公园。标准面积 300 公顷以上
缓冲绿地			主要功能为防止环境公害和自然灾害和减少灾害损失，一般配置在公害、灾害的发生地和居住用地、商业用地之间的必要隔离处
都市绿地			主要功能为保护和改善城市自然环境，形成良好的城市景观。标准面积 0.1 公顷以上，城市中心区不低于 0.05 公顷

续表

种类	内容
都市林	以动植物生存地保护为目的的都市公园
绿道	主要功能为确保避难道路、保护城市生活安全。以连接邻里单位的林带和非机动车道为主体。标准宽幅为10～20米
广场公园	主要功能为改善景观，为周围设施利用者提供休息场所

第二节　景观设计的基本功能与风格

一、景观设计的基本功能

景观设计应该通过设计方法手段，使对象空间达到以下几种功能。

（一）使用功能

通过空间布局、规模分配、景物塑造、游线设计，使对象空间达到其必须的使用功能。如大型公园设计应该注意能同时容纳儿童、少年、青年、中年、老年等不同年龄层次人群的休闲活动需求；体育公园则围绕体育活动进行规划设计；生态公园则应该减少硬质铺装，多设计群落植被；广场则以硬质铺装为主，有大规模的开放平坦地，以容纳不同的人群活动；度假区应该充分发挥基地资源优势，体现景观差异性，大型度假区要有足够的住宿、停车、餐饮、游乐等设施。

设计中应充分考虑使用者的使用习惯，做到使用方便。

景观设计师还应充分掌握相关人体工学、行为学、工程学、社会学、心理学的相关知识。如公共活动区应注意无障碍化设计要求，在台阶处设置坡道，水边设置护栏；儿童游乐区应注意根据儿童尺度进行设计，并兼顾安全防护要求。此外，建筑中庭应充分考虑穿行便利因素。

（二）生态功能

景观设计处理的一般是非建筑空间，因此应充分考虑生态环保功能。植被、水体是景观设计两大要素，景观设计师应在充分掌握园林植物、水文相关知识的基础上，通过植物群落搭配、绿道网络、生态空间设计等手段，促进、提升基地的生态价值，发挥生态功能。

图2-3为某小区的景观设计局部剖面。设计者在设计中贯穿了生态设计思想。小区里面有人工河道，河道的驳岸采取自然生态的方法设计，布置了连续的群落植被，包括乔木、灌木，以及观赏水景的木甲板，这样提升了小区的生态功能，达到宜人悦目的效果。

图 2-3　某小区景观河道剖面

(三)历史文化保护功能

对城镇地块进行整体的景观设计,可以达到挖掘、保护地方历史文化价值的功能。这类地块本身具有历史性建筑物或者构筑物遗迹,由于保护不善,面临毁灭的危险。景观设计应不单独着眼个别建筑的保护,而是从整体环境出发,提出有效可行的保护措施和保护规划,同时通过对该地块外环境的整体设计,达到保护历史文化价值的功能。

二、景观设计的风格

(一)中式古典风格

中国古典园林在世界园林体系中占有重要的地位。在其数千年漫长的历史发展过程中逐渐形成的中式古典风格,是最具有中国特点,符合人们审美习惯的景观营造风格。中式古典风格的风格技术特点主要为:通过山、水、植被营造自然生态景观,注重情趣和意境的表达。

山、水、植物是中国古典园林的主要要素。中式古典风格非常重视山水的营造。通过“叠石”技术将特选的天然石块堆砌成假山,模仿自然界山石的各种造型:峰、峦、峭壁、崖、岭、谷等。

水是自然景观中的重要因素。从北方皇家园林到南方私家园林,无论大小,都想方设法地引水或者人工开凿水体。水体形态有动态和静态之分,形式布局上有集中和分散之分,其循环流动的特征符合道家主张的清净无为、阴阳和谐的意境。园林中的水体尽量模仿自然界中的溪流、瀑布、泉、河等各种形态,往往与筑山相互组合,形成山水景观。

中式古典风格的植物栽培方式以自然式为主,讲究天然野趣性。乔木与灌木有机结合,形成高低错落有致的搭配格局。植物搭配比较注重色彩的变化,常绿植物和落叶植物搭配在一起,通过不同季节所呈现出来的不同色彩组合提高视觉的愉悦感。

中式古典风格追求如同山水画一样的景观。古典园林筑山、理水的技术中,贯穿了中国画“外师造化、内法心源”的创作原则,达到了精神上的升华(图 2-4 至图 2-6)。

图 2-4　苏州园林——网师园

图 2-5　苏州园林——拙政园

图 2-6　中国传统绘画

(二)日式风格

1. 日式风格的特质

日式风格是从日本园林造景中脱胎形成的风格，其特点是精致、自然，重视选材，具有鲜明的表现、象征意味。其中，净土园林具有明显的宗教意味，以表现佛教净土景观为中心，如平等院凤凰堂池庭和毛越寺庭院。

日式风格中，最具有特点的是枯山水风格。枯山水最初是禅宗寺院的庭院风格样式，以石、砂、植被模拟宇宙、大海景观具有强烈的宗教象征意味，其构图受到中国宋朝山水绘画美学思想的影响。现在的很多住宅里，尤其是中庭中大量建造枯水山(图 2-7、图 2-8)。

图 2-7　日本传统造园

图 2-8　日本传统枯山水设计

2. 日式风格营造原则

日式风格和中式古典风格中有很多相通之处，在景观营造中，往往采取以下原则。

(1)宁曲勿直，自然生态

尽可能使用曲线，避免使用直线。道路、水道尽量保持自然生态驳岸状态。除了建筑物以外，其他因素如植被、山、水、石，都尽可能保持自然性的外观，降低人工痕迹。

(2)缩景

通过景观材料如石、砂，模仿自然界的山、河、海等景观。从表面上看，是自然景色的缩小化，实际上是在有限的空间里对人、自然、宇宙之间关系的构建，并且寄托了人类对理想景观的追求，融会了人们的审美追求(图 2-9)。

(3)借景

借景是中国古典园林中常用的方法，在日本造园中也大量使用。通过空间、视点的巧妙安排，借取园外景观，以陪衬、扩大、丰富园内景致，是使园内外景观一体化的造园手段(图 2-10)。

图 2-9　日本京都金阁寺的缩景手法

图 2-10　苏州拙政园的借景手法

(4)表现时间

通过植被搭配和色彩的处理表现季节时间的变化。比如苏铁、松树代表四季常青，枫树、樱花表现时间变化和永恒。

(5)表现精神情操

通过植被、石材等素材以及缩景、借景表现精神情操。比如巨大的石块象征主人的社会地位，竹子象征高洁的情操，苏铁、松树象征长寿等(图 2-11)。

图 2-11　日本园林中的松树

(三)规则式风格

法国园林是规则式园林的代表，其特点是强调人工几何形态。轴线是园林的骨架，布局、植被都被控制在条理清晰、秩序严谨、等级分明的几何形网格中，体现人工化、理性化、秩序化的思想。现代景观设计也往往运用这种规则式的设计方法，体现秩序性和结构美感。如纪念性广场，为了体现庄严性、秩序性，经常采用对称布局、规则化处理的方法(图 2-12)。

(四)英式自然风格

英国自由式风景园从 18 世纪开始盛行于欧洲。与规则、理性的法国园林相反，其特点是尊重自然，摒弃生硬的直线要素，大量地使用曲线，尽可能地模仿纯自然风景，体现了人们向往田园风光，歌颂自然美的精神追求。

英国自由式风景园所形成的英式自然风格，具有清新、自然、朴实的风格特点，能够给生活在城镇空间里的人们带来田园牧歌式的体验，在 19、20 世纪城市化进程中，成为比规则式园林更受欢迎的景观风格。英式自然风格逐渐走向世界，很多近代城市公园多采用此设计方式(图 2-13)。

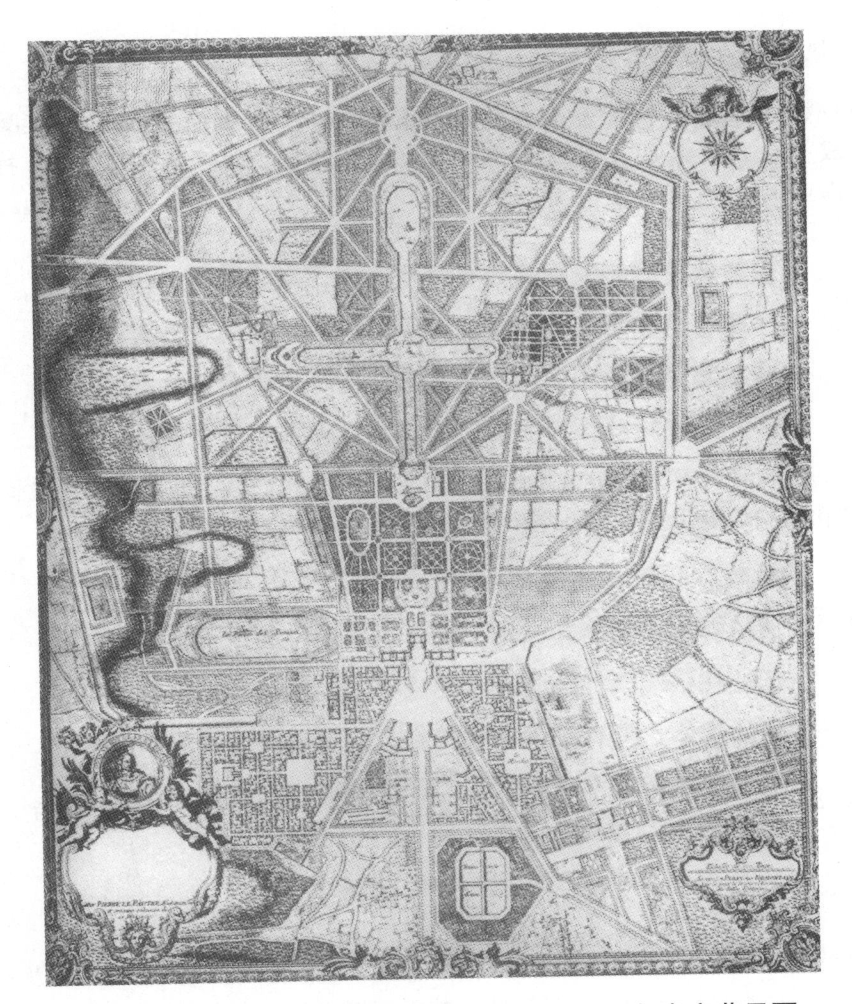

图 2-12　法国规则式风格园林的代表作——凡尔赛宫苑平面

图 2-13　英国自由风景园

(五)地域风格

不同的地域有自己的适栽植物,有自己的喜好颜色,有自己的空间形式特点,反映在景观设计上,就会形成不同的地域风格。地域风格是当地历史文化的载体,具有鲜明地方特点。如南美热带景观、东南亚风格、荒漠景观、中东风格、寒地景观、草原景观,以及各个国家地区自身的地域风格。

第三节　景观设计的空间尺度

尺度是空间环境设计要素中最重要的一个方面。它是我们队空间环境及环境要素在大小的方面进行评价和控制的度量。尺度在空间造型的创作中具有决定的意义。

一、空间尺度的概念

(一)空间尺度的分类

从内涵来说,在空间尺度系统中的尺度概念包含了两方面的内容:客观自然的尺度和主观精神尺度。

1. 客观自然的尺度

客观自然尺度可以称为客观尺度、技术尺度、功能尺度,其中主要有人的生理及行为因素,技术与结构的因素。这类尺度问题以满足功能和技术需要为基本准则,是尺寸的问题,是绝对的尺度,没有比较的关系。决定这种尺度的因素是不以人的意志为转移的客观规律。

2. 主观精神尺度

主观精神尺度可以称为主观尺度、心理尺度、审美尺度。它是指空间本身的界面与构造的尺度比例,主要满足于空间构图比例,在空间审美上有十分重要的意义。这类尺度主要是满足人类心理审美,是由人的视觉、心理和审美决定的尺度因素,是相对的尺度问题,有比较与比例关系。

3. 不同尺度的内涵

小原二郎[日]在《室内空间设计手册》一书中对尺度概念的描述比较全面地阐述了尺度四个方面的内涵。

第一,以技术和功能为主导的尺寸,即把空间和家具结构的合理与便于使用的大小作为标准的尺寸。

第二,尺寸的比例,它是由所看到的目的物的美观程度与合理性引导出来的,它作为地区、时代固有的文化遗产,与样式深深地联系在一起。

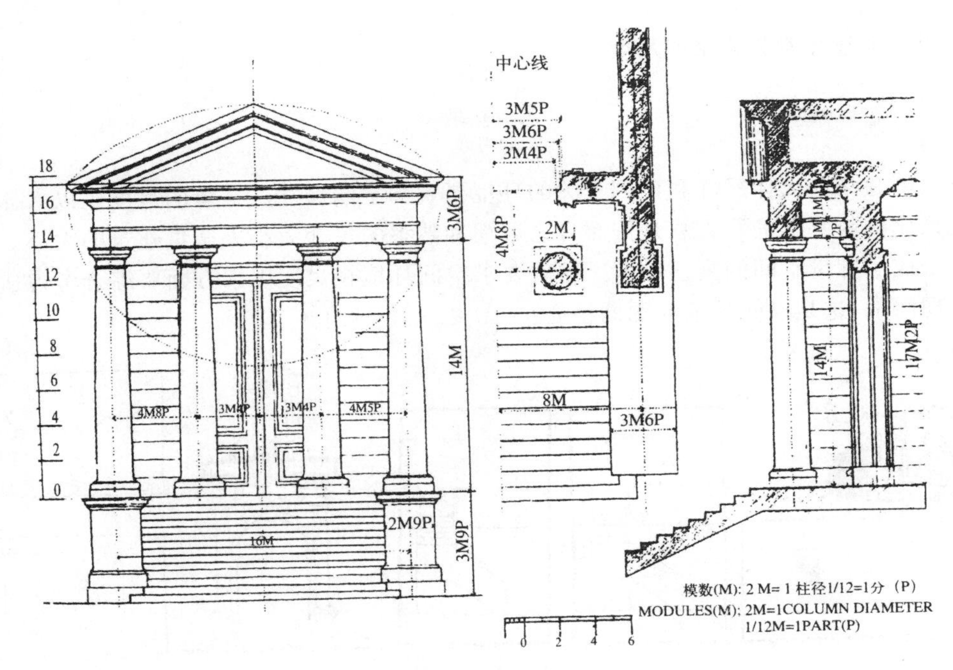

图 2-14　主观精神尺度

第三，生产、流通所需的尺寸——模数制，它是建筑生产的工业化和批量化构件的制造，在广泛的经济圈内把流通的各种产品组合成建筑产品时的统一标准。

第四，设计师作为工具使用的尺寸的意义——尺度，每个设计师具有不同的经验和各自不同的尺度感觉及尺寸设计的技法。

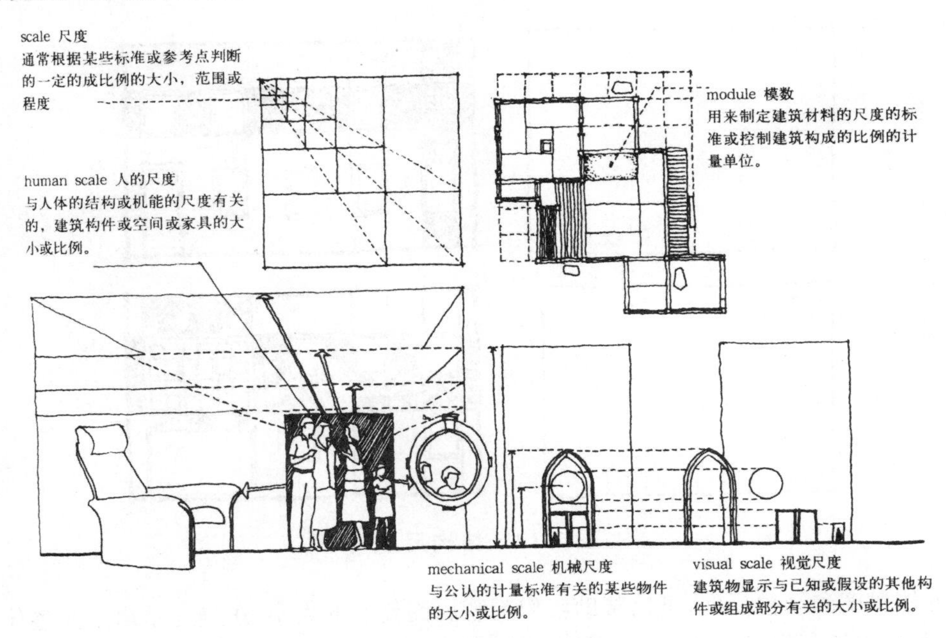

图 2-15　不同尺度的内涵

(二)与环境设计有关的空间尺度

1.人体尺度

人体尺度是指与人体尺寸和比例有关的环境要素和空间尺寸。这里的尺度是以人体与建筑之间的关系比例为基准的。人总是按照自己习惯和熟悉的尺寸大小去衡量建筑的大小。这样我们自身就变成了度量空间的真正尺度。这就要求空间环境在尺度因素方面要综合考虑适应人的生理及心理因素,这是空间尺度问题的核心。

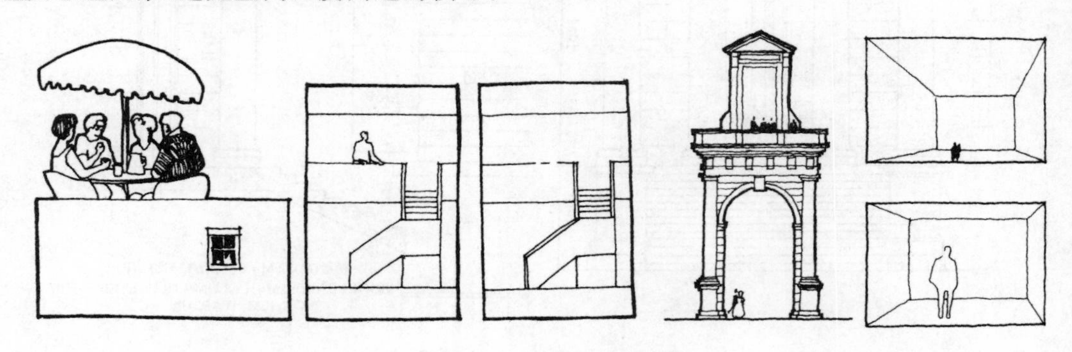

图 2-16　人体尺度

2.结构尺度

结构尺度是除人体尺度因素之外的因素,它也是设计师创造空间尺度的内容。如果结构尺度超出常规(人们习以为常的大小),就会造成错觉。

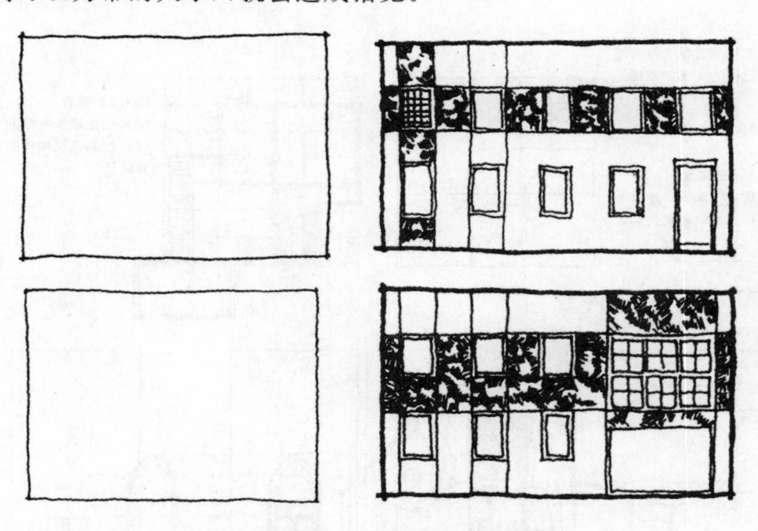

图 2-17　结构尺度

利用人体尺度和结构尺度,可以帮助我们判断周围要素的大小,正确显示出空间整体的尺度感,也可以有意识地利用它来改变一个空间的尺寸感。

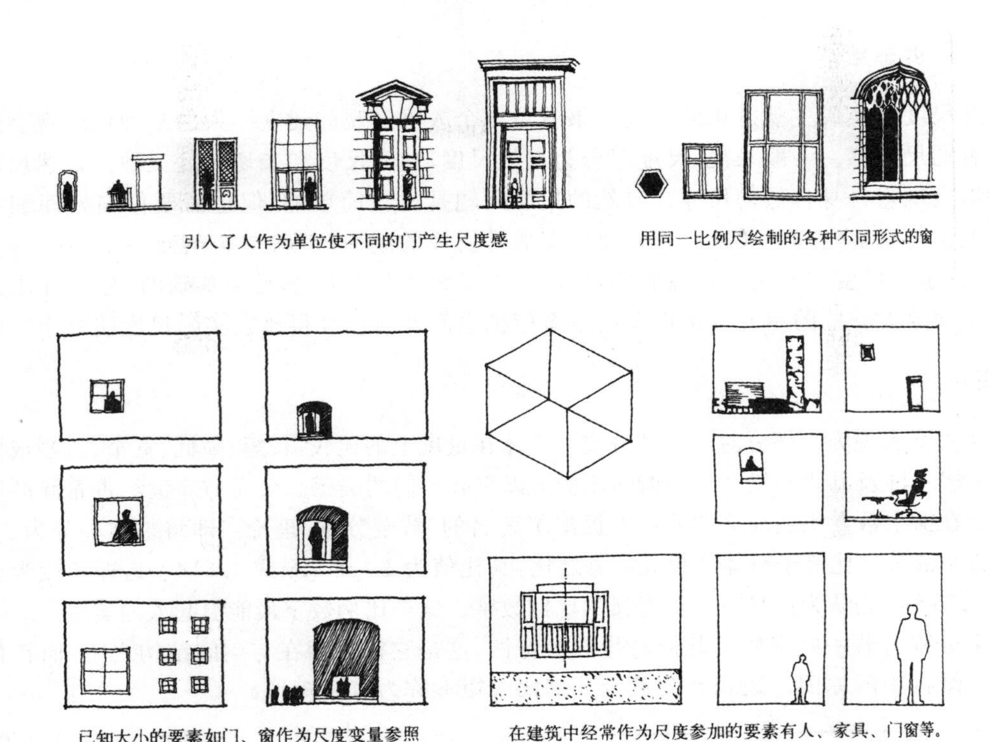

图 2-18 利用人体尺度改变周围要素大小

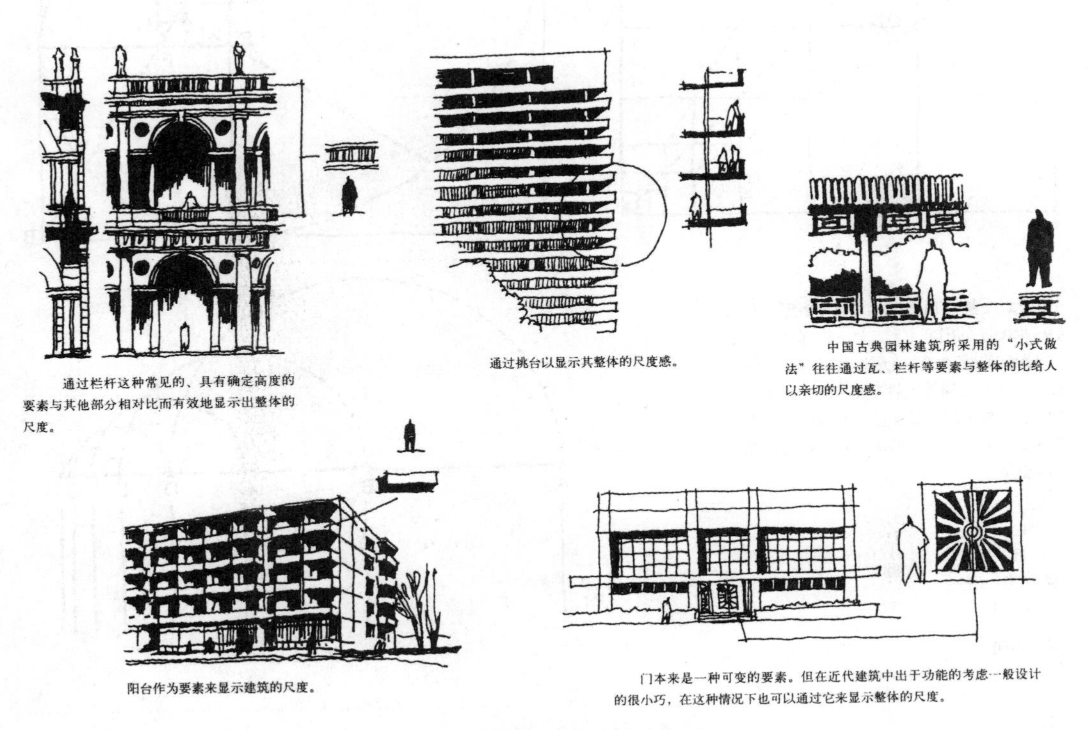

图 2-19 用结构要素来改变周围要素大小

(三)尺度感觉

客观尺度转换成主观意识的最终结果就是一个人尺度观的建立。人的某种尺度观会造成某个人特有的尺度感。一般来说,尺度感分为自然尺度、超常尺度和亲切尺度三种。自然尺度是让空间环境表现它自身自然的尺寸。自然的尺度问题是比较简单的,但也需要仔细处理细部尺寸的互相关系与真实空间的关系。超常尺度即通常所说的超人尺度,它企图使一个空间环境尽可能显得大,超人尺度并不是一种虚假的尺度,它以某种大尺寸的单元为基础的,是一种比人们所习惯的尺寸要大一些的单元。亲切尺度是希望把空间环境设计得比它实际尺度明显小一些。

(四)比例

比例主要表现为一部分对另一部分或对整体在量度上的比较、长短、高低、宽窄、适当或协调关系。它一般不涉及具体的尺寸。和谐的比例可以引起人们的美感。公元前 6 世纪古希腊的毕达哥拉斯学派在探求数量比例与美的关系上提出了著名的“黄金分割”理论。即将整体一分为二,较大部分与较小部分之比等于整体与较大部分之比,其比值为 1∶0.618 或 1.618∶1,即长段为全段的 0.618。0.618 被公认为最具有审美意义的比例数字。这个比例数字最能引起人的美感。

黄金分割有着一些奇妙的几何与代数的特性,这是它得以存在与空间结构之中,而且存在于生命机体结构中的原因。边长比为黄金分割比的矩形称为黄金矩形。

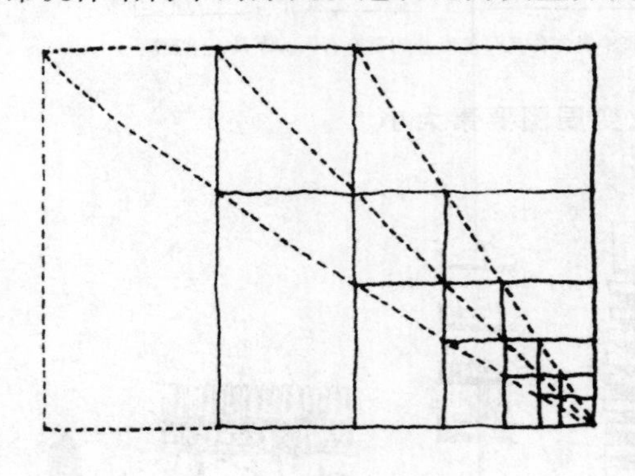

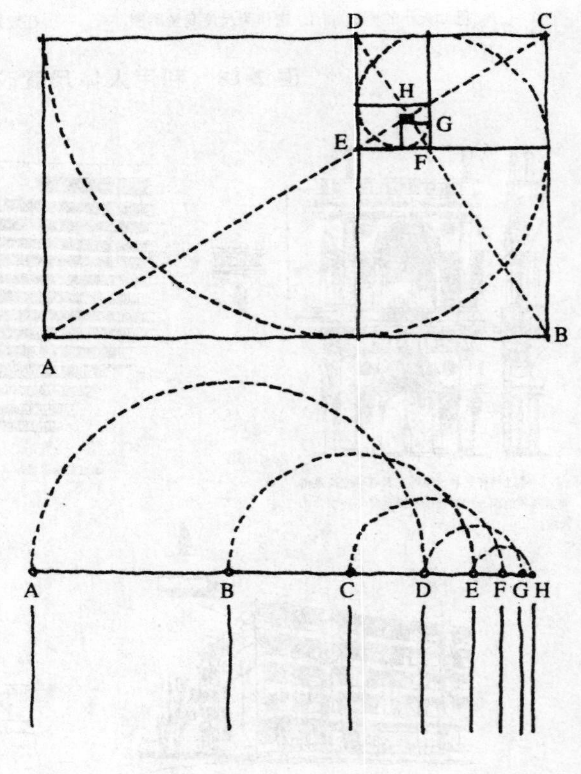

边长比为黄金分割比的矩形，称为黄金矩形。如果在矩形内以短边为边作正方形，余下的部分将又是一个小的相似的黄金矩形。无限地重复这种作法，可以得到一个正方形和矩形的等级序列。在变化过程中，每个局部不仅与整体相似，也与所有的对应部分相似。本页图示用以说明黄金分割数列的算术几何发展形式。

$$\frac{AB}{BC}=\frac{BC}{CD}=\frac{CD}{DE}\cdots\cdots=\varnothing$$

AB=BC+CD

BC=CD+DE

⋮

等等

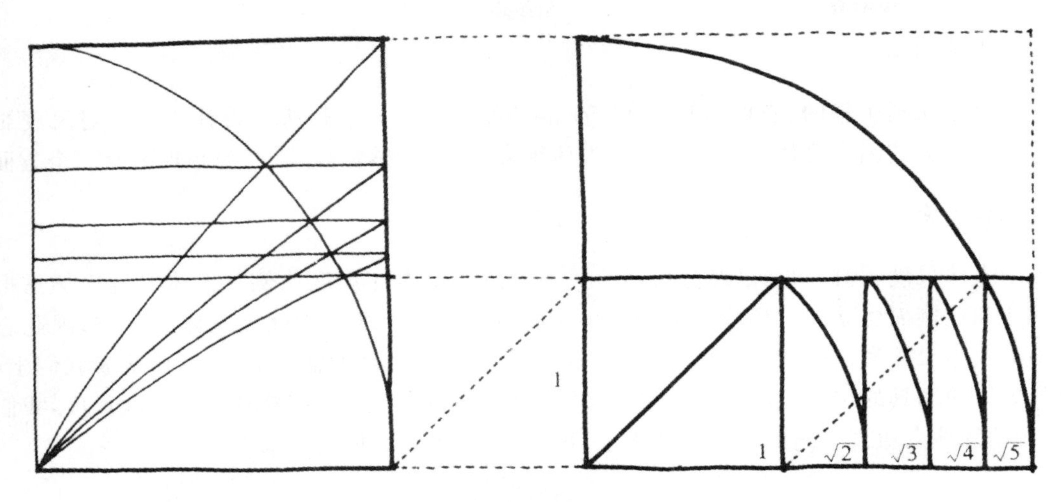

图 2-20　黄金矩形

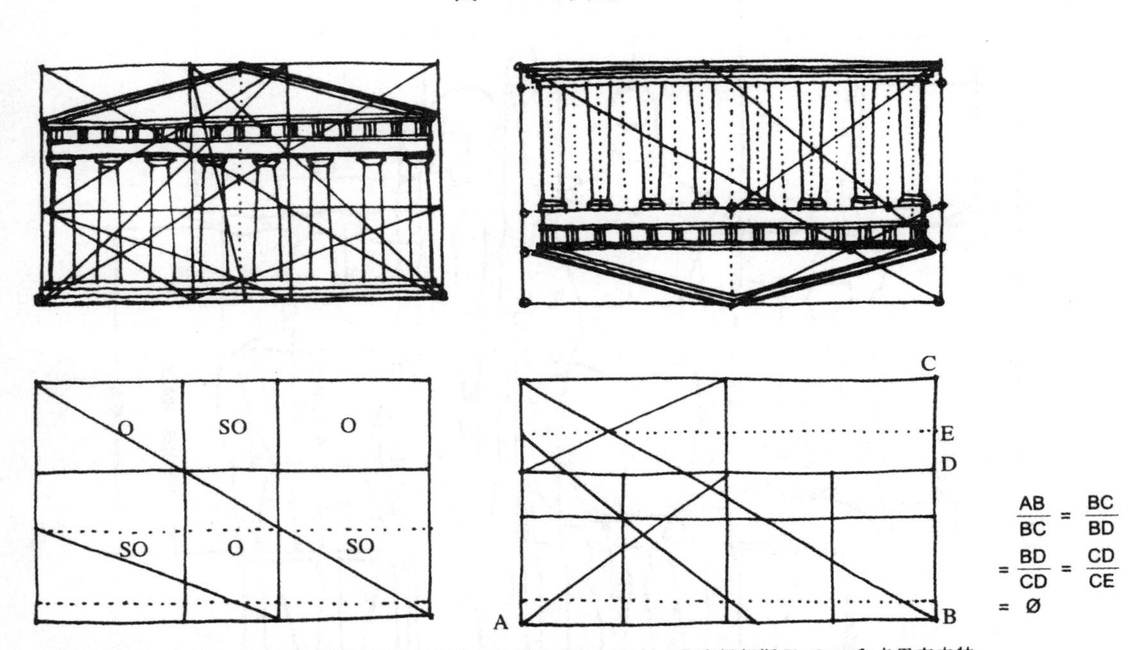

这两个分析图说明，黄金分割在帕提农神庙（雅典，公元前447～432年，依克提努斯Clctinus和卡里克来特Callicrates）正立面的比例上的运用。值得注意的是，虽然两种分析法都从用黄金分割法划分正立面入手，但证明黄金分割存在的途径不同，因而对正立面的尺寸及各构件的分布等分析效果也不相同，这是很有趣的。

图 2-21　帕提农神庙的黄金分割

二、影响尺度的因素

尺度所涉及的因素是十分复杂的。从总的方面来说，可以界定的有以下几个方面。

(一)人的因素

人的因素包括生理的、心理的及其所产生的功能的因素。它是所有设计要素中对尺度影响的核心要素。人的因素具体说来又可分为人体因素、知觉与感觉因素、行为心理因素三个方面。

1.人体因素

关于人体尺度,我们前面已经分析过。这里要讲的是人体尺度比例。人体尺度比例是根据人的尺寸和比例而建立的。环境艺术的空间环境不是人体的维护物就是人体的延伸,因此它们的大小与人体尺寸密切相关。人体尺寸影响着我们使用和接触的物体的尺度,影响着我们坐卧、饮食和工作的家具的尺寸。而这些要素又会间接地影响建筑室内、室外环境的空间尺度,我们的行走、活动和休息所需空间的大小也产生了对周围生活环境的尺度要求。

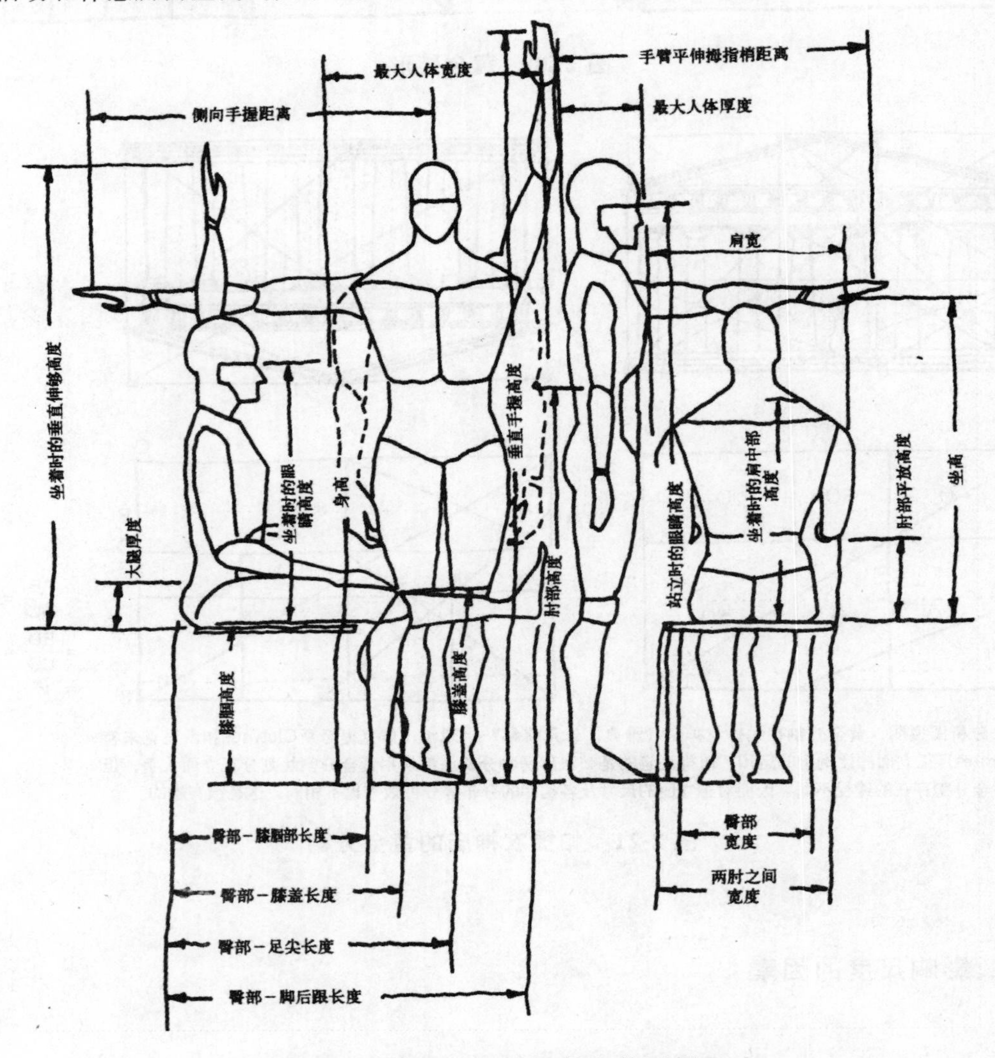

图 2-22　室内设计师常用的人体测量尺寸

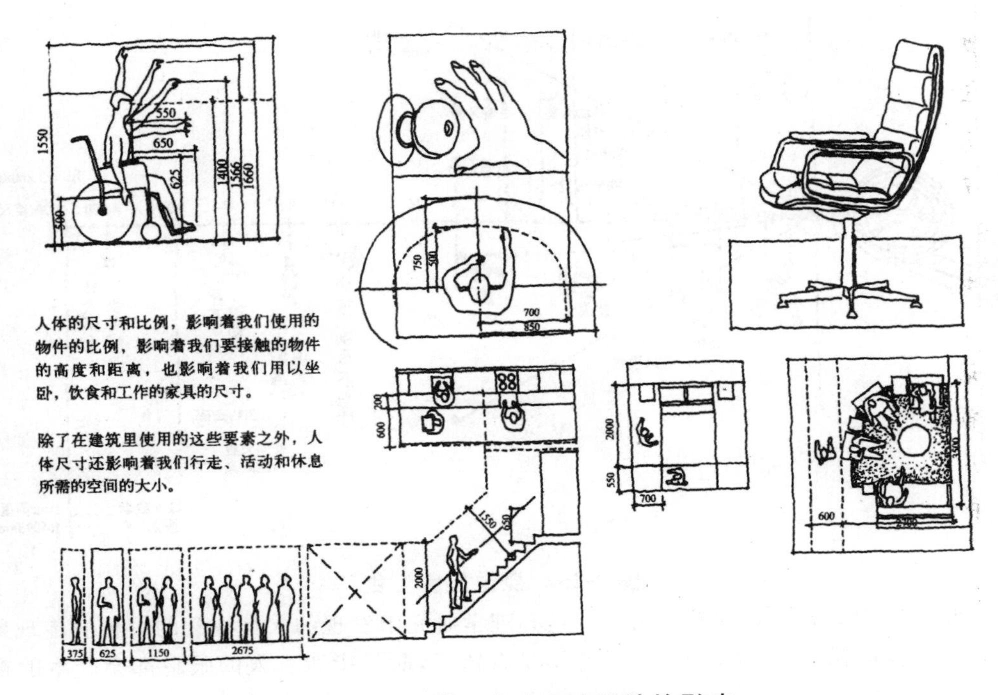

图 2-23　人体尺寸对环境设计的影响

2. 知觉与感觉因素

知觉与感觉是人类与周围环境进行交流并获得有用信息的重要途径。如果说人体尺度是人们用身体与周围的空间环境接触的尺度，而知觉与感觉因素会透过感觉器官的特点对空间环境提出限定。知觉与感觉的因素包括视觉的尺度和听觉的尺度两个方面。

(1)视觉尺度

所谓视觉尺度，是我们将眼睛能够看清对象的距离。视觉尺度从视觉功能上决定了空间环境中与视觉有关的尺度关系，比如被观察物的大小、距离等，进而限定了空间的尺度。如观演空间中观看对象的属性与观看距离的对应关系。还有展示与标志物的尺度与观看距离的关系。

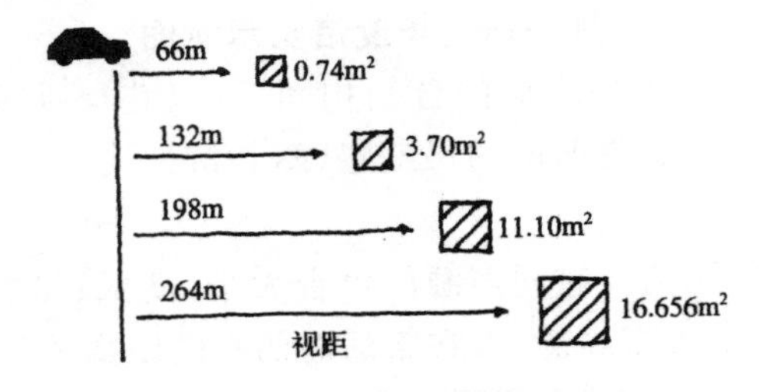

图 2-24　视觉与辨别尺度

人所处的位置对视觉尺度具有决定性的影响，如从高处向下看，或者从低处向上看，其判断结果差别极大。在水平距离上人们对各种感知对象的观察距离，有豪尔和斯普雷根研究绘制的如图 2-25 所示，由人头正前方延伸的水平线为视轴，视轴上的刻度表示了不同的尺度。

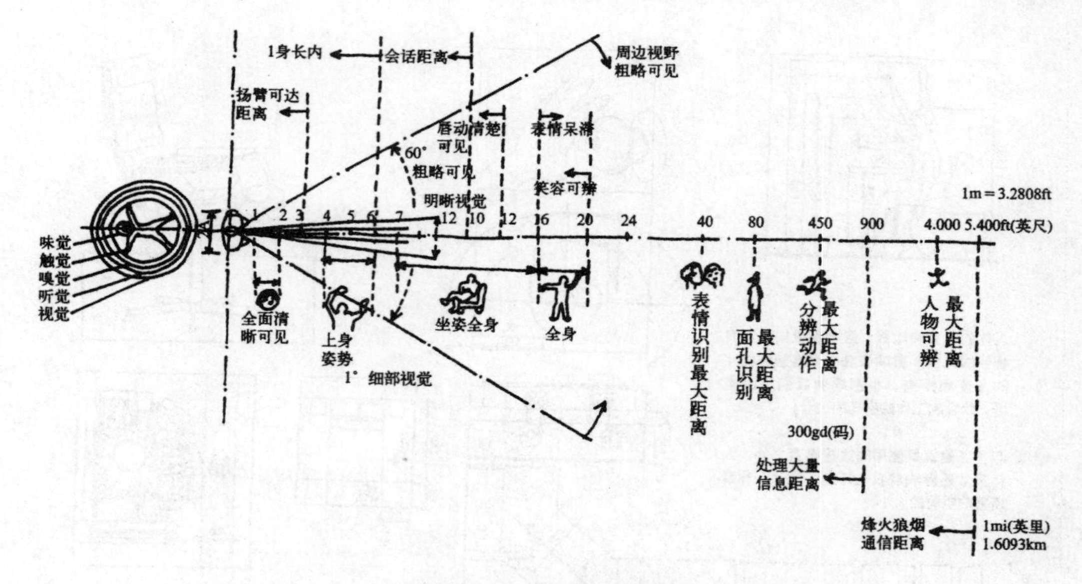

图 2-25 视觉尺度汇集

在视觉尺度中需要注意的是视错觉。是心理学研究中发现的人类视觉的一种有趣现象。例如关于直线长度的错觉(图 2-26)。错觉并不是看错了,而是指所有人的眼睛都会产生的视觉扭曲现象。

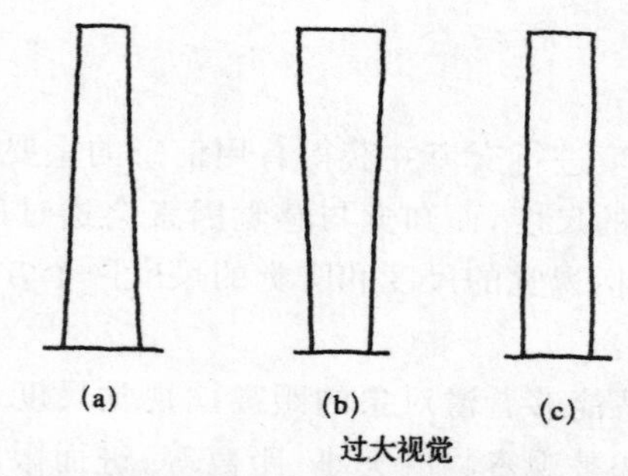

(a) 准确的几何图形;(b) 过大视觉变形;(c) 收分纠正图形

图 2-26 长度错觉示意图

利用视错觉,在建筑上增加水平方向的分割构图,可以获得垂直方向增高的效果。相同道理,没有明确分割的界面也很难获得明确的尺度感(图 2-27)。

(2)听觉尺度

听觉尺度,即声音传播的距离。它同声源的声音大小、高低、强弱、清晰度以及空间的广度、声音通道的材质等因素有关。根据经验,人在会话时的空间距离关系如下。

1 人面对 1 人,1～3m^2,谈话伙伴之间距离自如,关系密切声音也轻。

1 人面对 15～20 人,3～20m^2 以内,这时保持个人会话声调的上限。

1 人面对 50 人。20～50m^2 以内,单方面的交流,通过表情可以理解听者的反应。

1 人面对 250～300 人,50～300m^2 以内,单方面交流,看清听者面孔的上限。

1 人面对 300 人以上,300m^2 以上,完全成为讲演。听众一体化,难以区别个人状态。

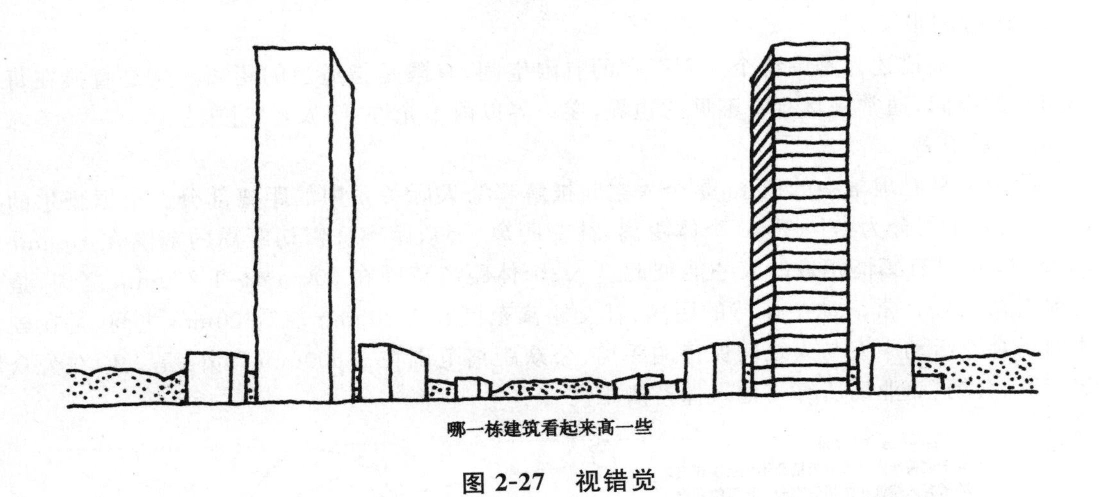

图 2-27　视错觉

3. 行为心理因素

人体尺寸及人体活动空间决定了人们生活的基本空间范围，然而，人们并不去以生理的尺度去衡量空间，对空间的满意程度及使用方式还取决于人们的心瞰，这就是心理空间。心理因素指人的心理活动，它会对周围的空间环境在尺度上提出限定或进行评判，并由此产生由心理因素决定的心理空间。

人的行为心理因素包括空间的生气感、个人空间、人际距离、迁移方式、交通方式与移动因素六个方面。

(1)空间的生气感

空间的生气感与活动的人数有关，一定范围内的活动人数可以反映空间的活跃程度。它与脸部与间距之间的比有关。图 2-28 就反映了这个关系。

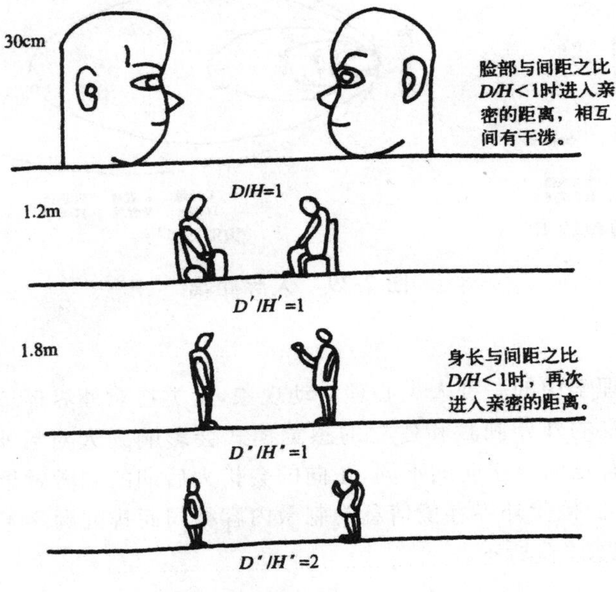

图 2-28　空间的生气感与活动人数

(2)个人空间

个人空间被描述为是围绕个人而存在的有限空间,有限是指适当的距离。这是直接在每个人的周围的空间,通常是具有看不见的边界,在边界以内不允许“闯入者”进来。

(3)人际距离

人际距离是心理学中的概念,是个人空间被解释为人际关系中的距离部分。根据豪尔的研究,人际距离主要分为密切距离、个体距离、社交距离、公众距离。密切距离的范围在 150mm~600mm 之间,只有感情相近的人才能彼此进入;个体距离范围在 600mm~1 200mm 之间,是个体与他人在一般日常活动中保持的距离;社交距离范围在 1 200mm~3 600mm 之间,是在较为正式的场合及活动中人与人之间保持的距离;公众距离范围在 3 600mm 以外,是人们在公众场所如街道、会场、商业场所等与他人保持的距离。

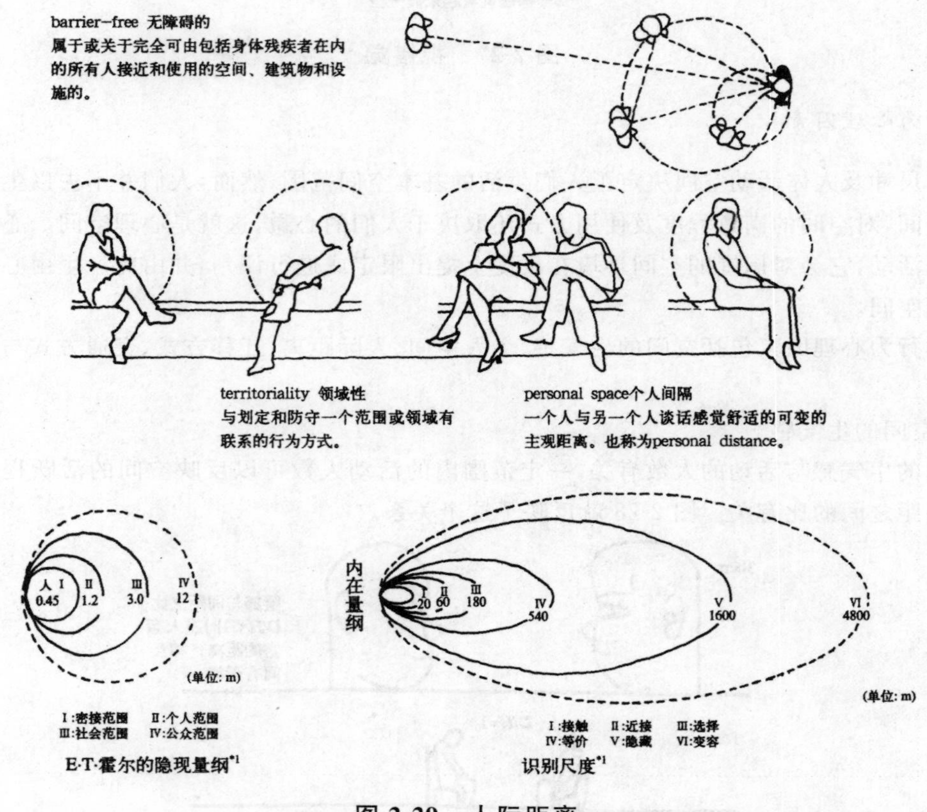

图 2-29 人际距离

(4)迁移现象

迁移现象也是心理学中的一种人类心理活动现象,人类在对外界环境的感觉与认知过程中,在时间顺序上先期接受的外界刺激和建立的感觉模式会影响到人对后来刺激的判断和感觉模式。迁移现象的影响有正向与逆向的不同,正向的会扩大后期的刺激效果,逆向的会减弱后期刺激的效果。因此,当人们接受外界环境信息的刺激内容相同而排列顺序不同时,对信息的判断结果会有显著的差异,如表 2-3 所示。

表 2-3　迁移现象

	0–500m	500m–1000m	1000m–1500m	1500m–2000m
近的				
远的				

(5)交通方式与移动因素

人在空间中的移动速度影响到人对沿途的空间要素尺度的判断。一般而言，速度慢时感觉尺度大，速度快时感觉尺度小。由于这种心理现象的存在，在涉及视觉景观设计的时候，人们观察时移动速度的不同会对空间的尺度有不同的要求，以步行为主的街道景观和以交通工具为移动看点的空间景观，在尺度大小上应该是不同的，如图 2-31 和表 2-4 所示。

表 2-4　运动中的视效时差(假定水平视角为 60°)

运动种类	视距(m) / 速度(m/s)	20	40	100	1200	1600
	1.1	20.77	41.54	103.93	1247.06	1662.77
	5.6	4.15	8.30	20.79	249.42	332.55
	11.1	2.08	4.15	10.39	124.70	166.28
	16.7	1.38	2.77	6.93	83.14	110.85

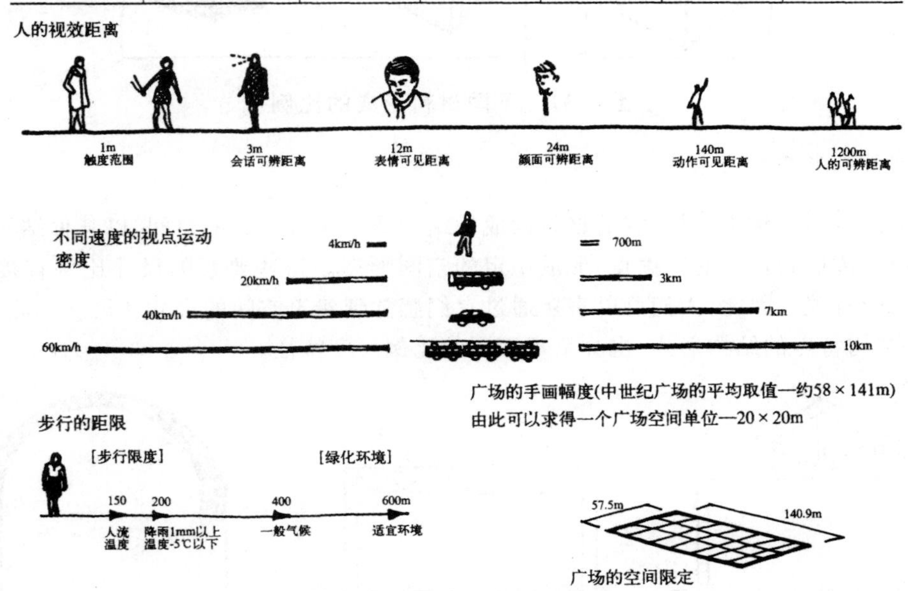

图 2-30

(二)技术的因素

影响环境艺术设计的空间尺度的技术因素主要有材料尺度和空间结构形态尺度、制造的尺度三个方面。

1. 材料尺度

之所以要研究材料的尺度，是因为所有的建筑材料都有韧性、硬度、耐久性等不同的属性，超过极限可能会引起由形变导致的材料结构的破坏。这种合理的尺度由它固有的强度和特点决定的。图 2-31 是不同材料形成的比例。

图 2-31　不同材料形成的比例

2. 空间结构形态尺度

在所有的空间结构中，以一定的材料构成的结构要素跨过一定的空间，以某种结构方式将它们的受力荷载传递到预定的支撑点，形成稳定的空间形态。这些要素的尺寸比例直接与它们承担的结构功能有关。因此，人们可以直接通过它们感觉到建筑空间的尺寸和尺度。此外，不同材料、工艺和结构特点的结构形式，也会呈现不同的比例尺度特征。

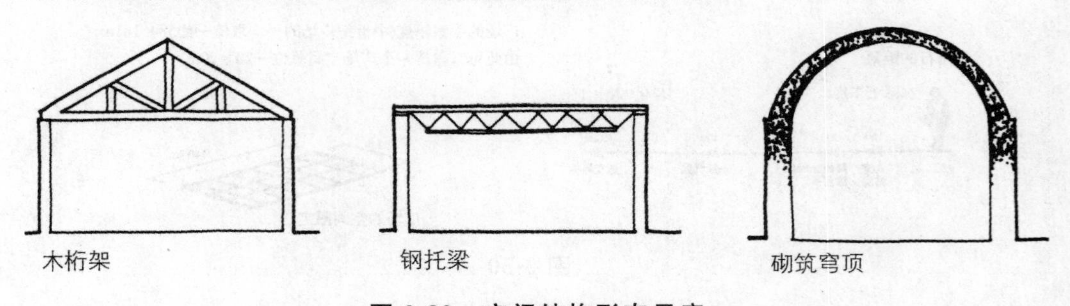

图 2-32　空间结构形态尺度

3. 制造的尺度

许多建造构件的尺寸和比例不仅受到结构特征和功能的影响，还要受到生产过程的影响。由于构件或者构件使用的材料都是在工厂里大批生产的。因此它们受制造能力、工艺和标准的要求影响，有一定的尺度比例。同时，由于各种各样的材料最终汇集在一起，高度吻合地进行建造，所以工厂生产的构件尺寸和比例将会影响其他的材料尺寸、比例和间隔。

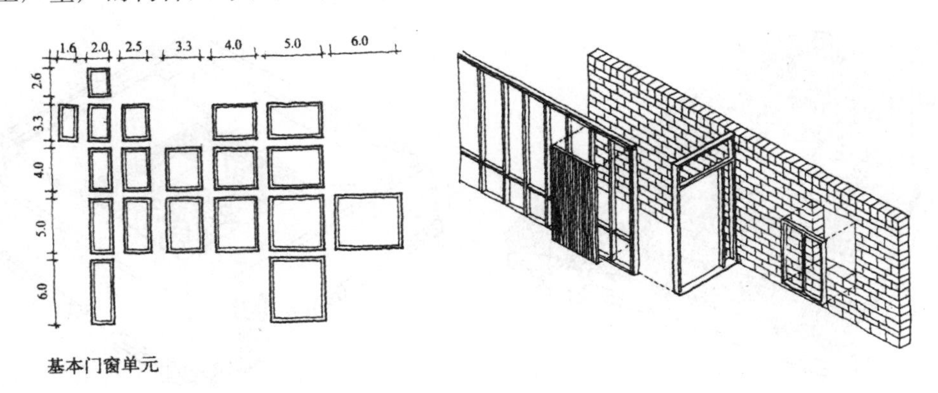

图 2-33　尺寸和比例影响

(三)环境的因素

1. 社会环境

影响环境艺术设计的社会环境因素有不同的生活方式和传统建筑文化两个方面。不同的生活方式是由于社会发达程度和文化背景、历史传统的不同而造成的。而传统建筑文化中的很多因素是由于纯观念性的文化因素控制的。如中国文化认为 6、8、9 等的吉祥涵义常使得很多尺度的界定都由这些数字或它们的倍数决定。

图 2-34　兰斯大教堂

图 2-35　法隆寺

2.地理环境

各地不同的自然地理条件也对空间尺度产生影响。如北方气候寒冷,冬季时间长,所以建筑的整体上更加封闭,而中间的庭院则为了获得更多的日照而比较宽敞,整个空间的比例为横向的低平空间。在南方,夏天日照强烈,故遮阳为首要考虑的因素,从而在建筑上将院落缩小为天井,天井既可以满足采光要求,又有利于通风和遮蔽强烈的日光辐射。

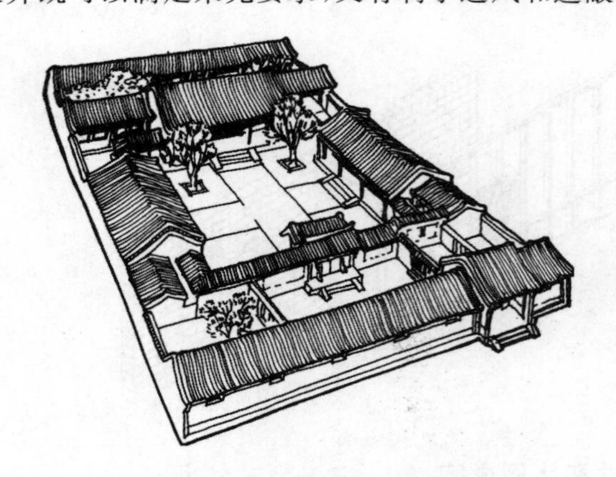

图 2-36　北京四合院

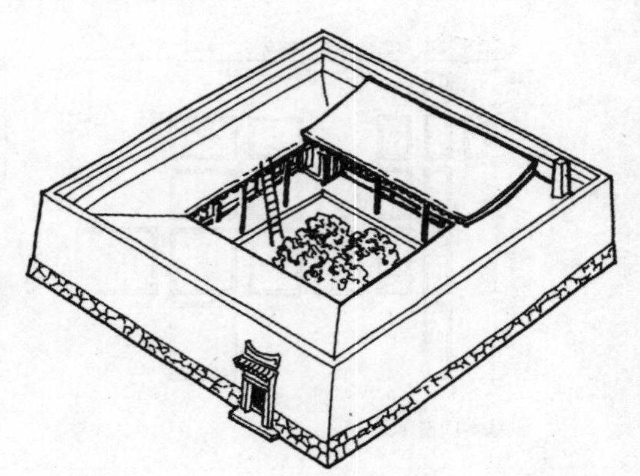

图 2-37　青海"庄巢"民居

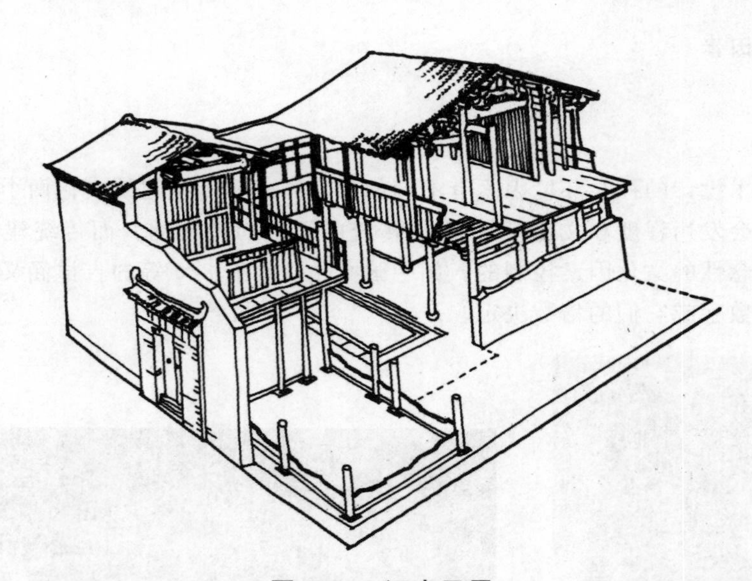

图 2-38　江南民居

三、不同范围的尺度

三维空间的尺度范围是十分广泛的,我们无法一一对其进行分析。因此,我们这里所说的主要是环境艺术设计所能设计的空间范围,它包括自然环境尺度和人工环境尺度两个方面。

自然环境指人类生活的地球表面大气圈以内的部分。它是自然界按照自身的运动规律发展演化而成，在空间的尺度比例上是地球地质运动的结果，不以人的意志为转移，但会对人类创造的人工环境的尺度比例产生影响，如狭小地域会产生小巧精致的人工的环境，而广阔的山河产生恢弘壮阔的建筑风格。

人工环境指人类在自然环境的基础上通过自身的选择和改造创造的次生的二次环境。它是人类社会发展与演进的结果。在人工环境中，环境艺术设计的尺度是由人的价值取向决定的。

现代意义上的环境艺术在空间尺度上跨越了不同专业的尺度范围。

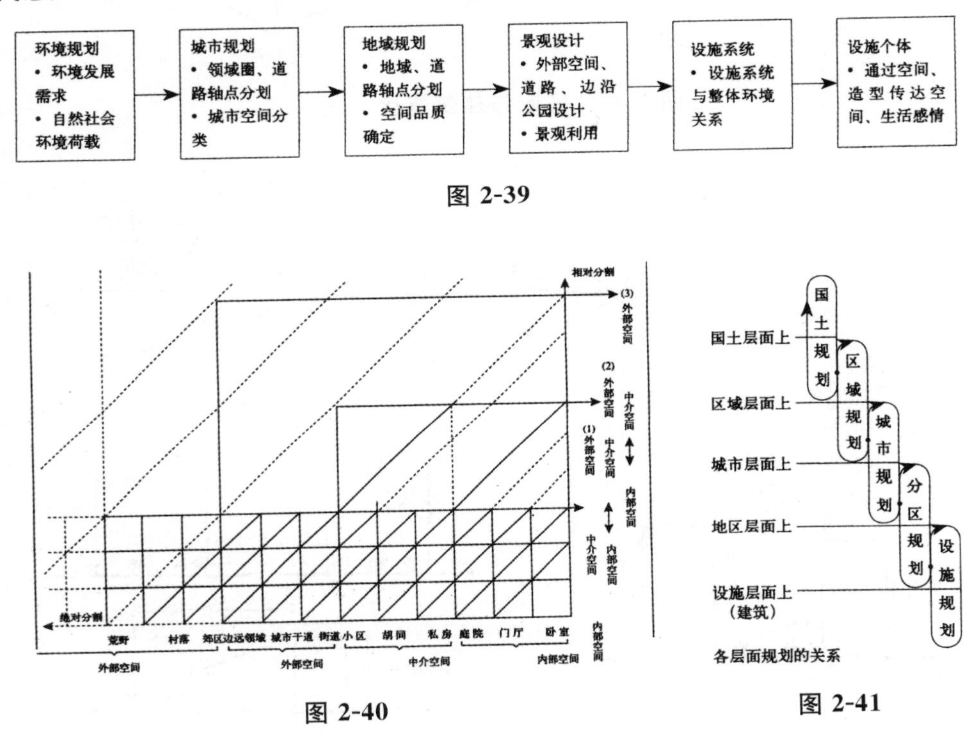

图 2-39

图 2-40

图 2-41

四、各类环境艺术设计中的空间尺度

（一）规划与景观设计的空间尺度

规划与景观设计的尺度形成，是地理环境、城市功能、经济结构、文化背景、技术发展和历史演变等因素的综合结果。它更多的侧重视觉与空间造型。因此，在空间尺度上更多的是视觉、心理方面的考虑。与视觉尺度、心理尺度有关的尺度问题也成为规划与景观设计的空间尺度核心。

1. 视觉空间尺度

视距与建筑高度的比例影响空间感的产生。随着比值的变化，空间会呈现私密性或开放性的不同空间情态。

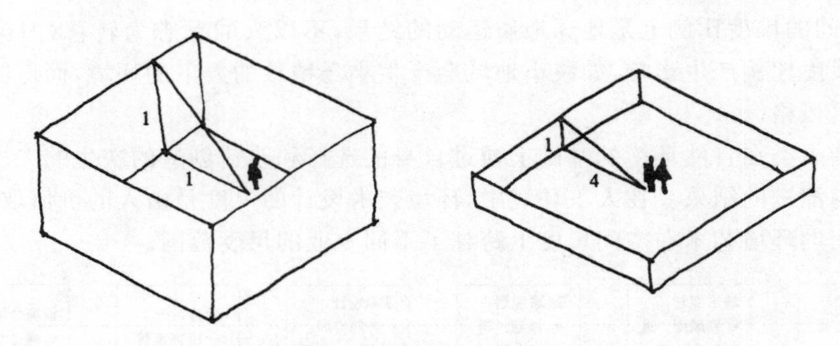

图 2-42　视距与建筑高度的关系

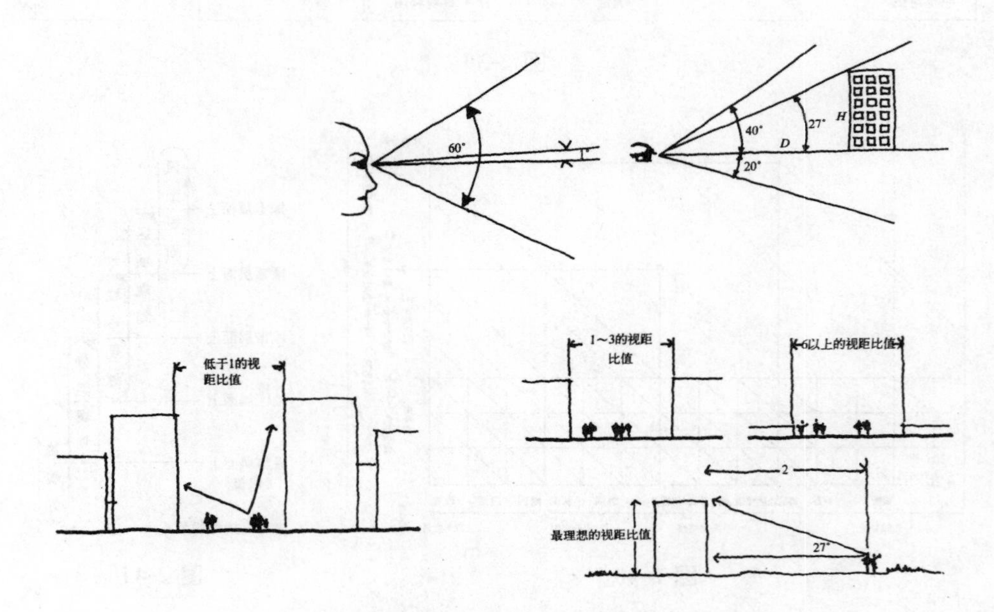

图 2-43　视距与建筑物对空间情感的影响

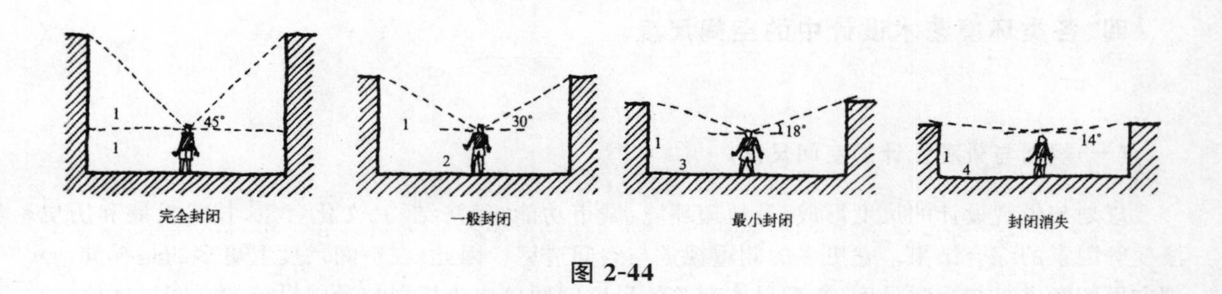

图 2-44

2. 心理空间尺度

心理空间尺度以整体环境和空间为背景。它们往往反映或象征一个地区的历史、经济、文化、政治、疆界和行政等级。

在心理空间尺度中，需要注意的是行走的尺度比例。人作为步行者活动时，一般心情愉快的步行距离为 300m。超过它时，根据天气情况而希望乘坐交通工具的距离为 500m。骑自行车时为 2 000m～3 000m 感到轻松自如，超 5 000m 人就感觉费劲了。总之，能看清人存在的最大距离为 1 200m，不管什么样的空间，只要超过 1 600m 时，作为城市景观来说可以说是过大了。

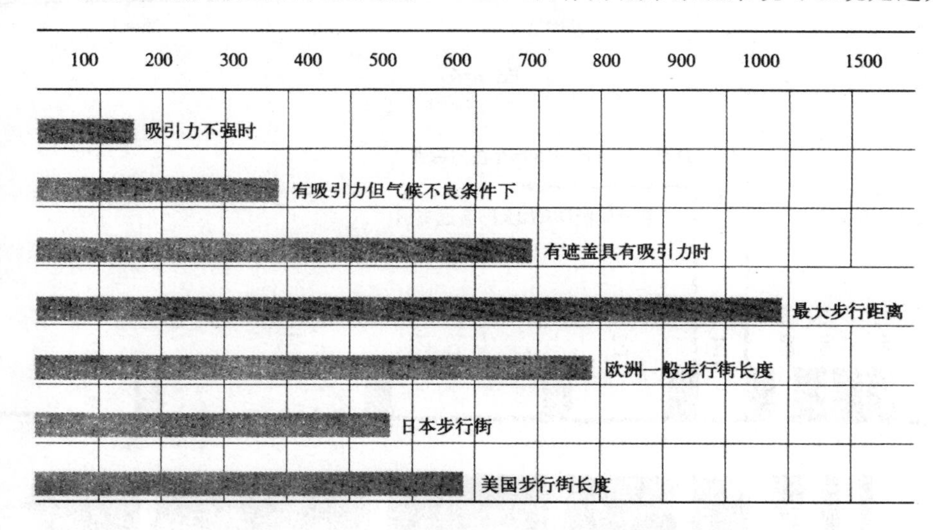

图 2-45　不同条件环境中的步行距离控制

3. 外部空间尺度

城市外部空间环境（建筑以外的和周围的）与景观是视觉尺度考虑的重点。它包含的内容如图 2-46 所示。

外部空间尺度与周围空间构成要素、空间要素的间距有关。它与周围空间构成要素的关系表现在：当 D、H 之间的比大于 1 时，空间感弱，有远离感；小于 1 时空间感强，有紧迫感。

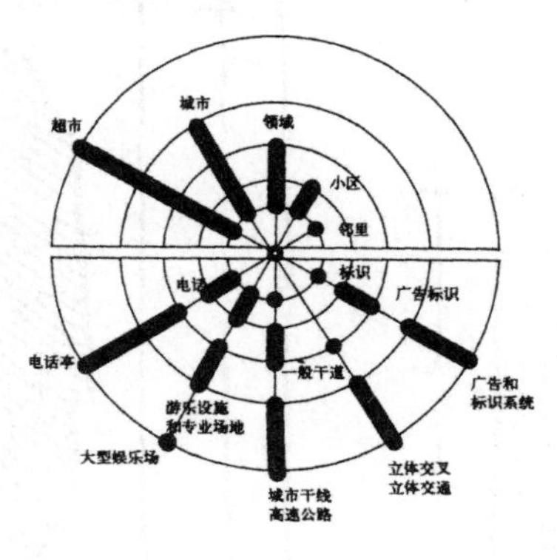

图 2-46

在特定的空间和场所中，参照物和基本构件之间的距离，在同一要素中，间距过小将呈现一体化的特征；而距离过大相互间的连接趋势又减弱。其最佳距离的选择要根据物体本身特点、场所的环境性质及人的使用和心理要求。一般来说同类要素的空间相对距离不宜超过 D/H＝2（平面距离不小于两者高度之和）。

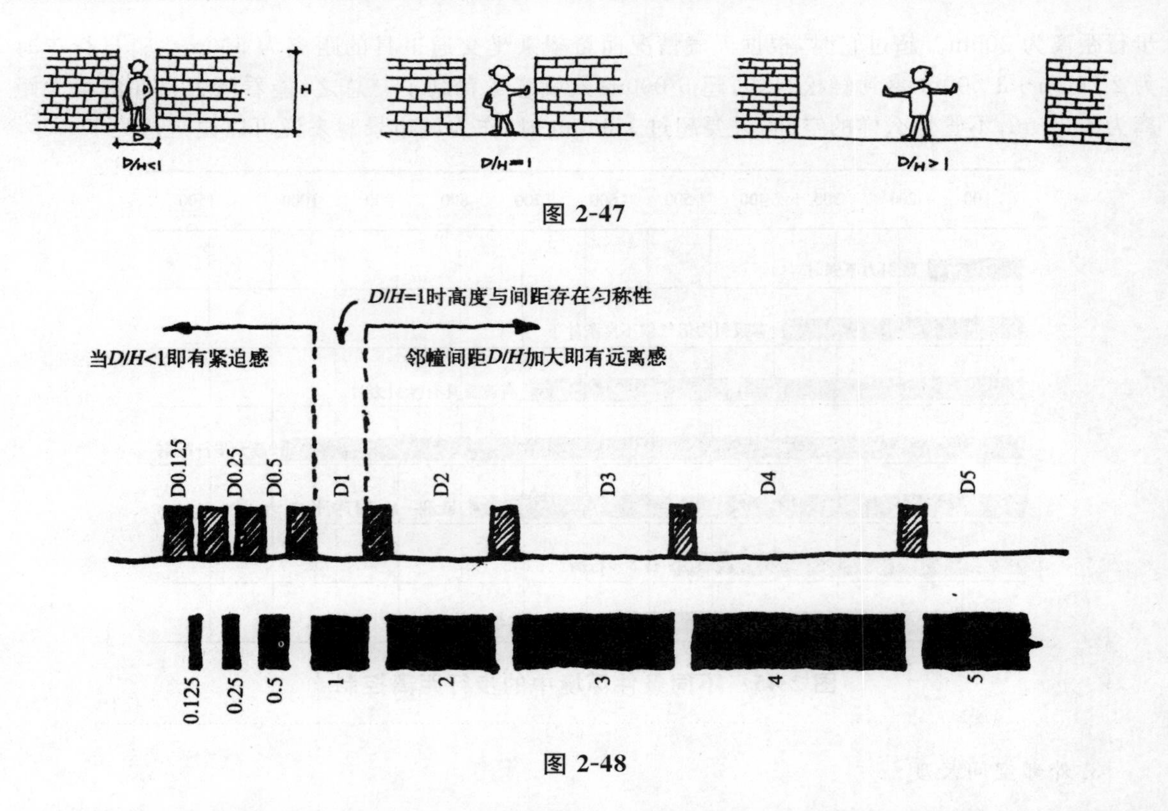

图 2-47

图 2-48

在规划与景观设计中，值得一提的还有功能性的尺度。它是由于很多具体的技术功能性问题而对尺度提出的不同参照体系。

图 2-49　交通工具尺度对道路设施的影响

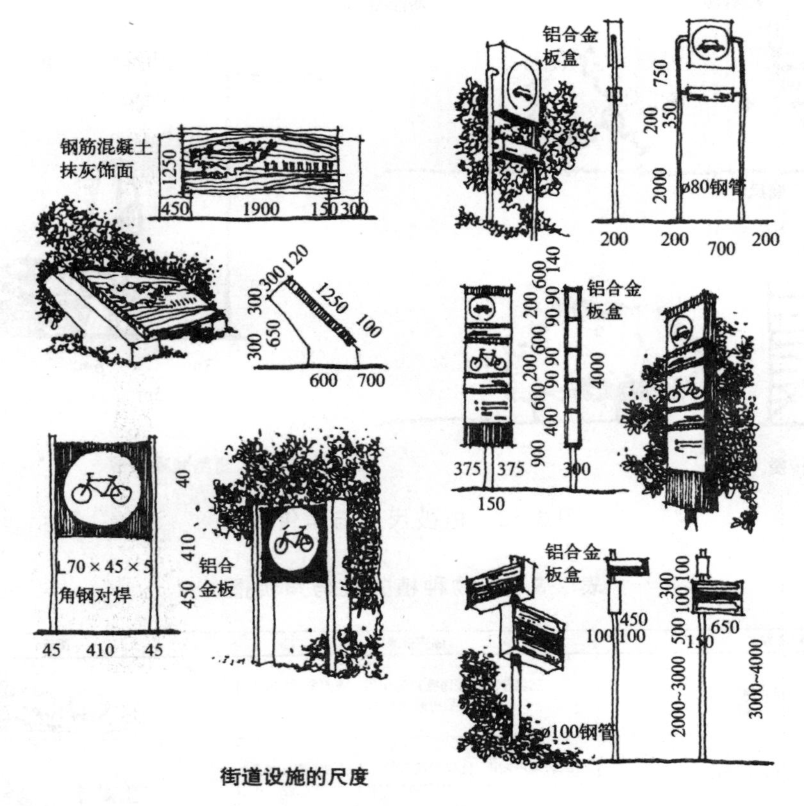

图 2-50　道路设施的尺度

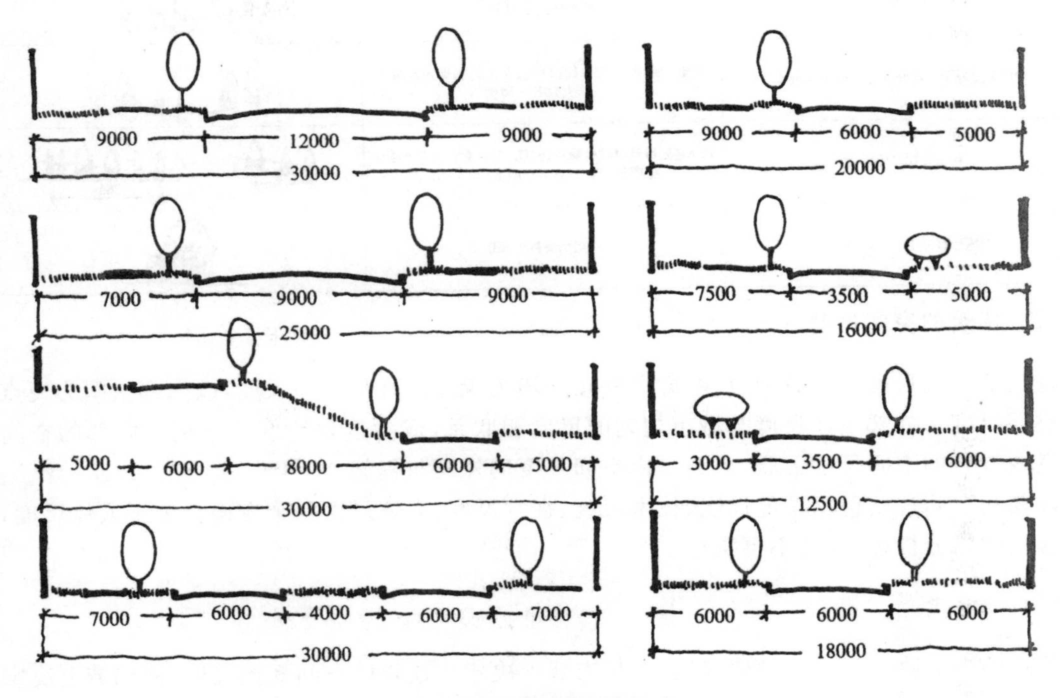

图 2-51　道路断面尺度

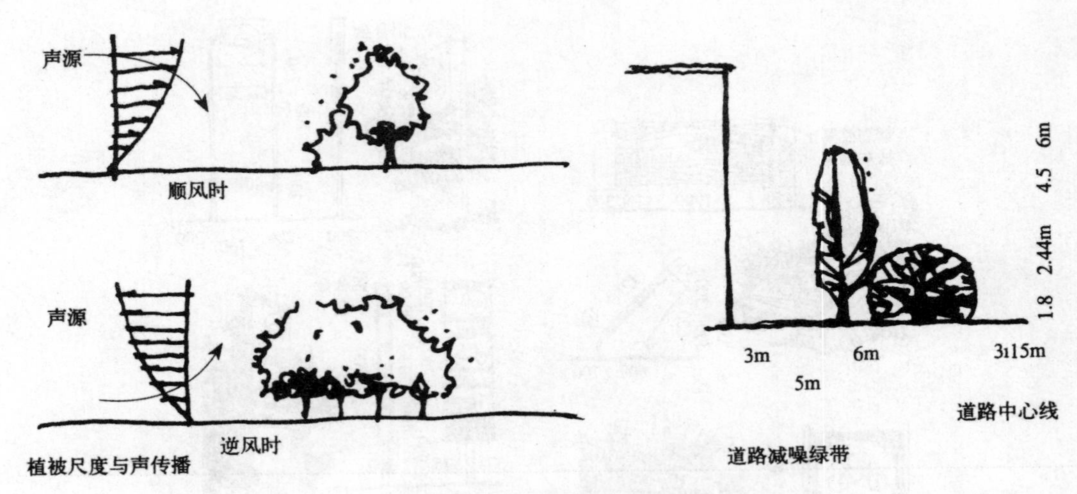

图 2-52　植被尺度与声传播

表 2-5　植物种植方式与声传播

种植方式	隔声效果	图示
种植单排树	对二、三层建筑有减弱噪声的作用，噪声穿过12m宽的叶层后可减少12dB左右	
种植塔状树冠的乔木	可减弱噪声9dB，比仅种植落叶乔木时的噪声减弱量大4dB～5dB	
种植多排乔木	对低于树冠的空间只减少5dB；对高于树冠的空间，减弱量大于12dB	
种植常绿乔木、落叶乔木、灌木及绿篱	可减少噪声12dB，比仅种植乔木时的噪声减弱量大5dB～7dB	
种植多排常绿乔木	18m宽的绿带可减少噪声16dB，36m宽的绿带可减少噪声30dB，较自然衰减多10dB～15dB	18m　36m
种植一行乔木、一行高绿篱	可减少噪声8.5dB	

(二)建筑的空间尺度

建筑的空间尺度存在着两重性，即以外在环境为视点的外部空间尺度，以内部空间为视点的内部空间尺度。外部空间尺度与城市规划的尺度相联系，成为规划尺度的末梢。内部的空间尺度与室内设计的空间尺度关联，成为室内空间尺度的外延与框架。

建筑的空间尺度包括功能尺度、技术尺度、视觉尺度、人体尺度四个方面。关于人体尺度，我们在前文中已分析过，在此不再赘述。

1. 功能尺度

建筑的功能决定了主要的建筑尺度，从宏观上决定了建筑的空间规模尺度，从细节上决定了建筑的功能构造尺度。有关空间规模问题，与室内关系最密切的乃是为适应各种生活行为所需

的空间功能的尺寸。对于规定了特定行为的空间，通过整理归纳其规模、水准，可以作为人口密度及人均面积的参考。

表 2-6 因素空间的规模水准

面积m³/人	0.2　0.3　0.4　0.5　0.6　0.7　0.8　0.9　1.0　2.0　3.0　4.0　5.0　6.0　7.0　8.0　9.0　10.0
密度人/m	9　8　7　6　5　4　3　2　1　0.9　0.8　0.7　0.6　0.5　0.4　0.3　0.2　0.1　1000人/hm²
休息交谈	(沙发·桌子 通道)；候机厅(椅子·通道)；客厅(科隆规格)；(沙发·桌子·电视 音响·通道)
就餐	咖啡馆(桌子)；青年旅馆食堂；餐厅(4人座·通道)；圆形；直列；住宅餐厅(科隆规格)；餐厅(餐桌·椅子·通道)；同左桌子
办公作业	办公室；桌子·侧桌·通道；86×152；15×120 设计室(制图板·辅助条通道)；(桌子)；办公楼(标准层)
学习	(桌子·椅子)×桌子·椅子(大人)；×教室；12人座　8人座　1人座；图书馆
看戏	座席的空间；无靠背；扶手；无扶手；移动椅子；固定座位；礼堂群众席
睡眠	双人床；青年旅馆；单人间 双人间 双人单间 87 82 81(hant)；旅馆；旅馆客人座位；住宅；床；病房；5床；单间
购物	宴请会·促销会；通道；收银台·通道；小卖部·小餐厅·百货商场；商店
排泄	MIN　MED　OPI；日式；西式
移动与等待	站立最大密度；电梯(短时间容许最大密度)；在走廊上人员拥挤不能步行；四人乘汽车；电车 客车(普遍车)；等待空间(会员站立·静止·电梯厅等)；等待(25%就座，从一方接近)；等待(50%就座，可以穿插，机场等)；公共建筑中公共的部分面积

2. 技术尺度

技术的尺度受环境条件、结构技术等客观因素的限制具有一定的客观性。总的来说，建筑的尺度控制是在满足功能的前提下，由各种技术条件综合作用的结果。

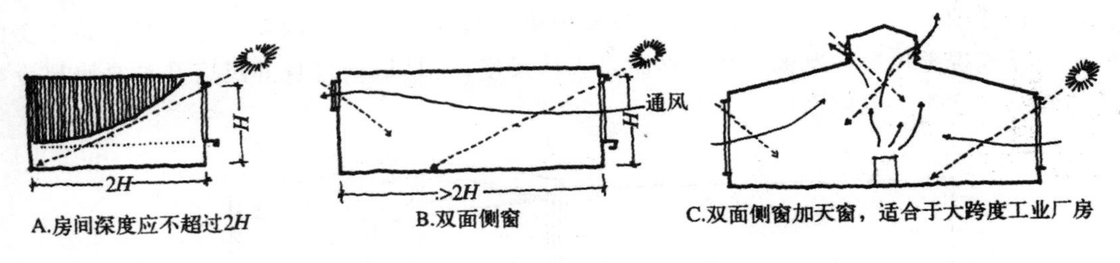

图 2-53 几种开窗形式

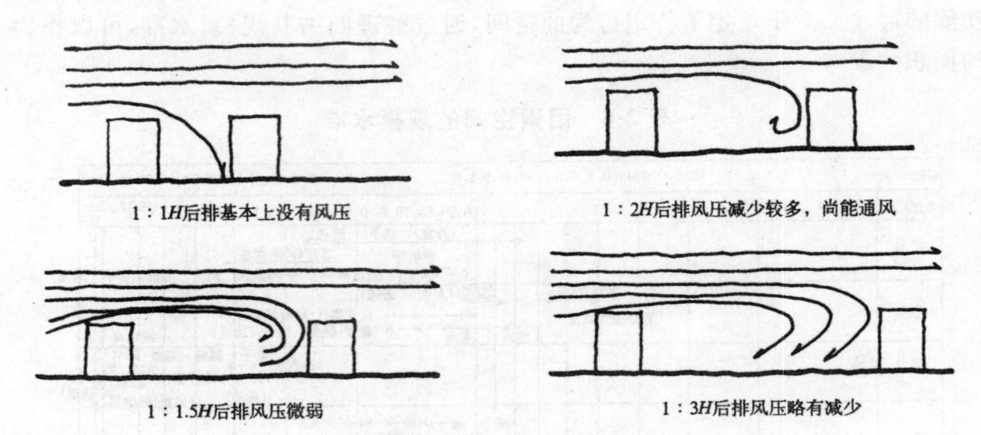

图 2-54　住宅间距对气压变化的影响

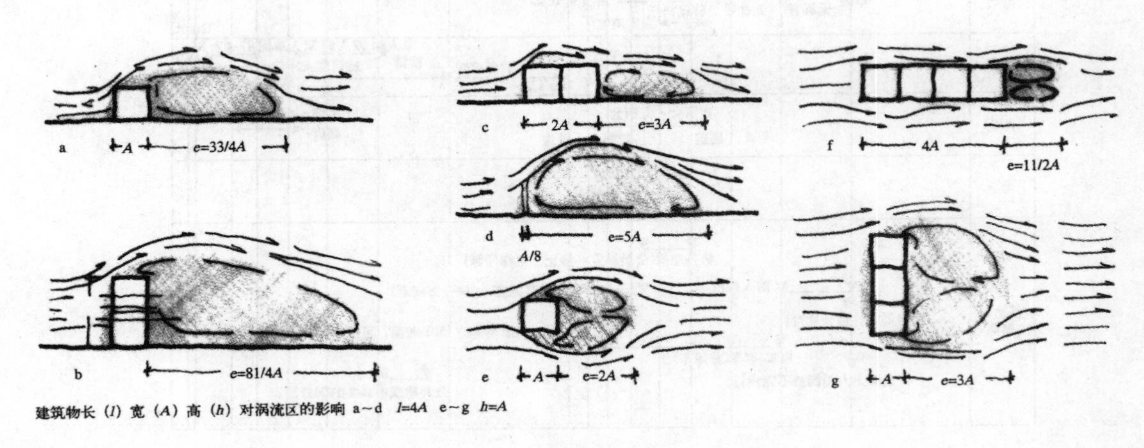

图 2-55

3. 视觉尺度

在建筑设计中，视觉尺度这一特性是建筑呈现出恰当或人们预期的尺寸。它是建筑审美的重要因子。建筑视觉尺度评判的重要参照系是人体尺度，人是根据自身的尺度及与自身尺度密切关联的建筑要素作为参照系。

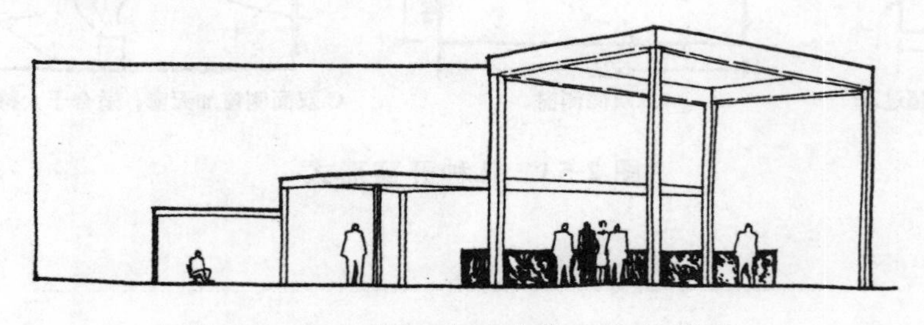

图 2-56　人体尺度对建筑尺度的影响

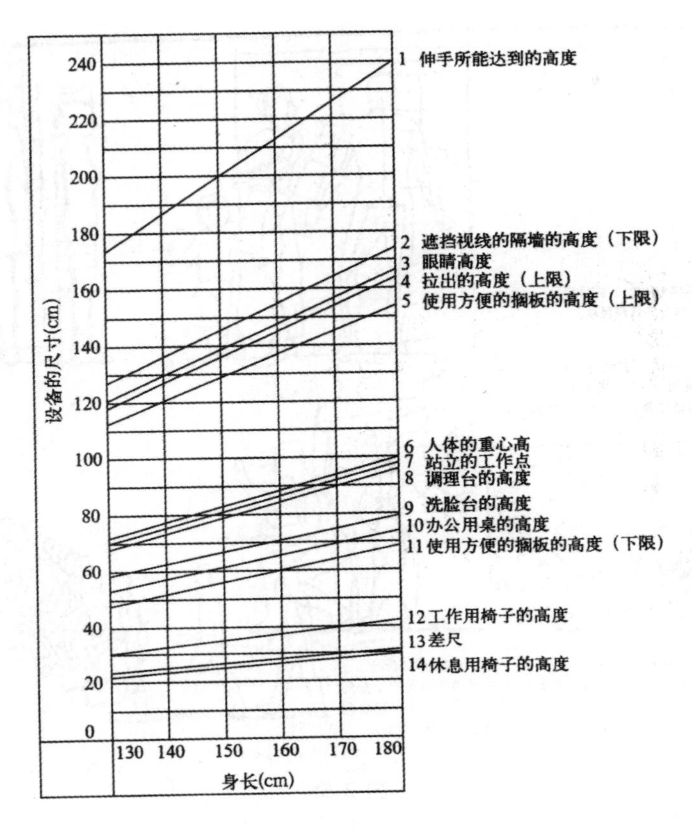

图 2-57

在建筑的空间尺度中还要注意的是对城市建筑尺度的控制。城市建筑尺度控制是从城市的整体区域角度出发，对大体和群体建筑密度、平面尺度、高度、立面尺度实行的尺度控制。这种尺度控制除了针对建筑本身，更主要的是协调建筑与其他城市构成要素之间的关系，使整个城市按照预定的城市功能合理地组成有机的整体。

(三)室内的空间尺度

在室内空间形象与尺度系统中，尺度的概念包含了两方面的内容。一方面指空间结构设施的尺度；另一方面指室内空间中人的行为心理尺度。在室内空间结构设施的尺度中包括了家具的尺度、装饰构件的尺度、常用器物与设备的尺度，在人的行为心理尺度中包括了人体尺度、使用功能行为的尺度、心理的尺度等。

人、物是构成室内空间的基本因素。人决定了物体的尺寸，物与人的空间加人体活动空间决定了室内空间的基本尺度。因此，分析室内的空间尺度，首先要分析人体尺寸。

人体尺寸是室内空间尺度中最基本的资料之一，它具有动态和静态的两部分内容：静态是指静止的人体及其相应的尺寸，即人体的大小和姿势与建筑构件或家具之间的对应关系；动态是指人们以生活行为为中心移动时所必需的空间以及人和物组合的空间为对象所需要的尺寸。在环境空间领域中动态的尺寸更重要。

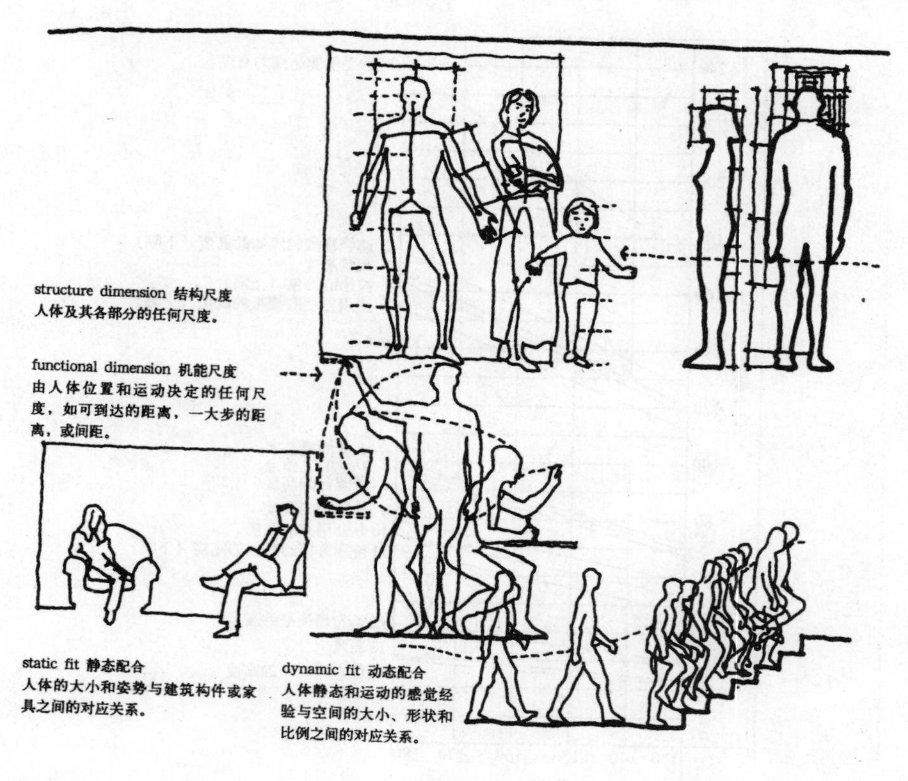

图 2-58

人体运动又产生了动作空间①与机能尺度。它是由人体运动和位置决定的。活动时的动作空间可以在身体活动范围与机械的空间组合起来处理。人与物占用空间的大小要视其活动方式而定。

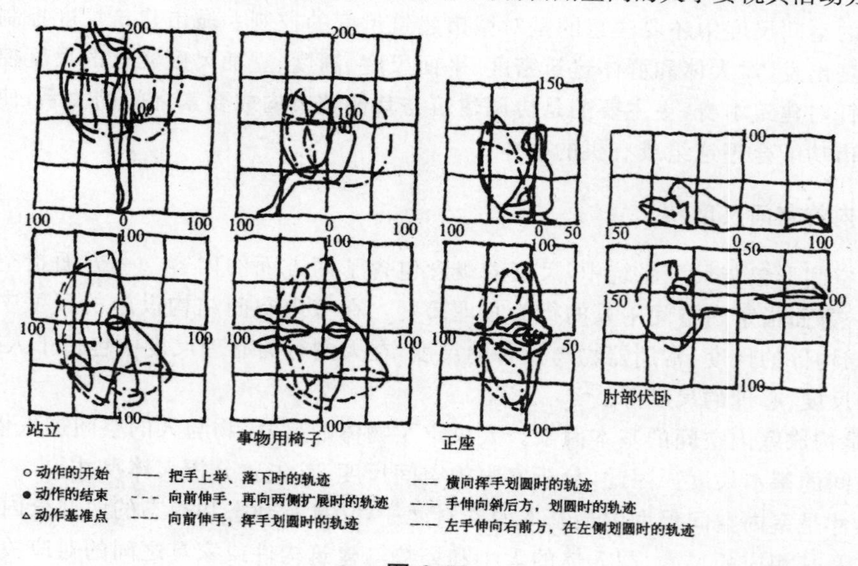

图 2-59

① 人在一定的场所中活动身体的各个部位时，就会创造出平面或立体的动作空间领域，这就是动作空间。

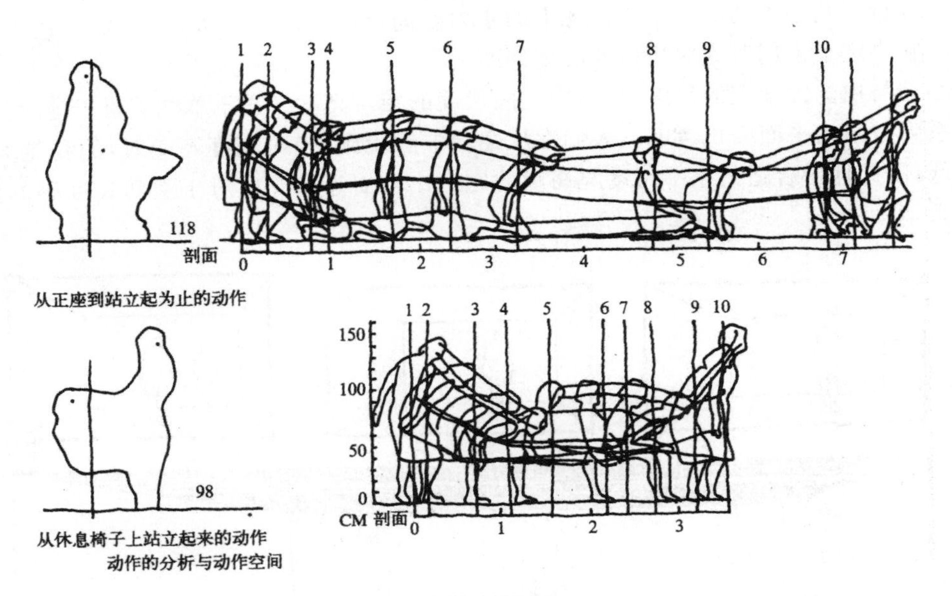

图 2-60

以人体尺度为设计标准的除了室内空间设计外，还有家具设计。家具起到了联系人和空间的媒体作用。它是构成室内空间的重要因素之一。家具不仅为人们的生活提供功能上的便利，家具的形状、材质、大小及布置会很大程度地营造房间的气氛。

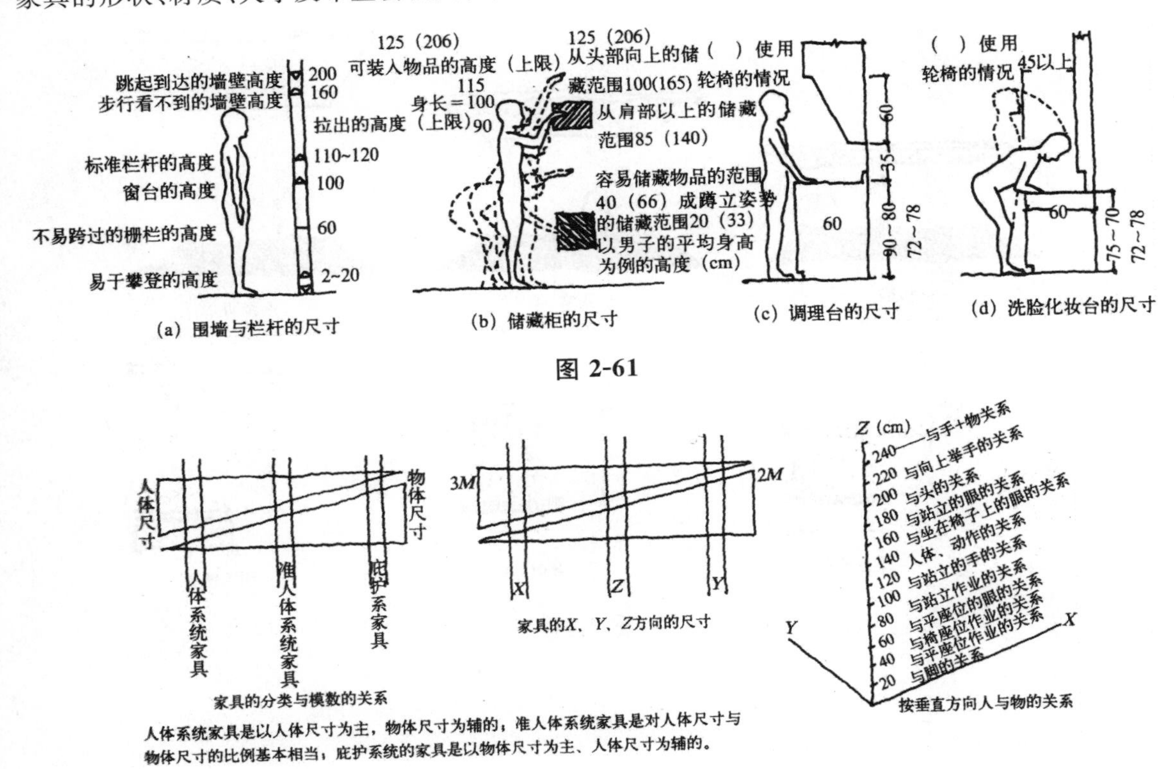

图 2-61

图 2-62

以上分析的是基于功能与结构考虑上的室内空间尺度。除此之外，还需要注意心理与视觉的因素。它决定了人们对室内环境的心理判断。

由心理与视觉因素上的尺度，是室内空间尺度的相对高度。它不单纯着眼于绝对的尺寸，往往要联系到空间的平面面积考虑。人们常从经验中感受到，绝对高度不变时，面积越大，空间显得就越低，因此保持合适的水平尺度与高度的比例比增加绝对高度对于空间尺度感的塑造来说更有意义。

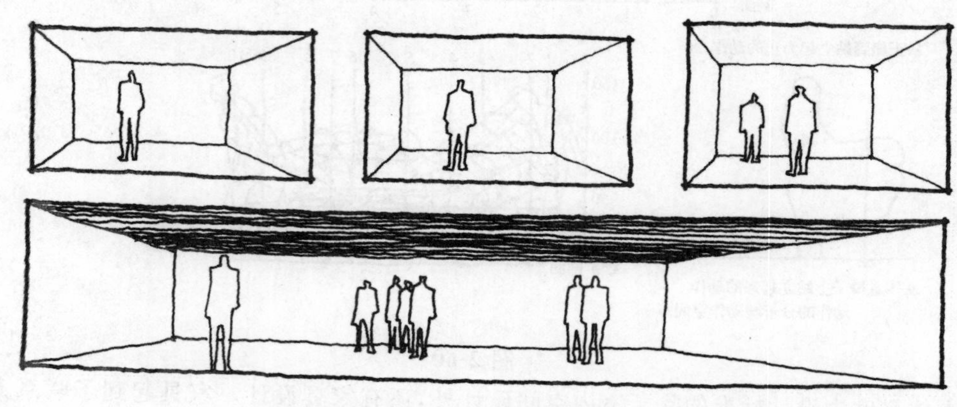

图 2-63　绝对高度①和相对高度

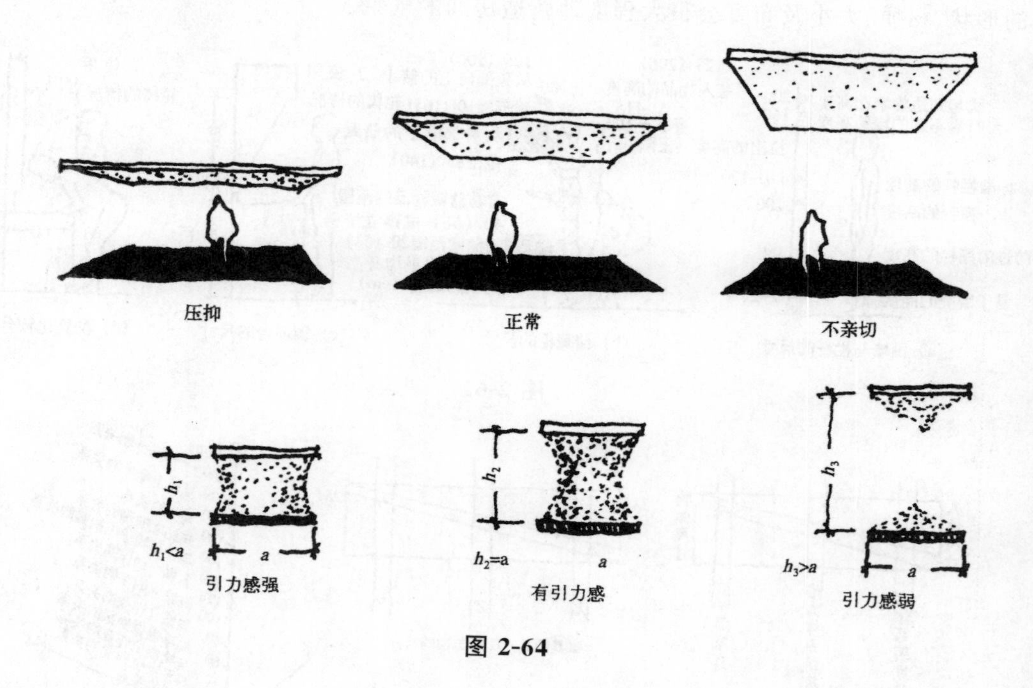

图 2-64

第三章　景观设计的要素分析

第一节　景观设计的自然要素

气候、土地、水体和植物等是景观设计所必须考虑的主要自然要素，不同场地、城市和区域的自然要素是迥然不同的，很好地掌握这些自然要素的特征，了解其对景观设计的影响，掌握相关技巧和知识对景观设计至关重要。本节分别介绍气候、土地、水体和植物自然要素的基础知识及其与景观设计的关系和应用的基本原理。

一、气候因素

气候现象本身就是一种景观。例如，冬日壮丽的雪景，夏日惊心动魄的雷电景象，秋日秋高气爽的怡人景色，春日春暖花开、生机盎然的田园气派。在各种气候条件下形成独特的自然景观与人文景观，更是景观设计的重要目标。许多与气候有关的文化景观遍布全国各地，傣族的竹楼、塞外的蒙古包、黄土高原的窑洞等独特的民居，也都与当地的气候条件关系密切。

（一）概念

1. 气候及气候系统

气候是指某地或某地区多年的平均天气状况及其变化特征①，受气流、纬度、海拔、地形和人类活动的影响。气候和天气的空间尺度基本一致，从几千米到上万千米。两者的时间尺度却大相径庭，前者的时间尺度要比后者长得多，世界气象组织（WMO）规定把30年作为描述气候的标准时段。

气候系统②是一个高度复杂的系统，由大气圈、水圈、岩石圈（陆面）、冰雪圈和生物圈组成。太阳辐射是气候系统的主要能源，在太阳辐射作用下，气候系统内部产生一系列复杂的物理、化学和生物过程，各组成部分之间通过物质和能量交换紧密地联结成一个开放系统。

---

① 中国百科大辞典编委会. 中国百科大辞典. 北京：华夏出版社，1990

② http://baike.baidu.com/view/104672.htm.

2. 气候变化的因子

气候的形成和变化受多种因子的制约，与景观设计密切相关的是短期气候（3 个月～10 年）变化，其影响因子主要包括：太阳活动、海温变化、陆地下垫面特性（积雪、反照率、土壤湿度、地温等），另外地壳内部的变化（如火山、地震、地热活动等）在一定条件下也会对短期气候变化产生影响[①]，例如，1991 年菲律宾的 Pinatubo 火山爆发产生大量的悬浮颗粒物质进入大气使全球平均温度下降了 0.5℃。[②] 人类活动对气候变化的影响也是深刻的。

(二)类型

1. 气候类型

气候类型就是按一定的标准将全球气候划分为不同的类型。同一类型的气候，其热量、水等特征均符合同一规定的范围。由于对气候分类的标准有不同的理解，气候分类的方法多达数十种，但大体上可归纳为三大类，即经验分类法、成因分类法和理论分类法。

德国气候学家柯本（W. Koppen）以气温和降水为指标，参照自然植被状况于 1900 年建立了柯本气候分类系统，在气候分类法中属于经验分类。随后经过多次修订，已成为世界上使用最广泛的气候分类系统。

2. 气候类型和自然景观[③]

(1)热带气候景观

热带气候以无冬季区别于其他气候带，在热带气候带降水量和降水形式的变化要大于温度的变化，因此，降水形式就成为细分其气候类型的基础。据此将热带气候景观分为热带雨林气候景观、热带季风气候景观和热带疏林草原气候景观等类型。

①热带雨林气候景观

热带雨林气候位于赤道区域，由赤道向南、北纬度伸展约 5°～10°。[④] 热带雨林气候区全年炎热多雨，这里是植物生长的乐园。未受人类影响的原始森林区树木高大茂密，树种繁多。

②热带季风气候景观

热带季风气候仅分布在亚洲南部，南半球没有热带季风气候。其气候特点是全年高温，分旱、雨两季。热带季风区的植被主要是常绿林，其间夹杂分布有一些草地。不过，这里的常绿林没有热带雨林区茂密，在与热带疏林草原气候区临近的地方常绿林逐渐过渡为热带旱生林。

③热带疏林草原气候景观

热带疏林草原气候大致分布在南北纬 10°至南北回归线之间，我国基本无此类气候，通常干季的时间较长，植被以草类为主，散生的耐旱乔木点缀其间。

---

① 汤懋苍等. 理论气候学概论. 北京：气象出版社，1989

② 付培健，王世红，陈长和. 探讨气候变化的新热点：大气气溶胶的气候效应. 地球科学进展，1998：387—392.

③ 不同标准对气候类型的划分不同，本书关注与景观设计相关的重要气候类型，故与其他气候类型划分有所区别。

④ http://baike.baidu.com/view/42664.htm.

(2)干旱气候景观

干旱气候区的潜在蒸发量总是大于降水量，其景观与热带气候区有着鲜明的差异。全球35%以上的陆地属于干旱气候，干旱气候是地球上分布最广泛的一种气候类型。根据干燥程度，干旱气候又可分为干旱荒漠气候和半干旱草原气候两种气候类型。

(3)温带气候景观

从全球规模上，温带气候可以看成是热带气候和冷温带气候之间的过渡带气候。根据降水的季节变化和夏季气温状况，可将温带气候分为夏干温气候、冬干温气候和常湿温气候三种基本气候类型。

①常湿温气候景观

根据夏季气温状况，常湿温气候可分为：亚热带湿润气候和温带西海岸海洋性气候。虽然干旱在这些地区时有发生，但土壤中的水很少长时间处于亏空状态，全年丰沛的降水孕育了常绿针叶林和落叶阔叶林。

②夏干温气候景观

夏干温气候，又称为地中海式气候。夏干温气候可导致夏季水平衡的亏损。冬季降水重新补给土壤水，但到了暮春时节，冬季补给的水即被用竭。尽管一些亚热带水果、坚果和蔬菜特别适合夏干温气候，但大规模的农业生产需要灌溉。夏干温气候区的自然植被为耐旱的硬叶常绿灌木林。

③冬干温气候景观

冬干温气候，又称冬干亚热带季风气候。

(4)冷温带气候景观

冷温带气候主要分布在北半球温带气候区的北部。冷温气候以全年温度较低为其特征。如此的低温对生物和人类有深远的影响。夏季是个短而生长旺盛的季节，人们种植速生的蔬菜和麦类以利用这一短暂的生长期。但薄的土壤层和永久冻土严重妨碍了农业。虽然土壤的表层夏季融化，但地下冻土层的存在阻碍了水的下渗，地表常常排水不良。此外，土层的周期性冻融也使工程建设变得极为困难。因此，在景观设计中应充分考虑冻土层的工程特性。

(5)极地气候景观

在北极圈和南极圈内，夏季和冬季与白天和黑夜是相对应的。持续的辐射损失导致全球极低温和面积广大的冰原出现。极地气候有两种主要类型，即苔原气候和冰原气候。

总之，不同的气候类型具有不同的气候特征，在此影响下会形成不同的植被类型和典型的动物种类。

(三)气候与生态景观

1.气候资源与生态景观

地质地貌是相对稳定和不变的基本构景要素，是构成生态景观空间格局的基础。气象气候则是变化的自然要素，有的是有规律、有节奏的变化，如春、夏、秋、冬的季节变化；有的是有规律、无节奏的变化，如阴、晴、雨、晦之天气现象和风、云、雾、雪之气象变化；有的则是瞬息万变，如流云、飘烟、朝露、暮霭等。种种变化的乃至瞬息万变的气候现象与稳定不变的丰富岩石圈、水圈、生物圈等相结合，便产生了变化万千的生态景观。并且，气候变化必然引起生态系统的变化，极有可能导致许多物种的灭绝和新物种的产生，并改变生态系统的多样性。

2. 气候对生态景观的影响

(1)气候与水体景观

某一地区的水体景观与气候、土壤、植被、地貌、地质等多种自然因素有关，但气候起着决定性作用。

降水是水体景观的主要水源之一。可以说，全球的淡水资源都来自大气降水。地表上江、河、湖、海的自然水体景观主要由大气降水形成，地表的冰川和永久雪盖也源自千万年前的大气降水(图 3-1)。

降水的不均匀分布导致水体景观的自然差异。降水量季节分配不均匀，大部分地区全年降水集中在夏季，导致大部分河川也是夏季丰水，冬季枯水。

图 3-1　荷兰海牙海洋景观

图 3-2　田园景观

(2)气候与田园景观

气候作为一种环境因素和自然资源，对田园景观的影响是多方面的(图 3-2)。

光、热、水、土壤等提供农作物生长发育所需的能量和物质，它们的不同组合对农业生产的影响不同。我国东南部地区光热同季，水分条件好，有利于农业生产，形成农耕文明的典型田园景观；青藏高原光照丰富，但热量不足，不利于农业生产；西北地区光照也丰富，但水分不足，也不利于农业生产。因此后两个地区都难于形成有特点的田园景观。

作物的种类和品质与气候条件关系密切。一个地区适宜生长的作物种类与当地的气候条件(温度和湿度等)密切相关。如北方适宜种植喜长日照、温凉气候的作物，南方则适宜生长喜短日照、热量充足的作物，这直接影响了田园景观的类型。

(3)气候与森林景观

森林生态系统可以很好地调节生物与生物、生物与无机环境之间的关系，使之处于动态平衡状态。在此调节过程中，森林发挥着涵养水源、保持水土、净化空气、减少风沙、调节气候、保护环境的作用(图 3-3)。

气候状况决定可生长树种的类型。不同种类的树木要求的温度条件不一样。广泛分布的树种对该地区的气候具有指示意义，如北方针叶林区是寒冷气候(高海拔)的象征，温带森林分布在冬季冷而夏季炎热潮湿的地区，热带雨林地区则终年高温、雨量丰沛。

图 3-3　原始森林景观

图 3-4　草原景观

(4)气候与草原景观

气候直接影响和制约着草原地区牧草的生长发育、产量形成和营养物质动态，决定着牧草和牧业的地理分布和生产力水平(图 3-4)。

光、热、水等基本气候因子相互制约，共同对牧草的生长发育产生直接影响。光照是牧草进行光合作用的主要能源；温度直接影响牧草的生长状况，平均温度低于 0℃时牧草一般停止生长，达到 5℃左右时牧草开始返青，高于 10℃牧草进入生长旺期；牧草进入积极生长期后，降雨是否及时和雨量是否充足直接影响牧草的生长速度和产量。风和湿度主要通过影响土壤水分蒸发和牧草叶面蒸腾，而对牧草的生长产生影响。

水、热状况的地区差异和季节分布决定着草原带的分布和生产力。如我国北方从东向西气候逐渐变得干燥，草原也由温带草甸草原逐渐演变为温带典型草原、温带荒漠草原和暖温型草原，草原的草群高度、盖度和产量也随之逐渐下降。

(5)小气候与绿地景观

绿地景观是城市中主要的生态景观，与小气候有着密切的空间关系，小气候与绿地景观的关系是一项复杂的研究工作。图 3-5 表示了成都市几个绿地斑块周边的温度场特征，说明绿地对一定范围内的环境温度具有一定的缓解作用。另一方面，根据城市温度的分布状况可合理规划城市绿地，以便充分发挥绿地的热环境效应，这就是城市小气候对绿地景观的影响。

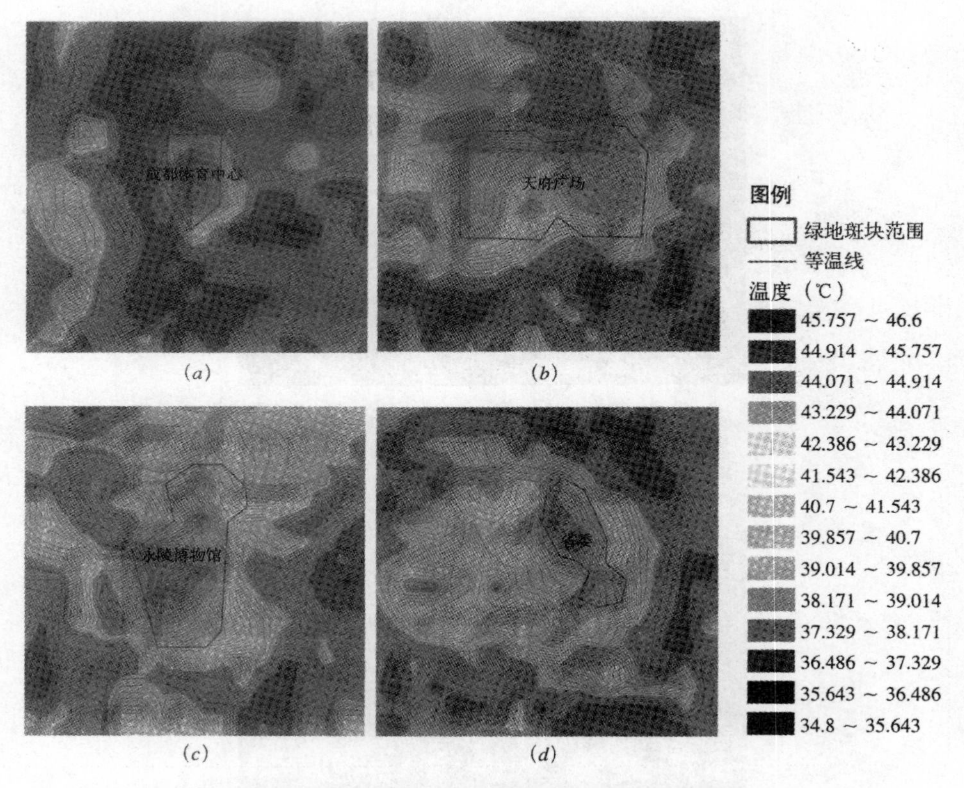

图 3-5　成都市典型绿地斑块周边温度场示例

(a)成都体育中心；(b)改造前的天府广场；(c)永陵博物馆；(d)省委

二、土地因素

土地是地球表面的一个特定地区，包含着地面以上和地面以下垂直的生物圈中一切比较稳定或周期循环的要素，其特征是受到自然条件和人类活动的双重影响。人类的发展史就是土地利用的历史，人类占有土地的最终目的就是利用土地。不同的土地利用形式，如耕地、园地、林地、牧草地、居民点及工矿用地、交通用地、水域、未利用土地等，都呈现出各具特色的景观风貌。

(一)概念

土地是人类生存和发展最基本的物质基础，不同学者对土地的概念从不同的角度加以定义。综合来说，“土地是地球陆地表层特定地段的自然经济综合体。不仅是一种珍贵的自然资源，可以不断地为人类社会提供产品和活动场所，而且能产生巨大财富和增值价值的经济资产或生产性资本”。①

① 杨朝剑．土地利用规划讲义．http://ycjgtgx. blog. bokee. net/bloggermodule/blog_Viewblog. dO? id=526937.

土地是自然产物，人类劳动可以影响土地，但人类绝不能创造新的土地。在合理利用的前提下，土地可周而复始地使用。同时，土地位置固定，数量有限。总的来说，土地具有自然性、稀缺性、空间性、永续利用等特性，也具有自然和社会的双重属性。

(二)土地与景观

1. 土地是景观的载体

第一章在讲述景观的概念时就明确了景观与大地的关系，从某种意义上讲，景观设计是“对土地的规划、设计、管理、保护和重建”。① 也可以讲是关于景观的分析、规划布局、设计、改造、管理、保护和恢复的科学和艺术。人活着的时候需要优美健康的环境，死后也需要一个归属，都跟土地发生关系。因此，景观与土地息息相关，土地是景观的载体。②

2. 不同地貌类型的土地与自然景观

地球表面是由起伏各异、高低有别的形态单元组成的。大地构造地貌包括大陆上和海洋底下的大陆地貌类型。前者包括山脉、高原、盆地、平原等；后者包括海岭、深海平原和海沟等。在大陆上叠加着山地、丘陵、高原、平原等次一级的形态单元；而在海洋中又有大洋盆地、大洋中脊、海沟和岛弧等。在大陆的山地中，地表起伏又可被分为冲沟、河谷等小级别的形态单元。地球表面上这些各种各样的形态单元就构成了千差万别的地貌，也形成了形色各异的景观风貌。

(1)构造山系和大陆裂谷景观

构造山系和大陆裂谷都是大地构造运动形成的大陆上最显著的两个地貌类型，前者表现为高大隆起的山系，如科迪勒拉山系、阿尔卑斯山、喜马拉雅山等(图 3-6)。后者表现为凹陷的断陷谷地，大陆裂谷是由于大地构造运动形成的断陷谷地，其宽度大多为 30km～75km，少数可达几百公里，长度从几十公里到几千公里(图 3-7)。

图 3-6 珠穆朗玛峰

图 3-7 武陵世界遗产峡谷景观

① http://en.wikipedia.org/wiki/landscape_architecture.

② http://www.shuigong.com/papers/yuanlin/20060810/paper20705.shtml.

(2)高原与平原景观

陆地上海拔高度相对比较小的地区称为平原,指广阔而平坦的陆地。它的主要特点是地势低平,起伏和缓,相对高度一般不超过 50m,坡度在 5°以下,超过 1000m 的是高原。

高原是大面积构造隆起抬升过程中因外力侵蚀切割微弱的结果。而高原边缘地带则在构造抬升过程中受到强烈侵蚀,常表现为深受切割的陡坡。在构造抬升过程中,高原内部的构造活动也不一致,致使高原面上地形复杂化,如青藏高原上形成几条近东西走向的山脉和山间盆地(图 3-8)。

图 3-8 青藏高原

图 3-9 四川盆地地形

(3)盆地景观

盆地是低于周围山地的相对负向地形,是四周隆起、中央低凹成盆状的地貌体(图 3-9)。强烈的升降差异运动,使周围山地抬升迅速并同时受到强烈侵蚀,导致盆地内部堆积巨厚的粗粒沉积物;相反,升降差异运动不甚强烈,则盆地内部接受堆积的沉积物较薄、较细。如果一个盆地经过一段堆积期之后发生构造反转,上升转变为侵蚀切割地区,就会结束盆地演化历史。

(三)土地资源的保护

与自然共生是人的基本需求,生态文明是现代文明的重要组成部分,保护自然环境、维护自然平衡是利用自然和改造自然的前提,是体现生态文明的物质载体。但是,在快速城市化进程中,高速扩张的城市使我国大面积的农田、林地、草地等变成建设用地,土地景观发生着前所未有的变化。土地上原有的生态平衡正在被打破,因此,要大力倡导景观规划设计的生态意识,保护土地资源。

景观保护是土地资源开发利用的前提。开发建设是社会发展的要求,然而,人文历史景观和自然景观却是社会的宝贵财富,是历史的丰富积淀。如果开发过程中疏于管理,不加节制地过度过滥开发,那么必然导致生态的破坏和历史延续的断裂。土地利用与景观保护必须有机协调,才能在发展革新中凸显自然景观的天然和谐与人文景观的高雅浑厚。

保护土地景观,绝不仅仅是节约土地,还要与包括道路系统、城市基础设施、城市保护地段、重要地段、居住区域的规划和建筑设计在内的城市建设和环境建设相结合,将景观设计早期融入,并一直持续到后期的建设和管理。保护土地景观,就要协调人与土地的关系,在城市建设中处理好经济指标与遵循土地上各种自然状态和生物多样性要求的关系,与山脉、河流、本土动植物和谐相处。

要把有限的、不可再生的土地景观资源，用在保护与开发并重的最佳结合点上，既注重近期利益，又不能忽视长远利益，决不过度过滥开发建设，以确保土地景观资源的可持续发展利用和土地开发与景观保护的和谐统一，这样才能让土地产生最大效益。

三、水的因素

人类文明依附着水，自然中的水给人以丰富多彩的感受，成为人们美的世界中不可或缺的资源。从涓涓的溪流、漫漫的沼泽、奔腾的江河、宁静的湖泊，到浩渺的海洋，地球上的水不停顿地在运行着，它一路滋润着大地，滋养着万物，让地球绿色长青，生机勃勃；它有时清新悦目，有时激烈澎湃，有时柔媚宁静，有时威猛暴烈；它给人带来无尽的感受，甚至引发哲人对生命的思考，老子对它叹为观止——“上善若水”（出自《老子》），孔子对它发出感慨——“逝者如斯乎”（《论语·子罕第九》）。

我国是历史悠久的文明古国，孔子说过“仁者乐山，智者乐水”（出自《论语》），祖国的大好河山总会引起人们无限的遐想和赞美。在我国造园史中，不论是皇家苑囿的沧浪湖泊，还是民间园林、庭院的一池一泓，都具有独特的民族风格和地方文化特色，它们都包含着诗情画意，都体现了我国传统的理水技法，展现了东方文化的独特魅力。水也是现代景观设计的重要因素，它可以构成许多优美的景观环境并衬托出宜人和谐的气氛，其实例随处可见（图 3-10）。

图 3-10　法国伯尔尼广场上的喷泉

（一）概念

1. 水与水资源

水是万物生长的基础，是人类及一切生物赖以生存的不可缺少的重要物质，也是提供给工农业生产、经济发展和环境改善等的极为宝贵的自然资源。广义的水资源是指地球上水的总体。我们常说的水资源可以理解为人类生存、生活、生产中所需要的各种水，其中，淡水资源与人类生产活动和生活、社会进步息息相关，具有直接的使用价值和经济价值。

水的存在类型繁多，以固体、液体和气体的形式存在于地球表面和地球岩石圈、大气圈、生物圈之中。地球上自然聚集存在的水称之为天然水体，一般指地球地表水与地下水的总称。而地表水是指河水、湖水、海洋水等。

海洋是地球生命的摇篮。从外太空观看地球，她是一个美丽的蓝色星球，蓝色的海洋几乎覆盖了地球 3/4 的表面，容纳了地球上 97%的水，而其余的 3%是供给全世界的全部淡水。在淡水中，有接近 75%的水被禁锢在地球南、北两极和高山的冰川之中，有 24.6%的水存在于地下水中，只有 0.4%的淡水存在于大气中以及我们平常所看到的溪流、江河、湖泊和各种各样的沼泽地中(表 3-1)。

表 3-1　淡水的构成①

存在方式	近似百分比(%)
冰层和冰河	75
深层地下水	14
浅层地下水	10.6
湖泊和水体	0.29
河流和小溪	0.05
土壤含水	0.03
大气含水	0.03

水滋润万物、哺育生命、创造文明。人类四大文明古国就是分别沿着四条大河诞生和繁衍开来的。埃及与尼罗河，巴比伦与幼发拉底河、底格里斯河，印度与恒河，中国与黄河，一条河流孕育了一个文明古国，诞生了悠久的文明。可以说，水与人类的发展、生存密不可分，水资源伴随着人类的文明进程，维持着我们的生命，影响着人们的生活，丰富了我们的精神世界。

2. 水的构成与循环

水是自然界的重要组成物质，是地球自然环境中最活跃的要素，地球上的水处于不断的循环之中，属于可更新的自然资源。水不停地运动着，积极参与自然环境中的一系列的物理、化学和生物过程。同时，它也不断地改变自身的物理与化学特征，由此表现出水作为地球上的重要自然资源的独特性。

水资源具有循环性，在循环中成为一种动态资源，地球上的水系统在不断地开采、补给和消耗、恢复的循环之中，以各种各样的形态和方式运动变化着，提供给人类利用和满足生态平衡的需要。

水循环系统是一个庞大的天然水资源系统，水系统本身的特点决定了它的循环是非常复杂的，为了简单地说明，我们不妨把水循环的过程看做一个封闭的系统。在这个系统中，水以雨、雪、霜、露等形式降落到地面，或被土地、植被吸收，或被储存于地表的水体中，然后又通过蒸发的方式返回到大气中，当水蒸气到了高空冷却成云，即以降雨等形式再次返回地面，就基本完成了一次简单的水循环过程。在这个过程中，蒸发的总量和降落的总量是基本平衡的，但受多种因素的影响，其降落分布是不确定的，敏感而恣意。水的不断循环和更新为淡水资源的不断再生提供条件，为人类和

① 王淑莹，高春娣. 环境导论. 北京：中国建筑工业出版社，2004

生物的生存提供基本的物质基础,直接影响着地球上动植物的生长和人类的生存。

(二)特征和作用

1.特征

水资源是在水循环背景下,随时空变化的动态自然资源,它有着与其他自然资源不同的特性。

(1)可恢复性与有限性

地球上存在着复杂的、基本以年为周期的水循环,当年的水资源被耗用或流逝后,又可被来年的大气降水所补给,形成资源消耗和补给间的循环性,使得水资源不同于其他资源(如矿产资源),而具有可恢复性,属于一种再生性自然资源。虽然水资源具有可恢复性,但其可利用的总量却是有限的,过度地利用会导致水循环的破坏,从而影响人类的生产和生活乃至生存。

(2)时空变化的不均匀性

水资源时间变化上的不均匀性,表现为水资源数量年际、年内变化幅度很大,由于受多种因素影响,水资源呈随机变化,使得丰水、枯水年水资源量相差悬殊,或产生连旱、连涝持续出现的可能。另外,水资源水量和地表蒸发存在地带性变化,而表现出空间分布的不均匀性。

(3)利、害两重性

水资源随时空变化分布不均匀,汛期水量过度集中造成洪涝灾害,枯期水量枯竭造成旱灾。因此,水资源的开发利用不仅在于增加供水量、满足用水需求,还需要解决治理洪涝、旱灾的问题。

(4)开发利用多功能性

水可用于饮用、灌溉、发电、航运、养殖、采矿、工业、旅游、环境等各个方面,水的广泛用途决定了水资源开发利用的多功能特点,在水资源利用上往往表现为"一水多用和综合利用"。

按地表水质划分,一类水主要适用于源头水和国家自然保护区;二类水适用于一般集中式生活饮用水水源地一级保护区、珍贵鱼类保护区和鱼虾场;三类水主要适用于集中式生活饮用水源地二级保护区,以及一般工业用水区和人体非直接接触的娱乐用水区;四类、五类水主要适用于农业用水和一般的景观要求水域;而劣五类的水既不能用为水源地,也不能用作工业生产和农用灌溉,这个等级的水已失去了使用价值。

(5)可造型性

水资源具有极强的可造型性。水在地球上以液态存在时,或自由流动、或静态聚集,以丰富多彩的点、线(网)、面形状存在;当水以固体存在时,或堆积成为冰山,或形成面积不等的冰面,甚至塑造成为冰雕等。水的可造型性可在景观规划设计中得到充分的体现和应用。

2.作用

(1)调节气候

水是大气的主要组成部分,大气和水之间相互循环运动,大气和水帮助调节全球能量平衡,水循环运动起着不同地区间能量传输的作用。

(2)塑造地球表面形态

流动的水开创和推动土地的形成,如重排地表景观以及形成三角洲等。水是形成土壤的关键因素,也在岩石的物理风化中起着重要作用。

(3)交通运输

水运是三大交通方式之一,在部分地区,在对发展地方经济、促进文化交流方面具有陆运和空运不可替代的作用。

(4)维系生物生存

生命的形成离不开水,水是生物构成的主体,生物体内含水量占体重的60%~80%,甚至90%以上。水与生物以各种各样的方式相互作用,在一个区域范围内,水是决定植被群落生产力的关键因素之一,还可以决定动物群落的类型、动物行为等。

水与人类的关系非常密切,不论是生活和生产都离不开水。水既是人体的重要组成部分,又是新陈代谢的介质,人体的水含量占体重的2/3,而维持每人每天正常生理代谢至少需要2~3L水。工业生产、农业灌溉、城市生活都需要大量的水。

(5)观赏和娱乐

水对人类除了体现实用价值外,还具有陶冶情操、游憩娱乐等作用。自然界中的水以冰、海、湖、河、溪流以及瀑布、沼泽等多种形态存在,极具观赏性。人类对水的开发和利用,更加充分地展示了水的无穷魅力,提供了更多的亲近水的条件,如游览江、河、湖、海,垂钓划船、游泳戏水等。

(三)水资源面临的问题和保护与管理

1.面临的问题

人类文明进程与水的利用是密不可分的。城市(镇)依水系而发展,商业贸易随水系而繁荣,进入工业文明时代以后,随着人口数量的增加,以及城市化的迅速发展,对水资源的需求量越来越大。农业用水、工业用水、城市用水(含环境景观用水)等各种用水不断增加,但可供人类使用的水资源却不会增加,甚至会因为人为的污染等因素而使其质量变差,可利用数量减少。加之,世界淡水资源的分布极不均匀,人们居住的地理位置与水的分布又不相称,使水资源的供应与需求之间的矛盾加大,尤其是在工业和人口集中的城市,这个矛盾更加突出。

作为组成完整水文系统的地表水和地下水系统,其本身具有相应补给、相互转化功能,但在水资源开发利用中由于缺乏系统观念,对水流域缺乏统一规划、统一调度、统一分配等有效机制,往往出现地表水和地下水分离、水流域上游下游分离利用的局面。从局部用水来看,由于对水认识上存在误区、无序地开采地下水、不科学利用的现象十分普遍。同时,水污染、水资源短缺已成为影响水资源持续利用的重大障碍。

从总的水储存量和循环量来看,地球上的水资源是丰富的,如能有效保护与合理利用,则可以供应200亿人的使用,但由于消耗量不断增长和水域的污染等原因,造成了可利用水资源的短缺和危机。主要有如下几个方面的原因:

(1)自然条件影响

地球上淡水资源在时间和空间上分布极不均匀,并受到气候变化的影响,致使许多国家或地区的可用水量缺少。

(2)城市与工业区集中发展

自20世纪中期以来,城市化进程加快,城市建设规模越来越大,在城市和城市周围又大量建设工业区,因此集中用水量很大,超出了本地水资源的供应能力。

(3)水体污染

由于污染物的侵入,使许多水体受到污染,致使其可利用性降低或丧失。

(4)用水浪费,缺乏保护资源意识

由于对水资源认识上的习惯性错误,人们对水的恣意利用和浪费,特别是对森林环境的破坏,造成水土流失等环境问题,破坏了水的自然平衡,减少了可利用水源。

(5)盲目开发地下水

由于地表径流的减少,水资源的开发由地上转为地下,但由于对地下水的盲目开采,导致地面下沉、海水入侵等一系列后果。

总之,对水环境、水资源的破坏已不容乐观。城市生活和工农业用水都存在大量浪费。由于管理不善、工程配套和工艺技术落后,城市管网和卫生设施的漏水很普遍,环境景观用水缺乏科学性和适用性等,都会造成很大的城市用水浪费。可以说水资源已成为当前或今后许多地区发展的一个巨大的资源瓶颈,严重地制约了当地社会经济环境的发展,并将可能引发一些地区走向衰败。

2.水资源的保护与管理

(1)水资源的可持续发展利用

现在,人们已经不把水作为单一、局部的资源来看待研究了,而是将水流域中一切与之相关联的因素作为一个统一的相互关联的系统来进行研究,从环境资源系统可持续发展的高度去关注、研究、分配、解决水资源的保护、涵养、利用与循环,这样可以提供一个更加科学的规划框架,使得流域系统中的局部区域能有一个与总体相适应的更好的发展模式和发展机会,以实现可持续的发展要求。重点应协调好以下两个矛盾:

一是人口规模发展与水资源的矛盾。从生态学的观点,人口与环境密切相关,生态环境作为人类赖以生存和发展的自然基础,制约着人类的发展,而人口的发展又反作用于生态环境,这种作用超过了生态和环境本身的自然调节限度,将会导致生态环境的破坏。在水资源的管理中所遇到的水资源严重紧缺、供水不足、地下水超采、地面下沉、水土流失、河道水库淤积、水质污染、土地沙化等一系列问题,究其原因,根本问题在于人口太多,而且其分布又与环境和资源的分布不相适应。

二是经济发展与水资源开发利用的矛盾。经济发展和环境问题是不可分割的对立统一体,发展经济不可避免地要对环境造成影响,而环境的恶化又必然会削弱经济发展的基础,只有在环境生态改善的基础上,才能求得经济持续、稳定的发展。水作为可再生资源,通过降水、循环往复可以不断得到补充,但地下水超采、地面下沉、含水层破坏,又会影响地下水的补给与使用。另外,水质污染又会大大影响水的可供量。

(2)水资源保护措施

为实现对水资源的科学保护和有效管理,主要可从以下几个方面采取措施:建立有效的水资源保护、使用机制;节约用水,提高水的重复利用率;综合开发地下水和地表水资源;强化地下水资源的人工补给;建立有效的水资源防护带;强化水体污染的控制与治理;实施流域水资源的统一管理;运用新的技术手段提高水的使用效能。

另外,水体景观是景观设计的主要工作之一,这部分内容将在第十章讲述。

四、植物因素

植物是构成景观的主要要素之一。植物本身具有独特的姿态、色彩、风韵。不同的植物形态各异、变化万千，枝繁叶茂的高大乔木、娇艳欲滴的鲜花、爬满棚架及屋顶的各种藤本植物、铺展于水平地面的整齐的草坪，随着季节、地域的变化表现出不同的特征，春季繁花似锦、夏季绿树成荫、秋季硕果累累、冬季枝干遒劲，这些形象让人产生一种实在的美的感受和联想。

植物本身的三维实体是景观设计中组成空间结构的主要成分。孤植展示个体美，亦或按艺术构图表现群体美。它能像建筑、山水等其他景观要素一样，建立空间、分隔空间、变化空间，通过观赏者视点、视线、视域的变化产生“步移景异”的效果。与其他要素不同之处在于：植物是有生命的，随着时间的变化呈现出不同的姿态相貌：从春意盎然到累累金秋；纤弱小苗到参天大树。人们从中深切地感受到了时间的印记。除此之外，植物景观还创造出美的意境，“出污泥而不染”的莲，“独自凌冰霜”的菊，升华了美的感受。

（一）原生植被对景观的影响

在整个生物圈中，植被有着特殊的地位，发挥着极其重要的作用，它们是太阳能量的贮藏者。光合作用把简单的无机物制造成有机物并放出氧气的过程，为地球提供生命活动所需的物质和能量，使得人类及其他生物的存在成为可能。它们维持生物多样性，增加生态系统抗干扰的能力，维持生态系统的稳定。它们涵养水源，保持水土；调节气候，增加降水；保护环境，净化空气；防风固沙，保堤护田。

在进行景观设计时，原生植被是大多数场地选择和规划的基本要素之一。原生植被处在地带性植被阶段，是最稳定的、长势良好的原有植被，其存在的事实本身就已证明了它们适合这块场地，保留它们合乎情理。在各地漫长的植物栽培和应用观赏中形成了具有地方特色的植物景观，容易与当地的文化融为一体，甚至有些植物材料逐渐演化为一个国家或地区的象征。在很大程度上，它们是地域特征、历史文化和景观特色的载体。如日本的樱花、荷兰的郁金香、加拿大的枫树、哥伦比亚的安祖花都是极具地方特色的植物景观。在我国，海南岛的以椰子为代表的植物景观给南国以特有的植物景观印象；西双版纳的热带雨林景观则给人一种神秘感；北京的国槐、成都的木芙蓉、深圳的叶子花都具有浓郁的地方特色。①

（二）景观植物群落的特征

19 世纪中后期，美国等西方发达国家将生态学原理运用于植物景观设计中。他们模仿自然风景（起伏的地形和丰富的植物群落景观等），出现了以自然式设计、乡土化设计、保护性设计和恢复性设计为基本内容的生态设计思想。②

自然植物群落是一个经过自然选择、不易衰败、相对稳定的植物群体。无论是自然植物景观的保护与恢复设计，还是人工栽培的植物景观设计，都必须遵循自然群落的发展规律。设计师应

---

① 卢圣．植物造景．北京：气象出版社，2004

② 胡长龙．园林规划设计．北京：中国农业出版社，2003

从自然植物群落的组成、结构、外貌中理解种群间的关系。这为设计师设计出健康、稳定的植物景观提供了可靠的依据。为此，了解景观植物群落的特征至关重要。

1. 群落概念

自然界中，任何植物都不是单独或随意组合而存在的。自然群落是在长期的历史发育过程中，在不同的气候条件下及环境条件下自然形成的群落。各自然群落都有自己独特的种类、外貌、层次、结构。景观设计的实质是改造自然群落和创造栽培（人工）群落。在此过程中，我们必须遵循当地自然群落的发展规律，并从丰富多彩的自然群落中学习、总结、借鉴。

在一个植物群落中，各种植物个体的配置状况，主要取决于各种植物的生物学特性、生态学特性和该地段具体的环境特点。植物与植物之间、植物与环境间的相互关系决定了植物群落的基本结构特征，主要表现为群落一定的种类组成、结构、外貌、大小及边界等几方面。

（1）组成

任何一个植物群落总是由一定的植物种类所组成的，我们把组成一个群落的全部植物种类称为该群落的种类组成，它是决定群落外貌及结构的基础。植物种类的多寡对群落外貌有很大影响，例如单一树种构成的纯林，常表现出色相相同、高度一致，而多种树木生长在一起，则会表现出较丰富的色彩变化，而且在群落空间轮廓、线条上富于变化。

（2）群落的结构

①群落的垂直结构与分层现象

各地区各种不同的植物群落常有不同的垂直结构层次，这种层次是依植物种的高矮及不同的生态要求形成的（图 3-11）。除了地上部的分层现象外，在地下部各种植物的根系分布深度也是有着分层现象的。通常群落的多层结构可分三个基本层：乔木层、灌木层、草本及地被层。

图 3-11　水旁多层次的植物景观

②群落的水平结构

群落的水平结构是指群落的配置状况或水平格局，其形成与构成群落的成员之分布状况有关。对由相同植物种构成的种群而言，植物个体的水平分布有三种类型：随机型、均匀型和集群型。随机分布是指每一个种在种群中各个点上出现的机会是相等的,并且某一个体的存在不会影响其他个体的分布,随机分布比较少见。均匀分布是个体间保持一定的均匀间距。均匀分布在自然界不多见,在人工栽培群落中最为常见。

(3)外貌

群落中数量最多、占据面积最大的植物种(即优势种)最能影响群落的外貌特点。

群落的季相在色彩上最能影响外貌,而优势种的物候变化又最能影响群落的季相变化。夏季的群落一片绿色,秋季的红叶如火如荼。

除此之外,群落的高度也直接影响外貌。群落中最高一群植物的高度,也就是群落的高度。群落的高度首先与自然环境中的海拔高度、温度及湿度有关。一般说来,在植物生长季节中温暖多湿的地区,群落的高度就大;在植物生长季节中气候寒冷或干燥的地区,群落的高度就小。如热带雨林的高度多在 25～35m,最高可达 45m;山顶矮林的一般高度在 5～10m,甚至只有 2～3m。

(4)边界

地区有边界,植物群落同样也有边界。有的边界明显(图 3-12),有的两群落相接触时则不是能截然分开的,而是在这两个群落之间形成了一个过渡带,把两个群落连接起来形成一个整体。植物群落的过渡带有宽有窄(宽的可达几公里),有时还被称作群落交错区。

任何一个植物群落都有最适宜的分布区域和过渡带,其表现形式被限定在一定的地理和生态环境范围之内。就是说,植物群落分布的边界要受到环境条件严格的制约。

图 3-12　高山地带的森林和高山草甸之间的分界线十分明显

(5)大小

由于群落存在边界,所以在空间上植物群落就一定有大小之分。植物群落大小是指具有相同结构和物种组成的群落在空间分布上的大小。相同的群落能够表现出一致的生物学特性。植物群落有大有小,大的像南美洲的亚马逊河谷的热带雨林以及横贯北欧和西伯利亚的针叶林,小的甚至可以小到森林中的一根倒木。

在植物群落中每个物种都会显示出特有的功能和结构,群落中物种不同,受到环境的制约程度也就不同。如果植物群落是由那些对环境适应性强的物种组成的,群落分布的范围就大,这一规律同样适应于那些对环境适应性弱的物种组成的群落。

2.群落中物种的种间关系

自然群落内各种植物之间的关系是极其复杂和矛盾的,其中有竞争,也有互助。

群落中物种的种间关系包括:寄生、附生、共生、连生、生物化学、机械等。菟丝子属(Cuscuta)是依赖性最强的寄生植物,常寄生在豆科、唇形科,甚至单子叶植物上,我们常可以在绿篱、绿墙、农作物、孤立树上见到它;在寒冷的温带植物群落中,苔藓、地衣常附生在树干、枝丫上,在亚热带,尤其是热带雨林的植物群落中,附生植物有很多种类;蜜环菌常作为天麻营养物质的来源而为之共生,地衣就是真菌从藻类身上获得养料的共生体;群落中同种或不同种的根系常有连生现象,砍伐后的活树桩就是例证,这些活树桩通过连生的根从相邻的树木取得有机物质,连生的根系不但能增强树木的抗风性,还能发挥根系庞大的吸收作用;生物化学关系在生物界广泛存在,如黑胡桃树下不生长草本植物,因为其根系分泌胡桃酮,使草本植物严重中毒;机械关系主要是植物相互间剧烈的竞争关系,尤其以热带雨林中缠绕藤本、绞杀植物与乔木间的关系最为突出。

3.群落的演替

一个群落被另一个群落所替代的过程即为群落的演替,主要表现在随着时间的推移,群落优势种发生变化,从而引起群落的种类组成、结构特点等发生变化。演替中不同群落顺序演替的总过程称为演替系列。群落的演替是一种普遍现象,只是多数演替进行得非常缓慢,不易觉察,可以说,任何一个植物群落都处在演替系列的某一阶段上。随着演替的进行,群落结构从简单到复杂,物种从少到多,种间关系从不平衡到平衡、由不稳定向稳定发展,植物群落与生态环境之间的关系也趋向协调、稳定,最后使群落达到一个相对时间较长的稳定平衡状态,即所谓的群落发展的"顶极阶段"。在这一阶段,植物群落的组成、结构不会发生大的变化,稳定性高,抗干扰能力强,所发挥的生态功能也最强。不同地区的地带性植被是最稳定的,其原生植物群落即处在此阶段。

景观设计师的一项重要任务就是要通过对群落生长发育和演替的逐步了解,掌握其变化的规律,改造自然群落,引导其向有利的方向发展。对于栽培群体,则在规划设计之初,就要能预见其发展过程,在栽培养护过程中保证群体具有较长期的稳定性。如若灌木的乔木紧密结合在一起,并用大、中、小型的灌木,按其高低交错配合,形成茂密的树丛,则既能在景观上增加层次,发挥隔离的作用,又能在防风等生态功能上产生较好的效果。

4.植物群落类型

(1)林地

林地是指以乔木或亚乔木为群种组成的植物群落。林地是陆地生态系统中最大的生态系,其水平分布范围非常广泛,并占据着热带、亚热带、暖温带、温带、寒温带和寒带的广大地域。由于在不同的生态环境条件下,温度、湿度、降水量、光照等生态环境因素差别很大,形成了许多由具有不同生物学和生态学特性的树种组成的林地群落。

(2)疏林草地

疏林草地是指由为数不多、旱生型、低矮分散的乔木或灌木与大量的草本植物生长在一起形成的植物群落。该植物群落的特点是乔木树种低矮,乔木、灌木和草本均呈旱生型结构特征。

(3)灌丛

灌丛具有木本结构、层次多和浓密分枝的特点,是由丛生在一起,并且缺少中央主干的低矮植物组合而成的。灌丛中灌木的生长状况主要取决于它们对养分、能量和空间的竞争能力。灌木茎干较多,密集生长,能阻截水分,减少地面径流,增加土壤水分。灌丛中灌木的根系发达,能吸收深层的水分。

(4)草地

通常把生长在黑钙土或栗钙土上的多年生丛生、以禾本科草为主的草本植物群落称作草地。最典型的草地是由禾本科、莎草科和豆科等为主组成的夏绿干燥草本植物群落。这种类型的草地植被浓密、低矮,并呈现出暗绿色,具有明显的季相更替。

(5)水生植物群落

水生植物群落是指生长在河流、湖泊、海洋等水分超饱和环境中的植物群落。这种群落类型中的不同物种通常会呈现不同的形态。按生活习性和生长特性可将水生植物分为挺水植物、浮叶植物、漂浮植物、沉水植物等类型。

世界各地均有水生植物群落的分布,且只要水生环境条件基本一致,就会出现相近的水生植物群落。

(三)人造植物景观中的园艺学手段

人造景观中的植物群落是服从于人们生产、观赏、改善环境条件等需要而组成的。园艺学手段直接影响植物的成活及生长发育状况,进而影响到局部乃至整体景观效果。需要特别指出的一点是,景观设计师的首要任务是协调人与自然的关系。因此,决不能出现设计的植物找遍苗圃花房寻不见其踪影,只能不惜到自然群落中以破坏原有植被为代价获取的现象。这里增加了景观植物培育方面的内容,期望用人工种植植物作为设计要素的观念深入人心。

1.景观植物的培育

景观植物的培育包括植物繁殖、移植、抚育等环节。由于抚育与植物养护原理基本一致,在这里只对繁殖与移植作重点阐述。

(1)繁殖

景观植物的繁殖分为有性繁殖和营养繁殖两大类。有性繁殖指用种子培育新个体的过程,又称种子繁殖。其成本低,产苗量大,苗木对外界适应力强。营养繁殖指利用植物营养体(根、茎、叶等)的一部分培育出新个体的过程。营养繁殖可分为扦插、压条、埋条、分株、嫁接等方式。营养繁殖能良好地保持母本的原有性状,获得早开花结实的苗木。(《城市园林苗圃育苗技术规程》CJ/T23—1999)

(2)移植

移植是在一定时期把生长拥挤的较小苗木挖掘起来,在移植区内按一定的株行距栽种下去继续培育的方法。移植是苗圃培养优质苗木和大规格苗木,提高出圃苗木成活率的重要措施之一。

景观植物要求规格全、规格大,且树形姿态完美、根系发达、移植成活率高。对树木特别是常绿树而言,株行距大小直接影响树冠的发育,从而影响树形。株行距太小,树木的营养空间不足,不利于根、干、冠的生长。株行距大又不经济。最经济有效的办法就是繁殖苗合理密植,长到一定高度时进行移植。苗木移植后，随着株行距的扩大，其营养面积及通风透光条件也得到了改善，为培养出树形匀称、冠丛丰满、树姿美观的优质苗木创造了条件。除此之外，在移植过程中主根被切断，促进了侧根和须根的生长，从而提高了移栽成活率。

2.景观植物的栽植

栽植常被狭义地理解为种植，实际上广义的栽植应包括起苗、搬运、定植这样三个基本环节的作业。这三个环节应密切配合，尽量缩短时间，最好是随起、随运、随栽。

(1)起苗

起苗也叫掘苗，是指将苗木连根起出的操作。起苗的质量与原有苗木健康状况、操作技术及认真程度、土壤干湿、工具锋利与否、带土状况及包装材料等有直接关系。按所起苗木带土与否，分为裸根起苗和带土球起苗。

(2)搬运

将起出的苗木用人力、机械或车辆等运送到指定种植地点的操作叫搬运或运苗。运苗过程特别是长途运苗时，常易引起苗木根系吹干和磨损枝干、根皮，因此应注意保护。

(3)定植

定植即栽植后无特殊情况下，以后不再移动的栽植方式。

从降低栽植成本和提高栽植效果角度考虑，我国多数地区定植的季节集中在秋、春。具体的栽植季节和时间，各地应从当地实际情况出发。根据树木栽植成活的原理，最适的栽植季节和时间，首先应有适合于保湿和树木愈合生根的气象条件，特别是温度与水分条件。其次是树木具有较强的发根和吸水能力，其生理活动的特点与外界环境条件相协调，有利于维持树体水分代谢的相对平衡。

定植过程包括定点放线、挖穴、栽植。定植成活的关键取决于定植后苗木地上部分和地下部分能否及时恢复正常的水分代谢平衡。因此，树木栽植后要浇透水，使泥土充分吸收水分并与根系密切结合，以利于根发育。

3.养护管理

俗话说“三分栽，七分管”，说明景观植物栽植后养护管理的重要性。根据设计配置的植物是为了创造各种优美的景观，所以栽植的植物不但要成活、生长，而且还要通过养护管理充分发挥其姿态美、色彩美、群体美，使游人赏心悦目，最大限度地得到美的享受。

养护管理必须依据造景植物的生物学特性，了解其生长发育规律，并结合栽植地的环境生态条件，制定出一套切实可行的技术措施，来进行经常性的、不间断的工作，以保证造景植物的健壮生长。

(1)灌水与排水

水对于树木的成活和生长至关重要，所以灌水与排水是树木养护管理的重要技术措施。

灌水要结合树木的生长状况进行，分为生长期灌水和休眠期灌水。树木在生长期内的早春要及时灌水，以补充春旱少雨土壤中的水分不足。在树木展叶和花前、花后都要结合气候状况，除雨季外要进行多次灌水，以便为树木提供足够的水分，使其枝繁叶茂、枝干健壮、硕果累累。在树木进入休眠期以前也要灌水，即秋末冬初时要灌一次封冻水，这对于北方地区尤为重要。冬灌可防止翌春干旱，同时对当地引入的边缘树种、越冬困难的树种和幼树等提高越冬能力十分有利。

灌水常用的方法是沟灌、穴灌、滴灌等。沟灌是挖沟将水导入树木根部；穴灌是用人工将水通过胶管注入树木根部圆盘内，穴灌比较省水有效，又不破坏地面，机动灵活。但缺点是需要较长的胶管，费人工；比较先进的灌水方法是滴灌，这种方法节水有效，不费人工，但需要设备投入和布置管道。

在灌水的同时还要考虑排水，主要方法有明沟排水、暗沟排水和地面排水。

(2)施肥

土壤施肥，要与树木的根系分布特点相适应，以发挥肥料的肥效作用。一般把肥料施在距根系集中分布层稍深、稍远的地方，以利于根系向纵深扩展，形成强大的根系，扩大吸收面积，提高吸收能力。具体施肥的深度和范围与树种、树龄等有关，如油松、银杏、国槐等树木，根系大而深，施肥宜深，范围要大；而刺槐、京桃、杨等浅根性树木，施肥要浅；幼树、花灌木等根系浅、范围也小，施肥要浅而小。施肥的种类主要有基肥和追肥。基肥宜深施，追肥宜浅施。

根外追肥，也叫叶面喷肥。这种施肥法比土壤施肥省工省肥，发挥肥力快，可满足树木的急需，但不能代替土壤施肥。此法因为施肥量小，又不能改良土壤和促进根系生长，所以只是土壤施肥的补充。主要做法是用配制好的可溶于水的化学肥料，用喷灌设备喷在叶子表面，通过叶片吸收利用。

(3)中耕除草

为防止土壤板结和增加其透气性，可结合施肥每年中耕一次，时间最好选择在早春、深秋季节，深度以 20cm 左右不伤害根系为宜。结合中耕清除杂草和缠绕类藤蔓，为树木创造良好的生长环境。小乔木和花灌木类树木，每年可中耕 1 次，大乔木可 2～3 年进行 1 次。

在草坪覆盖的地方，可结合草坪打洞来对土壤进行疏松透气和施入有机肥。打洞次数每年 1～2 次即可。

(4)整形修剪

树木通过修剪和整形可以均衡树势、促进生长、培养树形、减少病虫害、提高树木的成活率和延长树龄，并以此满足观赏要求，达到美的效果。

①修剪形式

规则式：将树冠修剪成各种特定的几何形状，如圆头形、伞形、圆柱形、圆锥形、螺旋形及动物造型。适宜的树种有五角枫、龙爪槐、桧柏等(图 3-13、图 3-14)。

图 3-13　绿雕动物

图 3-14　圆头形树冠造型

自然式：保持树木原有的自然形态，只是对多余的枝干进行修剪的一种形式，如垂柳、国槐、水杉、油松等(图 3-15)。

图 3-15　千年古樟树

人工式:为符合人们观赏需要和树木生长要求,在自然式的基础上按人的意图修剪的一种方法。这种方法适合于主干弱或无主干的一些树种,如红瑞木、丁香、连翘等。具体有杯形、开心形、丛生形、匍匐形、棚架形等。

②修剪时期及注意事项

对于乔木类树种宜在休眠期内以整形为主地重修剪,在生长期内以调整树势为主地轻修剪。而花灌木和萌蘖力强的树种可在生长期内进行整形或调整树势的修剪。主要注意事项有:

一是修剪用的剪刀、锯等工具一定要锋利,修剪的剪口要平滑整齐,防止劈裂;

二是修剪的剪口直径超过 2cm 时,要涂抹防腐剂或蜡,以防病菌侵入;

三是修剪下来的病枯枝要集中焚烧,防止病菌蔓延。

(5)病虫害防治

①虫害

食叶性害虫,包括槐尺蠖、卫矛尺蠖、刺蛾类、黏虫、油松毛虫、舞毒蛾、黄褐天幕毛虫、美国白蛾、松大蚜、吹绵蚧、花蓟马、榆牡蛎蚧等。

蛀食性害虫,包括光肩星天牛、臭椿沟眶象、木蠹蛾、松梢螟、白杨透翅蛾、杨干象、青杨天牛等。

②病害

叶部病害,包括毛白杨锈病、苹桧锈病、杨树黑斑病、黄栌白粉病等。

干部病害,包括杨树腐烂病、杨树溃疡病。

防治方法包括药物防治、生物防治(以虫治虫、以鸟治虫)、物理防治(诱蛾灯、烟雾、熏蒸等)、人工防治及综合防治等。

(6)其他养护技术

①防风

在多风地区的树木,要防风大折断枝干。方法是在休眠期疏枝修剪减少阻力,还可以设保护架支撑树干不被刮倒。

②防压

一些大树枝叶茂密，极易枝干下垂，遇风遇雪时容易折断，特别是雪压给常绿树造成的损失更大。为此，对一些观赏价值高的大树要采取顶枝和吊枝的办法保护枝条，在大雪压枝时要用人工将雪除掉，以防压折。

③防冻

对一些观赏价值较高的边缘树种，初栽的几年要在其北部设防风障，并对其干部缠草绳，根部铺草。

第二节　景观设计的人为要素

一、职业范围与从业人员

（一）职业范围

景观建筑学的专业定位和专业内涵决定了景观设计的应用范围十分广泛，景观设计师要解决或者要介入解决的问题也十分广阔，其职业范围几乎介入到建筑师、城乡规划师以及管理者所涉及的一切领域，并且负责或者参与协调各种元素之间的彼此关系，加以整合完善，以达到人与自然之间的最佳平衡。景观设计师的客户范围几乎包括了从个人业主到开发商，直至各级政府在内的一切客户。正因为景观设计师的知识技能与解决问题的范围如此广泛，在发达国家，人们对景观设计师的需求不断增加。目前，人们对环境的关注已不仅仅是要求满足生活需要，而是更加关注于生态学意义上的环境建设和可持续发展的城市建设。因此，在未来社会发展中，景观设计将以其解决这方面问题的能力而承担更加重要的社会责任。

由此可以看出，要明确地划分出景观设计师所从事的职业范围十分困难。劳瑞教授（Laurie，1975 年）将其分类为景观评估与规划（Landscape Evaluation and Planning）、场地规划（Site Planning）、详细景观设计（Detailed Landscape Design）和城市设计（Urban Design）四个方面。还有学者按照景观设计的对象将其分为城市规划、居住区规划设计、城市公园设计、城市广场和步行街设计、滨水区设计、旅游和休闲地设计、国家公园的设计与管理、校园规划与设计、社会机构和企业园的规划与设计、景观与区域规划和自然景观的重建以及墓园设计等。[①] 但是，到目前为止还没有大家公认的标准。根据景观尺度的大小，从宏观到微观的角度来理解，参照劳瑞教授的分类方法，笔者将景观设计的职业范围概括归纳为“区域景观评估与规划”、“城市景观规划与

---

① 本小节内容主要参考 Laurie M. An Introduction to Landscape Architecture（New York：American Elsevier Pub. Co.，1975），俞孔坚. 刘冬云. 孟亚凡《美国的景观规划设计专业》（景观设计专业、学科与教育. 北京：中国建筑工业出版社，2003）和杨冬辉《从美国景观设计的实践看我们的风景园林》（http://info.upla.cn/html/2009/04－10/136073.shtml）等文章。

设计”、“场地景观规划与设计”和“详细景观设计”四个部分。

1. 区域景观评估与规划

在这个领域，景观设计师一方面针对大尺度、区域的土地与流域的评估、规划、管理等进行系统研究，甚至国土规划，包括自然资源调查和环境压力状况分析，开展大地的生态规划、流域规划和区域景观规划，特别强调以生态和自然科学为基础。是面积为 172000km² 的成渝城镇群协调发展规划生态适应性评价。

另一方面，区域景观评估与规划需要梳理水系、山脉、绿地系统、交通以及城市之间的关系，进行视觉分析，关注大地的生态属性和美学属性。此外，还要分析人们对使用这片土地的历史成因以及对其现有的需求。这些分析研究的结果主要是提供土地利用规划，也可以为土地的区划或者土地的开发类型提供政策支撑。例如，在土地资源保护和综合利用的工作框架下，制定相关住房开发、工农业生产、高速公路建设和游憩用地的土地使用政策。当然，区域景观评估与规划并不总是具有综合目的，有时是针对诸如娱乐用地或者自然保护区用地这样相对简单的土地利用目的进行环境影响研究，提供规划方案。

2008 年完成的汶川地震灾后恢复重建规划成功地运用了区域景观评估方法。本规划的范围为四川、甘肃、陕西 3 省处于极重灾区和重灾区的 51 个县(市、区)，总面积 132596km²。针对该区域大地特征的研究表明：自然地质和生态环境的多样性导致了灾区发展条件具有明显的分区，从东到西呈现三大地貌景观即平坝浅丘—中山深谷—高原山地(图 3-16)。

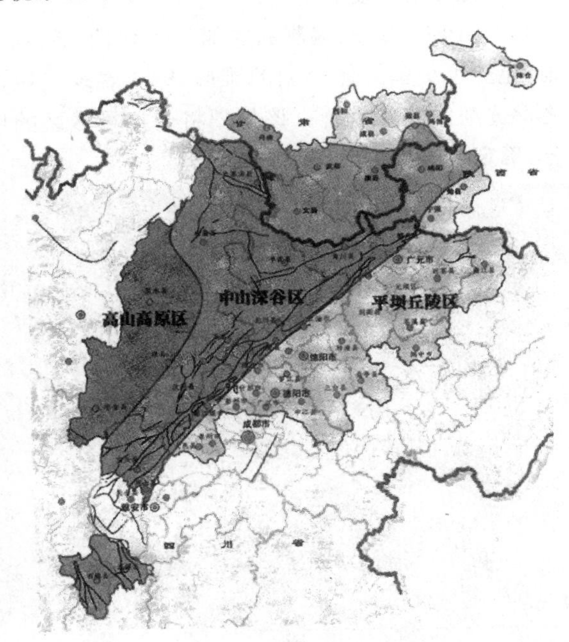

图 3-16　汶川地震灾区发展条件分区图

(资料来源《汶川地震灾后恢复重建城镇体系规划》，2008 年)

进一步调查分析发现：平坝浅丘地区人口密集，交通发达，城镇建设条件好，但人均耕地占有量少。该地区受地质灾害的影响较小，在本次地震中的人员、经济损失相对较小，人口增加与耕地减少是主要矛盾。中山深谷地区是地质灾害高度危险区，地震、泥石流等灾害多发，但区内矿产资源丰富，“三线建设”企业和资源加工企业众多，经济发展水平较高，并集聚较多人口，这一地区在本次地震中的人员和经济受到很大损失，产业布局与地质灾害威胁是该区主要问题。高原山地地区地质条件相对稳定，自然环境敏感，人口密度较小，但贫困问题突出，对外联系不便。这一地区受灾损失总量不高，生态保护和经济贫困是这一地区面临的长期问题。

2.城市景观规划与设计

如前所述，城市规划是依据城市发展目标，通过城市的整体研究对城市土地使用进行预期安排，并通过城市建设活动改造城市的空间布局状况，以引导城市科学、有序发展。城市景观规划与设计是城市总体规划的重要组成部分，以城市为工作对象，以城市尺度为工作平台，运用规划技术与法规，确定城市范围内的景观布局与组织，涉及城市公共空间、开放空间、绿地、水系等界定城市形态的元素，对城市的健康发展起到重要的引导和控制作用。

城市规划理论的重要奠基者英国学者霍华德提出的“田园城市”思想及其在英国的实践，前述奥姆斯特德和沃克斯设计的纽约中央公园以及以后直至20世纪初的城市公园系统建设，为城市景观规划奠定了坚实的理论基础，也为城市形态的形成与发展提供了优秀的实践范例。

1893年，在芝加哥举办的哥伦比亚博览会(Columbian Exposition)引发和推动了美国的“城市美化运动”(City Beautiful Movement)，带动了美国地方政府一系列包括保证城市开放空间的改革运动，形成了许多影响至今的规划制度。

1909年伯纳姆(Daniel Hudson Burnham)编制的芝加哥规划(The Plan of Chicago)(图3-17)成为第一个美国城市总体规划，建立了美国总体规划的雏形，标志着现代城市规划的开始，美国后来的总体规划就在这一模式之上逐渐发展和完善。该规划将芝加哥城区的用地性质进行了分类，将城市的公共空间进行了划分，确定了城市的道路网系统。

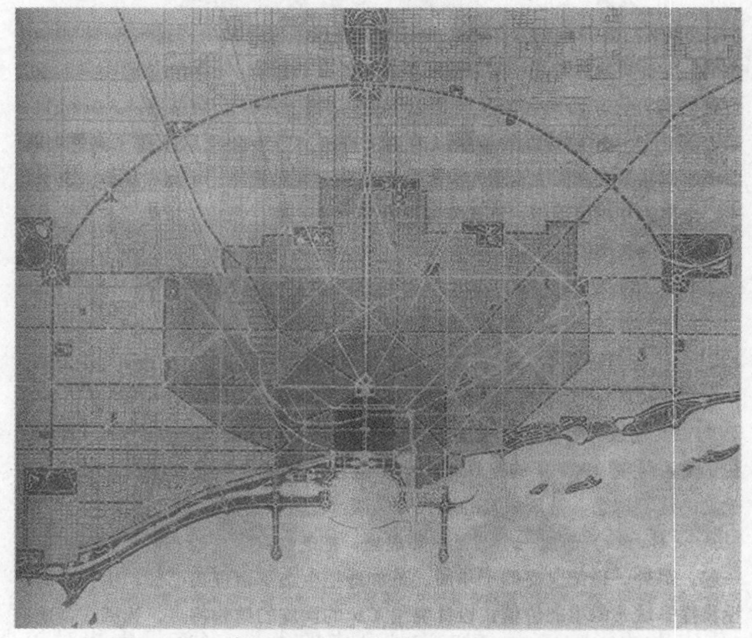

图3-17　伯纳姆编制的芝加哥规划(1909年)

芝加哥规划制订了与景观相关的规划，其主要内容为：(1)沿密歇根湖划出长 32km、宽 1km 的永久性公共绿地，在湖滨绿化带中，有 80%～90%是公园，允许兴建体育场、美术馆和博物馆等公共建筑。(2)城市道路交通系统以方格网铺开，东西向和南北向约 200m 一条路，1 英里(1 英里≈1.61km)一条大街；45°角放射性的道路以前为快速路，1950 年之后改成了高速公路。(3)海军码头景观和天文台景观分别从两翼伸向密歇根湖。(4)城市的商业和金融中心全部都在湖滨地带，许多空间进行了立交处理，考虑了道路、停车以及通往湖边公共绿地的方式。

值得一提的是，1909 年伯纳姆编制的规划至今仍然在指导芝加哥的城市发展。例如，针对由于洪水、飓风和坍塌的大桥使城市基础设施受损的情况，1909 年芝加哥规划的主要建议措施是防浪堤的设计。芝加哥 AS+GG 公司于一个世纪后的 2008 年设计了芝加哥生态桥(Chicago "Eco-Bridge")方案(图 3-18)，首席设计者艾德里安·史密斯(Adrian Smith)认为该方案实际上是在实施和完善 1909 年的芝加哥规划，是在运用现代景观设计语言来诠释伯纳姆的规划理念，是原规划的现代升级版：长达 2 英里的大桥在门罗港(The Monroe Harbor)形成一个圆弧状防浪堤，把芝加哥市中心和格兰特公园连在一起。

图 3-18 芝加哥生态桥方案

另外，世纪之交的十年间，芝加哥把生态革命视为己任，生态桥的建设将提升城市的生态价值：设计突出了风的涡旋的结构特点，为城市创造了源源不断的动力来源；根据设计，防浪堤建在矿渣上，矿渣是具有渗透性的钢铁的副产物，能为水中的生物营造良好的生活环境，也能为人们提供诸如跑步、骑车、水上运动等娱乐消遣场所。芝加哥生态桥景观设计被认为是一座史无前例的新千年生态地标，具有全球性的吸引力，如果世界奥林匹克运动会在芝加哥举办，奥运会圣火将在雄伟壮观的观景塔点燃，防浪堤所围水域将为水上竞技运动提供理想的静水空间，防浪堤本身还能成为观众观看比赛的极佳场地。

在我国，现行的城市规划体制和城市规划编制办法要求在城市总体规划之下编写城市绿地系统规划专章，有条件的城市还要编制城市绿地系统专项规划，具有法定效力。随着园林城市创建活动的开展，城市政府对城市绿地系统专项规划的编制工作十分重视，促进了城市环境景观质量的提高。

在"5·12"汶川地震灾后恢复重建规划中，我国的绿地系统规划也得到了应用。例如，汶川大地震中北川老县城遭到毁灭性破坏，损失极为惨重，地质条件不允许北川县城在曲山镇就地重建，必须另外选址异地重建。按照“以人为本、安全第一”的选址前提，北川新县城被批准选址在安昌镇东南，后被命名为永昌镇。

新县城选址除了具备地质构造相对稳定、80%的用地地质条件良好、属于工程建设适宜区等安全要素之外，可发展用地较为充裕，受现状制约较小，安昌河横贯其中，周围被低山环绕，自然景观独特，文化特色塑造空间余地大(图 3-19)。新县城规划尊重自然，保护并利用场地自然山水格局，并结合城市功能建立连续完整的绿地系统，构建“一环两带四河多廊”的绿地生态空间结构，形成人与自然和谐的绿地系统(图 3-20)。

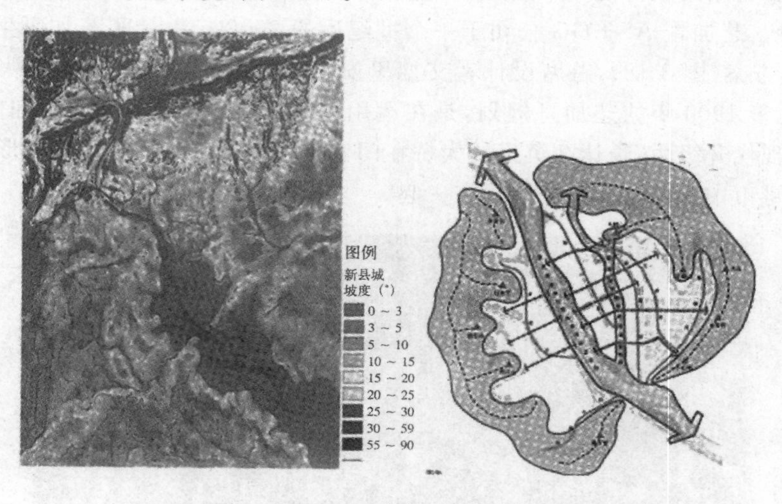

图 3-19 北川新县城场地周边环境分析
(资料来源:中国城市规划设计研究院,2008 年)

但是，“绿地”只是“景观”的一部分，城市绿地系统规划并不能等同于城市景观系统规划，加之我国的城市绿地系统规划是以“绿化覆盖率”、“绿地率”和“人均公园面积”三大指标体系为导向的，着力点在指标而不是内在质量，很难主动地从实际空间效果上营造出高品质的城市整体景观风貌。另外，在城市总体规划之下编写城市绿地系统规划专章的编制办法，在操作上是“由城市规划部门先做好城市规划总图，然后再由风景园林师在城市规划师做好的总图上，见缝插针地规划绿地……”①，园林绿地系统规划没有和城市总体规划同步进行，总体上很难把握城市总体景观空间格局，难以达到城市景观系统的综合功能。

例如，仅从城市景观系统的防灾减灾功能来看，“5・12”汶川地震暴露出我国城市公园存在防灾规划不受重视、数量总体不足、布局不合理以及防灾设施缺乏等突出问题。有的城市尽管“绿化覆盖率”、“绿地率”和“人均公园面积”指标已超过园林城市标准，但是规划布局不合理问题造成城市公园“外大内小、外多内少、体系不全、可达性差”的布局结果，地震后市民很难快速便捷地到达公园避难。②

① 孙筱祥. 风景园林(Landscape Architecture). 中国园林，2002(4)
② 邱建，江俊浩，贾刘强. 汶川地震对我国公园防灾减灾系统建设的启示. 城市规划，2008(11)

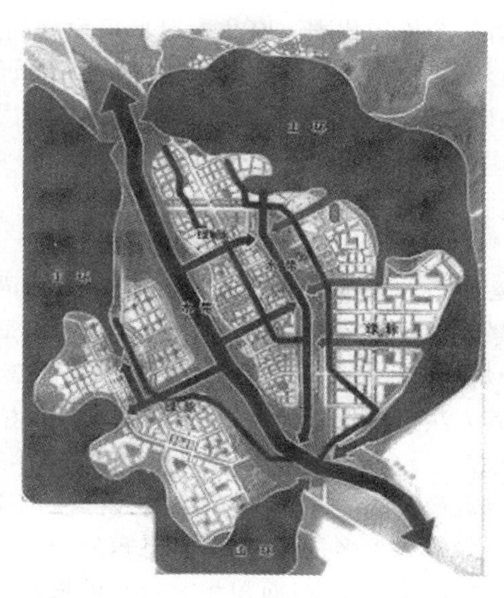

图 3-20　北川新县城绿地系统规划
（资料来源：中国城市规划设计研究院，2008 年）

3. 场地景观规划与设计

场地景观规划与设计习惯上被认为是景观设计师的主要业务范围，大量的景观项目都可以列入其中，如城市广场设计、城市公园设计、城市街景设计、居住区设计、工业园设计、校园规划、滨河开发、港口规划、水域利用、公共绿地规划、旅游游憩地规划等。

场地规划与设计以一个具体的场地为工作对象，以一地块内的建筑、构筑物和自然元素的协调与安排为基础，创造性地将场地的特征以及景观项目的使用要求进行综合分析，然后将各种自然元素和人工设施有机地布局在场地内。具体来讲，场地内的项目可能涉及单幢建筑的基地设计、办公区的公园设计、购物中心或整个居住社区的地块设计等，从职业责任来讲，还包括基地内自然元素与人工元素的秩序性、效率性、审美性以及生态敏感性等的组织与整合，其中，场地的自然环境包括地形、植物、水系、野生动物和气候等。总之，要处理好功能和审美的关系，充分满足项目的各种需求，充分体现所在场地的特征，并与场地以外的周边环境协调一致。

景观设计师在城市范围内所进行的场地景观规划与设计工作，大量通过城市设计来体现。奥姆斯特德、沃克斯、埃里奥特、克里夫兰（Cleveland）等景观设计行业的开拓者们所完成的实践项目其核心工作都是围绕城市设计内容，第二次世界大战后西方逐渐成熟的城市更新和新城建设，甚至包括还在设计过程中的芝加哥生态桥方案（图 3-19）这样的现代景观设计项目，也被列入城市设计范畴。①

当前，城市设计的内涵和外延已经大大拓展，国（境）外有个别的大学甚至将其列为一个完整的专业加以传授。但是，到目前为止针对城市设计仍然没有一个准确的定义，只有两个要素是肯定的：其一是城市设计的场地必定是城市的一部分，其二是场地内必定有多栋建筑物或者构筑物

① Laurie M. An Introduction to Landscape Architecture. New York: American Elsevier Pub. Co., 1975.

介入到设计之中；其次，往往有一个机构代理政府负责对城市设计的内容和要求进行策划，并对整个项目的实施进行管理；另外，场地内的每栋建筑物或者构筑物虽然不需要进行具体的建筑设计，但是其空间位置和体量的确定以及针对相互间的联系与公共使用的空间组织，构成了城市设计的主要内容。

4.详细景观设计

详细景观设计是指通过运用诸如徒手画、施工图等在内的图示语言来表达具有特定要求的，并在一定场地规划范围内的景观空间关系的过程，这个过程包括对场地内景观需要非常具体地解决的问题提出方案，如一个场地内入口的确定、景观平台的设置、聚集活动场所的组织、停车场的安排、景观小品的设计等，其方法是对景观构件、景观材料和景观植物进行有效的选择与配置，以保证其良好的三维空间效果。

值得注意的是，实践中，景观设计的内容将根据设计出发点的不同和尺度的不同会有很大区别，大面积的河域治理、城镇总体规划大多是从地理、生态角度出发；中等规模的主题公园设计、街道景观设计常常从规划和园林的角度出发；面积相对较小的城市广场、小区绿地，甚至住宅庭院等又是从详细规划与建筑角度出发。

“区域景观评估与规划”、“城市景观规划与设计”、“场地景观规划与设计”和“详细景观设计”这四个职业范围既相对独立又相互关联，其间没有截然的划分标准，但是存在一个从巨大尺度、大尺度、中等尺度到小尺度逐渐过渡的现象。从景观规划(Landscape Planning)和景观设计(Landscape Design)的特性来讲，景观规划注重于通过调查、分析与研究，从而对景观资源的保护和使用作出空间的安排，尺度偏大、相对宏观；景观设计则是对景观规划所确定的、具有一定社会用途的场地进行具体的功能安排。因此，从景观规划对象到景观设计对象也有一个尺度的过渡问题，即尺度越大，越偏向景观规划，反之，尺度越小，越偏向景观设计。很明显，上述四个职业范围前两部分工作更多地涉及景观规划内容，主要由景观规划师来完成；后两部分工作更多地涉及景观设计内容，主要由景观设计师来完成。本课程的主要目的是培养学生的设计能力，教材也主要教授景观设计内容。

(二)从业人员

景观设计的职业范围特点总体上决定了景观设计是一项分工协作的团队工作，如同土木工程学科的从业人员由结构工程师、道路工程师和岩土工程师等组成一样，景观设计实践的从业人员也有侧重点不同的专业细分，主要包括景观规划师(Landscape Planner)、景观设计师(Landscape Designer)、景观技工师或工程师(Landscape Technician or Engineer)、景观管理人员(Landscape Manager)和园林设计师(Garden Designer)。除此之外，还有诸如土壤、地质、经济等领域构成的景观科学家(Landscape Scientist)参加到团队工作。景观建筑师(Landscape Architect)是一个职业总称，而各专业人员侧重于景观建筑学的一个方面，我们可以称结构工程师为土木工程师，同样也可以称景观规划师为景观建筑师。各种专业人员的工作对象和特色见表3-2。

表 3-2 景观建筑学从业人员细分

从业人员类别		工作对象和特色
景观设计师	景观规划师	对城乡和滨水的土地利用进行空间布局，生态、风景和游憩方面的景观规划，其规划对象的尺度较大，包括区域景观评估与规划
	景观设计师	设计各种类型、各种尺度的景观工程
	园林设计师	历史园林的保护和新的私家园林的设计
	景观科学家	利用土地科学、水文地理学、地形学、植物学等学科知识来解决实践中具体的景观问题，如场地的调查和生态评估等
	景观技工师或工程师	主要从事景观的建造实践
	……	……

注：本表是作者在总结归纳国际景观建筑师联盟和美国景观建筑师协会等机构对景观从业人员的界定资料的基础上编制而成的。

表 3-2 中的有些从业人员所从事的专业在历史上比景观建筑学形成得还早，如园林的实践活动已经有几千年的历史，景观技工师在景观建筑学专业出现之前就从事着园林的建造工作。从工作对象和特色也可看出各种专业的显著区别，如景观规划的对象比景观设计的对象尺度大等。

当然，尽管景观设计是一项分工协作的团队工作，但是，景观的属性决定了景观建筑学是一门多学科综合的应用型学科。随着景观建筑学的日益发展，它所涉及的学科门类日渐增加，景观设计师必须广泛涉猎城市规划、生态学、环境艺术、建筑学、园林工程学、植物学等相关知识并融会贯通，总体上要求学生掌握两方面的能力：一方面掌握艺术直觉和创造力，并拥有很强的图形表达能力，另一方面掌握系统、科学的分析思考能力。①

二、景观设计师的素养与职责

(一)景观设计师的修养

曾有戏言说“设计师是全才和通才”——他们的大脑要有音乐家的浪漫、画家的想象，又要有数学家的严密、文学家的批判；有诗人的才情，又有思想家的谋略；能博览群书，又能躬行实践；他是理想的缔造者，又是理想的实现者。这些都说明设计师与众不同的职业特点。

如今，设计师已经成为人类理想生活空间的创造者，成为消费、环境、科学技术和社会文化发展的重要构建者和推动者。设计师所必须具备的素养，是现代艺术设计的本质要求，是在先天禀赋的基础上，相对稳定地体现那部分本来良好的特性，再从品性、知识、才能、体格和心理等多方面，进一步塑造和不断建设，使自己适应时代的表达语言，在创作中有一种创新意识和心态。因

① Davorin GazVoda. Characteristics of Modern Landscape and Its Education[M]. Landscape and CityPlanning，2002(60)：120.

此，一个优秀的设计师一定要具备下面几个方面的修养。

1.设计师的基本素养

艺术设计是一门特殊的艺术，设计师必须是一个具有特殊知识技能的从事创造性活动的主体。设计师在艺术设计特殊生产领域中，具有与一般生产者不同的特点。与精神生产者①很不一样，不具备设计专业知识和技能的生产者，只能用文字和语言来描述其想法和意图。设计师既需要以美的物质形式传达情感，也要具有一种驾驭使用者，使之适宜、愉悦的策划意识，更需要设计的精神方案与物质生产流程、材料工艺、操作技术的密切结合。

在素质结构中，设计师的事业心、创造欲往往起着重要的作用。对设计工作的热情，是事业成功的心理基础，是设计师进行创作的原动力。事业心与使命感密切相连，事业心是个人志趣、气质、思维类型等个人因素与社会的历史责任的有机统一。设计师肩负着崇高的职责和使命，也使设计师自身的素质与能力越来越得到重视和强调，设计师的知识结构正在向智慧型、文化型和综合型发展。

设计师的基本素质中，观察力、想象力、记忆力和思维能力是最重要的组成部分。无论是来自先天的禀赋，还是后天的修养，都支配着设计师创造性才能的发挥。设计师的能力素质主要包含两个方面的要求：首先是“基本能力”要求，即接受和综合新思想的能力、自我提高和探索的能力、群体智慧与设计管理的能力以及解决专业设计的实践能力；其次是“行动能力”要求，即除了具备基本能力以外，还必须拥有一定的行动能力，如果说基本能力是解决观念问题的基础，那么行动能力则成为实现观念、完成设计的表现过程，使基本能力得到充分展开。行动能力包括表现能力、解析能力、判断能力、行为调整能力以及使自身素质能力能够舒展的综合能力。

在艺术设计师的素质中，一种既来源于先天素质又可得益于后天培养，并且是设计师的根本能力素质所在的就是创造能力。艺术设计的过程就是创造的过程，想象是创造的开始，观察和感受是创造的基础，突破和创新，往往是创新累积和长久思考的灵感闪光。

2.景观设计师的学科素养

设计不是纯艺术，也不是纯自然科学或社会科学，而是多种学科高度交叉的综合型学科。工业革命以前，艺术的知识技能是设计师才能的主要构成部分，大量艺术家从事设计工作。工业化时代以来，特别是随着信息化时代的来临，自然科学与社会学知识技能在设计师的能力培养中逐渐占据了重要的位置。而电脑技术在设计领域的广泛应用，现已成为贯穿设计师设计思维与创作的全部过程。

现代设计师的知识技能，主要是通过后天的大量经验积累和学习获得的。对于知识积淀要有坚定的信念；对于技能的追求也要有恒久的毅力。要成为一名合格的设计师，除了必须具备一定的素质能力外，还要拥有广博的知识和设计技能。

自然与社会学科知识技能是设计师的“另一只手”。包豪斯时期已开设有材料学、物理学等科技课程与簿记、合同、承包等经济类课程。美国著名设计家与设计教育家帕培勒克(Victor Papanek，1925—)先生曾提到：“在现时代的美国，一般学科教育都是向纵深发展，唯有工业与环境

① 如画家、音乐家，是通过丰富的情感和敏锐的感觉，用艺术手段进行思想交流的，是一种纯精神形态的生产方式。

设计教育是横向交叉发展的。"[①]确实，设计的发展需要与其他学科的融合。设计师不得不掌握一些与设计密切相关的科技与社会学知识技能。例如自然学科的物理学、材料学、人机工程学、人类行动学、生态学和仿生学等，以及社会学科的经济学、市场营销学、消费心理学、传播学、管理学、经济法、思维学和创造学等。

(1)设计师的自然学科知识技能

设计物理学主要提供产品或环境设计师关于设计所需的力学、电学、热学、光学等知识，并指明设计怎样才能符合科学规律与原则，以保证设计的科学性与合理性。

设计材料学可以使设计师了解各种材料的性能，熟悉各种材料的应用工艺，以便在设计中充分利用其特性之长，避免不足之处。

早在包豪斯时期，他们的设计师就提出了"设计的目的是人而不是产品"。"二战"期间，人机工程学[②]在军事设计领域发挥了积极、重要的作用。"二战"以后，人机工程学的研究与应用扩展到了国民经济的各个部门及人们生活的各个方面。当代的设计师，尤其是产品设计师与环境设计师，唯有掌握好这门学科，才能更好地"为人的需要"进行设计。

人类行动学是日本长冈造型大学校长丰口协在最近一次有关设计教育的国际研讨会上提出来的新学科。它不同于人机工程学将人类行动数值化，而是把立足点放在人类心理学上进行研究。在设计应用上，它弥补了人机工程学忽视人类感情与心理因素的不足之处。

设计的本质是创造，设计创造始于设计师的创造性思维。因而设计师理应对思维科学，特别是对创造性思维有一定的领悟和掌握。心理学家巴特立特(Bartlett)认为："思维本身就是一种高级、复杂的技能。"设计师应通过掌握创造思维的形式、特征、表现与训练方法，进行科学的思维训练，从思维方法上养成创新的习惯，并贯彻于具体的设计实践中，以此突破固有的思维模式，培养其创新意识，提高创新能力，增强设计中的创造性，如图 3-21、图 3-22 所示。

图 3-21　安藤忠雄建筑作品

图 3-22　光之教堂，安藤忠雄建筑作品

① 李晓莹，张艳霞. 艺术设计概论. 北京：北京理工大学出版社，2009

② 人机工程学(Man—Machine Engineering)是本世纪初兴起的综合性边缘学科，它在美国被称为 Human EngineeringHuman (人类工程学)，在欧洲被为 Ergonomics(人类工效学)。根据国际人类工效学学会 IEA 为本学科下的定义："人机工程学是研究人在某种工作环境中的解剖学、生理学和心理学等方面的各种因素；研究人和机器及环境的相互作用；研究在工作中、家庭生活中和休假时怎样统一考虑工作效率、人的健康、安全和舒适等问题的学科。"

(2)设计师的社会学科知识技能

设计的初始动机及其价值的实现,常常与经济因素密切相关。设计的这种经济性质决定了设计师必须具备一定的经济知识,尤其是市场营销意识。设计的最终价值必须通过消费才能实现,所以设计师应该了解消费者的需求,掌握消费者的心理,理解消费的文化,预测消费的趋势,设计出适合市场和消费的产品,进而引导消费,实现设计的经济价值与社会价值。如果设计师不了解一些关于经济方面的知识,那么他是很难设计出令人满意的作品,或是难以成为好的设计师。

设计不只是设计师的个人行为,也是其社会行为,是为社会服务的。设计师必须注重社会伦理道德,具有高度的社会责任感。同时,设计还受到国家法律、法规的保护与约束。因此,设计师必须对设计相关的法律要有一定的认识,并遵照有关和规定从事设计工作。设计师既要维护自己的权益,也要避免侵害他人与社会的利益,使设计更好地为社会服务。

设计是设计师的实践行为,不能停留在理论上,他应该广泛地参与到设计当中去。设计师除了要有艺术设计实践技能和科技应用实践技能以外,还需要有较强的社会实践技能,包括较强的组织能力、处理各种公共关系的能力等。设计的调查、竞争,合同的签订、实施与完成,设计师与设计委托方、实施方、消费者以及设计师之间的合作、协调,设计事务所的设立、管理等,都是设计师的社会实践。其设计实践能力的高低,关乎其事业的成败。

(3)自然与社会学科知识的综合应用

人的心理结构是由知(理性认识)、意(意志)、情(情感)三部分共同组成的。设计师从事设计的目标是建造一个可以让人类全面、自由与和谐发展的空间,就其自身而言,也必然要求具备自然与社会学科方面的知识,具有广泛的修养和完整的知识结构系统。同时,由于现代设计的边缘学科性质,决定了设计师不仅要把握好现代设计的基本理论知识,对相关学科的综合知识的把握也尤为重要,如自然学科中的物理学、材料学、人机工程学、人类行动学、生态学和仿生学等,社会学科中的社会学、思维学、创造美学、经济学、传播学、语言学、管理学、消费心理学、市场营销学等,如表 3-3 所示。

表 3-3　艺术设计各专业设计师须掌握的自然、社会学科知识

艺术设计专业类别	设计师须掌握自然、社会科学知识的主要内容
视觉传达设计	视觉美学、符号学、视知觉心理学、创造学、思维科学、计算机知识、大学英语、专业外语、消费心理学、市场营销、传播学、民俗学、印刷学、生态学、语言学、广告法、合同法、商标法
产品造型设计	人机工程学、材料学、技术美学、设计物理学、科技史、仿生学、创造学、思维科学、计算机知识、人类行动学、大学英语、专业外语、民俗学、消费心理学、市场营销、生态学、价值工程学、产品语义学、市场学、管理学、设计伦理、合同法、标准化法规
环境艺术设计	设计物理学、人机工程学、材料学、工程技术、工程管理、概预算、水电基础、环境心理学、园林学、科技史、创造学、思维科学、计算机知识、专业外语、民俗学、环境心理学、生态学、价值工程学、人类行动学、市场学、管理学、设计伦理、环境保护法、规划法、合同法、建筑法规

在表 3-3 的学科知识中,设计物理学使设计师了解力学、电学、光学、热学等方面的知识;材

料学使设计师了解各种材料如金属、塑料、木材、石材、陶瓷、玻璃、化纤等性能与工艺方面的知识；人机工程学使设计师掌握人机尺度、比例，并与产品功能完美统一起来，是从事人性化设计最为重要的一个环节；生态学则使设计师更了解自然与环境之间协调关系的处理方法等。如果设计师为了掌握艺术设计的经济规律，驾驭消费市场，制定设计策略，那么消费心理学知识的了解也非常有必要；在设计最终实现其经济与社会价值的过程中，市场营销学也是一个主要环节，这方面的知识也是赢得市场、促使设计成功的重要因素。

虽然没有要求设计师成为各学科领域的专家，但必须能够运用这些学科的研究成果，并在横向关联的融合中，成为实现综合价值的通才。所以，设计师不是单纯的工程师、艺术家、市场专家，其意义就在于综合诸家于一身，并往往能在某一特定时空范围内，对这些专家们拥有指导和协调的作用。

3. 设计师的艺术与设计知识修养

设计师不是单纯的艺术家，但设计与艺术有着与生俱来的“血缘”关系。

因此，设计师首先应该掌握艺术与设计的知识技能，从而塑造具备“特殊艺术”含量的专业素质，这是设计师专业范畴中的重要条件。设计师需要掌握的知识技能包括理论基础知识、造型基础技能、设计表现技能、设计实践技能等。

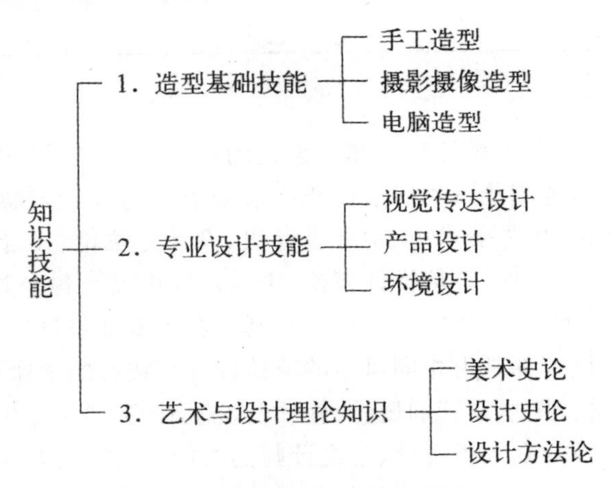

图 3-23 设计师知识技能示意图

表 3-4 艺术设计各专业设计师需掌握的专业知识与技能

艺术设计类别	艺术与设计理论	造型基础知识技能	专业设计知识技能
视觉传达设计	艺术设计概论、美术设计概论、中外美术史、中外设计史、设计方法论、设计美学专业门类设计理论、设计策划与创意、广告学	设计素描、速写、设计色彩、设计构成、图形创意、装饰画、摄影、摄像、计算机辅助设(Photoshop、Freehander、Page Maker、Corel-Draw 3 ds MAX、After Effeets、Authorware、Premie、三维动画、网页)	广告设计、包装设计、展示设计、影视设计、数字图像设计、书籍装帧设计、插图设计、编排设计、舞台设计、字体设计、标志设计、CI 设计、POP 设计、网页设计、动画设计

续表

艺术设计类别	艺术与设计理论	造型基础知识技能	专业设计知识技能
产品造型设计	艺术设计概论、工艺美术史、中外设计史、服装设计史、设计方法论、设计美学、专业门类设计理论、设计策划与创意、工艺学	设计素描、速写、设计色彩、设计构成、设计透视、工程制图、设计制图、计算机辅助设计(效果图、Photoshop、Free hander、PageMaker、CorelDraw 3ds MAX、After Effeets、Authorware、Premie、三维动画)	设计透视、工程制图、设计制图、计算机辅助设计(效果图、Photoshop、Free hander、PageMaker、CorelDraw 3ds MAX、After Effeets、Authorware、Premie、三维动画)
环境艺术设计	环境设计概论、中外建筑史、中外设计史、设计方法论、设计美学、专业门类设计理论、设计策划与创意、建筑学	设计素描、速写、设计色彩、设计构成、设计透视、建筑制图、设计制图、计算机辅助设计(效果图、Photoshop、Free hander、PageMaker、CorelDraw 3ds MAX、After Effeets、Authorware、Premie、三维动画)	城市规划设计、建筑设计、室内设计、室外设计(景观设计、园林设计、公共艺术设计)家具设计、壁画设计、照明设计、通风空调设计、环境展示设计

(1)理论基础知识

理论基础知识旨在解决艺术设计观念和认识论问题，是设计师厚积学养、扩充内涵、增强可持续发展实力的知识资源，他们能从中获取广泛有益的启迪与设计灵感。这些知识技能包括艺术设计概论、美术设计概论、中外美术史、中外设计史、设计方法论、设计美学、设计策划与创意、广告学、工艺美术史、服装设计史、环境设计概论、中外建筑史以及各专业门类技法理论等多方面的理论知识。其中建筑作为"大艺术""大设计"，对其他各种专业设计都有直接或间接的影响，如哥特式、洛可可式的家具设计都是由相同风格的建筑设计直接影响而来的。

设计概论以精炼的语言阐述设计的概念、性质、源流、作用、要素、设计的相关技术和设计师应掌握的知识技能等，从多角度剖析设计，是设计师的入门指南。设计师不仅要熟悉中外艺术设计史论，同时还要关注当代艺术设计的现状与发展趋势，这样才能开阔视野，加深文化艺术修养，增强专业发展的后劲。设计师通过对古今中外艺术设计的欣赏、分析、比较与借鉴，可以获得更为广阔的视野。

设计方法论主要论述设计方法在不同性质、不同阶段的设计中的应用。设计方法论是挖掘创造智慧，展示设计多元性的主要方法。价值工程学是一种技术与经济相结合的设计分析方法，是设计方法的重要组成部分。它起源于20世纪40年代美国通用电气公司设计工程师L·D麦尔斯的设计实践总结，主要研究设计对象的功能与成本之间的关系，寻找它们之间的最佳对应配比，寻求以尽量小的成本取得尽可能大的经济效益与社会效益，是控制设计经济费用的主要手段。

(2)造型基础技能

造型基础技能是通向专业设计的桥梁，是以训练设计师的形态——空间认识能力、表现能力以及培养设计思维、设计表达为核心，乃至设计表达与设计创造能力奠定了基础。它包括手工造型(含设计素描、色彩、速写、构成、制图和材料成型等)、摄影摄像造型和计算机辅助设计造型技能。尤其计算机造型,基础是一种现代技术基础——快速成型技术,即 RPM 技术,是设计师具体实现设计构思,并将其转换为制作生产现实的必需手段。

设计的手工造型训练不同于传统的艺术造型训练。设计素描的造型与色彩造型不同于传统绘画造型,再现不是其最终目的。设计素描并不仅仅满足于画结构与搞分析,还可以通过观察、分析、联想,创造出新的形象来。设计的色彩造型包括写实色彩和设计色彩,写实色彩有助于塑造自然真实的形象,而设计色彩则能适应人在多种条件下的视觉要求,提供各种活动效率,增加视觉与精神的快感。设计色彩的基本技法包括混色法、序列法、对比法、调和法、色调组织法,用色彩塑造、表现和装饰形象,选择与组织色彩实现一定功能的方法等。这样的素描与色彩造型练习可以为设计奠定良好的造型基础。

设计速写造型是最快捷、最方便的设计表现语言,不受时间与工具的限制。具有对形体与色彩的记录功能与分析功能,可以为设计创作大量的图片资料。更重要的是,草图式的速写不仅能够记录设计的进展,它还是设计从初步构思到完整构思的必要"阶梯"。设计大多是从速写式的草图开始的,设计速写是设计师的必备技能之一(图 3-24)。

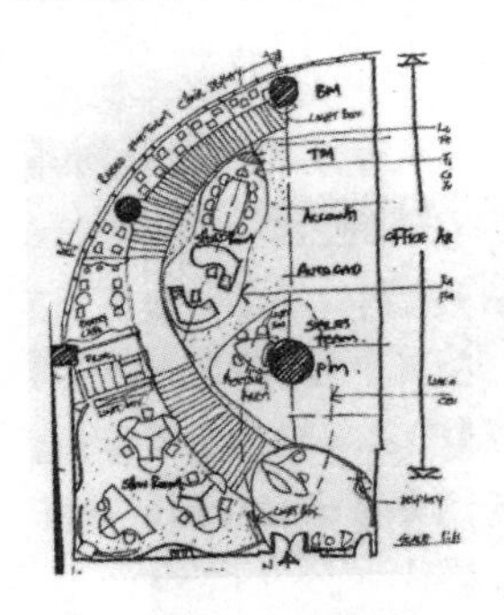

图 3-24 设计草图

图 3-25 家具设计展品

构成造型包括平面构成、色彩构成和立体构成及光构成、动构成和综合构成。三大构成是设计造型的基础技能,它不仅给设计师提供了设计造型的手段和造型选择的机会,而且可以培养和训练设计师在平面、色彩和立体方面的逻辑思维与形象思维能力。尚在研究探索阶段的光构成、动构成与综合构成,则对设计造型语言与手段的拓展有帮助,还有助于开拓设计的新境界(图 3-25)。

制图技能包括机械(工程)制图与效果图的绘制,这是产品设计师与环境设计师都要掌握好的重要技能之一。设计效果图形象逼真、一目了然,可以将设计对象的形态、色彩、肌理及质感的效果充分展现出来,使人有如见实物之感,是顾客调查、管理层决策参考的最有效手段之一。设计师要绘好效果图,必须先掌握透视图的原理和画法,还要学会用电脑来设计完成。

材料成型是依靠外力使各种造型材料按照人的要求形成特定形态的过程,包括人工成型与机械成型。设计师需要手脑并用,如包豪斯要求学生至少掌握一门手工艺。尤其是产品设计师,他们的工作就是将各种材料处理成不同的产品造型。由于各种材料的加工成型方法上的差异,设计师必须通过成型操作训练,熟悉各种材料及机器的性能,熟悉生产工艺流程,了解机械成型手段,掌握一定的手工成型方法,以此提高实际动手能力、立体造型能力与技术应用能力,培养新的审美感受能力,以具备在设计活动中能够根据想法将材料塑造成型的本领。

模型制作亦可算是材料成型的一种。其优点是三维立体、可直观感受。可作为设计辅助、展览、欣赏、摄影、试验、观测，可弥补平面图形的不足。

摄影、摄像也是设计师所应该具备的技能。一种是资料性的摄影摄像，可为设计创作搜集大量资料。另一种是广告摄影摄像，其本身就是一种设计(图 3-26)。

图 3-26　广告摄影作品

计算机辅助设计，目前主要应用在以印刷制版行业常用的彩色桌面出版系统为工具的平面设计，以 3ds Max 系统三维软件为代表的三维立体形象设计，运用各种 CAD 软件进行的工程辅助设计(图 3-27)。

图 3-27　室内建筑电脑效果图

多媒体技术，是由计算机将文字、图形、动画、声音多种媒体综合表现在一起的最新视觉技术，已被广泛应用于广告、电子出版、电影特技、家庭教育、网页等的设计制作中。虚拟现实是多媒体技术的又一新领域，它利用计算机图像处理与视觉技术，模拟出一个类似真实世界的人工环境。对于工业设计师来说，除了要熟练掌握 CAID 计算机辅助工业设计技术，还有必要对 CAM 计算机辅助制造乃至整个 CIMS 环境，即计算机综合产品制造系统有所了解，互相配合，才能更好地发挥 CAID 在现代工业制造体系中的积极作用。计算机技术还将为设计师带来更广阔的设计技术背景。在各种新技术不断涌现的今天，设计师要有不进则退的紧迫感。①

(3)专业设计技能

设计师具备了造型基础技能之后，对其他各专业设计技能的学习和掌握也能够顺利进行。

① 李晓莹，张艳霞. 艺术设计概论. 北京：北京理工大学出版社，2009

专业设计技能有视觉传达设计、广告设计、环境设计三大类。

各专业设计师的造型基础训练是大体相似的，但也不是没有差别，如视觉传达设计偏重于平面造型，而产品设计和环境设计则偏重于空间造型。各专业的相关学科也会有不同。对于工业设计而言，更具体的理论指导是工学指导，如人机工程学、材料学、价值工程学、生产工学等；对于视觉传达设计而言，更具体的理论指导是符号学、传播学、广告学、市场学、消费学、心理学、民俗学、教育学、印刷工学等；对于环境设计而言，更具体的理论指导是环境科学、环境心理学、艺术学、地理学、气象学、建筑工学、经济学等。

各专业设计师在专业设计技能上也是"各有所长"的，这也是他们专业划分的依据所在。如视觉传达设计师的专业技能主要在于设计、选择最佳视觉符号以充分准确地传达所需传达的信息；产品设计师的专业技能主要是决定产品的材料、结构、形态、色彩和表面装饰等；环境设计师的专业技能主要是决定一定空间内环境各要素的位置、形状、色彩、材料、结构等。

各专业设计技能的获得都必须经过对各种材料、工具的熟悉，基本技术、技巧的掌握，再结合具体的案例进行实践、提高和完善。各专业设计技能虽有不同，但界限没有那么分明，而是相互融合的。例如，工业设计就深受建筑设计的影响，展示设计则综合了多种设计技能。因而，设计师不能局限于一隅，而是要更多、更广泛地接触及融合其他设计领域。

(4)设计表现技能

设计表现技能是设计师依靠它进入设计过程中运用的技巧、技术、艺术手段的总和，是设计师成就事业的关键。它包括视觉传达设计、产品造型设计和环境艺术设计技能，具体来说又包括影视广告设计、平面广告设计、包装结构设计、包装装潢设计、包装容器设计、CI设计与策划、服装设计、家具设计、室内设计、城市规划设计、园林景观设计、建筑设计、公共艺术设计、材料工艺、生产成型工艺、表面处理技术、机械学和制图学等。

(5)设计实践技能

设计必须通过大量实践才能实现。因此，设计师必须掌握基本的手工电脑和机械加工操作技能，熟悉从塑料工艺到金属加工等一系列的产品加工技术、生产程序及其特点，并且从中获得知识。从环境设计的材料选择到装修技术施工，把握室内外公共场所的空间装饰到通风、照明各环节实际技能和具体操作步骤。从视觉传达设计的市场调查到各领域设计的实践，如包装材料、装饰到成型、广告设计的立体造型到"POP"立体制作实践，电脑喷绘制作实践等，都是设计师必须掌握的一种实践技能。

艺术设计各专业的专业知识与技能，只有通过不断实践和磨炼才能更加完善。各专业的知识与技能虽然有差异，但都是相通的，许多方面互相渗透，没有明显的界限。因此，现代设计师必须灵活掌握这些专业知识与设计技能，做到举一反三、触类旁通，从而达到兼收并蓄、融会贯通的境界。

4.环境艺术设计师的综合素质

(1)设计师的文化修养

把设计师看成是"全才"和"通才"的一个很重要的原因是设计师的文化修养。因为环境艺术设计的属性之一就是文化属性，他要求设计师要有广博的知识面，把眼界和触觉延伸到社会、世界的各个层面，敏锐地洞察和鉴别各种文化现象、社会现象并和本专业结合(见图3-28)。

文化修养是设计师的"学养"，意味着设计师一生都要不断地学习、提高。它有一个随着时间

图 3-28　意大利设计大师罗西的手稿体现出其深厚的文学功底与敏锐的观察力

积累的慢性显现过程。特别是初学者更应该像海绵一样持之以恒，吸取知识，而不可妄想一蹴而就。设计师的能力是伴随着他知识的全面、认识的加深而日渐成熟的。作为环境艺术设计师必须要具备一般艺术设计师的修养。

(2)设计师的技能修养

技能修养指的是设计师不仅要具备“通才”的广度，更要具备“专才”的深度。设计师对各种相关因素进行综合权衡，并最终通过设计形式把一切表达出来，这正是他们和工程师、技师的区别。“设计师应该有把功能和艺术格调(比例、敏感性、戏剧性特征以及和其他与“美”密切相关的因素等等)组织起来的能力。”①这里的技能不是某个单一的技能，强调的是综合性的技能(图 3-29)。

图 3-29　“苹果社区”从规划到设计反映出的设计师的综合素质

我们可以看到，“环境艺术”作为一个专业确立的合理性反映出综合性、整体性的特征。这个

① 陈宇. 景观评价方法研究. 室内设计与装修，2005,(5)

特征，包含了两个方面的内容，一个是环境意识，另一个是审美意识，综合起来可以理解为一种宏观的审美把握，其缺失在中国近20年突飞猛进的建设过程中表现得尤为明显，其迫切性也越来越为人们所认识。

除了综合技能，设计师也需要在单一技能上体现优势，如绘画技能、软件技能、创意理念等。其中，绘画技能是设计师的基本功，因为从理念草图的勾勒到施工图纸的绘制都与绘画有密切的联系。从设计绘图中，我们很容易分辨出一个设计师眼、脑、手的协调性与他的职业水准和职业操守。由于近几年软件的开发，很多学生甚至设计师认为绘画技能不重要了，认为电脑能够替代徒手绘图，这种认识是错误的。事实是，优秀的设计师历来都很重视手绘的训练和表达，从那一张张饱含创作灵感和激情的草稿中，能感受到作者力透纸背的绘画功底。如图3-30至图3-33所示。

图3-30　上海奥古斯汀酒店的设计草图几乎与实际效果相吻合

图3-31　商业空间手绘预想图

图 3-32　景观设计手绘预想图

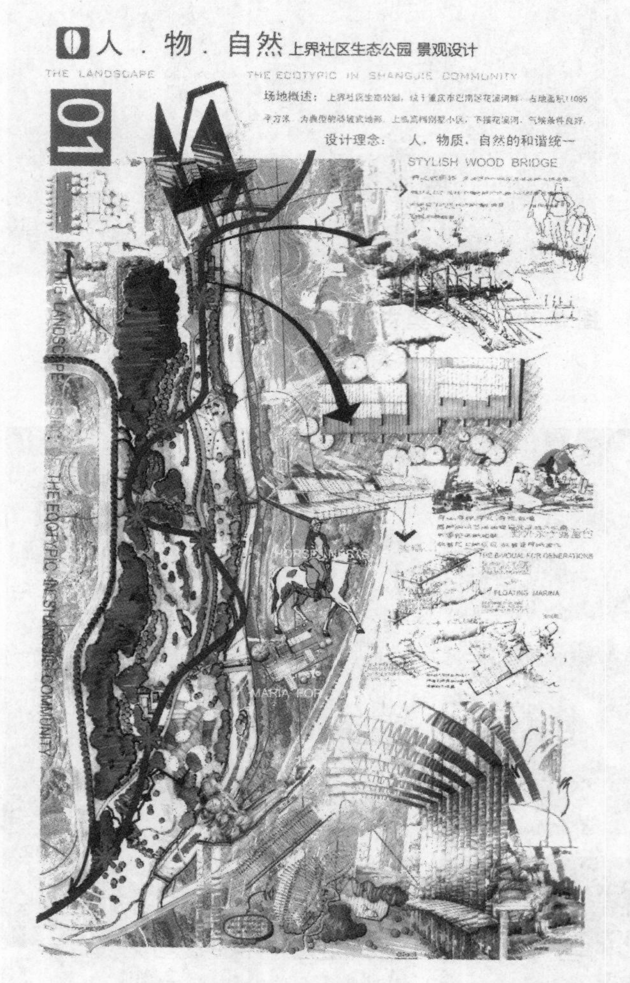

图 3-33　以手绘表达为主的综合性设计成果
——上界社区生态公园景观设计

(3)设计师的道德修养

设计师不仅要有前瞻性的思想、强烈的使命意识、深厚的专业技能功底，不能忽略的是还应具备全面的道德修养。

道德修养包括爱国主义、义务、责任、事业、自尊和羞耻等。有时候，我们总片面地认为道德内容只是指向“为别人”，其实，加强道德修养也是为我们自己。因为，高尚道德修养的成熟意味着健全的人格、人生观和世界观的成熟，在从业的过程中能以大胸襟来看待自身和现实，就不会被短见利益得失而挟制，就不会患得患失，这样，才能在职业生涯中取得真正的成功。

环境艺术设计是如此的与生活息息相关，它需要设计师具备全面的修养，为环境本身，也为设计师本身。一个好的设计成果，一方面得益于设计师的聪明才智，另一方面，其实更为重要的是得益于设计师对国家、社会的正确认识，得益于他健全的人格和对世界、人生的正确理解。一个在道德修养上有缺失的设计师是无法真正赢得事业的成功的，并且环境也会因此而遭殃。重视和培养设计师的自我道德修养，也是设计师职业生涯中重要的一环。

(二)景观设计师的职责

景观设计师在社会经济与文明不断发展的背景下，肩负着处理自然环境与人工环境关系的重要职责。设计师手中的蓝图深深地影响和改变着人们的生活，也体现了国家文明与进步的程度。因此，我们有必要也应该确认环境艺术设计师在社会生活链条中的位置及其责任。

虽然，景观艺术设计的内容很广，从业人员的层次和分工差别也很大，但我们必须达成统一的共识，即我们到底在为社会、为国家、为人类做什么？是不断地生产垃圾，还是为人们做出正确的向导？是在现代社会光怪陆离的节奏中随波逐流，还是勇于担起设计师的职责？

设计是一个充满着各种诱惑的行业，对人们的潜意识产生着深远的影响，设计师自身的才华使得设计更充满了个人成就的满足感。但是，我们要清醒地认识到设计的意义，抛弃形式主义，抛弃虚荣，做一个对社会、国家乃至人类有真正价值贡献的设计师。对于从教的老师和等待解答的学生，我们必须给出正确答案。这些问题虽然仿佛与设计的专业技能没有直接关系，但却关系到事物的本质。

1.树立正确的艺术设计观

景观设计师首先要确立正确的设计观，也就是心中要清楚设计的出发点和最终目的，以最科学合理的手段为人们创造更便捷、优越、高品质的生活环境。无论在室内还是室外，无论是有形的还是无形的，环境艺术设计师不是盲目地建造空中楼阁，工作也不是闭门造车，而是必须结合实际情况，满足制约设计的各种条件。在现实中，在与各种利益群体的交际中，在与同等案例的比较分析中，准确地诊断并发现问题，协调各方利益群体的同时，能够因势利导地指出设计发展的方向，创造更多的设计附加值，传递给大众更为先进、合理、科学的设计理念。人们常说设计师的眼睛能点石成金，就是要求设计师有一双发现价值的眼睛，能知道设计的核心价值，能变废为宝，而不是人云亦云。如图 3-34 所示。

图 3-34　设计初期所设想将要带来的各种价值

2.树立科学的生态环境观

景观设计师还要树立科学的生态环境观念。这是设计师的良心，是设计的伦理。设计师有责任也有义务引导项目的投资者与之达成共识，而不是只顾对经济利益的追逐。引导他们珍视土地与能源，树立环保意识，要尽可能地倡导经济型、节约型、可持续性的设计，而不是一味地盯在华丽的形式外表上。在资源匮乏、贫富加剧的世界环境下，这应该是设计的主流，而不是一味做所谓高端的设计产品。从包豪斯倡导的设计改变社会到为可持续发展而默默研究的设计机构，从事艺术设计的人们有必要从设计大师那里吸取经验和教益，理解什么是真正的设计。

3.担起引导大众观念的责任

景观设计师要担起引导大众观念的责任。用美的代替丑的，用真的代替假的，用善的代替恶的，这样的引导具有非常重要的价值。设计师要持有这样的价值观，给群体正确的带领。设计师的一句话也许会改变一条河、一块土地、一个区域的发展和命运，所以设计师这个群体是何等重要，这才是景观设计师从业的根本。

第四章　景观设计的基本原则

第一节　景观设计程序性原则

作为工程设计，景观设计还要按照设计的基本步骤，遵循工程设计的程序性原则。尽管景观项目可能因具体情况的不同而有所差异，但整个项目一般按照"接受委托、明确目标，场地调查、资料收集，信息分析、方案构思，实施设计、回访评估"的程序来进行。

一、接受委托、明确目标

景观设计工作都是从接受工程委托开始的，为了在开展工作过程中有章可循，委托方和设计方都要按照互信、互利、互惠等原则签订委托协议或者委托合同，其中要明确甲方（委托方）和乙方（设计方）的权利和义务，诸如工作范围、工作时间、设计的具体内容、工作程序、现场服务、设计费用以及支付方式等。协议或者合同一旦签订，即具有法定效力，双方必须执行。执行过程中出现变化或争执，双方应本着平等、友好的原则进行协商。无法协商时，可以采取法律程序加以解决。依法委托和接受委托，是为了保障设计工作的有序进行，同时也是为了有效地保护双方的合法权益。

在委托协议签订时，特别要明确设计的目标，对承担设计项目的基本情况要有比较全面的了解，如场地所在位置、场地规划条件、具体设计要求、设计难度以及可能引发的关联问题、要求的工期与设计进度能否衔接等。这需要景观设计师有丰富的经验和良好的职业感觉，能比较迅速地作出判断，从而提出有针对性的意见和建议，更好地与委托方进行工作的前期沟通。设计师的沟通能力能够加强委托方的信任，为景观项目设计工作的开展奠定良好的基础。

二、场地调查、资料收集

场地调查即现场踏勘，是景观设计具体工作的开始并且是关键的一个步骤，其目的是获得设计场地的整体印象，收集相关资料并予以确定，特别是对场地周边环境整体的把握、尺度关系的建立、风格风貌的构想等，必须通过现场体验才能够获得，实际上，有经验的景观设计师常常发现，一个有特色、符合场地特征的优秀景观设计方案的初步构思往往是在现场形成的。

场地的资源包括物质资源和非物质资源两大部分，也可分为场地内部环境资源和场地外部环境资源两方面。任何一个场地都不是孤立存在的，它与其周边的环境存在着或多或少的、各种各样的关联，要全面地了解资源情况，调查就不能仅局限于场地内部，不能就场地论场地，基本的调查应包括场地内部环境、外部环境中的物质资源和非物质资源调查。

在开始调查前，应该做好必要的准备，对于需要收集的资料事前应该有一份资料清单，其中，详细准确的地形图是最基础的资料，不可缺少。应根据项目的具体情况确定比例，规划的用地范围较大，比如说规模是几十平方公里甚至更大的旅游度假区，一般需要 1/5000 或 1/10000 的地形图，而如果是一个占地不大的城市绿地广场，往往需要 1/500 或 1/1000 的地形图。地形图上一般表示了诸如坐标、等高线、高程、现状道路、河流、建筑物、土地使用情况等信息。适宜的地形图便于我们方便准确地进行场地的调查，在现场调查中，应对那些地形图上未明确或有变化的现场信息进行补充，配合现场照片或录像，以便回到办公室后进行分析。对于大区域的规划，最好能获得航拍或卫星遥感资料，通过 GIS 技术进行辅助调查、设计，将更有利于工作的开展。

在场地调查过程中，有些规划设计的条件以一种“隐性”的状态存在着，比如地下的市政管网设施条件、城市今后发展对场地环境条件的影响、土地利用及设计的条件限制、外部交通及出入口限制、场地所处地段历史文化条件的可利用性及限制要求等，这些条件一般可以在城市规划和建设管理部门获得，有的则需要对场地周边地区进行更详尽的考察和体验。获得的各种资料应当汇编成一个有条理的基础资料档案，并需要保持完整和不断地补充、更新。

场地调查过程并不是一次性的，在以后的规划设计过程中，很可能还要多次地反复回到现场进行补充调查；现场调查要做到尽可能全面，尤其是在不方便多次进入的现场，更应当采用尽可能的方法全面准确地记录下现场的资源情况。

三、信息分析、方案构思

如前所述，第一次进入设计场地时就会对现场有一个基本的印象，这时，结合设计目标的构想也同时在闪现，过去的经验在一定程度上会有助于快速构思。当然，这些都是结合现场实际的最初步构想，往往是直觉的、模糊的、不完整的，甚至是破碎的、分离的，虽然在以后的设计过程中有可能被彻底修改或者被摒弃，但获得快速的设计印象，迅速进入设计角色，对方案的最终形成是必不可少的环节，对每一个设计师来说都是必须的一种训练。

在对场地资源信息进行了全面、系统的收集后，接下来的工作就是对已获得的信息进行整理分析，其目的是为了设计工作的有序进行，应对所有与场地设计相关的资源条件进行客观、准确的分析，在分析的过程中不回避存在的问题，对有利条件和不利条件进行逐一梳理，找出主要问题之所在；在分析中对主要的限制条件应该进行重点研究，“瓶颈”问题有时在相当程度上限制了设计的多种可能性，甚至影响到项目本身的成立和发展，但“瓶颈问题的解决，有可能孕育出具有独特性的景观设计作品。对在分析过程中发现的资料问题，应及时进行补充、更新，包括对场地的新的踏勘调查。分析工作的结果应包括：

(1)概述；

(2)目标及实现措施；

(3)项目组成及其相互关系；

(4)项目发展方向性草案；

(5)初步指标。

在方案的构思阶段，创造性的思维与场地的资源相结合十分重要。应该辩证地看待场地的资源条件，应尽可能做到因势利导、因地制宜，充分利用场地内一切可利用的资源，具有这个场地特征的景观才是有别于其他场地的设计，也才具有可识别的特色，成为独一无二的或者是独具特色的设计。随着思考的累积，各种各样的设计灵感可能随时会迸发出来，必须迅速地记录下那些转瞬即逝的思路。这时，快速的表达显得非常重要。快速的表达可以是几条线条，也可以是一个符号、一句话……不管用什么方式，一定要把想到的记录下来，并且在以后看到时能够回忆起来。

各草案都应对场地的系统，包括交通系统、土地工程系统、市政管网系统、种植绿化系统、标志导引系统等提出明确的设计意图，草图要保持简明和图解性，简洁、清晰，以线条、图形、符号、文字、色彩等方式，尽可能直接阐明与特定场地的特殊性相关的构思。在全面思考并处理各系统之间关系的基础上，使整个场地系统成为功能协调的整体系统，满足项目的发展需要，并与场地外部的城市系统或外部大系统之间有效衔接。

在大型项目或复杂项目里，景观建筑师经常作为紧密协作的专业设计队伍中的一员，这个工作队伍中有规划师、建筑师、工程师、艺术家、策划师及其他专业人员。景观建筑师应当密切、主动地与其他专业人士进行沟通，有机整合各种资源和优秀创意、构思，协调各方面的关系，运用全面的景观知识和能力，以更高的视角、更全面的思维进行方案设计。在方案设计过程中，还应当与委托方(甲方)，以及今后的管理公司进行沟通、协商，使可能在设计与实施、运行、管理中出现的许多问题在设计前期就可以及时规避，这样更有利于方案的有效推进。

不同的设计构思会有不同的方案，每个方案都有各自的优点和不足，要将各个方案集中起来进行对比，在比较中进行优化，好的予以保留，不足的进行改进或放弃。设计在比较的过程中不断地向深度发展，开始可能提出多个建议，比较后成为两个或者三个方案，最终形成一个设计方案。最终的设计方案并不是把所有方案的优点集中起来进行简单拼接，而是有选择地取用与最终设计构思能够有机结合的优点加以适应性的改进。

四、实施设计、回访评估

设计方案确定后，详尽的实施设计，即景观施工图阶段就将展开。之前的工作，更多的是对外部空间景观进行规划，在此过程中，尽管工作的重心更多地投入在平面功能和系统的建立、完善上，但对于规划后的外部空间的设计想象和构思也在同步进行。其实，尽管景观设计的工作划分为方案设计和施工图设计两个阶段，但是，平面系统的组织与空间形象的设计始终是同步进行着的，只是在不同阶段各有侧重而已。

实施设计阶段是景观细化的阶段。在这个阶段，所有设计的景观环境内容都必须详细绘制，并明确它们施工要求的方式、构造、材料、质地、色彩及其他特殊要求，采用绘制、标注、列表、文字说明等方法予以表示，用以指导后期的景观施工。景观施工图基本包括以下几个方面：

(1)水(环境用水和游戏用水)；

(2)电(强电和弱电)；

(3)土方工程(施工高程、挖填方范围及工程量、土木工程保护等);

(4)绿化种植(乔、灌、藤、草);

(5)硬质景观(步道、台阶、地面铺装等);

(6)环境建筑物、构筑物(亭、廊、桥等);

(7)标志小品(路标、告示栏、休息坐凳等);

(8)其他特殊的景观设施内容的施工图。

各施工分图应在环境设计施工总图中标明图号,以便对照查看。

与建筑工程施工的工业化、标准化和规范化相比,我国景观行业的规范建设相对滞后,目前还没有形成与之相关的行业规范、技术标准;同时,景观的行业特点也在于多样性和独创性,因此,在景观建设实施过程中,为了保证设计目标的实现,施工过程中必须在现场结合场地条件、材料条件以及施工条件等进行现场的二次设计,适时调整施工方案。相对于建筑设计,现场设计在景观设计领域表现得更加突出,具有一定的特殊性。

项目完成前,设计师会给业主提供一份详细的说明书,除了对设计本身的说明外,还应当对今后环境及设施在运行使用、管理维护中的要点进行指导,提出建议。在项目建设完成投入使用后,不定期地进行项目回访、使用后评估。提供这样的服务,一方面可以对发现的问题及时总结、改进,在对项目负责的同时,自身的专业能力也能得到较快的提升;另一方面,可以建立良好的职业形象,获得客户的口碑和市场的认可。

第二节 功能性与生态性原则

一、功能性原则

(一)景观功能

功能是指事物或方法所发挥的有利的作用,[①]景观功能即景观所发挥的有利作用,也就是人们对景观所提出的物质和精神需求,包括生态、文化和艺术、游憩、安全等方面的作用或综合作用。其中,生态、艺术和文化功能是景观设计中须重点考虑的因素,在下文中作为设计原则重点叙述;而安全对所有景观具有普适性,也是景观其他功能发挥的前提,在本节中展开。

任何一种景观都是在一定的社会和现实需求下产生的,功能满足这些需求的景观设计才有可能被接受和实施,“形式并不是规划的本质,它只不过是承载规划功能的外壳或躯体”,“首先确定的是用途或体验,其次才是对形式和质量的有意识的设计”,[②]因此功能性原则是景观设计所须遵循的首要原则。本节所指功能性原则针对的是实现景观各种功能需要解决的共性问题,具

① 中国社会科学院语言研究所词典编辑室.现代汉语词典.北京:商务印书馆,1994

② (美)约翰·O·西蒙兹.景观设计学——场地规划与设计手册.北京:中国建筑工业出版社,2000

有通用性。

(二)景观安全

由于景观的安全性从根本上影响功能的发挥,因此在景观设计中考虑景观功能之前,首先要研究景观的安全性。所谓安全性是指产品在制造、使用和维修过程中保证人身安全和产品本身安全的程度。[①] 如同建筑工程和桥梁工程一样,景观工程在设计过程中也要重点考虑景观的安全性,景观作品只有在符合安全性原理的前提下,才能更好地发挥其各方面的功能和价值。景观设计的安全性包含两方面含义:一方面是景观自身的安全性,即要求景观工程本身不会对人、环境等其他客体产生损害;另一方面是景观所提供的安全性庇护功能,如在火灾、地震等自然灾害发生时,能为人们提供防灾避难场所或发挥有益的作用。

1.景观自身的安全性

要保证景观自身的安全性,需要重点考虑以下几点:

(1)做好场地的安全风险评估,保证场地安全。包括地质灾害、洪灾等自然灾害发生的可能性,以及周边环境潜在的安全隐患,在此基础上进行景观规划和设计,可大大增强景观工程自身的安全性和其安全功能的发挥,反之则可能带来灾难性后果,如北川县城在"5・12"汶川地震中毁于一旦,城市被大面积的山体滑坡覆盖,震前美丽的城市景观(图 4-1)变为震后的废墟(图 4-2)。场地安全风险评估基本过程如下:风险识别、确定安全风险的后果属性、计算威胁指数,并对威胁进行排序,不同的场地属性和景观规划设计目的,可能对安全风险的重视程度不同,应根据实际情况,运用多属性决策原理,将风险概率、风险后果属性值、后果属性权重结合起来,得到各个风险的威胁指数。按照该方法,在较小尺度上可获得安全的景观场地,在较大尺度上可获得景观安全格局。

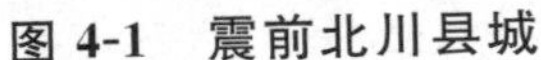

图 4-1　震前北川县城

图 4-2　震后北川县城

(2)注重结构选型,确保结构安全。在景观小品和景观构筑物的设计过程中,要充分考虑结构的安全性。"天马行空"的设计虽然有可能取得视觉上的"愉悦",但是如果景观结构存在安全隐患,最终实施的结果往往与设计初衷相去甚远,因此,景观设计应在确保结构安全的前提下进行。

---

① 吉林工业大学管理学院.现代管理辞典.沈阳:辽宁人民出版社,1987

(3)慎重选择景观材料。所有的景观作品均需要材料进行构建,存在安全隐患的材料有可能对人体健康和生态环境造成恶劣的影响。材料的选择要避免有害物质的存在,如含对人体有害的物质的景观小品,在人长期接触后,可能导致皮肤病等疾病发生。而植物的配置也要考虑对现状生态系统的影响,如水葫芦的引入可能造成河流生态系统的破坏(图 4-3)。

图 4-3 葛洲坝水域水葫芦肆虐,船行如过草地

(4)考虑特殊人群的使用。为公众提供休闲娱乐场所是景观设计的重要任务,如同建筑设计要考虑无障碍设计一样,景观设计也要考虑特殊人群的安全使用问题,尽可能使更多人亲近景观、享受景观。在设计过程中,要同时考虑儿童、老人、残疾人士等特殊人群对景观的安全使用。设计中应避免游人在景点边缘“望景兴叹”,在路径的规划上,要尽量保证核心景观的通达性,确保残疾人无障碍通道的畅通和安全。在安全防护设施的设计上,不仅要考虑对成人的保护,还要重点考虑对儿童的保护,主要体现在材料选择、尺寸等细部设计上。

2.景观的安全功能①

景观专业的学生应掌握防灾城市公共空间②的规划和设计方法及原则,包括以下内容:

(1)了解城市灾种及其特点。作为巨型“承灾体”的城市,其运转依赖于供水、供电、燃气、交通、排污等城市生命线工程设施,在面临灾害的威胁时,整体抗灾能力往往十分脆弱(图 4-4)。城市灾害主要包括地震、洪涝、气象灾害(台风、冰冻等)、火灾和战争及恐怖活动等,这些灾害具有灾因复杂、突发性强、灾度难测的基本特点。③

① 本节针对城市景观的安全性功能,重点讲述防灾公共空间的规划设计方法。

② “城市公共空间狭义的概念是指那些供城市居民日常生活和社会公共使用的室外空间”,“广义概念可扩大到公共设施用地的空间”,绿地、公园和广场等室外空间均在其范畴之内。参见:李德华.城市规划原理(第三版).北京:中国建筑工业出版社,2007:491.

③ 邱建,江俊浩,贾刘强.汶川地震对我国城市公园防灾减灾系统建设的启示.城市规划,2008,(11)

图 4-4　汶川地震后，成都市中心市民纷纷跑到街上避险，造成交通瘫痪

(2)熟悉城市公共空间的防灾避难功能。包括：公共空间中的密林带和水体可以防止火灾发生或延缓火势蔓延，减轻或防止因爆炸而产生的损害；草坪和广场可以转变为避难救灾场所(图 4-5)，包括灾民临时生活场所、医疗救助场所、救灾物资集散地、救灾人员驻扎地、倒塌建筑物临时堆放地、遇难灾民临时掩埋地等；大型的空旷空间还可作救援直升机的起降场地；在沙尘暴侵袭城市时，林地可减小风速，固定沙尘，从而减小对城市的危害；景观场地中大面积的透水地表可将地表水迅速渗入地下，从而为缓解洪涝灾害发挥作用；生态环境良好的景观带也是瘟疫侵入城市的天然屏障。①

图 4-5　自然灾害应急避难场所

此外，不同规模和等级的城市公共空间在防灾避难过程中发挥着不同的功能，熟悉灾害发生过程与防灾公共空间之间的关系(图 4-6)，对规划设计防灾公共空间具有重要意义。

① 邱建，江俊浩，贾刘强. 汶川地震对我国城市公园防灾减灾系统建设的启示. 城市规划，2008，(11)

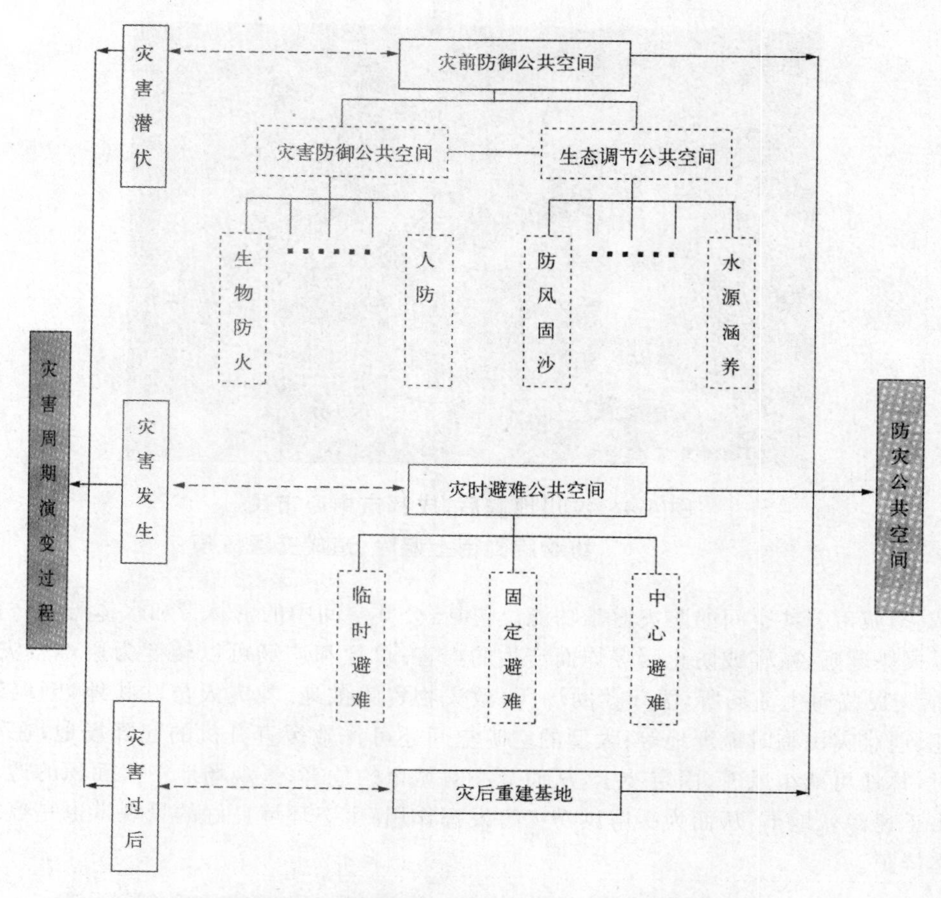

图 4-6　灾害周期与防灾公共空间的关系

(3)掌握相关防灾规划理论和设计方法。日、美、英等国家是防灾公共空间建设经验较丰富，理论较完善的国家，我国也取得了一系列的研究和实践成果。总结起来，防灾公共空间的规划设计应坚持平灾结合、分级疏散、综合防灾、因地制宜、安全可靠的原则：防灾公共空间平时应该有产权单位建设、维护与管理，灾害预报发布后或是在城市灾害发生时转换为避震疏散场所，避难疏散道路、消防通道和防火隔离带平时应该作为交通、消防和防火设施等，灾害发生时启动其防灾与避难功能；对应于灾时就近疏散、集中疏散和远程疏散的需求，在空间上对不同规模和等级的防灾公共空间进行合理配置；防灾公共空间不是仅仅针对某一种灾害，而应具备对城市各种主要灾害的综合防灾避难功能；根据城市用地情况、人口、周边设施和交通情况等因素，因地制宜地进行防灾公共空间系统规划，保证防灾公共空间的可达性；在防灾公共空间内部要留有足够的适宜避难的场地，并配备相应的应急设施，如应急用水、用电、医疗和环卫设施等。以上原则在实践中会不断地完善和补充，在应用中注意吸收先进的规划设计理念和方法。

(三)功能组织

从设计角度看，功能性组织主要体现在三方面：功能定位、功能分区和流线组织。其中，功能定位是对设计目的和理念的落实，它决定了景观所须具备的主要功能；而功能分区是在空间上布置各种景观元素并赋予不同的功能主题;流线组织则是对各功能区进行有效合理的联系,形成景观系统,以满足功能定位的要求。功能分区与流线组织是相互影响和制约的,功能分区影响流线组织的方式和各种道路的等级,而流线组织的合理性又会反作用于功能分区,引起功能分区的调整。本小节以某滨河景观规划设计(资料来源:西南交通大学建筑学院)为案例进行说明。

1.定位

景观的功能定位是对景观产品用途和作用的概括和提炼。不同的景观产品具有不同的功能,但大多数景观产品均具有复合功能,如城市公园景观具有游憩、生态、文化等多方面的功能和作用。因此,为准确对景观进行功能定位,需要做大量的调查和研究工作。例如某滨河景观规划设计在充分调查和分析规划区社会、自然、文化等基础资料的基础上,发现以下问题:上游水质清澈,但中下游受污染较为严重;河道两侧都为较陡的河坎,亲水性较差;没有形成以水体为中心的景观;缺少绿地和相关的娱乐、服务性设施用地,阻碍公共活动开展;沿河临时建筑较多,对河道产生不良影响;土地使用功能混杂,难以进行统一管理,提升土地价值。同时,辨析出了政府改造政策的机遇及改造过程中可能面临的挑战。围绕某河流的水利、游憩、景观和生态等功能,依托周边的文化、环境和水系统等资源优势,经过提炼和概括,提出"观流水之灵气、纳田野之生气、揽小城之人气"的景观功能定位。

2.分区

明确景观的功能定位之后,需要紧紧围绕功能定位进行功能分区,主要包括以下内容。

(1)功能分析

其目的是要明确景观项目为落实功能定位所应包含的主要功能。例如对城市公园,一般应包括入口服务、景观游览、配套服务等功能,有的专题公园还包括展览、体验等功能。

(2)功能分区

通过功能分区将各功能落实到空间上,如对城市公园,一般包括入口服务区、各种不同主题的景观游览区、餐饮娱乐区、展览体验活动区等。不同功能区对场地和位置有不同的要求,如入口区不但要考虑与外部交通的联系,而且要考虑与内部各功能区之间的空间关系,需要配合流线组织进行规划设计。功能分区应基本确定各功能区的规模、性质和主要建设项目。

不同类型的景观项目的功能分区是不同的,即使相同类型的景观项目在不同的条件下其功能分区也是不同的,不同文化背景的人也有不同的景观功能要求,因此景观的功能分区必然是千变万化的,在实践中不可套用固定模式,应做到因地制宜、因人制宜、因景制宜。

如上述滨河景观规划围绕功能定位,以变奏曲的方式将各种功能复合到五个乐章之中,每个乐章分工协作、功能特色突出,合成一部韵感十足的变奏曲(图4-7):第一乐章为初识某河(小快板),该功能区使人从嘈杂的闹市进入自然的空气中,较大尺度的景观给人全新的感受;第二乐章为滨河漫步(慢板),该区以舒缓、柔和与浪漫为基调,使人放慢步伐,精心品味滨河美景,在景观细部进行精致设计,两点延绵不断;第三乐章为欢乐聚会(快板),该区为人流聚集区域,景观元素强调多样性,以较多的硬质景观满足人们开展活动的需求,以欢快、热烈和激动的节奏突出"欢乐聚会"的主题功能;第四乐章为滨河之韵(中板),其功能主要为聚会结束后人们寻求安静与舒适提供场所,以线性景观,通过简洁、流畅的细部设计,营造高潮过后重归宁静与祥和的舒适性景观空间;第五乐章为滨河遐想(慢板),流线组织迂回曲折,突出自然生态功能主题,同时再现其他功能区的精彩景观元素，可为主旋律的回放与主题的升华埋下伏笔。

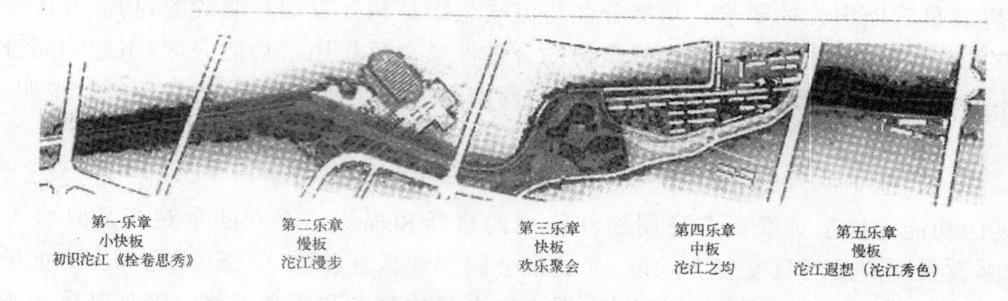

图 4-7　某滨河景观规划功能分区图

3. 流线

流线组织是根据各功能区之间的内在联系，通过不同等级的道路将各功能区进行串联，形成功能发挥流畅、交通组织有序的功能系统。具体包括两方面的内容。

（1）游览线路规划

游览线路规划要重点考虑人的行为学原理，人对景观的使用分为主动行为和被动行为，凡是可以有人参与的景观都应该满足人们寻求体验的内心需求，主要包括生理体验、心理体验、社交体验、认知体验和自我实现体验几个方面。虽然景观体验的主观性是确实存在的，但在景观设计中仍然可以发现一些普遍的规律，它们从人的共性出发，适用于绝大多数人各个层次的需求。概括说来包括以下几个方面的考虑。

①环境的复杂性。环境心理学的研究表明，人具有对"复杂性"场所的偏爱，单一和千篇一律的景观往往令人觉得乏味厌烦，而多样和变化的景观则满足了人心理中最基本的寻求兴奋和刺激的愿望。游览线路规划中应该充分考虑人的这种心理特点，通过路径的变化来创造一种更加丰富有趣的景观效果，同时增强参与感（图 4-8）。

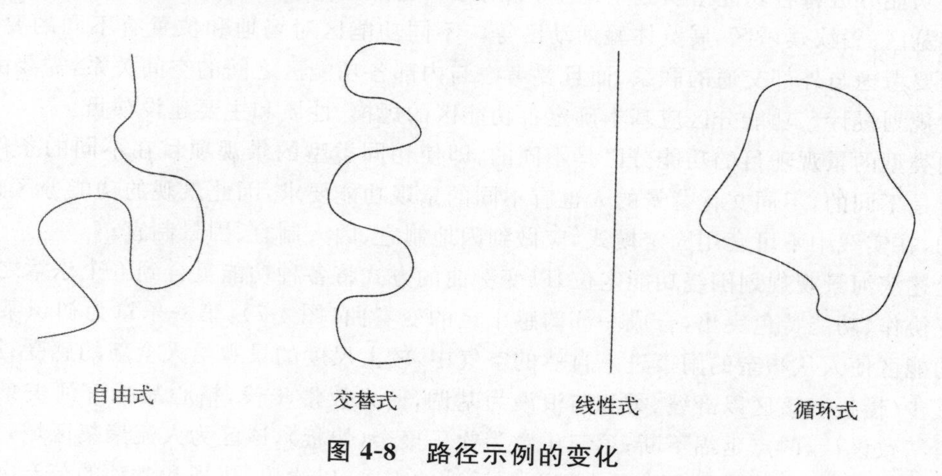

图 4-8　路径示例的变化

②功能的综合性。多数情况下人对景观服务功能的要求都倾向于综合化。人在景观中的心理和行为是有差异的，不同文化背景、不同年龄人群、不同时间段的活动在景观中都会有所区别，景观提供给人的活动应该具有选择性。因此，在游览线路的规划中，要考虑线路到达各功能区的便捷性，使人可以方便地获取综合性的服务，如环状主要游览线路和网状次要线路是景观线路组织中常用的方式。值得说明的是，游览线路的规划常常会引起功能分区的调整，实际上是对功能分区的优化。

③交往空间的适应性。我们所涉及的实际的设计景观，有相当一部分是城市空间的有机组成部分，具有公共参与和社会交往的功能，能够让人在安全、舒适、优美的环境中体验到公共生活和社会交往的乐趣，增强对公共环境的参与感，并借以加深对社会的认同和对自身的认同。在游览线路规划中主要体现在线路节点的规划上，这些开敞空间应适应人对各种社交空间的不同需求。

(2)交通系统设计

游览线路确定后，为充分发挥每条线路的功能，需要进行交通系统设计，包括道路系统和标志系统。

道路系统，包括道路、广场和停车场。根据规划范围的人口预测及各功能区之间的人流量和通行要求，确定道路类别和等级，一般分为车行道和步行道两类。车行道提供快速通达和物质及消防功能，部分景观项目(如广场)可不考虑车行道，车行道等级可根据规划范围和规模进行合理确定。步行道主要为游览线路，宽度、材料和附属设施均应认真考虑。在主要景观节点处可设置广场，广场规模和形式要与周边景观功能相协调。在需要设置停车场的景观中，应科学预测停车位，合理确定停车场位置和规模。

标志系统，是流线组织的重要组成部分，其设置的合理性和易识别性是流线组织顺畅与否的关键因素，同时要注意标志系统对文化内涵的体现。

根据功能分区和场地条件的需求，上述滨河景观规划选择了以线性＋局部网络的方式组织交通流线(图 4-9)，使得景观功能区之间及与外部的交通秩序井然，更加突出了“变奏曲”的韵律感。采用人车分流的交通系统，与城市车行交通有机对接，内部步行交通形成网络，同时根据不同功能区的要求进行了变化，便于游览和体验主题定位。停车场位置结合人流量和城市与滨河车行交通系统设置，考虑便捷和可达性的同时不干扰景观规划区内部活动。

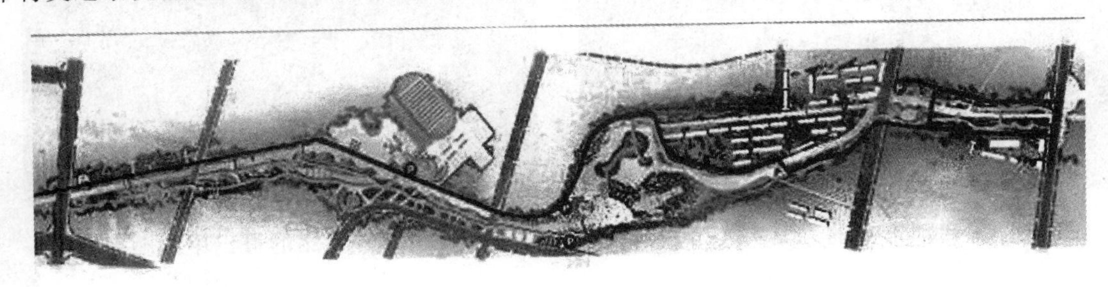

图 4-9　某滨河景观规划交通分析图

二、生态性原则

与自然共生是人的基本需求，生态文明是现代文明的重要组成部分。景观设计与建筑设计、机械设计、工业设计等设计门类的根本区别就在于其“产品”是为人类接近自然、认识自然、享受自然，提供更有生命的场所，最终达到人与自然的和谐。对自然的认识与运用已不仅仅局限于视觉感受，而是扩展到生态保护、生态服务与重塑景观价值观在内的全面认识和运用中。景观设计遵循的生态性原则主要反映在结合自然和生态价值两个方面。

（一）结合自然

自然的因素在景观设计中扮演着重要角色。其实，自然的“设计”才是最伟大的，景观中最朴实、最壮观甚至最动人的部分往往来自于自然，如自然形成的九寨沟壮丽景观（图 4-10）。因此，景观设计时必须结合自然环境，遵循自然优先的原则，对自然环境给予高度重视和尊重，反映人们对自然的依恋，唤起人们对自然过程的天然情感联系。一方面要注重保护自然景观资源，保留大自然的肌理，以基地为中心，充分利用原有基地特性，保持自然景观格局的连续性，在时间和空间的双向维度上拓展思维，寻找现在与过去、将来，可见与不可见的各种因素，展现人与自然的时空联系；另一方面要充分显露自然元素和展现自然生态过程，通过多种方式引导人们体验自然，培养人们对自然的关怀，达到生态教育的作用；第三方面，景观设计要有地域化的特征，尊重传统文化和乡土知识，适应场所的自然过程，使景观设计吻合自然的生态过程与功能，与当地的气候、土壤、地形、地貌、水文、植被等自然因素有机结合，保持景观生态过程的自然性和完整性，从而使景观设计成为自然的延续与补充。与自然相结合的原理在地方民居建设时得到很好的体现（图 4-11）。

图 4-10　自然形成的九寨沟壮丽景观

图 4-11　结合自然的丹巴甲居藏寨格局

然而，人类活动已经并继续深刻地影响着大地，特别是随着城市的发展，现在某些自然景观已不再是原生景观，而是被人们改造后的次生环境。特别是城市景观的自然美是直接改造加工后以自然为对象的美，自然的景观显得越发宝贵，景观设计师甚至在巨大的城市建设压力下，努力挖掘地方自然因素并有机地融入自身的景观设计作品中，取得了良好的景观效果。如沈阳建筑大学新校园即是以东北稻作为景观素材，设计了一片独特的稻田校园景观（图 4-12）。

图 4-12　沈阳建筑大学新校园稻田景观

(二)生态价值

景观与生态的关联不言而喻,保护自然环境、维护自然过程是利用自然和改造自然的前提,是体现生态文明的物质载体。在生态与环境问题日益挑战人类生存条件的今天,生态效益已经成为景观设计需要考虑的重要问题。杰里科(Jellicoe G. A.,1975 年)列举了三个理由加以说明:其一,人类活动正在干扰现存生物圈微妙的自然平衡秩序,正在破坏地球的保护层,人类只有通过自身的努力才能恢复这种平衡,以保证生存;其二,人类的努力首先需要诉诸生态,生态系统实际上是有效的动物状态的回归;其三,人类自己就是从这样的充满生机的动物状态进化过来的,人类所创造的环境,实际上,也就是他们的抽象观念在自然界中的具体体现。[①]

景观的生态价值表现在多个方面:景观是保持区域基本生态过程的重要资源,对维持区域生态平衡具有重要的意义;景观生态系统的生产及供给过程为人类的生存创造了物质基础;景观所具有的生态庇护、环境改善等功能是城市人工环境的重要支撑(图 4-13)。城市景观系统在再现自然环境、维持生态平衡、保护生物多样性、保证城市功能良性循环和城市系统功能的整体稳定发挥等方面都发挥着重要作用,立足于自然生态的景观设计也成为今天解决城市环境问题的重要途径。图 4-14 是上海市为提高生态质量而建设的崇明东滩湿地。成都市在城市急剧膨胀和扩张的同时,在建设用地急剧紧张的情况下,还以恢复自然生态环境为主题,在市区的黄金地段,紧靠历史名园杜甫草堂修建了浣花溪湿地公园,建成后不仅得到学术界的高度肯定,而且深受成都市民的喜爱(图 4-15)。

① Jellicoe G. A.,JellicoeS. The Landscape of Man. London:Thames&Hudson,1975

图 4-13　英国为维持区域生态平衡所保护的国家公园自然景观

图 4-14　上海崇明东滩湿地

图 4-15　成都市在市区黄金地段以自然为主题修建的浣花溪湿地公园

(三)景观应用

景观在大地上体现为无机自然条件和有机生物群落相互作用的生态系统,由相互作用的斑块所组成,在空间上形成一定的分布格局。自然界中生态系统的稳定性与多样性相联系,景观的多样性对于维持景观生态系统的稳定性也具有重要意义。在景观结构和功能设计方面遵循生态多样性原则,包括斑块多样性、类型多样性、格局多样性等,以形成多种景观类型,多样化的生态系统、生物群落以及多种植被的搭配。同时,景观是一系列生态系统组成的具有一定形体结构和功能的整体,应该把景观作为一个有机的系统来思考和管理,以达到整体的最佳效果。在景观设计中还要将各类景观形成网络,减少绿地的孤立状态,同时保留和建设大块的绿地景观,并且注意景观中各个部分之间、植物与动物之间、景观与人之间的关系,使人工设计景观与广大的自然区域成为有机的整体,这不仅涉及景观的视觉与美学效果,而且有助于维护景观系统的稳定性和持续性。

生态文明应用到景观设计领域要按照尊重自然、集约节约、可持续发展的原则,保护物种多样性，倡导对自然资源的循环利用和场地的自我维持，在景观设计、建造和管理维护的全过程中，始终以对生态环境进行持续性的改善为目标。在景观实施过程中，应该不断提高可再生资源的利用率，少用甚至不用不可再生资源；通过提高使用效率尽可能减少包括能源、土地、水资源、生物资源的使用；利用废弃的土地和既有的材料服务于新的景观功能，包括植被、土壤、砖石等，以节约资源和能源的消耗。通过设计稳定的景观生态系统，减少人工维护，以最少的费用获得最大的生态效益。

从欧美景观设计发展过程可以看到，生态的原理对景观设计的发展产生了巨大的推动作用，使景观在艺术追求的基础上更增添了科学的内涵。因此，生态领域的研究成为景观发展的重要方向之一，生态学所涉及的问题已经成为景观建筑学内在和本质的内涵，生态学的引入使景观设计的思想和方法发生了巨大转变。生态的设计也已成为景观设计师的自觉选择。如德国的杜伊斯堡工业遗址公园、荷兰的东斯尔德大坝景观、英国的伊甸园植物园等著名景观设计作品均是对生态文明理念的诠释。

第三节　文化性与艺术性原则

一、文化性原则

（一）文化景观

1. 景观的文化积淀

文化景观是经过人类活动作用于土地之后所集成的诸如农田、水库、道路、村落、城市等景象，运用英国学者泰勒的概念，文化是社会发展过程中人类创造物的总称，包括物质技术、社会规范和观念精神，即人类社会历史和发展过程中所创造的精神财富和物质财富的总和，人类作用于大地的目的可以人为地分为物质需求和精神需求两方面，并且由此分别形成物质性文化景观和精神性文化景观。文化景观积淀着人类不同时期、不同类型的活动痕迹，是容纳人类文明的“容器”，在一定程度上浓缩了人类文明成果，并随历史的发展而增添新的风采。因此，景观设计必须尊重历史规律、研究地域文化、遵循文化性原则。

作为一种文化载体，任何景观都必然地地处特定的自然环境和人文环境，自然环境条件是文化形成的决定性因素之一，影响着人们的审美观和价值取向，同时，物质环境与社会文化相互依存、相互促进、共同成长。针对景观设计活动，其创作过程必然与社会各种文化现象有着千丝万缕的联系，如政治、经济、文化、艺术等，除了物质要素如顺应历史的大地形态、采用先进的技术手段、使用生态的景观材料等必要的并且是基本的要求之外，还渗入各种精神与文化意识。要使景观作品具有文化内涵，就一定要真正理解文化的精神意义，更多地运用人类积淀的精神财富，优秀的景观作品还将作为当代的精神财富传承给后人、后世。

2.景观的文化内涵

景观作品的主要价值体现在外部形式之外的内在内容。任何一个景观,作为审美客体,在审美过程中总有一种原始美或物质形态的自然美的特征存在。例如,我国的风景名胜区是大自然千百亿年来鬼斧神工的杰作,是天地自然规律形成的、各具特色的景观精粹,雄壮的泰山、奇特的黄山、秀丽的峨眉、险要的华山、幽静的青城,其风光都是绝世遗产。美不胜收的自然景观固然重要,无疑能够引人入胜,但其价值还是有限的,是风景名胜区蕴藏着的丰富文化、承载着的悠久历史,才使自然风光具有社会的审美意义,富有文化的识读意义。以泰山为例,封建帝王祭天封禅活动在泰山留下的文物古迹,佛道两教盛行使泰山遍布庙宇名胜,历代名人宗师怀着仰慕之情来到泰山漫游后留下许多赞颂诗篇,正是文化遗存才使泰山以五岳独尊名扬天下,为中国十大名山之首,并于1987年被联合国列入世界自然与文化双遗产名录(图4-16)。

图4-16 世界遗产:泰山

实际上,我国的国家风景名胜区(National Scenic Beauties and Historic Interest Zones)在国际上对应的英文名称是"National Parks of China"(中国国家公园),从中文名称上就可以看出风景名胜区所具有的自然景观价值(风景 Scenic Beauties)和历史文化价值(名胜 Historic Interest Zones)这一双重特征,这也是我国国家公园与诸如美国黄石国家公园以及非洲重在保护珍稀动植物的国家公园的区别。

由此,文化、历史与景观有机结合的结果是文化得以拓展、历史得以延续,而景观也因此拥有文化的气质、历史的内涵,使之更加丰富多彩。

3.景观的文化识读

进一步分析可以看出:景观中蕴含着文化内涵的根本原因是作为景观审美主体的人的参与。景观首先需要人的识读,然后才能进入审美的精神境界,这一过程使人文因素渗透到景观,如对自然景观特征的领悟是人参与的结果,其特征的形成也是经过人的感性感悟和理性总结而提炼出来的,从而景观的自然美才得到进一步升华。"五岳归来不看山、黄山归来不看岳"以及"峨眉天下秀、夔门天下雄、剑门天下险、青城天下幽"即是人们对自然景观特征的高度概括。

黑格尔曾说:"审美的感官需要文化修养……借助修养才能了解美,发现美"。与其他文学艺术作品一样,景观设计作品价值体现的过程包括创作和欣赏两个阶段,景观意境的获得也需要两方面的支持，一方面是设计者有意识的景观文化塑造，另一方面是欣赏者的心领神会，特别需要欣赏的人具有一定的文化修养和对其他艺术形式的了解。正如陈从周先生在他的名著《说园》中说，景观之所以吸引游客，让人百看不厌的原因除了风景秀美，还有一个重要缘由就是要有文化、有历史；这自然是需要有一定文化修养的人才能欣赏的。[①] 马克思曾说："如果你愿意欣赏艺术，你就必须是一个有艺术修养的人"，"对于非音乐的耳朵，最美的音乐也没有意义"。[②] 可见，欣赏不是消极的接受过程，而是较为复杂的心理过程，它需要调动大量的文化知识，如果一个人缺乏艺术修养和艺术趣味，即使最优秀的景观作品展现在他面前，也难以感受出景观形式背后隐含的意义。

景观作品的审美特征之一是象征性，同时也包含着感知、理解、情感、联想等诸多心理因素的共同作用活动，是感性和理性相结合的过程，是对艺术作品的再创造过程，以完成和实现、补充和丰富艺术作品的审美价值，否则是难以引起审美再创造的联想，最终降低为仅仅是使用功能了。因此景观意境不只是设计的研究论题，而且也是游赏识读范畴的内容。掌握一定的书法、绘画、文学知识，在一定程度上可以提高对景观美的鉴赏能力和领悟深度及敏感度，

这有助于进入景观"品"与"悟"的欣赏层次，否则是不能高品位、高格调地去鉴赏景观作品的。

当然，面对同样的景物，不同的人、同一人在不同的心境下，都会有不同的结果甚至相反的审美识读。例如，面对客观的深秋景色（图 4-17），可能喜可能愁，唐朝诗人杜牧的千古绝唱《山行》："远上寒山石径斜，白云生处有人家。停车坐爱枫林晚，霜叶红于二月花"，描写出一派清新明媚、生机勃勃、不是春光胜似春光的秋山景色；然而，宋代词人史达祖的《玉蝴蝶》："晚雨未摧宫树，可怜闲叶，犹抱凉蝉。短景归秋，吟思又接愁边。漏初长，梦魂难禁，人渐老，风月俱寒。想幽欢，土花庭甃，虫网栏杆"，感受到的却是落叶归根，遍地凋零，万念俱灰情景，词人感叹人渐老去，令人凄凉顿生。实际上，"秋"并无情感，此乃人心使然，正如王国维所言："一切景语皆情语也"。

图 4-17　山门水库风景区

---

① 陈从周. 说园. 上海：同济大学出版社，2007

② 马克思，恩格斯. 马克思恩格斯论艺术（第一卷）. 北京：中国社会科学出版社，1985

(二)历史景观

1.景观与历史文化

美国加州大学伯克利分校劳莱(Laurie,1975年)教授认为:景观就是针对一片土地的外在自然特点及其环境特征来进行理解和加以描述,据此,不同的自然特点、不同的环境特征以及在历史进程中人类对大地形成的不同影响,构成了不同的景观类型。① 历史的概念包含三层意思:其一是人类社会过去的发展过程;其二是对过去的事的记载;其三是人的历史认识。②

从时间的纵向维度来看,人类社会由低级向高级不断发展,社会的前进步伐不以人的意志为转移,时间像一条永不停息的河流,将人类文明一点点地沉积下来。在社会发展的历史进程中,人们综合运用"物质技术"、"社会规范"和"观念精神",并根据自身的不同需要作用于大地,对大地进行加工和塑造,留下了人类保护和利用大地的痕迹,集成出人类活动过的大地之上的所有景象,即文化景观,景观由此具有文化属性。显然,景观、文化或文明与人类发展的历史紧密相连,景观的文化属性同时已经包含了景观的历史属性。

景观设计中所具有的历史属性,通常以"文脉"(Context)加以表述。文脉一词,最早来源于语言学的定义,文脉是语言学术语,说明承上启下的含义,对其广义的理解是指介于各种元素之间对话的内在联系,更确切点,是指在局部与整体之间、事物发展前后之间以及历史传承的过程之间的内在联系。对于景观设计而言,任何景观都具有特定的场地,为了在设计时准确把握历史的传承,掌握文化的脉络,景观设计师必须了解历史与文化原理,考虑文化传统的沿袭性,使景观能反映特定的时空观,与周围自然环境和人文环境有机结合,使景观既要符合社会整体形象的需要,又要有自己独特的个性。③ 从景观解读的角度讲,伴随历史变迁,具体景观形态可以传递给观赏者蕴含其中的文化因子,对历史和文化缺乏了解,就难以产生恰当的艺术联想。

2.景观的历史体现

人们在不同历史背景下的生活方式、文化活动以及所拥有的科技发展水平都具有差异性,这种文化和技术的差异性制约了人们的自然价值取向,影响了人们对待大地的态度,决定了人们的土地利用方式,由此提炼出来的不同时代的景观指导理论和设计评价标准,受到当时生产力的强烈影响。例如,农业时代(小农经济)体现出唯美论;工业时代(社会化大生产)体现出以人为中心的再生论;后工业时代(信息与生物技术革命国际化)体现出可持续论。④ 就景观审美而言,人们的审美标准在每个历史阶段都有所差异,直接影响到景观的创作、识读。

由此,一定时期的景观作品,与当时的社会生产、生活方式、家庭组织、社会结构都有直接关联。从景观自身发展的历史分析,景观在不同的历史阶段,具有特定的历史背景;景观设计者在长期实践中不断积淀,形成了系列的景观创作理论与手法,体现了各自的文化内涵。从另外一个角度讲,景观的发展是历史发展的物化结果,折射着历史的发展,是历史某一个片段的体现。有

---

① Laurie M. An Introduction to Landscape Architecture. New York:American Elsevier Pub. Co. 1975

② 宁可.什么是历史——历史科学理论学科建设探讨之二.河北学刊,2004,(6)

③ 刘先觉.现代建筑理论(第二版).北京:中国建筑工业出版社,2008

④ 俞孔坚.从世界园林专业发展的三个阶段看中国园林专业所面临的挑战和机遇.中国园林,1998,(1)

的景观是为了再现历史原貌，设计者对历史上的事物抱有无限的好奇心与偏好，甚至刻意模仿，创造出的景观作品同样会留下设计者创作时的历史烙印。

以先秦中国园林萌芽时期为例，无论是周维权（1990 年）认定的我国最早的园林——公元前 11 世纪商的末代帝王殷纣王所建的“沙丘苑台”，①还是贾玲利在其博士论文追溯到的可能作为地方园林的四川园林的起源——古代蜀国杜宇王时期的园囿“羊子山土台”（图 4-18），②都是以园林动物形成这时期园林的主题；同时，由于崇拜自然、崇拜天象，追求一种原始的“团块美”，并且受当时技术条件的限制，园林形式极为简陋，主要构成元素只有土台、巨石等，对于自然空间的营造尽量模仿自然的感召力，土台、巨石便成为体现自然感召力的合适载体。

图 4-18　羊子山土台建筑复原图③

3. 景观的历史传承

随着科学技术的进步、文化活动的丰富，人们对视觉对象的审美要求和表现能力在不断地提高，对视觉形象的审美特征，也随着社会历史的不断发展而呈现出进步的特征。景观当然也随着历史的发展而发展，随着历史的变化而变化。如前所述，历史上形成的景观是历史某一个片段的体现，带有自身的历史局限性，其形式必然要被现代的景观所代替，未来的景观必将有新的发展，这是一个新旧更替的过程，也是事物发展的必然规律。然而，历史的长河在不断积淀，具体到每个历史时期，尽管有不同于以前的景观设计，但每个时代的设计并非彼此隔绝，相反的是相互联系。可以说，每个时期的景观设计思想都不是无源之水，景观设计手法也不是无本之木，景观设计形式更不是凭空捏造。传统景观文化和传统景观之文化关联的思想不会随历史的发展而衰退，传统的审美情趣、审美心理依然存在，不会随科技的进步而淘汰，相反它会生生不息、代代相传。

实际上，历史的景观传承具体地体现在景观创作上，包括当代涌现出的大量优秀景观作品，正是景观设计师秉承传统、弘扬历史的结果。在创作手法上，他们潜心阅读地域文化、深度挖掘历史痕迹、精心提取传统符号，创造出的景观作品不仅体现在视觉形态的优美上，还会影响到心理上的联想和艺术境界的沟通而触及心灵，属于特定场地的、特色鲜明的景观艺术，因此得以塑造。

例如，美国著名的现代景观大师丹·凯利（DanKiley）正是在游历、学习了西方古典景观作品后，从古典景观艺术中汲取了创作灵感，在设计中运用古典主义语言来营造现代空间，取得了非常良好的效果。丹·凯利于 1955 年在美国印第安纳州设计的米勒花园，是在建筑周围一个约十

① 周维权．中国古典园林史．北京：清华大学出版社，1990

② 贾玲利．四川园林发展研究．西南交通大学（博士学位论文），2009

③ 四川省文物管理委员会．成都羊子山土台遗址清理报告．考古学报，1957，(4)

英亩的长方形基地中采用了古典的结构传统，分成了三部分：庭院、草地和树林。在设计中，一些西方历史上景观营造的语言，如轴线、绿篱、整齐的树阵、方形的水池等被采用；他通过结构（树干）和围合（绿篱）的对比，塑造了一种内外空间的流动感（图 4-19）。

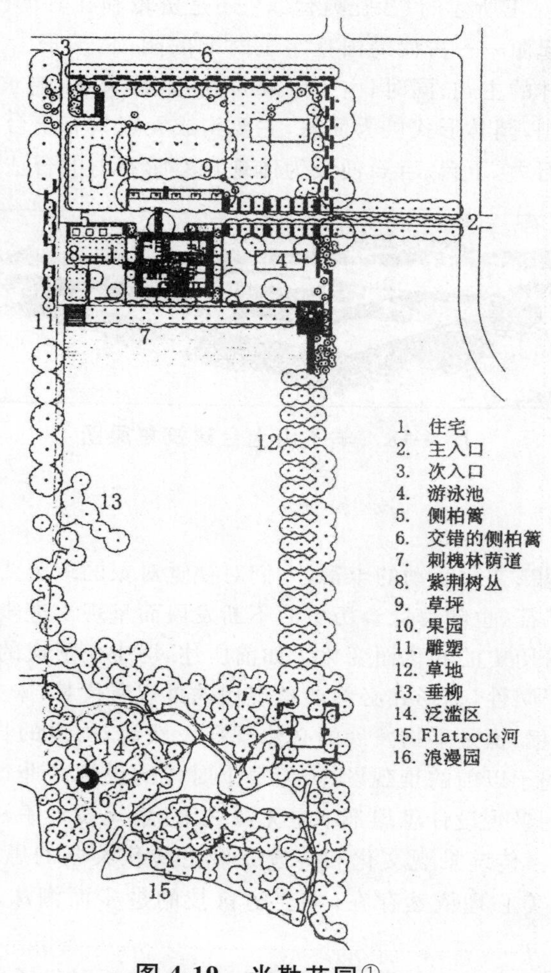

图 4-19　米勒花园①

又如，某建筑大学校园由城市中心搬迁至郊外，在一片空地上，为了避免新校区建设成为历史的"真空"，设计师把老校区能反映历史脉络的各种原始构筑物甚至建筑材料完整地搬入新建场地，通过景观设计将这些元素加以有机组织，在校园规模极度扩张、校园风格整体"现代化"的情况下，无处不能感受到老校园风貌的传承。通过这些历史"载体"的展现，直观地延续了大学的办学历史，莘莘学子将从中得到传统的熏陶，古稀校友将从中寻回美好的记忆，并利用富有建筑学科特色的老小院大门形成的新校区入口景观。

① 王向荣，林菁. 西方现代景观设计的理论与实践. 北京：中国建筑工业出版社，2002

(三)地域景观

1. 景观的地域性

地域性指某一地区由于自然地理环境的不同而形成的特性。人们生活在特定的自然环境中,必然形成与环境相适应的生产生活方式和风俗习惯,这种民俗与当地文化相结合形成了地域文化。地域文化更多地涉及民俗范畴,并随着社会的发展不断变化,但其文化结构和精神内核依然保留了下来。无论从自然因素还是从文化因素来讲,地域的差异性决定了文化的异质性,文化的异质性形成了景观的独特性。

从空间的横向维度来看,如果具体到一个地区,自然因素无疑对景观形态的形成具有决定性影响,但相对于社会因素,自然因素的变化总是缓慢的,除了诸如地震、火山这样的极端案例外,自然本身对于景观形态的影响,往往不能以人类短短的几千年发展史作为衡量标准,巍峨的群山、苍茫的大海、辽阔的平原、逶迤的江河,都是大自然经过千百万年甚至若干亿年造化的结果(图 4-20)。

图 4-20　巍峨秀美的峨眉山金顶景观

与之相对应,景观形态的变化与人文、社会、地理、经济等的变迁和发展具有更加直接的关联性,景观设计所处的具体社会环境中人们的生活习惯、价值取向、审美观都会对之产生很深远的影响,不同的社会、国家和文化以不同的方式观察和设计景观并产生不同的景观格局与意向。如一提到英国,许多人的脑海里就会浮现出由层层叠嶂的树林、绿绿茵茵的草坪、围有篱笆的田地、舒适恬静的村庄、城堡或小镇所构成的乡村景观,如图 4-21 所示的英国查兹沃思庄园(Chatsworth House)。

西蒙兹(2000 年)理性地分析了分属四大洲的埃及、希腊、中国和美国这四个有代表性国度人的不同哲学观念,并且发现由此造成各地在景观设计上风格迥异。① 其实,即使中国和日本同属亚洲、一衣带水,在世界园林划分中同属一个体系,并且历史上中国园林传入日本后对日本园林的发展具有决定性影响,但是,由于不同的自然环境和地理特征形成了不同的文化:大陆文化和岛屿文化。文化的差异使中国园林景观在大陆文化影响下山与水共生,保持了大陆型、山水

---

① (美)Simonds J. O 著;俞孔坚等译. 景观设计学:场地规划与设计手册. 北京:中国建筑工业出版社,2000

图 4-21　层层叠嶂的树林、绿绿茵茵的
草坪衬托下的英国查兹沃思庄园

型、山路型的基本形态；而日本园林景观在后来的发展过程中摈弃了中国的景观形态，朝向海岛型、海洋型、水路型发展，是在海洋文化影响下的海与岛共生的池泉园（偏水性）。两者不论在堆山和造水方面都有所区别。即使在同一文化背景下，由于地域的差异、生活习俗的不同，其景观也会呈现出差异性，如我国南方和北方地区的传统景观，都是在中国传统文化的影响下成长的，但江南大地地势平坦、河网密布、阴雨绵绵、气候温湿、四季常绿，景观形象给人风光秀美的整体感受，其景观意象展现出一种阴柔灵秀的地域审美取向；而在我国华北地区，同是一马平川，干燥少雨、气候寒冷，蓝蓝的天、黄黄的土、青青的山，使景观形象色彩对比强烈，给人粗犷雄健的整体感受，其景观意象显得厚重、封闭、严谨，皇家园林景观更是尺度宏大、富丽堂皇、气魄非凡，地域文化的特征明显。

2. 地域景观创作

一方水土养一方人，一个地方的地理区位、气候条件、民俗传统、生活习惯与当地居民长期形成的文化观念、思想意识、伦理关系、审美情趣等紧密相连，这些地域因素是景观地域性的具体体现，成为景观设计的制约因素或有利因素。生活习惯的改变不是一朝一夕之事，有一个渐进与过渡的过程。和建筑设计一样，景观创作作为一种文化载体，其创作过程必然与所处地域的各种文化现象有着千丝万缕的联系。如果将景观的鉴别放到文化背景上，并理解其形成过程，就可以更好地决定景观的设计定位，更好地与当地社会和地域文化所赋予的价值联系起来。因此，在进行景观创作甚至景观欣赏时，必须分析景观所在地的地域特征、自然条件，入乡随俗，见人见物，充分尊重当地的民族传统，尊重当地的礼仪和生活习惯，从中抓主要特点，经过提炼，融入景观作品中，这样，才能创作出优秀的作品。任何脱离民族的思想意识和生活习惯的景观设计，将很难得到社会的认同。我国幅员辽阔、民族众多，他们有不同的民族风情，这在景观设计上都要有所反映。了解了地域文化的差异性，对于深刻理解景观，创作出具有地域文化内涵的作品，既是一个先决条件，又是一个有效的切入点。例如，21 世纪初开始建设的中国西安大雁塔北广场，通过对地域文化因子的发掘，将一些传统的空间原型、城市肌理和古建筑语汇进行了整理、拓变，同时采用现代的技术手段来延续古代历史文脉,使景观作品既具有现代色彩,又很好地展现了盛唐文化、佛教文化和丝路文化,让千年古都的沉淀在今天的城市景观中焕发出更加夺目的光彩①(图4-22)。

当然,生活习惯随着历史的发展也在变化,有一个改造、充实、演变的过程。消极地保留甚至固化地域文化也是没有前途的,应该积极吸收一些优秀的外来文化,使地域文化得到充实和丰富,把握好地域文化中"变"与"不变"的拓扑特征。外来的文化并不一定都起阻碍作用,只要这种形象能与本土地域文化协同,它的存在反而能形成新的地域美景。西班牙的阿尔罕布拉(Alhambra)宫苑,建于公元13世纪,当时阿拉伯人占领了西班牙,伊斯兰文化传入了西班牙。在阿尔罕布拉宫苑的建筑与景观设计中,尊重了当地的地域特征,并很好地融合了阿拉伯伊斯兰式的"天堂"花园和希腊、罗马式中庭,创造出了西班牙式的伊斯兰园,成为闻名于世的景观(图4-23)。

图4-22 西安大雁塔北广场夜景

图4-23 阿尔罕布拉宫苑鸟瞰②

---

① 黎少平.西安市大雁塔北广场及周边区域改造规划与设计.建筑创作,2007,(12)

② 张祖刚.世界园林发展概论——走向自然的世界园林史图说.北京:中国建筑工业出版社,2003

二、艺术性原则

(一)景观艺术

艺术本身是一种文化现象,是文化的一个重要组成部分,是“人类以感情和想象作为特性的把握世界的一种特殊方式,即通过审美创造活动再现和表现情感理想,在想象中实现审美主体和审美客体的互相对象化”。尽管人们熟悉的艺术主要包括文学、绘画、雕塑、建筑、音乐、舞蹈、戏剧、电影、曲艺、工艺等形式,景观并未被直接列入其中,然而,景观的文化属性同时已经包含了景观的艺术属性,人的主体属性在景观艺术创造领域体现得更加充分,景观的文化意义在很大程度上通过景观艺术表现直观地加以反映,具有更强的操作性。因此,作为艺术的一种形式,除了在总体上要遵循文化性原则外,景观设计要特别按照艺术创作的规律,遵循艺术性原则。这还可以从认识艺术的“三个层面”加以理解:第一,在“精神层面”,从宏观上来讲,景观的文化属性其实质就是“文化的一个领域或文化价值的一种形态”;第二,从“活动过程的层面”讲,在具体景观创作时,景观设计师通过室外空间塑造这一创造性活动来体现其价值观念,无疑是景观设计师的艺术表现与创造过程;第三,从“活动结果层面”来看,景观作品作为艺术品供人们使用和欣赏,具有客观存在的特点。

“艺术与其他意识形态的区别在于它的审美价值……艺术家通过艺术创作来表现和传达自己的审美感受和审美理想,欣赏者通过艺术欣赏来获得美感,并满足自己的审美需要。”其实,景观一词自身往往隐含有这样一层含义:那就是它是美的,能够给人心理上的享受和美学上的共鸣,美是我们判定景观优劣的一个基本标准。景观作品作为人们现实生活和精神世界的形象反映,必须遵循艺术的美学原则,满足人们多方面的审美需要,这也是景观设计的一个根本出发点。实际上,景观设计师正是凭借自己的文化素养、艺术造诣和技术功底进行景观创作,“再现现实和表现情感理想”。景观作品通过人的感觉被认识,使用者凭借室外空间体验景观作品以达到美的感受,进而“实现审美主体和审美客体的互相对象化”。

景观设计与文学、绘画、音乐、舞蹈等艺术形式的区别在于它不仅仅要解决纯粹的艺术形式,它还面临着诸如功能、经济等更多更复杂的实际问题,这一特征与建筑、园林等相关实用艺术形式具有共同点。

根据艺术表现手段、方式和时空性质,景观作为人类活动的场所,可以被划归为造型艺术和空间艺术。作为一种艺术形式,景观设计必然涉及艺术的表现,这种表现与绘画、雕塑等纯艺术表现不同。具体来说,作为景观效果的表现,可以是铅笔、签字笔等介质的快速草图表现,也可以是水彩、水粉等介质的最终效果表现。这些设计表现借助了绘画的技巧和对美的追求,但这不是绘画者主观创作意愿的表达,它的创作必须建立在准确、客观表达设计的基础上。除了这种艺术化的表达外,还存在着分析图、工程图等一系列工程表现手段,因而涉及制图学和计算机辅助设计等一系列学科。

(二)相关艺术

不同形式的艺术门类之间具有许多共性,都可以被理解为“用形象来反映现实但比现实有典型性的社会意识形态”，其间是相互影响、相互促进并且相互借鉴的。就景观艺术而言，虽然是一门独立的艺术，但它的系统性特征又表现了其容纳其他艺术的特点。从艺术理论方面来讲，绘画、雕塑、文学等许多门类的艺术理论都对景观的发展产生了深远的影响，特别是在我国，以画论指导园林设计，历来秉承只有将绘画、诗歌、音乐与景观艺术相互渗透和结合才是完美的景观的观点，“山水画”本身就以景观的“山”和“水”两大自然景观元素命名，足以证明我国传统上绘画艺术和园林艺术的“姊妹”关系。从艺术创作方面讲，由于艺术形式之间存在着千丝万缕的联系，其他艺术影响着景观艺术的创作，使得景观设计的思想和手段更加丰富，激发了景观设计的灵感；艺术家的作品为景观设计的创作灵感、模式及手法提供了丰富的源泉，是景观设计的巨大思想宝库。

纵观景观的发展过程，绘画、雕塑、文学甚至戏剧、电影等各种艺术形式都对景观设计起到了积极的推动作用，特别是近一两个世纪以来，艺术的飞速发展极大地影响了景观设计。如19世纪下半叶英国的“工艺美术运动”和在比利时、法国兴起的“新艺术运动”加速景观设计摆脱了欧洲古典主义风格的束缚，使景观设计进入到萌芽期并具备雏形。现代艺术早期的立体主义、超现实主义、构成派、结构主义，到后来的极简艺术、波普艺术在现代景观设计中都可以找到借鉴的影子，而其衍生出的艺术形式如大地艺术也对景观设计产生了深刻影响。

例如，刘聪（2005年）认为：“以大地为艺术作品载体的大地艺术对现代景观设计，特别是对公共空间环境设计的影响显而易见……大地艺术对现代景观设计的影响更多地表现在小型设计项目尤其是纪念碑的设计上。纪念碑的象征意义代替了传统设计所关注的纪念碑的代表意义”。[①] 林茵于1981年设计的美国越战纪念碑（Vietnam Veterans Memorial）可以诠释这一思想：纪念碑打破了常规的设计模式，没有采取高大、雄伟、崇高这一传统审美价值取向，而是结合越战这一特殊历史背景，采取低调、内敛、朴实的设计构思，以宪法公园的地面为基准面，从零标高向下缓缓沉降，形成缓坡绿地地面，结尾处与两个垂直三角形相交，构成两个镜面般平滑大理石黑色墙面。一进入场地，逐步向下的路径配之以清晰刻录在200多米长的墙面上真人尺度的越战美军士兵和军官形象以及5万多个丧生者的真实姓名，生者和死者在此静静地通过对视来交流，任何参观者特别是饱受战争伤害的人们身入其境，自然而然地将低下高昂的头颅，心中说不清、道不明的沉重感将油然而生出，噩梦般的历史又将历历在目（图4-24）。

图4-24　美国华盛顿越战纪念碑

① 刘聪.大地艺术在现代景观设计中的实践.规划师，2005，(2)

正如林茵所言:“我曾想,一个战争纪念碑是怎样的?她的目的和责任是什么呢?我觉得,战争纪念碑首先要表现战争的真实和对为之死去的人的诚实。我并不希望设计出只供观看的象征性物体,而追求一种能与人沟通、联系,并能产生出自己观念的东西”[①]

这一景观运用大地艺术的设计手法所营造出的场所精神,恰如其分地反映了人们对越战的整体认识,纪念碑既是景观艺术,又是大地艺术,是这一类型艺术作品的代表。

景观作为艺术品客观地显形存在,但大量的隐形因素则是借助相关艺术的点化才能全面表达,其中,文学艺术的作用十分明显。欧洲文学书籍中的描绘不乏产生对园林景观艺术影响的案例,[②]18世纪英国自然式风景园的兴起和发展,浪漫主义文学艺术运动功不可没。中国传统园林及其山水景观中的书法、诗词等其他艺术形式具有“点题入景”的作用,并且帮助完成景观意境的营造。清代的钱泳就指出“造园如作诗文,必使曲折有法、前后呼应,最忌堆砌,最忌错杂,方称佳构”,[③]说明了景观设计对文学的借鉴。所以古人云园林是“三分匠人,七分主人”。这里,景观中所蕴含的情理、意境,都将借助于文学的笔力加以引发,使之妙趣生辉。

中国经典的园林景观作品中,题匾经常使看似平淡的景观建筑得以意境幽远、回味无穷。如网师园中的待月亭,其横匾日“月到风来”,而对联取自唐代著名散文家韩愈的诗句“晚年秋将至,长月送风来”,在这里赏月品茗,回味匾联,顿觉诗意盎然。再如拙政园西部的与谁同坐轩(图4-25),是一个扇面亭,仅一几两椅,但却借宋代大词人苏轼“与谁同坐?明月、清风、我”的佳句以抒发出一种高雅的情操与意趣。诗词歌赋在景观中的作用在于促使景象升华到意境的高度。景观中的具体景象,是因为有了诗文题名的启示,才使游者产生联想,油然而生情思,产生“象外之象”“景外之景”“弦外之音”。[④]

图4-25　与谁同坐轩

图4-26　杭州西湖断桥

当然,从审美主体与审美对象的角度讲,人与景观是分离的。文学艺术蕴含着丰富的文化内涵,景观是通过人的感觉被认识的,其中自然而然地带有文化的解读,对同一景观对象会产生不一致的诠释。正如前述对秋天景色的不同文化识读,又如同样的夕阳景象,有人觉得是一种自然美,有人却发出了“枯藤老树昏鸦,小桥流水人家,古道西风瘦马。夕阳西下,断肠人在天涯”的感

① 转引自:思公.黑色的墙——记美国越战纪念碑,2006. http://sigong.blog.sohu.com/15170509.html

② 如15世纪威尼斯的科罗纳(Francesco Colonna)创作的诗体寓言小说《Hypnerotomachia》,书中所详细描绘的复杂迷园、常青藤缠绕的拱廊、修剪后的树木以及装饰有雕塑的庭院给景观建筑师们极大的启发。

③ 周武忠.寻求伊甸园——中西古典园林比较.南京:东南大学出版社,2001

④ 同上。

慨，烘托出一个萧瑟苍凉的意境，“小桥流水人家”的幽静气氛，反衬出天涯沦落者的彷徨、愁苦与酸楚，呈现出别样的残缺美；同样的西湖断桥景观（图 4-26），中国人读出了许仙、白蛇千古流传的爱情，而不具备这样文化背景的人看到的不过是一幅自然美景。

绘画艺术对景观设计也有直接影响。西方从古希腊时期就在景观中融入了绘画与雕塑。上述 18 世纪英国自然风景园除了受到文学艺术的影响外，与绘画艺术更是形影不离，当时英文景观（Landscape）一词几乎可以被直接理解为自然风景画，特别是指描绘英国乡村景观的风景画（图 4-27）。19 世纪以来，西方以莫奈、塞尚、高更、梵高等为代表的印象派画风打破了当时古典绘画的沉寂，对现代艺术产生了深远的影响，这种影响也波及景观设计中，一些画家开始将现代绘画的题材设计到园林景观，如德国画家克利（PaulKlee，1879—1940 年）就画了许多花园题材的作品。

图 4-27　（英）约翰·康斯太勃尔的油画《汉普斯德的日落，远眺哈络的方角》

瑙勒斯别墅花园（Jardin de la villa Noailles）是将现代艺术引入景观设计的典型案例。瑙勒斯别墅是由建筑师罗伯特·马莱·史蒂文斯（Robert Mallet-Stevens）于 1923 年开始在法国耶尔市为艺术赞助者查理·瑙勒斯夫妇（Charles Noailles）设计的早期现代建筑。盖夫雷金通过“光与水的庭院”设计将立体派绘画思想引入 1925 年国际巴黎的现代工艺美术展览会之后，1926 年以相同的理念设计了瑙勒斯别墅花园，设计尽管对称地组织花园空间，但是三角形几何图案构图使其不同于古典园林，也不同于同时期的现代园林，而是明显将立体派绘画思想引入园林设计。由于瑙勒斯别墅花园吸收了 20 世纪艺术转变的思想，在景观设计史上具有相应的地位，耶尔市政府于 1973 年将其收购，并且作为文物加以保护，用于艺术家的活动和特殊艺术品的展示。

一些超现实主义绘画也对景观设计产生影响，绘画中出现的卵形、肾形、阿米巴曲线等形式都成为景观设计师的设计语言，结合景观普遍采用的肾形游泳池设计即是一个印证。

实际上，中国传统艺术历来就“诗画同源”。景观也常常是“诗情画意”，古代一些景观设计者，如计成、文震亨等，同时也是画家，计成在《园冶》一书的序言中，就直接提到“……合乔木参差山腰，盘根嵌石，宛若画意”，这就点明了景观设计中追求画意的主旨。中国传统景观艺术中，既讲究对意境的塑造，也讲究整个景观的构图，中国画以有限的笔墨对真山真水的概括、写意，影响到中国古典园林也在有限的空间中创造无限的意境,《园冶》中就提到“多方胜境,咫尺山林”,实际上就是真实的自然山水的缩影,这也是受到中国写意山水画的影响。从江南园林中我们可以看到,透过景窗看到的小景都按照绘画的原则在进行构图(图 4-28)。

图 4-28　杭州西湖郭庄

在景观设计中,除了文学、绘画的影响外,其他艺术形式如雕塑、音乐等也对景观艺术产生了重要的影响。在西方,从古代希腊时期就有大量的雕塑被运用在景观设计中,雕塑往往作为景观的装饰物存在。英国爱丁堡城中心绿地的雕塑、山顶上耸立的爱丁堡城堡(Edinburgh Castle)(图 4-29)共同构成城市的中心绿地景观(图 4-30),欧洲规则式园林景观中也将花坛、雕像、水池作为景观的一个重要组成部分;现代景观中,一些著名雕塑家的作品甚至成了景观中的视觉焦点,雕塑家亚历山大・卡尔德(Alexander Calder)设计的法国巴黎拉德芳斯红蜘蛛雕塑尺度巨大,地处广场中央,与建筑、景观融为一体,其视觉地位十分突出(图 4-31)。

图 4-29　爱丁堡城堡

图 4-30　英国爱丁堡城市中心绿地

图 4-31　巴黎拉德芳斯红蜘蛛雕塑

中国传统景观设计中，讲究叠山理水，尽管鲜见严格意义上欧洲式的雕塑，但景观中的假山、石峰同样具有雕塑的作用。计成在《园冶》一书中，还专门列举了峰、峦、岩等几种类型以及它们的审美要求。我国的现代城市景观设计中，特别注重将地域历史元素作为雕塑题材，塑造出具有文化内涵的景观雕塑（图 4-32）。

图 4-32　结合地域文化建造的城市雕塑

图 4-33　西湖音乐喷泉景观

从美学的角度讲，无论是听觉艺术还是视觉艺术，其审美判断是一致的，音乐对景观设计也就产生影响。人们常说“建筑是凝固的音乐、音乐是流动的建筑”，景观和建筑一样，注重空间的塑造，需要将空间组织得有意境，景观的游线安排如同音乐，随着时间展开，有起伏、有节奏，有序曲、有高潮、有尾声，具有美感；同样，一些音乐作品，如《春江花月夜》《田园交响曲》《二泉映月》，其速度、节奏的选择都是以特定景观的视觉意境作为作品的主题的。因此，景观和音乐可以相互借鉴，特别是当音乐进入景观艺术并成为景观作品的有机组成部分时，景观的艺术价值便得到更充分的展现，使其内涵更加丰富，更加耐人寻味。城市重要广场修建的音乐喷泉就是音乐和景观围绕特定主题的高度统一(图 4-33)。

(三)景观构图

景观设计必须遵循艺术的美学原则，景观作品必须达到艺术的审美标准。从视觉艺术的角度讲，丰富多姿的景观包含了山、水、林地、植被、建筑物以及人工构筑设施等存在于客观世界的各种视觉要素。景观呈现出来的形式是无限的，各种视觉要素组合变化也是无限的，正是这些景观要素的不同组合、搭配以及变化给人带来各种不同的美学体验和心理感受。景观的美主要通过视觉所及的各种要素按照一定的美学规律构成的相应形态而表达出来，只要认真评估景观资源特征、分析视觉要素构成、把握基本美学语汇、遵循艺术构图原则，景观设计者就能在看似不可捉摸的景观现象中把握景观美学规律，提炼景观美学语汇，为景观设计提供理性的美学依据。

1. 构图要素

景观构图效果通过视觉被感知，景观设计的视觉要素主要有几何要素和非几何要素。

(1)几何要素

①点。点在几何概念上没有大小、没有维度，仅表明一个空间的坐标位置。但在景观设计中，点具有实际空间意义，小的或远的物体都可以看做是点：空旷广场上的一座雕像、大片草地中的一棵树、地平线上的一座建筑等，自然变幻的景象中也会出现点作为自然景观的要素。孤立的点在景观中往往十分突出，有重要的标识作用。图 4-34 是日全食时白昼突变黑夜所呈现出的独特点状景观。

图 4-34　2009 年 7 月 22 日日全食时天空出现的点状景观

②线。点的延伸或运动构成线，景观中线十分散见而且重要，边界、平面的边缘、一些点的暗

示想象都能形成线。河流、植被的边缘、树线、天际线、地平线、各种轮廓线、道路、溪沟等线是显现的；地形的等高线、建筑退后的红线等则是隐含的。山体的轮廓、湖水的边界等是自然的线；道路、屋脊等则是人造的线。由于线有多种特殊的性质，如清晰的、模糊的、几何形的、不规则的、流畅的、不连贯的等，景观中的线也会呈现出这些特性。例如，视觉上的天、海交界线水平而连贯（图 4-35），而一列树所形成的线则可能曲折多变。

图 4-35　水平而连贯的海平面景观

③面。线的延伸形成二维的面，景观中的地面、建筑的墙面、屋顶平面、一片水面、一块草地等都是面状要素。自然界中很少有绝对的平面，平静的水面也只是暂时接近而已。面的形状、纹理、质感和色彩等都是景观设计的内容；不同位置的面可以围合成为不同的空间，形成不同的空间感受，这也是面在景观设计中的重要作用。例如，巴黎埃菲尔铁塔尺度超大、直插云霄，巨大的、冷冰冰的钢铁构件使人难于亲近（图 4-36A），但是，景观建筑师在其地平面配之以亲一近人的一片小绿地和一汪清水，使之与埃菲尔铁塔构筑物本身形成强烈对比，有效地削弱了铁塔“巨兽”的压抑之感（图 4-36B）。

图 4-36A　巴黎埃菲尔铁塔仰视

图 4-36B　巴黎埃菲尔铁塔地平面布置的小型绿地和水体

④体。三维视觉要素就是体，景观中的体有实体和虚体两种类型，建筑、地形、山丘等都是实体，由线、平面或其他实体围合的空间是虚体(图 4-37)；体也可以划分为规整的几何形体和不规则的体，前者如建筑、一些雕塑、人工修剪的树木所呈现的立方体、四面体、锥体和球体等，后者如在景观中更为常见的自然地形地貌、凸起的自然景物等(图 4-38)。

图 4-37　虚体空间:布鲁塞尔原子球雕塑

图 4-38　与自然地形地貌融为一体的德国某小镇景观

⑤形状。景观要素的线、面、体都有形状，并且相互组合还可以形成更加丰富多彩的形状。形状的范围很广，从简单的几何形状到复杂的有机形状。形状是景观中表现十分有力的要素，不同的形状能够给人不同的视觉和心理感受。如自然形成的、轮廓分明并且刚劲有力的贡嘎山长期以来成为当地藏民族的圣山(图 4-39)。

⑥位置。景观要素的位置关系可以引起不同的视觉注意力，是景观格局形成和变化的重要因素。要素在地形中的位置，以及不同要素的排布关系，合适的位置关系往往会产生特殊和强烈的视觉感受，突出某一要素在景观中的作用。图 4-40 所示为荷兰某小镇入口处设置的一门历史上遗留下来的火炮，由于地处人造小丘地形的中央而成为视觉中心。

图 4-39　贡嘎圣山

图 4-40　荷兰某小镇人造地形景观

(2)非几何要素

①数量。景观要素可以单独存在，也可以通过重复、叠加等方式增加其数量，多个要素的共存形成某种视觉关系并互相作用，产生不同的景观格局。图 4-41A 和图 4-41B 表示单个要素和多个要素所形成的不同景观效果。

图 4-41A　单个要素形成的景观效果

图 4-41B　多个要素形成的景观效果

②尺度。尺度涉及长度、宽度、高度、面积和体积之间的相互比较。它是一个相对的概念，景观设计中常常将景物尺寸同人体尺寸进行比较。大的、高的或深的看上去壮丽雄伟，小的则令人感觉亲切宜人。

③色彩。色彩是景观要素视觉效果的最重要变量之一。景观要素具有丰富的颜色，或是自然的，如岩石、土壤、植被等的颜色；或是人造的，如建筑物、雕塑或建筑小品等的颜色。颜色的变化给人在视觉和情绪上以不同的感受。通过颜色的调配，景观的某些元素得到强化，其他元素相应地被弱化，这在城市夜景景观设计中尤为突出(图 4-42、图 4-43)。

图 4-42　夜幕下的巴黎埃菲尔铁塔景观

图 4-43　台湾高雄市爱河两岸夜景景观

④质感。质感即景观要素的质地感觉，视觉和触觉效果，取决于要素自身的质感，也取决于观察者离开物体的距离。景观的平面会显示出不同的纹理，其反差会造成强烈对比的视觉效果，如光滑和粗糙、柔软和坚硬、细腻和粗放等的对比。值得注意的是，在历史遗产遗迹保护方面，往往利用古迹沧桑的质感来体现文物的原真性(图 4-44)。

图 4-44　台湾台南市安平古堡内保护的热兰遮城城墙残迹

⑤光影。光线的量、质和方向对感知景观的尺度、形状、色彩和纹理具有重要作用，光影的变化是景观设计中十分生动的要素，光影甚至会赋予景观特殊的艺术效果。图 4-45 所示是晚霞余晖笼罩下浪漫的巴黎塞纳河景观。

图 4-45　巴黎塞纳河景观在晚霞余晖的笼罩下显得更加浪漫

2. 构图组织

景观设计和其他形式艺术设计一样，其作品必须给人们视觉和心理上以美的感受。要创造出理想的景观，需要将不同的视觉几何要素和非几何要素按照构图的基本要求和构图的组织方式加以规划与设计。

(1)基本要求

①统一。统一的艺术要求关注部分和整体之间的关系，反映在景观的丰富多变与和谐一致之间寻求一种平衡，即将景观中的各个设计要素联系在一起，使之成为一个互相关联的整体而不是一大堆杂乱无序的景物堆砌，使景观富于节奏和生动有序，也使人们易于从整体上理解和把握景观。图 4-46 所示是荷兰一水乡小镇，主体的住宅建筑尺度小巧，屋面为斜坡屋顶，红色基调，

开窗形式以小方窗为主，辅之以乔木、灌木和草坪，形成恬静、和谐统一的小镇景观环境。自然景观尽管看起来很随机，而实际上在自然的演变过程中形成了有序而多样的格局，一般都有很好的统一性。艺术家往往去大自然中采风，从自然的景观中发现美，并从中吸收艺术营养、寻找设计灵感。

图 4-46　荷兰一水乡小镇景观

②协调。协调是景观要素之间以及景观要素与其周围环境要素之间相一致或相呼应的一种状态，与统一性不同的是，协调性是针对各种元素之间的关系而不是就整个“画面”而言的。协调的布局从视觉上给人以舒适感，一些混合、交织或彼此镶嵌的要素也是可以协调的，而那些干扰彼此完整性和方向性的元素则是不协调的。景观设计往往涉及不同形体的拼接，合适的拼接会给人协调的感觉，这需要对造型关系有敏锐的理解和感受力。图 4-47 是巴黎卢浮宫前玻璃金字塔室内空间，巨大而透明的玻璃倒四棱锥直冲地面，在视觉感受上与地面冲突，设计者巧妙地运用相同形体元素，通过正向设置的四棱锥与之呼应，实体空间与透明空间相得益彰，缓解了视觉上的突兀，形成协调一致的空间效果，也保障了游人的安全。

图 4-47　巴黎卢浮宫前玻璃金字塔室内空间

③均衡。均衡一般用于描述视觉要素之间的一种平衡状态，景观设计中的均衡可以是几何对称的，也可以由非对称的自然、动态的景象所形成，这取决于不同视觉要素之间的位置、尺度、色彩等产生的作用力。有多种因素会影响均衡，如运动方向、要素的外观视觉强度、在景观中出现的频率、颜色等。只要各个景观要素在构图上处于“势均力敌”的关系，视觉焦点在视觉画面中是平衡的，就会给人以放松和愉悦的感觉(图 4-48)。

图 4-48　九寨沟五花海的树枝、水体、水底残树等要素并不对称，但整体均衡

④多样。多样性是指景观中视觉要素的变化和差异。景观的多样性可以刺激并丰富我们的视觉感受，使人对景观保持长久的兴趣而不会感到乏味，这一点早已被设计师和心理学家所认同。景观中，多样性的程度取决于多种因素：地形、地貌、土壤、岩石、水系、气候等自然的条件，以及设计中引入或重新构建的其他内容。在景观设计中需要注意的是，视觉的多样性必须与统一的需要相一致，否则可能会使多样与变化失去控制从而使景观变得杂乱无章。如图 4-49 所示，巴黎圣母院两个垂直的塔楼、纵向的防洪堤、横向的跨河大桥、斜向的下河台阶等多个方向元素使其景观环境宽广而深远；两栋建筑物所展示出的诸如竖向长条窗、圆形装饰窗、“老虎窗”，配之以大树绿化、光影变化等多种构成要素，使其视觉景观丰富多彩。

图 4-49　巴黎圣母院及其周边环境要素

图 4-50　人间瑶池黄龙景观

⑤连续。景观应该在空间和时间中显示其连续性。自然景观格局往往是在漫长的时间里有机发展和演变而来的，因此具有很强的连续性。我们所观察到的自然景观，在空间范围内显示出连续不断或者缓慢过渡的景象，这正是自然景观给人带来震撼和美感的原因之一。黄龙世界自

然遗产正是通过连续不断地展现色彩斑斓的钙化景观，给人以人间瑶池的美感(图 4-50)。景观设计应该把握这一特征，相邻要素应该具有相关性以显示空间格局上的连续以及与周围环境的协调，如巴黎拉维莱特公园。

⑥秩序。景观应该有一种内在的秩序，这种秩序和人穿越景观时所感受到的有序性相关。这可以表现在视觉的连续性上，使景观具有强烈的有机性和结构感；也可以表现在由景观轴线所组织形成的有序性上，由轴线所串联的一系列空间往往显得更有组织和视觉感染力(图 4-51)。一个精心设计的、有秩序的景观应该有一个起始点，接下来是各种空间和景点，它们在经过起伏转折后到达景观的高潮或顶点，然后是一个意味深长的结束和收尾。

图 4-51　北川新县城传统羌族风貌区城市设计意向

(2)组织方式

景观设计的主要工作之一是按照艺术构图的基本要求，对景观视觉要素进行有机组织，景观作品即是这一有机组织后通过建造所形成的结果。在具体操作层面，景观要素的组织具有无穷的方式，归纳方法亦非统一。为了使理解方便，下面将景观构图组织概括为轴线、几何和自然三种方式。

①轴线。轴线是景观要素围绕其安排的线，或显现或隐含。景观轴线本身是直的，这和人的视线特征有关，但轴线也可以通过一些节点进行转折，在这种情况下，可以将其看做是不同轴线的连接。

景观要素围绕轴线布置时，轴线用来建立空间秩序和规则，是非常形式化的手段，对本来分散的要素进行强有力的控制，对景观的其他部分产生支配力，易于将各种纷杂的景观要素沿轴线串接和统一起来，取得协调一致的效果并产生明确的主题，而且以轴线来引导景观中人的游览和观察线路，便于组织从起始、发展、高潮到收尾这一完整的景观序列。对称的景观轴线往往用于营造非常正式的场所，给人以严肃、庄重、气派的感觉(图 4-52)。

轴线对称并不一定是严格意义的几何对称，也可以通过轴线两侧景物的体量、形状、色彩、位置等所产生的对比、呼应来达到视觉上的均衡。在通过轴线产生秩序的同时，也使轴线两侧富于变化，增加了景观的多样化、生动性和趣味性，使设计景观与自然景观的形式相一致。

轴线对称的特殊形式是中心对称，以一点为中心产生的放射状环绕的对称，它的轴线在多个方向上都存在。中心对称的形式具有很强的向心性；所形成的空间有突出的简洁性和力量感，其中心点往往成为视觉的焦点和景观设计的重点，如以巴黎凯旋门为中心向四周发射的 12 条大道

(图 4-53A),烘托出凯旋门的中心地位(图 4-53B)。

图 4-52 某大学新校区以轴线对称组织庄重大方的校前区景观

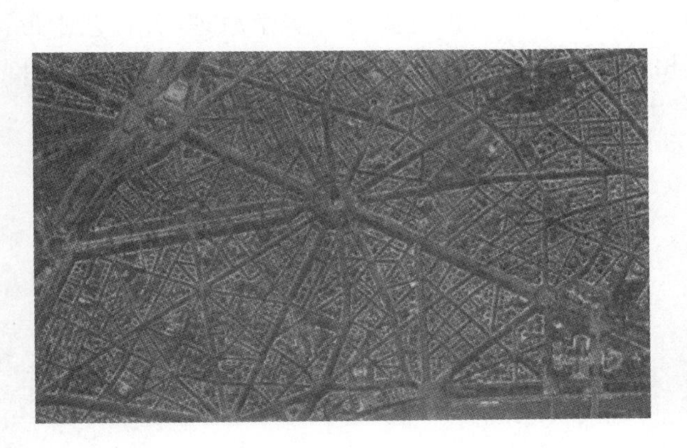

图 4-53A 巴黎凯旋门星形轴线

图 4-53B 成为构图中心的巴黎凯旋门

②几何。几何构图是将各种景观要素按照比较几何关系加以组织,通常是在景观设计中通过各种方式构建多个较规则的几何形体,并将其进行重复或对比,以产生具有一定韵律和几何感的景观构型。这种景观设计组织方式常常用在较小的场地环境,容易产生和谐感和秩序感。由于几何构型与自然形式形成对比,从而赋予场地一种人工设计的美感,也可以通过一定的几何关系暗示,使所设计的环境或场地成为周围的建、构筑物的延伸,从而具有形式上的整体感,如屈米设计的巴黎拉维莱特公园。

③自然。自然构图是在组织景观元素时,通过借用自然的构图或者直接模仿自然的形式,创造出一种具有强烈自然感的景观效果。源于自然的景观形式让人感觉更加贴近自然,带给人一种自由、放松的心理感受。自然构图方式包括两个方面:一种是对自然的抽象和概括,也就是在自然的要素中提取符号和形式,再重新诠释以应用于特定的场地。这种方式所形成的景观效果与自然的实景不完全一致,只是在其中发现某种隐喻或象征。

另外一种是对自然的模仿和再造,即在景观设计中模仿自然的形式,并按照一定的美学原则进行进一步的改造、加工、调整,表现出一种精练、概括的自然,并且具有自然的生态过程和生态功能，通过模仿自然生态系统，达到人造景观与自然景观的和谐，对公众具有生态展示和教育意义。这一手法常用于一些生态公园、湿地公园、滨水环境等景观设计，如图 4-54 所示。

图 4-54　荷兰某小镇结合自然形成的滨水环境

由此，景观与其他艺术形式一样都要遵循艺术性原则，特别是要符合美学原理，各种艺术形式之间程度不同地存在相互借鉴、相互包含、相互融合、相互影响以及相互促进的关系，景观设计也是在这些原则指导下达到主题鲜明、特色突出，并且使创作与欣赏的思想互动。

第五章 景观设计方法、过程及审美

第一节 景观设计的方法

一、景观设计的基本方法

设计的基本方法,是设计系统中最为本质的要素,并且还是设计不断发展和完善的主要手段。因而,设计的基本方法具有程序上的严谨性和运用上的科学性,同时具备向更高层次发展的潜力。也就是说,任何一项设计都有基本方法,只有把握了这些方法,才能开发出可靠高效的良性设计程序,达到设计目的的最佳途径。俗话说,"方法得当,则路径顺畅",以设计来说,在设计种类繁多的行业中,其设计方法因对象的变化也会存在差异,出现设计方法的多样性。但通常而言,设计的基本方法主要包括:认知方法、归纳方法、演绎方法、选择方法、限制方法和优化方法。

(一)认知方法

认知科学的理论与模式,是一种依据心理学的分析,一般不强调外显的、可观察的行为,取而代之的是突出更为复杂的认知过程,如思维方式、问题解决、语言与概念形成以及信息加工等。如今,设计师们已经不再守卫传统的设计观念,而是热衷于从认知科学得出的信息来考察设计行为及结果。不管是将认知科学看成是颠覆性的,还是渐进的演变,人们一般都承认认知理论已经走到了当前设计的前沿。这种从行为定向(强调通过设计过程促进设计师的外显业绩)转到认知定向(强调促进设计心理过程的认知)的发展已经带来了一个质的转变,即从通过一个设计系统操纵呈现的程序,转向引导设计师认知与客户的互动转变。一般的认知方法,主要是指能帮助设计师完成对信息收集、整理、处理、筹划、创造和表达等方面有效地进行工作的方法。

设计的认知方法主要是对委托方需求、市场信息、同类设计比对和设计完成意图等诸多方面的认知。众所周知,设计师在设计过程中由于其知识构成和素质能力等的不同,会在认知风格上形成很大的差异,因而在做某项设计之前,需要在认知方法上,根据需要形成与客户和市场的基本相同的认知。所以,设计的认知方法,既有"有形方法",又有"无形方法"。

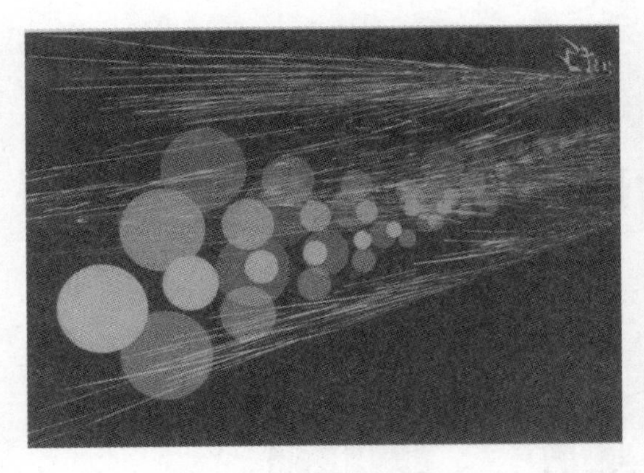

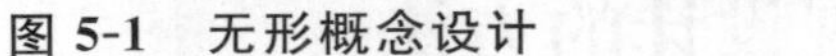

图 5-1　无形概念设计　　图 5-2　有形概念设计

所谓“有形方法”，是根据适应设计需求采取的对信息收集、组织管理、方案策划、创意构思、操作技术和表达方式等实施的具体认知方法。而“无形方法”，实则是通辨方法，是对相关或相似的几种方法进行分辨和沟通，以帮助我们更好地理解和掌握，特别是从观念上形成一种为人所接受的认知方法。例如，概念设计作为产品开发过程中最具创意性的阶段，是设计师们最为关注的。

一般观点认为，在详细设计以前是不可能确定产品构型的。那么，如何确定一个预计产品的构型呢？有形认知方法是，在一定条件下，根据产品用途、用户群体和潜在市场，以假定性的方法进行市场调查，再进行模拟测试，初步确定产品的构型。其方法有以下四点：

其一，产品概念设计体系结构在相关技术及知识库的支持下，建立起包括定性构型在内的产品概念设计体系结构；

其二，研究该体系结构，包括概念设计过程模型、概念设计产品描述模型、计算机辅助概念设计系统、支持技术，以及支持知识库等；

其三，就其中概念设计过程模型，包括概念设计说明映射模型、概念设计方案产生模型、概念设计方案评价模型和定性空间构型生成模型等进行综合评估；

其四，概念设计产品描述模型，由产品需求模型、功能结构模型、行为结构模型、结构方案模型，以及概念设计融合产生。

无形方法，一般是综合运用可拓学理论[①]、模糊理论和优化技术，揭示概念设计上游设计阶段的创造性活动精神，探索一种创新与辩证思维形式化、模型化方法。分别在概念设计可拓展知识表达、分解与综合、优化与求解、推理与评价等方面提出若干新思想、新原理与新方法。

(二)归纳方法

归纳方法，实质是归纳推理，表现出归纳逻辑的一种论证，它是把特性或关系归结到基于对特殊性的代表类型的一种认识。问题归纳法，是表明提出问题比解决问题更重要，即主张提出问题等于解决了问题的一半。尤其是在如何提出问题上，问题归纳法列为“8W”问题法，即 when（什么时候）；where（什么地方）；who（谁）；whom（为谁）；what（什么）；why（为什么）；how（怎样

① 这是一门交叉学科，主要研究事物拓展的可能性和开拓创新的规律与方法。

去做)；how much(多少费用)。这是一种条理性清晰、逻辑性极强的思维方法。

归纳法的运用非常广泛，从提出问题到解决问题都能在设计策划与设计过程中得到广泛运用，并且能够通过问题归纳法来理顺思路，找到问题的症结，发现解决问题的路径。由此可言，归纳方法主要是从个别前提得出一般性结论的方法，即根据一个定义，采用简单枚举归纳法、完全归纳法、科学归纳法、逆推理方法和数学归纳法等求证定义。

传统逻辑学认为，归纳方法的本质，是从个别的特殊的知识中概括出一般性原理的方法。现代逻辑学则认为，归纳推理指的是前提和结论之间仅具有或可能存在联系的推理，其前提只是作为结论的必要条件。正如恩格斯所言："归纳和演绎，正如分析和综合一样，是必然相互联系着的，不应当牺牲一个而把另一个捧到天上去，应当把每一个都用到该用的地方，而要做到这一点，就只有注意它们的相互联系，它们的相互补充。"①

事实上，设计的归纳方法并没有理论阐述的那么复杂，主要是将设计过程中表现出的纷繁面貌，经过分析整理归结出一定的规律。比如，工业产品设计提出的基于参数化模板的大批量定制设计方法，就是设计的归纳思想结合各种参数化模板方法，再结合配置设计和变型设计建立新的快速设计方法，较好地支持按定单设计的大批量定制。

因此可以说，研究产品结构模板的参数化实现和产品快速设计的过程，以及设计流程就是归纳。其设计的模式为：初步配置设计(模板)到变型设计，再到完善产品配置，并将该方法应用于批量产品的设计实例。与传统设计方法相比，该方法可以快速生成产品模型，显著提高产品的设计效率。

(三)演绎方法

相对于归纳方法的"从个别到一般"，演绎方法则是"从一般到个别"。在设计思维过程中，二者是相互联系、相互渗透的。通常所说，演绎方法的大前提，是从归纳推理中得出来的。自然，没有演绎推理也不可能实现认识的归纳过程。在传统的逻辑学中，演绎推理(deductive reasoning)是结论，即前提的"已知事实"必然得出的推理。如果前提为真，则结论必然为真。它区别于溯因推理(或溯因法，是推理到最佳解释的过程。也就是说，它是开始于事实的集合并推导出它们的最合适的解释推理过程)和归纳推理，它们的前提可以预测出高概率的结论，但是不确保结论为真。就"演绎推理"来说，还可以定义为结论在普遍性上不大于前提的推理，或结论在确定性上，同前提一样的推理。依此而论，所谓设计的演绎方法，是由一般性设计原则的前提，推出个别性设计结论的推理，即从一般到个别的推理，它包括对设计及相关领域关系的直接推理，根据性质判断设计形态变异的直接推理等。

例如，我国古典园林设计中的借景，就是一种演绎方法的设计。借景，指的是有所凭借的造景，即园内外互借"景致"。古典园林设计的常规手法是：问名、相地、立意、布局、理微、余韵等，这些都是以借景为核心的。"巧于因借，精在体宜"是传承中国文化"比兴"手法而来的。借物比兴永成佳趣，反映的是事物有因果关系。因此，借因喻果便是"巧于因借"；精在体宜，是精于体验造景之地宜。《园冶》强调"园有异宜"，这是相地要解决的主要内容，包括自然资源和人文资源，宜在何处，不宜在何处。如何借景呢？那就是"借景随机"，随遇而借。其重点在于"借景无由，触情俱是"，这便有了对地貌的一般认识，进而才有对造园的个性认识。由此，"相地合宜，构园得体"，

① 夏燕靖．艺术设计原理．上海：上海文化出版社，2010

便是园林设计的演绎核心。如杭州西湖借水利疏浚、游览交通和造景的综合需求，设计了长堤纵横、湖分里外、三岛散点、山中有湖、湖中有堤岛、岛中有湖的复层水景。并且借孤山与东岸之断处安桥而称“断桥”；岳坟不仅有忠义柏、忠泉和象征性的“金城汤池”，更有因秦桧之名种植的“分尸桧”，可以很好地抒发民众的爱憎。泰山山麓普照寺因松枝透洒月光而传作的“长松筛月”，乃至筛月亭正面楹联“高筑两椽为得月，不安四壁怕遮山”。这些园林的设计与传说，都可以看作是一种演绎方法的集中表现。

演绎方法又与联想法有相似之处，是突出人的思维由甲事物推移到乙事物，甲事物和乙事物，在思维上属于因果联系，即由原因甲而想到结果乙。它属于遐想法的一种具体应用性思维形式，可以产生延伸效应。如前面提到的园林设计以及设计师的构思，都可以通过对自然界某种自然美的认识，而将其经过提炼、抽象和升华，达到一种理性的美，然后再把它转化为一种设计理念，最终体现在设计上。这种转化意味着思维的一种创造，就此来说，联想即是创造性的思维方法。

(四)选择方法

图 5-3　座椅系列设计

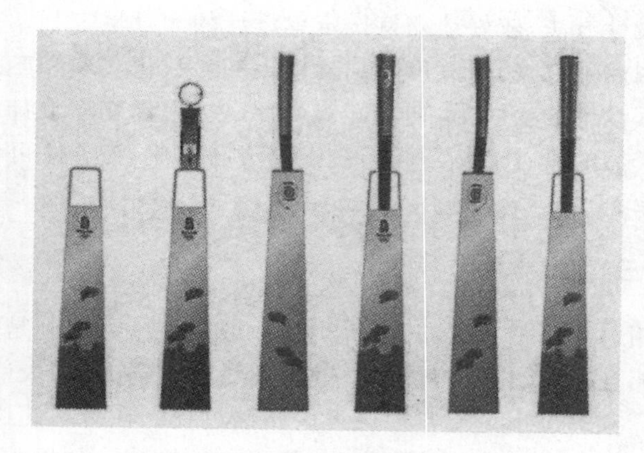

图 5-4　奥运火炬系列设计

简单来说，选择方法可以说是设计的优选法，即对设计方案提出的问题，根据数理模式，通过尽可能少的试验次数能够快速地获得最佳方案的方法。如今，这种数理模式又推出自动选择方法。较之传统的设计选择模式，仅凭对设计模式功能的了解和自身的设计经验进行选择的设计方法而言，这种重用部件的规格匹配产生的自动选择方法，即引入软件开发建立一个模式库，系统设计员在模式库中选择可用的模式，和需要解决的问题相匹配。通过对已有的模式选择方法加以归纳、简化并把它们联系起来，发现在自动选择模式时基本可以达到以下的选择原则：

一是理解问题需求，明确需求的具体细节和所要达到的性能要求；

二是对各功能需求进行分析，确定需求是什么，克服什么样的限制，要获得什么样的特性，以及未来会发生什么样的变化；

三是按对象的分析方法给出每一功能模块的基本类、对象、方法及属性，并用形式化的语言对功能进行描述；

四是根据模式的自动选择算法，从模式库中检索出适合要求的设计模式，这样可以找出和问题相关的一个或多个设计模式；

五是研究具有相似目的的设计模式之间的共同点和不同点，选择最符合系统要求的设计模式。

(五)限制方法

限制方法是针对设计策划和设计实施过程的一种设限,目的是确保相应的设计能够在符合规范的约束领域顺利进行。比如,随着城市夜间景观照明设施的增加,城市景观设计在建筑的外表面材料越来越高档化,镜面光泽度在不断增大的情况下,建筑物外立面的泛光照明也就随处可见了。这也加剧了城市上空的光污染程度,使城市上空笼罩着更为严重的一层光雾。特别是泛光照明造成的光污染,不仅影响天文观察,而且也会影响到人们的健康。为此,国际照明委员会(CIE)先后发表了《减少靠近天文台的城市天空光的建议》和《城市光天空——天文学的烦恼》两个技术文件,就是对城市景观设计的限制。

另外,设计的基本方法当中,还有一些将设计的客体当作一个系统或一个具有多种形态因素分布和组合的系统,设计方法是将诸种形态因素,按照一定的规律加以排列组合。由此出现的形态分析法,就是首先找出设计中的各种形态因素,然后用网络图解方法进行各种排列组合,再从中选择最佳设计方案。

创新观念法。这在当今设计领域颇受推崇,尤其是市场竞争成为设计创新的伴侣,追求设计观念的创新就成为企业生存的核心价值,观念创新是国际知名大企业和名牌产品特别重视的问题。因此,在企业形象与产品策划中,明智的企业往往具备观念更新的意识,时刻注意以创新向市场拓展,以创新观念来指导企业发展,这样才能立于不败之地。

迂回思考法。将问题带入一种思维境界中时,人们常常又被问题的某种思维惯性所阻隔,无法超越,因而陷入思维的困惑中无法自拔。这时,我们若是换个角度,或许就会收到一种意想不到的效果。这就是迂回思考法的基本含义。迂回思考法包括的范围很广,换个角度,可以产生新思维,即从不同的层面来思考问题,也可以创新;反向思维可以带来意想不到的效果;打破传统思维习惯,可做出惊人的思维创举。就是说,只有打破原有的思维定势和限制,我们才能到达创造性的彼岸。

美感切入法。这主要是针对审美主体对客体某种品质的一种认同。美感的产生需要两个基本条件:一是客体存在着某种美的品质,这是美感产生的客观基础;二是感知这种美的存在所必备的相应的主体条件。所以,美是主观与客观的统一。在设计策划中,设计师要将这一理念融入到设计思想中,并从美感这个切入点展开思维,产生思维创新,创造出别出心裁的方案来。

求异法。从形式化角度看,创造性思维必然是传统思维方式“异化”的一种表现,没有思维方式的变异,就不会有思维结果的“异在”。因此,创造性思维的一个最重要的形式化特征便是求异性,即思维形式上的“异”,加上客观上的可行性,综合而成“创造性思维”。求异思维方法就在于打破对传统思维依赖,选择一条与众不同的新思路,构思出别具一格的设计新形象。

图 5-5　现代城市景观设计

图 5-6　城市光效果街景

图 5-7　现代城市景观设计

图 5-8　时尚灯具设计

图 5-9　区分性别的饮品包装设计

二、现代设计的方法论

现代设计的方法论，是设计学科的科学方法论。之所以被认定为科学方法论，因为这是“关于认识和改造广义设计的根本科学方法的学说，是设计领域最一般规律的科学”①。它涉及工程学、管理学、经验学、社会学、生理学、心理学、思维科学、美学和哲学等诸多领域。

设计的方法是在设计实践中逐渐发展起来的，同时，它与其他学科方法亦有广泛交流，并不断发展和变化。因此，现代设计的方法学，实际上是一门综合的科学。而现代设计的方法论中，“包括突变论、信息论、智能论、系统论、功能论、优化论、对应论、控制论、离散论、模糊论、艺术论的内容”②。其中，最具有普遍意义的是功能论方法和系统论方法。

（一）功能论方法

功能论方法是将造物的功能或设计所追求的功能价值进行具体分析、综合整理，以形成更为细致、完整、高效的结构构思设计，完成设计任务。

从内容来看，功能论方法包括了功能定义、功能整理、功能定量分析等方面。李砚祖先生认为，功能定义，就是针对所设计的产品及构成要素下定义，确定设计主旨，明确设计目标，找出实现功能的不同方式和手段。而功能整理，是将产品中各部件的功能定义按照目的和手段顺序进行系统化排列，制成可操作性的、定量的“功能系统图”。在功能系统图的基础上，进行细化分析，即功能定量分析。

功能论方法在设计中的意义，主要是以产品的功能作为设计的核心，设计构思以功能系统为主。同时，这种以功能为中心的设计方法，能够最大限度地保障产品的实用性和可靠性。而且，功能论方法融合了系统的思想，将功能分析与造型要素结合起来，使设计各功能要素之间结构更加合理。

功能论方法非常重视功能的分类。李砚祖先生认为，有的设计对象有几种功能，有的有许多功能，若按功能的性质，可分为物质功能与精神功能。物质功能是产品首要的功能，包括产品的适用性、可靠性、安全性等；精神功能是由外观造型及物质功能所表现出来的审美、象征、教育等功能组成。具体列表如下图所示：

① 戚昌滋.现代广义设计科学方法学.北京：中国建筑工业出版社，1996

② 李砚祖.艺术设计概论.武汉：湖北美术出版社，2002

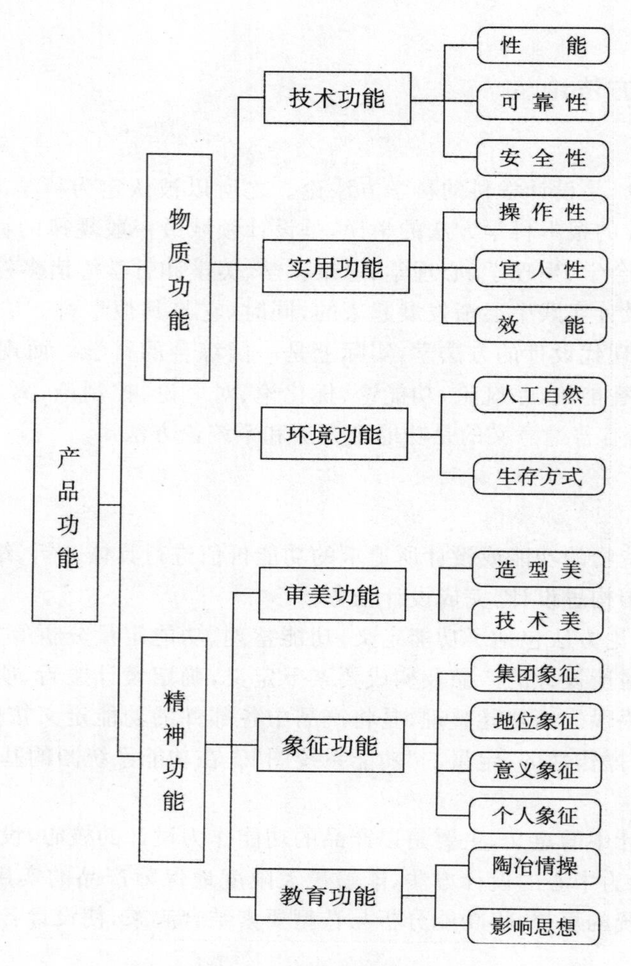

图 5-10 功能论设计方法分类

(二)系统论方法

系统论方法亦是现代设计方法论中非常重要的方法。所谓系统论方法,是采用系统分析和系统综合的方法,将设计纳入科学的、理性的轨道,使感性的、直觉的设计在整个系统中成为有序的组成部分。

具体而言,设计的系统分析包括了设计的总体分析、任务与要求分析、功能分析、指标分配、方案研究、分析模拟、系统优化等等,最后进行系统综合。系统分析是系统工程的重要组成部分,系统分析是系统综合的前提,而系统综合是根据系统分析的结果,进行综合的整理、评价和改善,实现有序要素的集合,而集合并不是简单的相加,而是整体大于局部之和,是各个要素间、各子系统间的有机整合,从而确定设计对象的主要方面,形成多种综合方案。系统分析与系统综合的途径和步骤都是先扩散后整合。因此,系统论方法为现代设计提供了一个从整体的、全局的、互为的角度来分析研究设计对象和相关问题的思想工具和方法。

第二节　景观设计的过程

一、明确设计的内容与功能

(一)明确设计的内容

一般来说,设计之前委托方会出具《规划设计任务书》,以书面的形式明确设计的内容和要求。任务书中会明确基地的基本状况、各种指标、设计要求、项目性质、成果要求等。以下为某市市民广场的设计任务书。

××市市民广场设计任务书

一、项目简介

(一)项目名称:××市市民广场设计。

(二)项目地点:××市政府北侧。

(三)项目范围及规模:市民广场位于××街、××路围合的区域,地块东西长约400米,南北平均宽度约200米,占地面积约8万平方米。

二、设计依据

(一)××市城市总体规划。

(二)用地红线图。

三、项目总体要求

(一)功能定位

功能定位:以绿地景观、休闲、健身功能为主的城市综合性广场。

(二)具体要求

1.认真分析研究用地现状和资源特征,依据国家、省、市有关规范、标准,结合城市规划确定的周边用地功能、道路交通组织等,合理确定设计方案。

2.设计应处理好与周边地块景观的关系,绿地率指标控制在50%以上。

3.需设置机动车停车位约100个。

4.应从满足功能、方便市民休闲、健身等需要,增设安全舒适的各类设施,包括管理用房、公厕、健身器械、休闲坐椅、垃圾收集点等。

一般情况下,设计的内容和要求是事先决定好的。也有个别情况,委托方对设计的内容并不是很确定。这就要求设计师综合考虑土地的基本条件、周边环境特点,向委托方提出技术上的参考意见,以明确设计内容、目标,作为后面设计的基础。

(二)明确设计的功能

对现状进行分析后,应明确地块建成后具备什么功能。任何设计都不能是单一功能,而是必须体现复合功能。其中,有主要功能和次要功能。功能之间有相互联系,且受到地块现状条件和开发意图的影响。

景观设计的主要功能是提供休闲、游憩场所,促进交往交流,促进生态系统恢复;次要功能包括进出、停车、餐饮、休息、洗手等。根据地块条件和开发意图,功能的选择会有所不同。比如大型市民广场和公园,使用人数多,往往需要配置餐饮、厕所、电话、急救、商品、停车等功能,以满足不同层次人群的需要。森林公园、旅游度假区因为距离市区远,除了餐饮、停车外,还需要有接待、住宿功能。而街区公园主要以满足附近居民休闲的需要而设置的,面积不大,功能相对比较单一。

表 5-1　各类景观设计类型的功能

	野外运动休闲	日常休闲游憩	游乐	集会	体育运动	教育科普	环境质量	审美	生物多样性	生态保护	接待与住宿	餐饮	急救	商品	厕所
社区公园		■					■	■							
动物园		■	■			■			■			■	■	■	■
植物园		■				■	■	■	■	■	■	■		■	■
综合公园		■	■		■	■	■	■	■	■	■	■	■	■	■
体育公园		■	■		■								■	■	■
森林公园	■		■		■	■	■	■	■	■	■	■	■	■	■
历史名园		■				■		■			■			■	■
度假区	■		■					■			■	■	■	■	■
大型游乐场			■								■	■	■	■	■
绿道	■	■			■		■	■	■	■					
广场		■		■				■							■
居住区		■					■	■		■					
建筑中庭		■					■	■							
湿地公园	■					■	■	■	■	■					

注: ■ 表示为需要的功能

二、收集资料与现状的分析

(一)收集资料

景观设计实际上就是对环境的设计。因此,在设计之前必须收集足够的资料数据,对其进行归纳分析,作为设计的基本条件。应收集的资料包括以下四种。

1. 自然数据

气象:气温、湿度、风向、风速、大气污染、雪、雾等
地形:地势标高、坡度、坡向、起伏度、地貌等
地质:地质构造、滑坡、水土流失等

土壤：土壤分类、排水、酸碱度、含盐量、土壤侵蚀
水：水系、河、湖、池塘、湿地分布、地下水位、水流、水质
生物：植被种类与分布、动物
景观：地方特性、景观资源种类与分布

2. 人文数据

历史：历史遗迹、地方历史、古镇、古村、古建筑
文化：文化资源、文化特性、文化区、习俗、宗教、居民习惯
其他：周边城市、乡村、人口、交通流量、经济产业、区域发展

3. 基础设施和社会发展数据

城市：土地利用规划、交通规划、绿地系统规划
社会发展：经济发展计划、开发建设规划、产业发展规划、社会发展规划
交通：轨道、公路、高速道路、航空、机场等交通状况

4. 地块基本条件

包括用地红线、位置区位、规划道路、周围联络通道、现状设施、电、燃气、上下水通道、排水、水位、给水、现存树木、古树名木、日照、噪声、出入口、构筑物、游客容量、游客特点等。

收集的资料数据一部分由委托方直接提供，一部分由设计者到当地图书馆、档案管等资料信息中心查阅，或者从公共网站上下载。

(二)现状分析

任何设计目标的达成都必然受到现状条件的制约。因此应对前期收集的数据资料进行整理分析，摸清现状状况。

初步收集的数据包括图、表、文字等各种数据，内容比较杂乱，需要设计者对其进行归纳纠析，可以根据需要制作成各种现状条件图。包括地形图、坡度图、坡向图、土地利用现状图、管线图等。

图 5-11　某滨水区地形高程现状分析图

现状分析有助于设计者理清各类现状条件。图 5-11、图 5-12 表示设计地块的基本地形现状图。委托方提供了基本的地形测量图(电子图件),设计者将地形数据输入到地理软件中,将其制作成为比较专业性的坡度等级图。该图通过不同的颜色表示坡度的大小,可以作为基本设计条件图之一。

图 5-12　某滨水区地形坡度现状分析图

三、确定景观空间布局方案

(一)明确设计目标

设计目标是用文字概括设计所必须达到的功能、效果、意义,是高度概括性的语言。设计目标必须是在对前面委托意图、地块功能、现状条件的充分理解分析基础上做出的,也是后面方案设计、详细设计的指导。

> 某车站广场设计目标
>
> 充分把握火车站改造所带来的发展契机,依托站前广场及滨水地区的建设,通过景观的塑造提升城市品位,展示良好的城市门户形象,带动整个城市旅游业的发展。
>
> 满足火车站进出旅客的集散、交往和休闲需求,形成高效率、风景优美、功能组织合理的广场空间。充分发挥交通枢纽、景观节点和绿色生态廊道的功能。
>
> 延续古城文脉,形成古今交融的门户性开敞空间。

(二)明确基本布局

确定设计目标后,就进入实质性设计阶段。这时候应首先确定基本布局,这一阶段的内容包括道路交通规划、功能分区、确定结构和总体平面等。

1. 道路交通规划

道路交通规划的作用是确定交通路网基本形态走向,包括出入口大小和位置、机动车道路、人行道路、道路样式、停车场位置和规模等。

出入口的设置主要考虑进出的方便。一般来说，至少设置主、次入口各一处，以形成环游线路。主要出入口处根据需要配置停车场地。

道路的走向有规则式和曲线式。规则式道路一般要求地形平坦，具有方便、快捷、对称、宏伟、壮观的特点，还可以作为规划的中轴线使用。因此，古代大型的皇家园林，如法国的凡尔赛宫、我国的故宫等，中心轴线往往采用规则式道路。

曲线式道路避免了规则式道路的单调、呆板的缺点，能够适应不同的地形，形成移步换景、多姿多彩的效果。我国的古典园林、日本的传统园林以及英国风景园，多采用曲线式园路。近代景观设计往往采用规则式和曲线式道路相互结合的路网形式，见图 5-13。

图 5-13　某小区曲线式步行路

2. 功能分区

功能分区的含义是根据地块的特性和制约条件，明确规划范围内各个部分的功能，进行功能的空间配置。功能分区要特别注意与其他功能之间的联系，同时考虑基地的自然特征。比如丘陵坡地，一般作为生态绿化区；靠近河道水体的地方，适宜作为滨水散步带；大面积的湖泊，则考虑水上活动，并配置相应设施。平坦地可以设置大规模集中活动区，但必须靠近出入口或者疏散通道。管理区一般设置在出入口附近隐蔽处，有专用停车场地。另外各个功能区必须通过路网连通起来。

3. 结构

结构是确定各个节点、轴线的空间关系。规划中应确定景观主次轴线、主次节点的位置，以作为重点景观打造的对象。

4. 总体平面

总体平面是景观结构、功能分区、路网在平面图纸上的具体表现。除此之外，总体平面还需要表现建筑设施、构筑物、植被的分布。

(三)详细设计

详细设计是对总体方案的深化和细化。首先是对节点、轴线的细化,其次是各个不同功能区的细化。详细设计时应明确对象的大小、尺寸、高度、材料、色彩,还应确定铺装、植栽、景观构筑物的样式等。

(四)方案文本

方案完成后,设计方需要向委托方出具方案文本。方案文本是对方案进行详细说明的文本,里面包括设计图和文字说明。

方案文本一般包括以下内容:

项目概况;

区位分析(位置图、区位图、范围图);

现状条件(基本地形图、坡度图、坡向图、用地线状图);

设计的目标、方针、原则;

规划总体构思;

功能分区(功能分区图);

景观结构(景观结构图);

总体布局(总体平面图);

道路交通规划(道路系统图、道路断面图、步行道路图);

详细设计(详细平面图、剖面图、节点效果图);

棺被设计(植被意向图);

铺装设计;

照明设计;

主要技术经济指标(用地面积、建筑面积、建筑密度、绿地率、容积率、层数、建筑高度等)。

(五)施工图设计

施工图设计是景观设计的最后阶段,也是后期现场施工、建设方和施工方进行工程预算、决算的基础。设计者要充分了解和遵照国家与行业规范,熟悉各类景观工程材料的性质、做法,贯彻方案意图,尽量降低工程造价,做到生态、节能。

施工图设计完成后,设计方需要协同施工方、监理方和建设方进行现场交底,对于图纸中的问题应进行解答。如果后期方案有所更改,设计方需要出具设计变更图,直至项目施工完成。

第三节 景观设计的审美

一、景观设计的审美要素与表现

(一)景观设计的审美要素

所谓景观设计的审美要素，是指使景观设计具有审美价值的必要因素，主要包括以下三个方面：功能美——景观设计最本质的审美要素；形态美——景观设计最直观的审美要素；材质美——景观设计最基础的审美要素。

1. 功能美

功能美是指景观设计产品的功能具有合规律性与合目的性相统一的美。所谓合规律性是指人类掌握、运用客观规律对客观物质材料进行加工、改造的过程和结果，体现出人对真的认识价值和实践价值。所谓合目的性是指景观设计的产品符合人的“内在尺度”要求，即景观设计成果的结构、材料、技术和功利性要符合大多数人的使用要求，体现出善的价值。合规律性与合目的性虽各有独立内涵，但在产品的设计与使用中二者却是相互依存、相互作用、相互联系，不可偏废的共生关系。

景观设计的功能美是设计界极为看重的设计基础，是景观设计最基本的审美要素，主要包括产品功能的适用性、人文性、经济性、精神愉悦性四方面内容。

(1)功能美的适用性

适用性是景观设计功能美的内在本质之一，是产品生命力所固有的价值体现。景观设计是为人的需求而存在和发展的，它必然要体现出对人类社会有用、有益的价值，满足人对物的最基本需求是景观设计始终要遵循的基本法则和存在的本质意义。

(2)功能美的人文性

我们所说的人文性，首先要强调产品的使用功能应以人为主体和中心，尊重、体现人的本质、利益和需要，因此，功能美的人文性可以理解为以人为本设计理念的物化形态，其中蕴含着人类创造的丰富文化内涵。

景观设计是为人而存在的，尊重和体现人的本质、利益和需要，是景观设计生命力的重要表征。此外，景观设计的产品功能讲究环保，也是功能美人文性的重要体现。关注人类的不同要求和生存质量，也成为了现代景观设计的发展方向。

(3)功能美的经济性

功能美的经济性主要包括两方面内容。第一个内容是设计师必须考虑的经济核算问题，包括材料费、生产成本、产品价格、运输、贮藏、展示、推销等费用。以最小的成本获得最适用、优质、美观的设计，是景观设计功能美的重要标志之一。

功能美的经济性具有相对的时代性。这主要是因为人们要受时代的消费观和时尚观的影响。景观设计还应当关注大多数人的需求，这是现代设计区别于“沙龙艺术”的一个重要特征。功能美的经济性所包含的第二个内容是简洁性。即用最简洁的设计语言或最简单的操作技术达到最佳设计和使用效果。简洁是美的因素之一，也是现代景观设计功能美的经济性的重要内容。

(4)功能美的精神愉悦性

功能美的精神愉悦性是指产品在使用过程中，能引起消费者愉快的精神体验的价值。这是由产品功能美给人带来的赏心悦目、心旷神怡的精神快感，其实质是在对象中感受到了人的自由创造、智慧、才能和力量，看到自己的目的、理想的实现，因而精神上得到满足和喜悦。应当注意的是，功能美的精神愉悦性与人的生理快感不同，后者是由占有并消耗某一实在对象引起的，是人的物欲与功利性的表现；而前者则是人对物欲与功利性的超越和升华，是人处于审美境界时才能达到的，亦即席勒所说的“审美的人”“理性的人”才能达到的境界。

总体而言，产品中有两种美可以给人以精神愉悦。一种是物质自然属性的美，产品的色彩、纹理、光泽、质地、形状、结构等形式因素，会给人带来感官的快适；二是人类所创造的美，它集中体现了人类智慧与想象力的物化能力。人对美的追求是人高层次精神需要和高质量生活方式的重要标志。

2.形态美

形态美是指构成产品形态最基本的要素(点、线、面、造型、色彩、空间等)所给人带来的愉快的情感体验的价值。景观设计产品的形态美，是随着人类的进步而不断丰富和发展的。它给产品带来的相对独立的美与审美问题，越来越多地引起了设计者与接受者的关注，是现代景观设计美学的重要组成部分。在琳琅满目的设计世界中，我们不仅能看到点、线、面给产品带来的勃勃生机，也看到万紫千红的色彩给我们的视觉带来的极大享受。同时，我们还看到丰富、奇特的造型给人类带来的心灵上的震撼。形态美以生动、直观的强大视觉冲击力，成为人类为美所动的首要因素。

(1)点、线、面与景观设计

点、线、面是形态美构成中最基本的要素。无论从景观设计实践还是景观设计理论来说，三者都是既相对独立，又相互联系，难以截然分开的。

(2)色彩与景观设计

色彩是色与彩的合称。色是感觉色和知觉色的总和，是被分解的光(如漫射光、反射光和透射光等)由人眼传至大脑时生成的感觉，是光、物、眼、心的综合产物。

景观设计中的色彩具有表情性。美学家们指出:“色彩能够表现感情，这是一个无可辩驳的事实。”“色彩唤起各种情绪，表达感情，甚至影响着我们正常的生理感受。”色彩的情感效应和情感表现涉及到色彩刺激本身和人类共同的生理反应，即与人的视觉经验、记忆、联想等心理活动有关，也与环境、民俗、文化有关。充分发挥色彩的表情性不仅可以增强景观设计的审美效果，而且能给人带来愉快、积极的情感体验。

色彩效果的审美设计。美国当代建筑理论家朱利安·加西说:“装潢家所做的工作就是调度色彩的关系，朝着达到功能、适用和令人愉快的意象中的色彩效果前进。”色彩效果的审美设计要注意:不违背文化传统对色彩的要求；不违背色系对色彩的设计要求；充分发挥色彩的功能作用；注意色彩的表现性。

(3)造型与景观设计

造型是指利用一定的物质材料、工具和技术，为实现某一目的而塑造可视的平面或立体的形象，这种形象具有特定的意蕴。它是景观设计的本质特性和目的明确化、实体化的展示，是景观设计的基本任务之一。型是设计的基本语言，分为两大类：一是自然形态；二是人类创造的型。

景观设计的造型也分两大类。一是平面造型，即在二度空间里运用艺术手段、艺术技巧塑造形象。二是立体造型，即在三度空间中运用艺术手段、艺术技巧塑造形象。它们的关系表现为：平面造型是结构的基础，立体造型是多平面造型的组合。

造型最本质的审美价值是创造性。设计活动是综合性的型的确立和创造.不是对某一现存对象照搬、照抄或再装饰和美化，而是从预想结构起就开始了创造，是型的新的生成。

(4)空间与景观设计

空间，是各种事物活动或存在的“环境”。空间依靠客观事物的形象、距离、疏密、比例来决定，离开具体事物的空间很难确定和理解。空间是具体的、实在的实体形象和空白形象结合构成的。

景观设计的空间在于框定事物范围、确定物象位置(空间调度)。这使得景观设计的空间有了感觉性(虚像概念)、多样性、有限性与无限性、表情性几方面的特征。

3.材质美

材质美主要是指物质材料的色彩、结构、纹样、肌理、质地等属性的美。材质分自然材质和人造材质两种形态。自然材质的美源于材料的自然属性，人造材质是设计师在充分认知、把握材料的内在品质和设计物功能因素的基础上，运用先进的工艺加工技术生产出来的。受物质条件的制约，不同的材料有不同用途和设计，反映着设计师对材料的认知、选择与制作的水平。可见，材质对景观设计效果的优劣，是适用、制约、启发同在，是设计美的物质基础，也是景观设计最基础的审美要素。材质美主要由材料的质地美和肌理美构成，人们在景观设计产品中所获得的材质美感，也主要源于材料的质地美和肌理美。

(1)质地与景观设计

质地，就自然物而言，是指物的自然本质、底色。自然物的质地可以有软硬、松紧、粗细、滞滑、冷暖、厚薄、轻重、刚柔，以及华丽和朴素、迟钝和锋利、圆润和尖锐、透明和不透明、有光泽和无光泽等方面的不同。质地可以分天然质地和人造质地两种形态，在景观设计中是构成产品形式美的重要因素。

优秀的景观设计师既能千方百计挖掘、利用各类天然材质本身的美，又能充分运用各种美的形式表现、创造出人造材料的质地美。

(2)肌理与景观设计

肌理的本义是指人的肌肉的表面纹理，景观设计中所说的“肌理”，主要是指材料表面的结构形态和纹理。除了结构形态和纹理外，材料的肌理还包括透明度和光滑度。不同的透明度和光滑度，也给人以不同的审美感受。肌理美也有自然形态和人工形态两种类型。

随着现代材料科学技术的不断发展，将自然形态与人工形态相结合，以人工的方式实现肌理效果的自然样式，不仅满足了现代设计的经济性、多样性和人们崇尚自然的心理需求，而且还大大提高了设计产品的外在质量、实用功能和审美价值。

(3)材质美与景观设计

材质的美感是物质材料的美对人的感官和心理发生作用的结果。如表面粗糙、色重的材质给人以坚实厚重的美感,光滑柔软的材质给人以温柔、富有弹性的美感等。材料的“质感各有其独自的秩序,这种体验是不能被其他东西代替的,不是用语言所能表达的,需要直接地用肌肤接触或用眼睛观看,才能有生理的直接的感觉。

材质的综合特征与生产、加工、使用等因素结合起来,把人类带进了一个运用材料的新天地。新材料的不断出现或传统材料的新的应用,正在改变着人类以往选材用料的观念,带来传统产品设计形态的成本、结构乃至产品的实用功能、审美价值等要素的根本性变化。因此,一个优秀的景观设计,应全面衡量这些因素,科学合理地选择材料,充分发挥材质的最佳性能,实现景观设计的最佳效果。

(二)景观设计的审美表现

大自然内在的秩序严密而神奇,人类自古以来就在依赖自然、师法自然中具有了与宇宙相和谐的创造力。景观设计家们在追求、领悟大自然秩序感的同时,探索出许多形式美的规律与法则,为设计的审美表现提供了可贵的理念、方法和经验。

景观设计中的表现方法是综合的,体现着历史与现代、技术与科学、审美与实用的综合运用,它们是一个整体。在此,为研究方便,分别进行论述。

1.粗犷和精细

粗犷和精细是两种不同的表现风格,给人不同的审美效果。粗犷是指产品设计中的雄厚、厚重、威猛、刚健的阳刚风格,给人一种运动感和力度感,让人觉得坚实有力。英国PENTAGRRAM公司设计的便携式剃须刀片藏在黑色塑料手柄中,运用金属的高光带和黑色橡胶塑造亚光,从色调中形成材质肌理上的黑白对比,造型用简洁而稳重的立式,在柄处设计一个小点,营造一种力感来。这样,产品显示着冷峻、粗犷、坚硬、稳定的男性气派。

精细型的产品属阴柔之美,体现出轻盈、纤细、雅致,造型和谐美观,整体与部分的联系完美,给人一种精致秀美的情趣。设计师理查德·萨伯运用柑橘原理设计一种悬壁式工作灯。他在设计中考虑了工作灯的功用,科学地计算出重锤与悬桩尺寸的相互联系,让台灯可以360度旋转,便于全方位工作。灯伞很轻小,不遮挡视线和产生眩目的光。长的悬臂支架点出了该灯的悬挂功能,用少量的红色来提醒人们两关节部位是调节伸缩的轴心。支架尾端的两个弧形重锤,体现了中心垂直方向旋转的含意。双层结构的灯伞,设计铝板反光镜以保证发光效果,外为玻璃纤维加树脂压成,体现了非常好的性能。灯座用铝板拉伸成圆筒形,上下排列着整齐的透气孔,便于空气的流动。这种设计的结构体现着科学美,不仅给人轻盈、纤细的美感,而且体现着部分与整体的照应,产品外观清新、雅致。

2.简朴与华丽

产品的简朴是指它的憨拙、淳朴、童稚的自然美。在设计过程中,设计师尽量删减或丢弃一些不必要的功能,使其运动感和力度感趋向平稳。内部组织秩序也相对平衡,现在有许多家具产品是流水线生产,采用天然材料的本色,产品便于组装、运输,给人一种自然本色的美感。

华丽的产品讲究做工精美,其材料的使用非常讲究,让产品显示出名贵气质,以体现使用者的地位和身份。欧洲18世纪的宫廷家具、灯饰，用曲线或用珍贵木材贴片及表面镀金来加以装饰，让人感受到这些产品的名贵，同时也能感受到实用功能和装饰效果配合之精致。现代产品设计除了沿袭古典华丽风格外，还讲究别致的造型、精巧的花色、用料的质地和着色的效果，体现高科技性的设计水平，追求产品整体效果。

3.夸张与生动

夸张是指产品不讲究细节装饰，以诙谐有趣的造型让整个形象体现出张力、深度和动感。我国秦汉时期的俑和石碑雕塑，给人一种气势蓬勃向上的力量感，充分显示秦汉强盛的气势，体现了设计与时代思潮的内在联系。

生动是指产品形态逼真，线条流畅，有强烈的韵律感和生命力，给人强烈的真实体验。德国现代设计的"鸟嘴"形工作台灯，其线型灯罩与弧形悬物构成明快的效果。运用人机学原理设计的曲线椅背和精巧的结构形式，可以体现出简朴和优雅风格，如威克汉办公椅，简中有繁，单纯中求丰富。

4.直白和隐喻

直白是指产品设计体现通俗、清逸、舒适、明快、轻松的效果。这在中国民间工艺中都有很好的体现。春节的年画、剪纸、布娃娃以及民间手工产品充分地体现了这一特点，产品设计简单明了，非常确切地体现了民间风情和造型法则。

隐喻是指产品具有朦胧和深邃的特点。中国古代建筑讲究自然风景、阴阳风水、雕龙画凤，门前设置镜子、狮、虎等，包含着中华民族"天人合一"的精神境界。

这些隐含的情思难以言喻，也充分体现着我们民族吐故纳新的气度。设计师的完美表现方式还有很多，它们的艺术表现灵活多样，规矩法则是人造的，实际设计中不能机械照搬，而是要自由地创造和发挥。

二、中西方美学思想的探究

(一)中国设计美学思想

中国有着丰富的设计美学思想。先秦是中国设计美学思想的发端期，是中国设计美学自觉探讨的起点。设计美学的思想散见于各种典籍，并对以后中国设计美学有着深远的影响。孔子、老子、庄子、墨子等各家都有丰富的设计美学思想。《考工记》是专门的设计美学著作。先秦关于道和器、人和物、功能和形式的思想，为中国设计美学思想的发展奠定了基础。魏晋以后，至唐宋，设计美学得到进一步的发展。宋代出现了专门讨论工艺制作的设计理论专著——邓樵的《通志·器服略》，更加注重器物本身的思考。明清时期，我国设计美学发展到一个新的阶段，有关设计的专著有很多。如《陶说》《陶雅》《蚕桑萃编》《秀谱》《园冶》等，尤其是综合性设计美学著作宋应星的《天工开物》、李渔的《闲情偶记》、周胄的《装潢志》等更加关注设计美学语言的讨论。

1.道器论

道器论是中国设计美学的重要思想。在中国先秦设计美学思想中,将器物的创造纳入最高的哲学境界去理解,将器与道理解为事物的两个方面。“形而上者谓之道,形而下者谓之器”,“道”是无形象的,含有规律和准则的意义;“器”则是指具体事物和名物制度。“器,皿也。”(《说文》)“器乃凡器统称”,“天下神器”。(《老子》)“形乃谓之器”,“形而上者谓之道,形而下者谓之器。化而裁之谓之变,推而行之谓之通。举而错之天下之民,谓之事业。”(《易·系辞》)总体看这里并非空说易道。“道者,器之道”,“无其器则无其道”。(王夫之语)从“道寓于器”到象事推理“载礼释道”,是作《易》者的本意,也是传统创物的一条规律和基本社会功能。“道不离器、器因道生、道器并举、尚功重用”是《周易》“道器论”的理论特色。易学之“道”,虽非诠释造物之道,它却包涵“造物之道”。让我们拭去《周易》的历史封尘,揭开它的神秘面纱,探寻易道与工艺造物文化深刻联系。

老子讲:“人法地,地法天,天法道,道法自然。”“道生一,一生二,二生三,三生万物。”老子认为,天下万物皆由道而产生,人创造器物是效法道,也就是效法规律的,效法自然的。

有人认为,道器平等的辩证关系到了春秋战国时代发生了重要的变化,先秦诸子百家,都对器持否定态度,就连墨子也不赞同。“君子不器”(《论语·为政》)就是说各种器物有其特殊的用途,君子不需要从事某一具体的行业,只应该追求治国之道。

2.创物论

“备物致用,立功成器,以为天下利,莫大乎圣人。”(《周易·系辞》)《考工记》中也有“知者创物”的思想。创物是圣人所作的事情。在中国古代神话创物传说中,有巢氏的构木为巢,伏羲氏造瓮造网,神农氏制耒耜,黄帝制衣冠、舟车等。创,是创始的意思。“创,始也。”(《广雅》)真正有智慧的人是创始物品的人,是开创性的。有了创物,才能将创物的思想、方法继承下来,并薪火相传地继承下去。

3.工巧论

亦作“审曲面势”。原指工匠做器物时审度材料的曲直。后指区别情况,适当安排营造。“审曲面势,以饬五材,以辨民器,谓之百工。”(《周礼·天官冢宰第一》)什么是工巧呢?墨子从实用观点来衡量,“功利于人谓之巧,不利于人谓之拙。”庄子从无为的观点认为“大巧若拙”,自然的、不雕琢的、返璞归真的谓之巧。

对工艺加工技术的讲求和重视是中国工艺美术的一贯传统。丰富的造物实践使工匠注意到工巧所产生的审美效应,并有意识地在两种不同的趣味指向上追求工巧的审美理想境界:去刻意雕琢之迹的浑然天成之工巧性,和尽情微穷奇绝之雕镂画缋的工巧性。

工是人为,是意识的努力。

4.致用论

正如《老子·第十一章》所说:“三十辐共一毂,当其无,有车之用。埏埴以为器,当其无,有器之用。凿户牖以为室,当其无,有室之用。故有之以为利,无之以为用。”意思是说,古代的木轮车是由30根木条作为轮辐的,毂是车轮中间车轴贯穿处的支承圆木。车毂是中空的,用以支承车轴和底盘，才能发挥车的功用。埏埴是指和土制作陶器，有了器皿中虚空的地方，器皿才能有盛物的用途。盖房子要开出门窗，有了这些空间，才能发挥房子的功能。有与无，即实体与空间，在这里是相互补充的。韩非子强调事物的实用性，说：“夫瓦器至贱者，不漏，可以盛酒。虽有乎千金之玉爵，至贵，而无当，漏，不可盛水，则人孰注浆哉？”正如王弼在注释时所说：“有之所以为利，皆赖无以为用也。”

李渔在《闲情偶记》中强调，制作椅子要讲究人的舒适程度，制茶壶要以人的使用为根本。他说：“置物但取其适用，何必幽妙其说，必制理穷尽而后止哉！凡制茗壶，其嘴务直，购者亦然，一曲便可忧，再曲则称弃物矣。盖贮茶之物与贮酒不同，酒无渣滓，一斟即出，其嘴之曲直可以不论；茶则有体之物也，星星之叶，入水则成大片，斟泄之时，纤毫入嘴则塞而不留，啜茗快事，斟之不出，大觉闷人。直则保无是患矣，即有时闭塞，亦可疏通，不似武夷九曲之难力导也。”

致用就是以人为本，在实用的基础上方便他人。要想实现这一点除了设计的问题外，还在于人本身的问题。“心平愉，则色不及佣而可以养目，声不及佣而可以养耳，蔬食菜羹而可以养口，麤布之衣，麤纠之履，而可以养体。局室、芦帘、稿蓐、敝机筵，而可以养形。故虽无万物之美而可以养乐，无执列之位而可以养名。如是而加天下焉，其为天下多，其私乐少矣。夫是之谓重己役物。”（《荀子·正名篇第二十二》）“君子役物，小人役于物。”（《荀子·修身篇第二》）

（二）西方设计美学思想

1.从古希腊到文艺复兴

古希腊、古罗马出现了许多伟大的思想家，他们的许多美学思想对设计美学的产生作了铺垫。

毕达哥拉斯（Pythagoras）对数和美的研究，开启了美学思想对设计艺术影响的先河。德谟克利特是古希腊最早谈论审美装饰问题的美学家。苏格拉底认为，美和效用有内在的联系。柏拉图将美和尺度联系在一起，美是合乎尺度的，丑是不合乎尺度的。柏拉图将美区分为相对美和绝对美。亚理士多德提出“美的主要形式是秩序、均匀和确定性”。

古罗马著名演说家、美学家西塞罗继承了苏格拉底关于美取决于功用的观点，认为有用的事物就是美的事物。西塞罗将“适宜”引入古典美学范畴。在设计艺术中，“适宜”主要指装饰得当。古罗马建筑师维特鲁威《建筑十书》中论述了造物活动中美和功用的关系。古罗马人所说的建筑不仅指房屋建造，而且包括钟表制作、机器制造和船舶制造。奥古斯丁（AureUus AuguStinus）作为中世纪最著名的美学家，在《论美与适宜》中区分出自在之美和自为之美，即事物本身的美和一个事物适宜于其他事物的美。

文艺复兴时期的文化是对中世纪封建宗教文化的反叛。人文主义颂扬人的个性，崇拜人的无限创造能力。文艺复兴不仅在思想、科学领域里，在艺术和设计领域也取得了巨大成就，这一时期的应用美学理论得到了蓬勃的发展。

意大利建筑设计师阿尔伯蒂的《论建筑》一书指出实用、美观、经济是设计的指导思想。达·芬奇认为，人对美与和谐特别执着和顽强，艺术家应该窥见人和自然的美；美感是人的天性，对“美”的理解，感观大于言词。丢勒认为设计是情感的创造，因此不能只局限于模仿自然，或者只是将自然事物抽象化和条理化。

巴洛克时期，出现了与艺术遥相呼应的巴洛克美学思想。巴洛克时期的理论家们认为世界是不和谐的，他们主张用不和谐来替代和谐。洛可可美学盛行时期，工艺上的浮华奢靡达到巅峰。巴洛克和洛可可代表着贵族极度装饰的风格，法国哲学家狄德罗（Diderot）等人开始倡导符合新兴资产阶级审美追求的艺术风格，家具、建筑设计师们在设计中，开始有意识地用一些简单活泼、富有生气的装饰和造型来改变传统的形式，使产品更加实用，新古典主义就此登场。

经验主义美学家荷加斯从形式美学阐释了功能主义的思想，认为"得当"是美的形式基础，"物体的大小和各部分的比例是由适宜与妥当所左右的，就是适宜规定了椅子、桌子、所有的器皿与家具的大小和比例。

新古典主义是继文艺复兴之后欧洲工艺设计向古希腊、罗马时期艺术风格的一次复归。新古典主义时期，人们重新考虑艺术以及工艺的审美原则问题。德国美学家、艺术史家温克尔曼的《希腊艺术模仿论》和《古代艺术史》的问世，以及他提出的"高贵的单纯和伟大的静穆"的美学标准，对当时的艺术和工艺设计产生了重大的影响，被后世的美学家称为新古典主义美学标准。

2.近代设计美学

从18世纪开始，西方国家陆续进入工业革命时代。

德国理性主义哲学领袖莱布尼茨关于存在以及存在在人们意识中的反映的学说，对工业领域内的设计思想产生了重要影响。按照莱布尼茨的学说，客观现实可以按照人的理智所创造的几何结构和数学图表加以模拟，有机体与机械之间没有本质区别。

18世纪，英国的一些思想家力图寻找机器工业的审美价值，哲学家休谟提出了美的效用说。而哲学家A·阿利松则说，符合功能的形式都是美的。

18世纪法国启蒙主义者又称百科全书派，他们把技术进步带来的巨大变化，看作寻找新的器物形式，发展人的认识世界和掌握世界能力的最重要的动因。

18世纪末期，第一次工业革命的成果充分表明，新技术可以刺激物质文化的进步。在《审美教育书简》中，席勒主张人的环境中的形式要服从审美规律，因为只有依据审美，而不是纯功利，才可能发展人的道德状况。

自1836年起：英国成立了专门的委员会以鼓励艺术和技术的联系。相关书刊开始使用"工业艺术"一词。随着艺术家对生产过程的介入，器物的设计和制作也被看作是一种艺术。

1851年伦敦举办的第一届世界工业博览会大规模地展示了最新技术的成就，也暴露了新技术带来的问题：过度装饰、新技术手段对手工产品的仿制等。围绕展览会的讨论引起了广泛的社会反响，刺激人们开始了对新兴工业产品的美学的追问。对工业产品进行比较，研究产品的制作原则和结构特征，寻找艺术和技术之间的契合点。英国学者W·克伦的《景观设计基础》对这类研究产生了深远影响。

3.现代主义设计美学

在设计史上，沙利文第一个提出了著名的"形式追随功能"的思想，成为日后德国包豪斯所信赖的教义。沙利文说："自然界中的一切东西都具有一种形状，也就是说有一种形式，一种外观造型，于是就告诉我们，"这是些什么以及如何和别的东西区分开来"，"哪里功能不变，形式就不变"。他还认为"装饰是精神上的奢侈品，而不是必需品"。恰恰是为了美学利益，他完全杜绝装饰，对他来说，大自然通过结构和装饰而不需要人为添加就能显示其艺术美来。这些观点，后来由他的学生莱特进一步发挥，成为20世纪前半叶工业设计的主流——功能主义的理论依据。

20世纪60年代功能主义盛行，设计师开始运用功能决定形式的美学观点，对产品形态设计的影响很大，使许多产品的形式完全受制于简单的操作功能。

形式追随功能的观念不可避免地具有其历史局限性。但起到今天，在考虑设计时，满足设计要素的要求，仍然要分先后。

4.后现代设计美学

后现代主义美学概念，是对现代主义的反拨。后现代明确拒绝风格、意识形态，基于反中心性、反元话语、反二元论、反体系性的思维向度，具有解构主义的特征。后现代崇尚多元、流动、异质、反讽、表现功能，超越孤立的作品本身进入到语言和社会文化层面。1960年代后期的意大利兴起的反设计运动，可以看作后现代设计的一个例证。反设计意在抗拒为扩张廉价市场投向消费者而扭曲了"现代运动"的主流设计模式。在1960年代，意大利的建筑师与设计师们想要重新对"意大利设计"下定义，他们要调整设计师在文化与政治上所扮演的角色。他们要改变"所谓好品位"，并藉由曲扭尺度、曲扭造形、大胆的色彩、视觉的押韵、刻意隐藏产品的机能价值，来改变"所谓的好品位"。他们标榜与意大利的主流消费文化对立，亲近产品的美学机能，而不是那些抽象的形式。反设计的风潮带给意大利现代设计界新生的力量。以1980年代兴起的孟非斯设计公司代表。反设计对抗了现代主义所谓国际式样。

三、现代审美观念下的景观设计

(一)现代审美观念与景观设计

现代设计不但是现代社会人们审美趣味的集中反映，同时反过来影响着人们的审美观念。因此，为了提高设计的艺术品位和审美内涵，我们必须要了解和把握现代审美观念和审美意识的发展变化。

所谓审美观念是指在一定时期、社会群体和地区环境中所形成的对美的基本认识和看法，以及由此指导下的审美意识、审美趣味、审美心理特征等。审美观念和社会的其他观念形态一样，受到社会生产发展水平的影响，同时它又对社会的整体意识形态产生作用。从艺术发展史来看，不同时期的审美观念是形成当时不同的审美风尚和特定艺术形式的主要因素。

当代社会，信息化、全球化的深入发展，已经影响到社会生活的各个层面。在这一浪潮的冲击下，人们的审美观念也随之发生改变。在后现代哲学思潮的影响下，当代设计理念发生了很大的变化。后现代设计在强调艺术性和审美内涵的同时，更注重与生活的关系，传统艺术的概念也被颠覆和打破了。如艺术的形式和内容的问题，在后现代艺术家看来，其内容和形式本来就没有任何分别，形式本身就是内容，内容也就在形式之中。所以，要探讨和研究现代设计的艺术特征，就必须对现代审美观念有一个宏观的认识和把握。总体而言，现代审美观念主要体现在抽象化、简洁性、强冲击、民族化、个性化几个方面。

(二)现代景观设计的审美特征

在现代审美观念的指导和影响下，现代设计也相应地体现出了不同于以前的审美特征。

1.对现代科技美的崇尚

现代消费者对产品美的要求最重要的表现是对先进科学技术信息密集风格的崇尚。这已不再是工业革命以来,机械产品所表现的机械结构美和各部件制动关系协调的和谐美,而是第三次技术革命以来计算机、集成电路、自动化等技术进入生活以后产品所表现的功能之美,它们使人们感受到了无限的兴趣和喜悦,极大地改变了人们的审美趣味。

今天,科技与人们生活的日益交融,品类繁多的新技术产品已在人们的消费生活中占据了重要的地位。这样,科学和技术之美也成了人们审美生活中不可或缺的构成因素。因此,现代景观设计能否体现这种现代科技信息密集的时代风格,则成为设计是否成功的主要因素。

2.对现代材质美的向往

材料既是产品的物质基础,又是人类认识改造客观自然界广度和深度的象征。每开发一种新材料,就会使某些产品的面貌焕然一新,许多产品美的基本内容就往往表现在材质美上。尤其在现代,科技的快速发展使人类开发新材料的步伐大大加快,很多新材料得到广泛应用,这不但改变了产品和设计的艺术风格,同时也改变了人们的审美观念。以往的设计装饰掩盖了材质本身,现代设计则以体现材质本身之美为主。

现代材质之美主要体现在:质地精纯、纹理清晰、手感舒适,与产品整体配合适宜、和谐以及高功用、高效率。表现材质之美的方法有:一是体现材料本身的质地和纹饰;二是通过表面处理来表现材质美。

3.追求虚实结合的装饰

装饰是景观设计审美功能的重要部分,装饰艺术的手法随着时代的发展也在不断的变化。其表现手法主要为具象写实和抽象写意。随着社会生产实践和思维的发展,在信息化的今天,人们可以感知的客观事物无限丰富,代表其存在的信息符号也急速增多。因此,综合概括和演绎便越来越突出地成为现代人们的思维形式。艺术是人的思想及社会生活的反映,现代艺术抽象写意方法越来越重具象写实方法,尤其在景观设计中产品装饰实用美术方面更是如此。另外,现代超级市场的无人售货自助式销售方式,也是形成抽象写意艺术表现的重要因素。超市中产品本身,尤其是产品外部装饰替代了推销员的作用。产品装饰直接和消费者"见面",迅速而有效地被消费者感知、熟悉和理解。这就要求其装饰简洁明了,并且有强大的吸引力,只有具有概括力的抽象写意的表现手法才可能取得令人满意的效果。

抽象设计并不是有些人认为的任意的主观臆造和简单的几何形拼凑,而是对某些具体形象运用科学合理的方法,遵循美的规律进行概括、提炼、单纯化的表现。因此,抽象化装饰很善于表现现代消费者对产品的内在精神感受,同时,又很容易避免同质化,显示出商品的独特个性,这是具象写实手法难以实现的。现代产品抽象特征主要表现在下面三个方面:装饰上抽象,例如装饰画、纹饰、商标、包装画面等;造型的几何形体;包装容器的立体构成。

4.审美的自我意识增强

审美的自我意识增强是指消费者在审美活动中对于自我审美趣味的执著，在购买中，要求买到“我喜欢”的商品。这种情况和现代生活方式中注重自我价值的特点是相符的。在现代科学技术和生产发展的情况下，人的自我意识更是迅速增强，发达国家从20世纪60年代以来销售观念就从以产定销转为以销定产。消费者潜在购买力的生产和潜在市场的形成，是因为人们最大限度满足自我消费需求的愿望不断上升，在种类繁多的产品面前，希望购买“我更加喜欢”的产品。

景观设计归根结底就是要满足市场和消费者。以产品设计为例，产品设计和营销不能把带有共性特征的品种为目标，而应把目标放在对产品品种多样性、个性化的开发上。而且这种多样性、差异性、个性化不仅仅来源于设计师的头脑，还产生于广泛深入的、不厌其烦的消费调查和市场预测。这在一些发达国家已经得到了充分的认识和重视。

5.休现设计的幽默谐趣

现代设计的幽默谐趣表现手法极为广泛多样，深为大众所喜欢，经济越发达的国家人们越倾向幽默谐趣。

现代设计幽默谐趣的形式是有其客观基础的。现代工业社会的高速度、同步化、标准化的生产方式使人的劳动越来越机械、单调，人们在紧张单调甚至僵硬呆板的生活中迫切需要富于生命活力的幽默和谐趣来调节。同时，现代社会产生了大量的客观物体及其信息符号，进入人们感官的信息符号量达到了饱和程度，为了克服人们在感官上的疲乏，以便在人们的大脑皮层建立起较牢固的暂时神经联系，被人们长期认知，从而获得市场和消费者，也需要采用谐趣幽默乃至滑稽手法，引起人们对设计的注意和兴趣。

幽默谐趣在景观设计中表现形式非常多样，可以归纳为三种基本方法：

一是理性倒错的方法。理性倒错是幽默艺术最常见的一种表现方法，它的特点是运用似隐似显的储蓄手法使客体的形象与主体的常态理性观念相悖、倒错。主体在出其不意中再逐步将“倒错”颠倒过来，在心理上恢复与客体的一致平衡，从而获得趣味感。

二是精妙构成的方法。这种方法主要体现在产品本身科学而精妙的结构、功能，广告的新颖构思、深长寓意等方面。它以超出寻常的智慧，使人们从中领悟到美感，如幽默滑稽的儿童玩具、构思巧妙的商品广告等。

三是夸张、变形的模拟方法。在产品造型、装饰以及广告画面和语言等方面，常常模拟动物、植物以及其他物象。但这种模拟不是再现，而是对客体事物某一特点故意夸张，予以变形，使其和人们对该事物的日常印象形成“倒错”，从而引起人的幽默感、滑稽感。儿童用品（服装、文具、玩具、食品等）的造型和图案、传统手工艺品、商标和招标图案，以及在商品广告上，都常采用夸张变形的滑稽幽默手法。

6.现代景观设计的倾向

在现代化与民族传统的关系方面，要以现代化为主，没有适度的现代化特色，产品的美就会大打折扣。一种时代的艺术风格，不只是现代的标尺，更是历代积淀和当代风格相结合的产物。

我们在借鉴别人的同时不能丢弃自己的特色。我们要从自己的传统艺术和现代化中找出新路，这样的设计艺术，才能在世界景观设计中占有自己的位置。总之，以现代化为主，现代与传统相结合的总倾向，应该成为景观设计家的总体美学指导思想。有了这个根本指导原则，我们对产品审美价值的把握，才不会出现大的偏差。

第六章　景观设计制图与分项设计

第一节　景观设计制图

一、制图工具

(一)制图用纸

按照用途分类,常用的纸张包括描图纸、绘图纸、涂层纸。

描图纸也称为硫酸纸、底图纸,具有透明、强度高、不变形、耐晒等特点,用于手工描绘、打印、工程图晒图底图。

绘图纸,也称为白图纸,耐擦、耐磨、耐折,用于设计和绘制图形。

涂层纸,用于制作效果图,打印方案文本用。

(二)制图用笔

景观制图可以采取手工绘制的方法,也可以使用电脑软件进行设计。手工绘制时候常用的习铅笔、针管笔、麦克笔等。

铅笔包括石墨铅笔和彩色铅笔。石墨铅笔的铅笔芯以石墨为主原料,司以绘图和书写,景观设计中常用其勾勒黑白底稿。彩色铅笔是理想的徒手涂色勾线工具,效果清新高雅,不仅能够勒底图,还可以绘制彩色效果图。彩色铅笔分为水溶性和不溶性彩色铅笔。

针管笔又称绘图墨水笔,能绘制不同宽度、均匀一致的黑色线条,是制图基本工具之一,常用于绘制基本平面图、立面图等。所绘线条宽度由针管直径所决定。

麦克笔又称为马克笔,色彩鲜艳,有多种色彩可供选择,是绘制景观效果图、表现图的常用工具。麦克笔包括水性和油性两类,水性麦克笔色彩清澈,有水彩效果,油性麦克笔干煤速度快。

(三)制图软件

常用制图软件包括 CAD、Photoshop、SketchUp、3Dmax 等。

CAD,又称为电脑辅助设计(Computer Aided Design),是利用计算机技术进行二维、三维设计的软件。目前国际上常用的为 AutoCAD 系列软件,国内也有具备制图功能的 CAD 软件。景观设计中常用其进行基本设计和施工图设计。

Photoshop是国际上常用的图形处理软件。能对已有图形进行编辑、加工和后期处理。可以在CAD出图的基础上进行渲染,制作彩色平面图、立面图和透视图。

SketchUp是由Google研发的设计软件,能够进行彩色平面图、立面图、三维透视图的制作,以直观的方式反映设计师的设计意图、构思。景观设计师可用其进行设计构思、方案对比,也可以制作景观透视图。

3Dmax是建造模型、进行渲染和动画制作的软件。可以用其制作景观效果图,但是后期渲染处理在Photoshop中进行。

二、制图记号

20世纪90年代中期之前,建筑、规划和景观设计专业的表现大都采取手工方式,而在90年代后期以来,随着电脑渲染表现软件、设计辅助软件的日益强大和普及,传统的手工表现受到巨大的冲击:电脑表现以其真实、细致和易于修改性,几乎完全取代了手工表现的效果图。不过,近年来,人们对手工表现的热情再度高涨,特别是在景观设计领域该情况特别突出。这主要有这样几方面的原因:其一,是人们对设计本身的认识更加深入。因为对设计者而言,无论采取什么方式,设计的内容才是灵魂所在,作为一个设计过程中难以避免的方法,设计草图、设计者的视觉笔记、手绘的设计过程,以及手绘所带来的与思想的同步性却是电脑无法取代的。其二,手绘表现近年来在景观设计的表现中愈发受到设计者的重视,这主要是由于当前电脑渲染对植物、树木的自然形态的表现还有一定的难度,需要必备的电脑渲染的专业技巧,以及较多的时间和精力,不仅难以达到较快速的手随心动的整体效果,而且,景观设计中往往会出现众多异质的自然或人工的景物,不作较为专业性和统筹性的梳理和统一,一般电脑渲染后的拼贴易流于生硬,难以形成整体性的、具有较好主次关系的美学画面效果;而设计者在手绘的心手合一过程中,通过留白、抽象、笔触、轻重取舍等艺术手法,往往可以将这些繁杂的对象有序有重点地表达出来,呈现出作者原创的设计意境。在此,景观设计师就是要选择可以使人更容易接受的制图方式和记号来表现。下面介绍一些常用的制图记号。

名称	图例	名称	图例
风景名胜区(国家公园)、自然保护区界	——·——·——·	景点	○ ●
景区、功能分区界	—·—·—·—·	古建筑	
外围保护地带界	┴┴┴┴┴┴	塔	
绿地界	…………………	宗教建筑(佛教、道教、基督教……)	

名称	图例	名称	图例
牌坊、牌楼		峡谷	
桥		奇石、礁石	
城墙		陡崖	
墓、墓园		瀑布	
文化遗址		泉	
摩崖石刻		温泉	
古井		湖泊	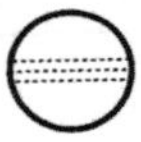
山岳		海滩	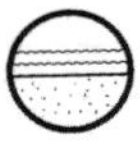
孤峰		古树名木	
群峰		森林	
岩洞		公园	

名称	图例	名称	图例
动物园		医疗设施点	
植物园		公共厕所	 W.C.
烈士陵园		文化娱乐点	
综合服务设施点		旅游宾馆	
公共汽车站		度假村、休养所	
火车站		疗养院	
飞机场		银行	
码头、港口		邮电所（局）	
缆车站		公用电话点	
停车场	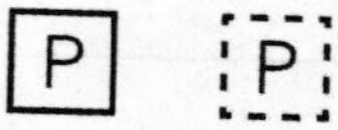 P P	餐饮点	
加油站		风景区管理站（处、局）	

名称	图例	名称	图例
消防站、消防专用房间		电视差转台	TV
公安、保卫站		发电站	
气象站		变电所	
野营地		给水厂	
天然游泳场		污水处理厂	
水上运动场		垃圾处理站	
游乐场		公路、汽车游览路	
运动场		小路、步行游览路	
跑马场		山地步游小路	
赛车场		隧道	
高尔夫球场		架空索道线	

名称	图例	名称	图例
斜坡缆车线		防护绿地	
高架轻轨线		文物保护地	
水上游览线		苗圃、花圃用地	
架空电力电缆线	代号	特殊用地	
村镇建设用地		针叶林地	
风景游览地		阔叶林地	
旅游度假地		针阔混交林地	
服务设施地		灌木林地	
市政建设地		竹林地	
农业用地		经济林地	
游憩、观赏绿地		草原、草甸	

名称	图例	名称	图例
规划的建筑物		独立景石	
原有的建筑物		自然形水体	
规划扩建的预留地或建筑物		规则形水体	
拆除的建筑物		跌水、瀑布	
地下建筑物		旱涧	
坡屋顶建筑		溪涧	
草顶建筑或简易建筑		喷泉	
温室建筑		雕塑	
自然山石假山		花台	
人工型石假山		坐凳	
土石假山		花架	

名称	图例	名称	图例
围墙		喷灌点	
栏杆		道路	R
园灯		铺装路面	
饮水台		台阶	
指示牌		铺砌场地	
护坡		车行桥	
挡土墙		人行桥	
排水明沟		亭桥	
有盖的排水沟		铁索桥	
雨水井		汀步	
消火栓井		涵洞	

名称	图例	名称	图例
水闸		落叶乔木密林	
码头		针叶乔木密林	
驳岸		落叶灌木疏林	
落叶阔叶乔木		落叶花灌木疏林	
常绿阔叶乔木		常绿灌木密林	
落叶针叶乔木		常绿花灌木密林	
常绿针叶乔木		自然形绿篱	
落叶灌木		整形绿篱	
常绿灌木		镶边植物	
落叶乔木疏林		一二年生草本花卉	
针叶乔木疏林		多年生及宿根草本花卉	

名称	图例	名称	图例
一般草皮		无主轴干多枝形	
缀花草皮		无主轴干垂枝形	
整形树木		无主轴干丛生形	
竹丛		无主轴干匍匐形	
棕榈植物		圆锥形	
仙人掌植物		椭圆形	
藤本植物		圆球形	
水生植物		垂枝形	
主轴干侧分支形		伞形	
主轴干无分支形		匍匐形	

注：参照《风景园林图例图示标准》

三、图纸种类

图纸分为方案图纸和施工图纸。方案图纸包括位置图、区位图、范围图、现状图、功能分区图、景观结构图、总体平面图、总体鸟瞰图、标高图、道路系统图、道路剖面图、步行道路图、详细平面图、剖面图、节点效果图、植被意向图等(图 6-1 至图 6-3)。

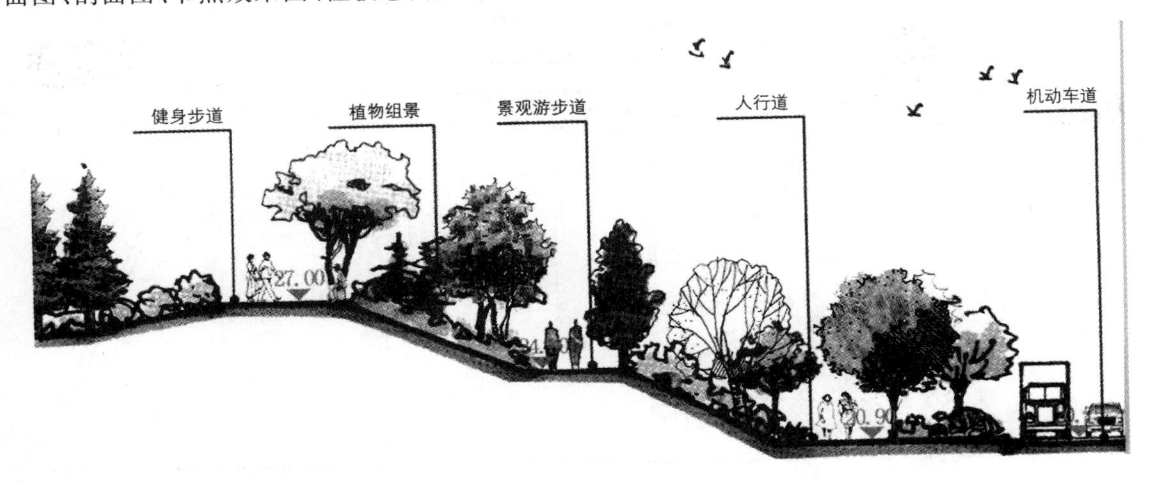

图 6-1　道路剖面图

图 6-2　某滨水区内湿地公园鸟瞰图

图 6-3　某滨水区鸟瞰图

施工图包括图纸目录、施工设计说明、平面布置图、竖向标高图、定位图、铺装图、详细饯法图、绿化施工说明、绿化植被平面图、乔木种植设计图、灌木种植设计图、放线定位图、绿化苗木表、结构设计说明、结构详图、景观电气系统设计说明、照明系统设计图、给排水设计图（图 6-4、图 6-5)。

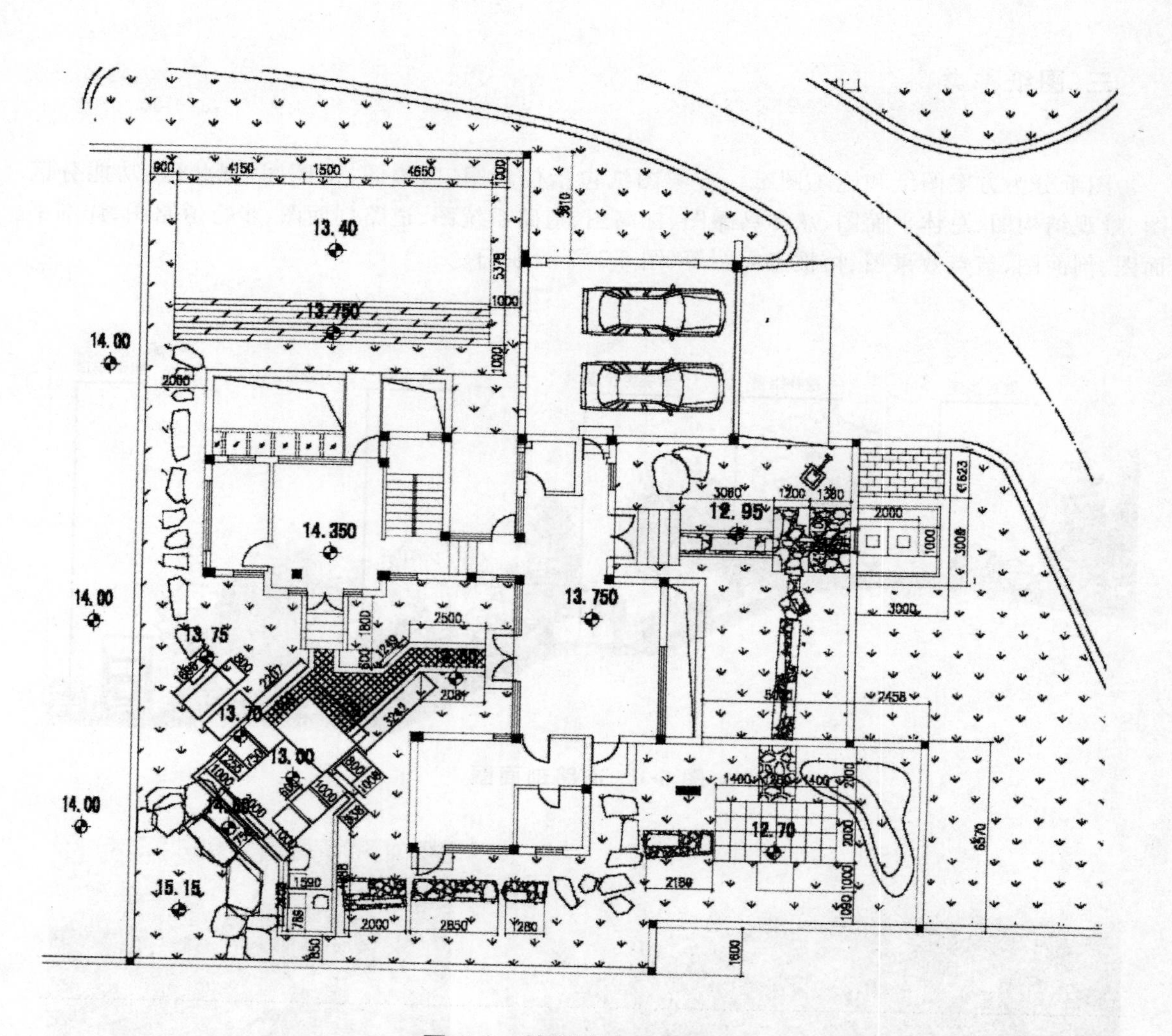

图 6-4　某别墅庭院施工图

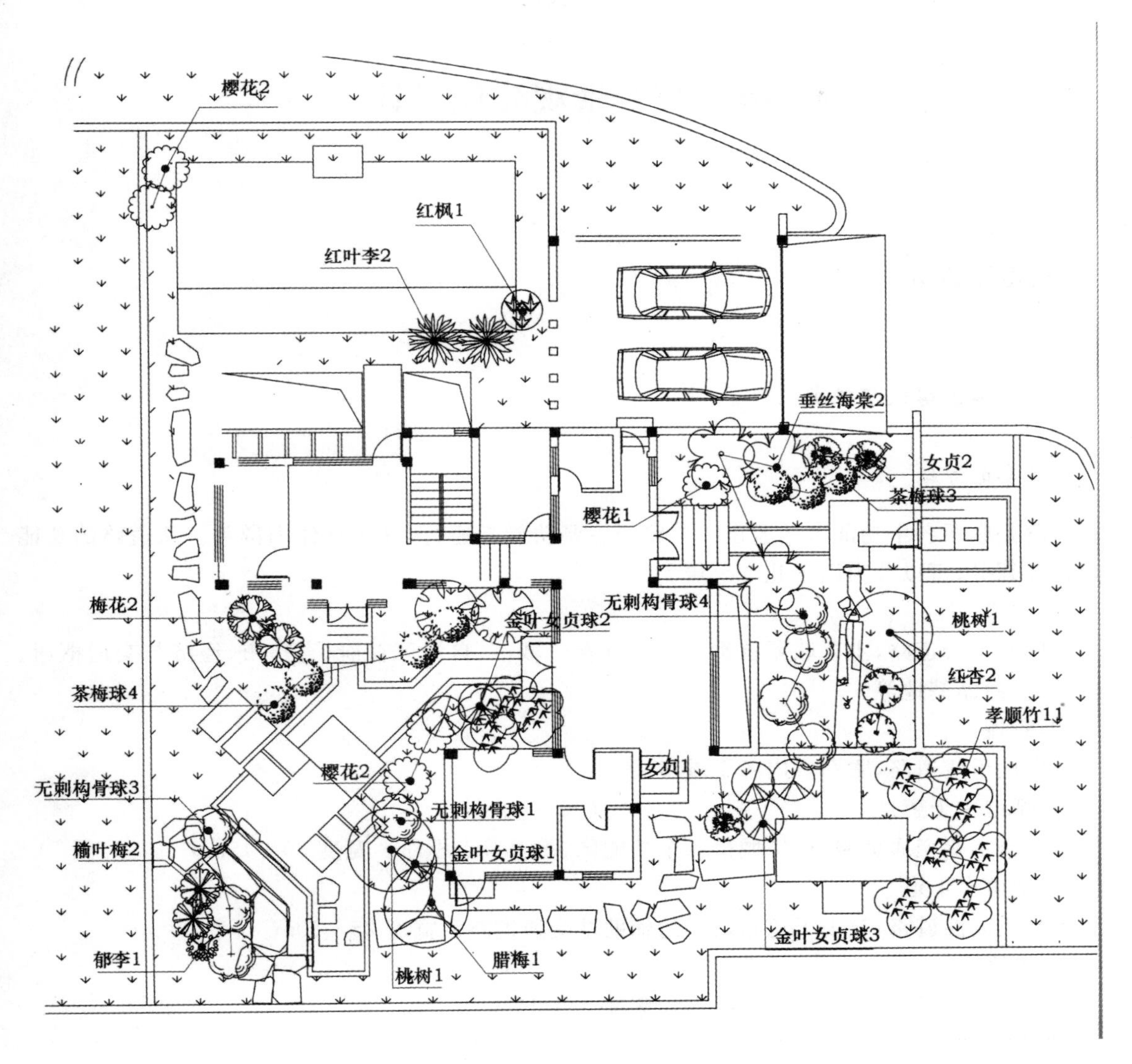

图 6-5　某别墅庭院绿化施工图

第二节　景观分项设计

一、道路设计

(一)道路的等级与种类

1.道路的等级

道路是联系各个功能区的通道。道路的主要功能是通行,其次是休闲散步。从道路的功能和通行量划分,可以分为以下几个等级。

(1)国道

全国性干线道路,主要联系首都与各个省省会城市、自治区首府、直辖市、经济与交通枢纽、战略重地、商品基地等。

(2)省道

全省性干线道路,联系省内各个城市。

(3)城市主干道

城区内主要交通道路,连接城市各个功能区、重要节点枢纽。宽度 30～45m。

(4)城市次干道

属于地区性道路,与主干道相联系的辅助性交通道路。宽度 25～40m。

(5)支路

联系各个街区、居住区之间的道路。宽度 12～15m。

(6)街区道路

街区内部交通、出入的道路。

(7)公园——主路

公园内连接各个功能区的主要道路。宽度 2～7m,可以专供人行,也可以人、车混行。

(8)公园——支路

与公园主路相联系得辅助性道路,宽度 1.2～5m,可以专供人行,也可以人、车混行。

(9)公园——小路

深入各个景点、功能区的道路,宽度 0.9～3m,一般为步行者专用道路。

2.道路的种类

根据道路性质和利用对象不同,道路可以分为以下几类。

(1)高速路

特指专供汽车分道高速行驶,至少 4 车道以上、完全控制出入口、全部采用立体交叉的公路。

高速路是最高等级的公路，一般不穿越城区。

(2)快速路

城市道路的一种，设置有中央分隔带，汽车专用，全部或部分采用立体交差和控制出入，联系城市内各主要地区、主要近郊区、卫星城镇和对外公路。

(3)一般道路

供行人、无轨道车辆通行的道路。路幅较小时，行人和车辆可以采取人车混行模式。一般情况下，行人、车辆需要分道分向，且中间设置绿化隔离带。

(4)步行者专用道路

汽车不能进入，只供行人和自行车通行的道路。

(二)道路布局

1.确定出入口的位置与数量

道路布局首先应确定出入口的位置和数量。一般而言，景区和公园内为了形成环形游线，并考虑安全疏散因素，出入口需要设置两处：主出入口和次出入口。较大规模的地块，出入口也可以设置三处以上。

无论设置多少出入口，都必须有一处为主要出入口。主出入口一般位于等级较高的道路一侧，或者人流主要汇集方向上，但是一般不能设置在主要道路交叉口处。次出入口与主出人口应保持一定距离，不可相距太近。

2.确定道路布局形态

道路布局应采用等级道路规划方法，首先确定主路、其次确定支路，最后确定小路。从数量上看，应该主路最少(一般1～2条)，支路其次，小路最多。

主路必须连接主、次出入口，且贯穿主要功能区和主要建筑。支路从主路上延伸入功能区内，对各个功能区起到联系作用。小路则对主、支路起到补充作用，需布置到人所能到达的范围。总体而言，道路系统如同树状结构，主路为树干，支路为分枝，小路则是树梢。

道路系统的布局形态主要受到基地规模大小和形态的限制。基本模式可以分为直线形、环形、S形、回字形。

(1)直线形

基地形状呈条状、矩形，用地规模较小，只能布置一条直行主路。功能区分布在主路两侧。可以在直行主路两端各布置一个出入口，也可以只在一端布置出入口。直线形可以衍生出L形和丁字形(图6-6至图6-8)。

(2)环形

基地规模较大，可以组织环形游线。一般要求至少布置一主一次两个出入口。环形可以衍生出回字形(图6-9、图6-10)。

(3)S形

基地规模较大，主路曲折，有利于提高布局的趣味性(图6-11)。

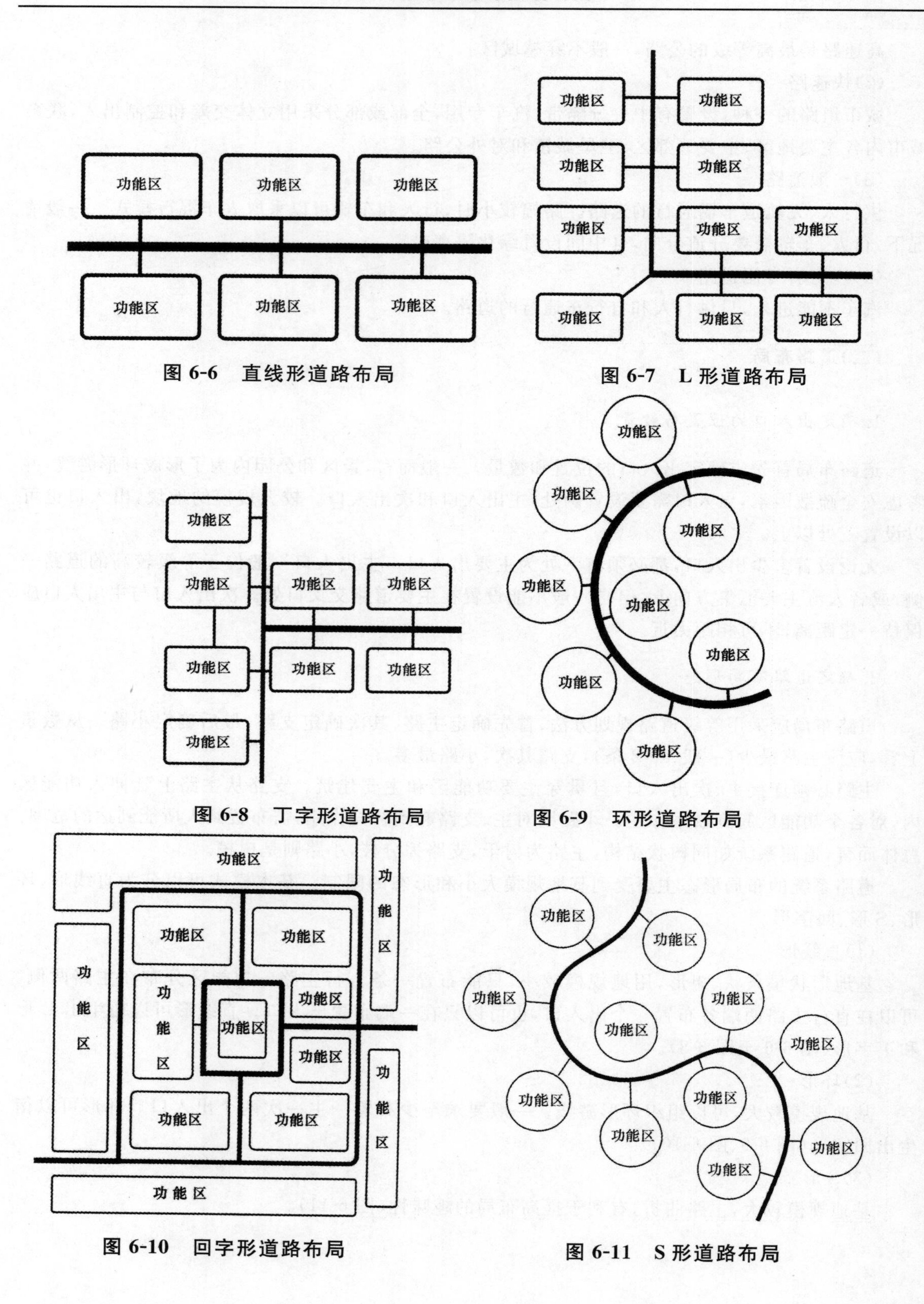

图 6-6　直线形道路布局

图 6-7　L 形道路布局

图 6-8　丁字形道路布局

图 6-9　环形道路布局

图 6-10　回字形道路布局

图 6-11　S 形道路布局

（三）设计案例

具体的道路设计案例如图 6-12 至图 6-15 所示。

图 6-12　明治神宫外苑道路系统

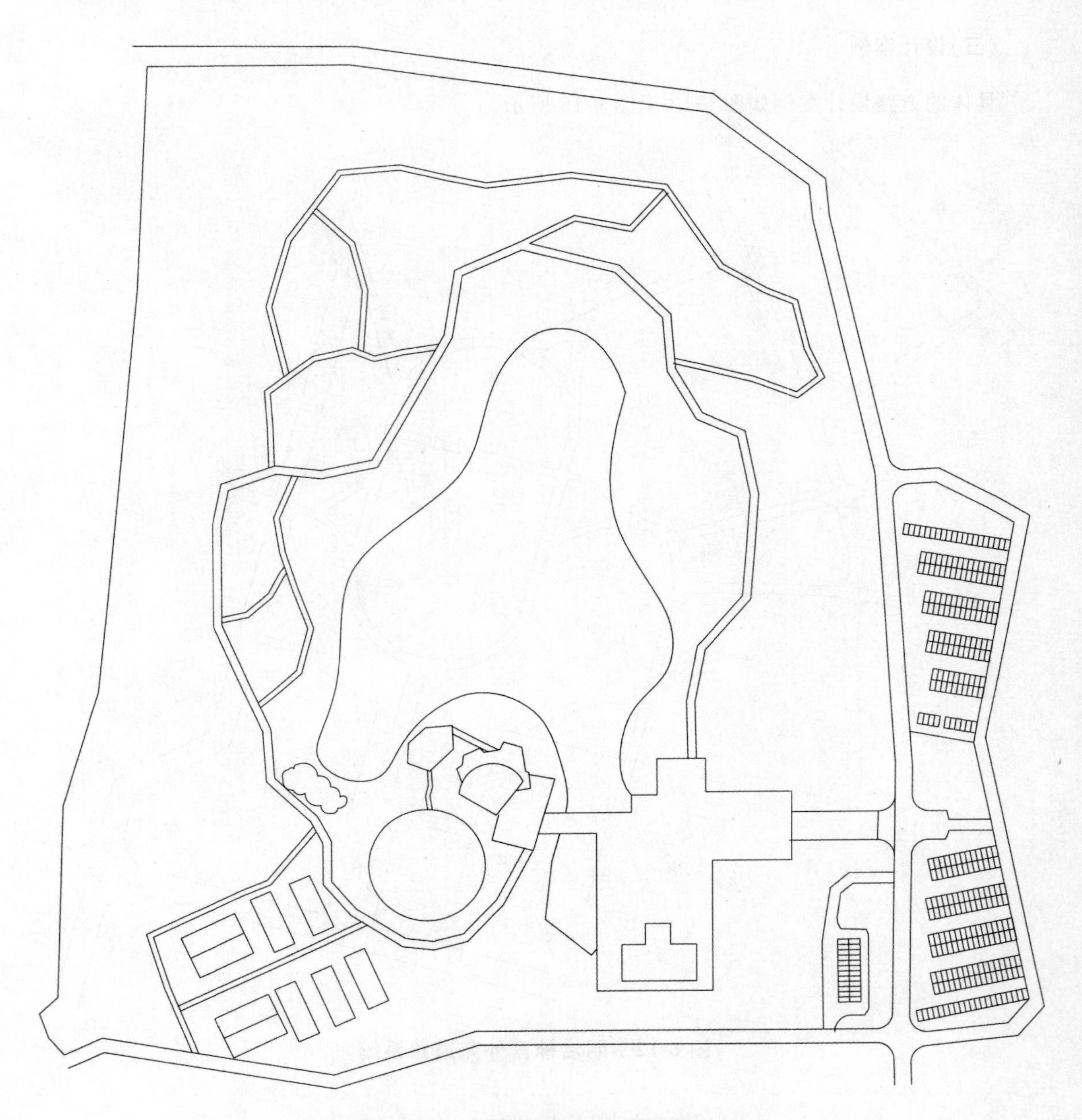

图 6-13 新泻县植物园道路系统

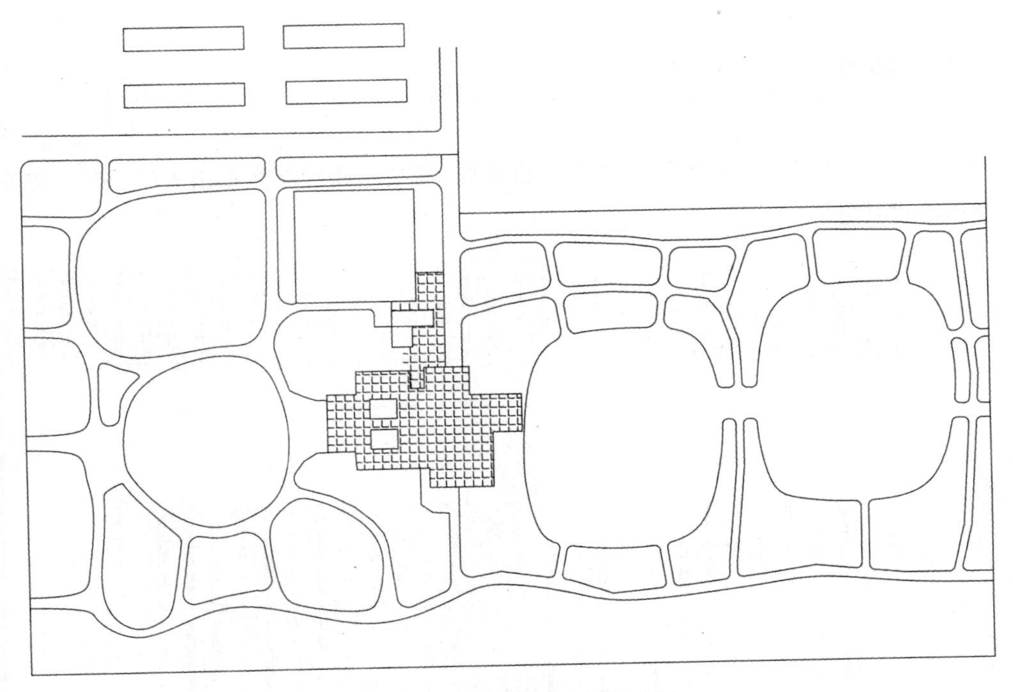

图 6-14　村山公园道路系统

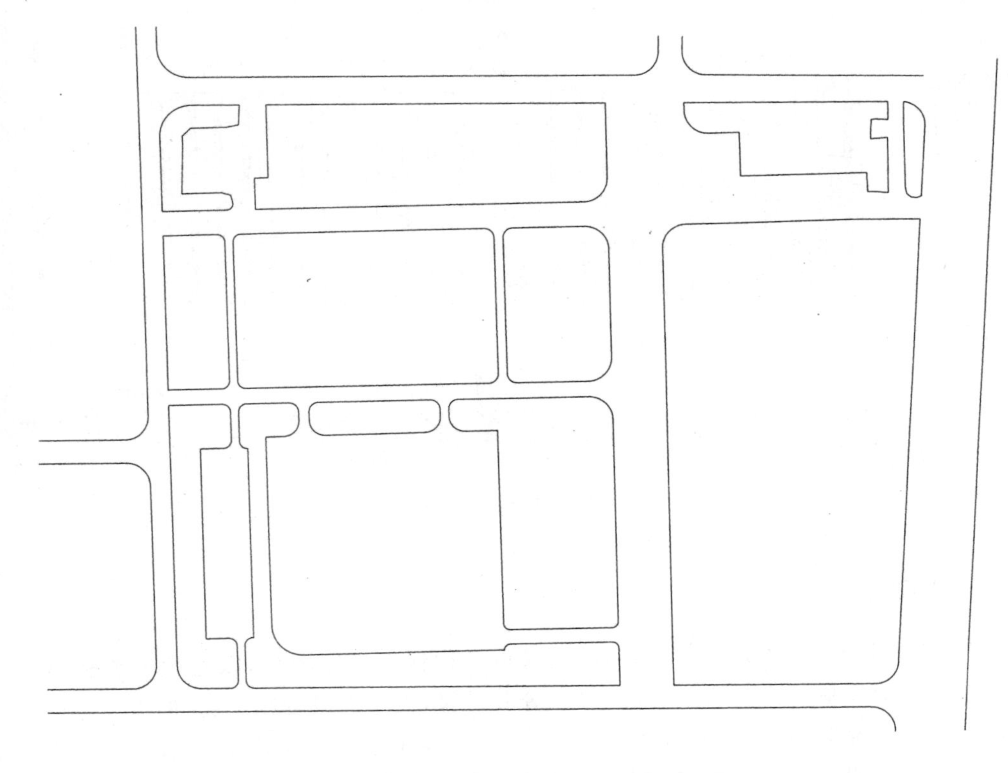

图 6-15　赤冢运动公园道路系统

二、停车场设计

停车场是进行地面集中停车的地方。一般来说，停车场设计应注意出入口、车道、停车位、步行带、绿化的设计（图 6-16）。

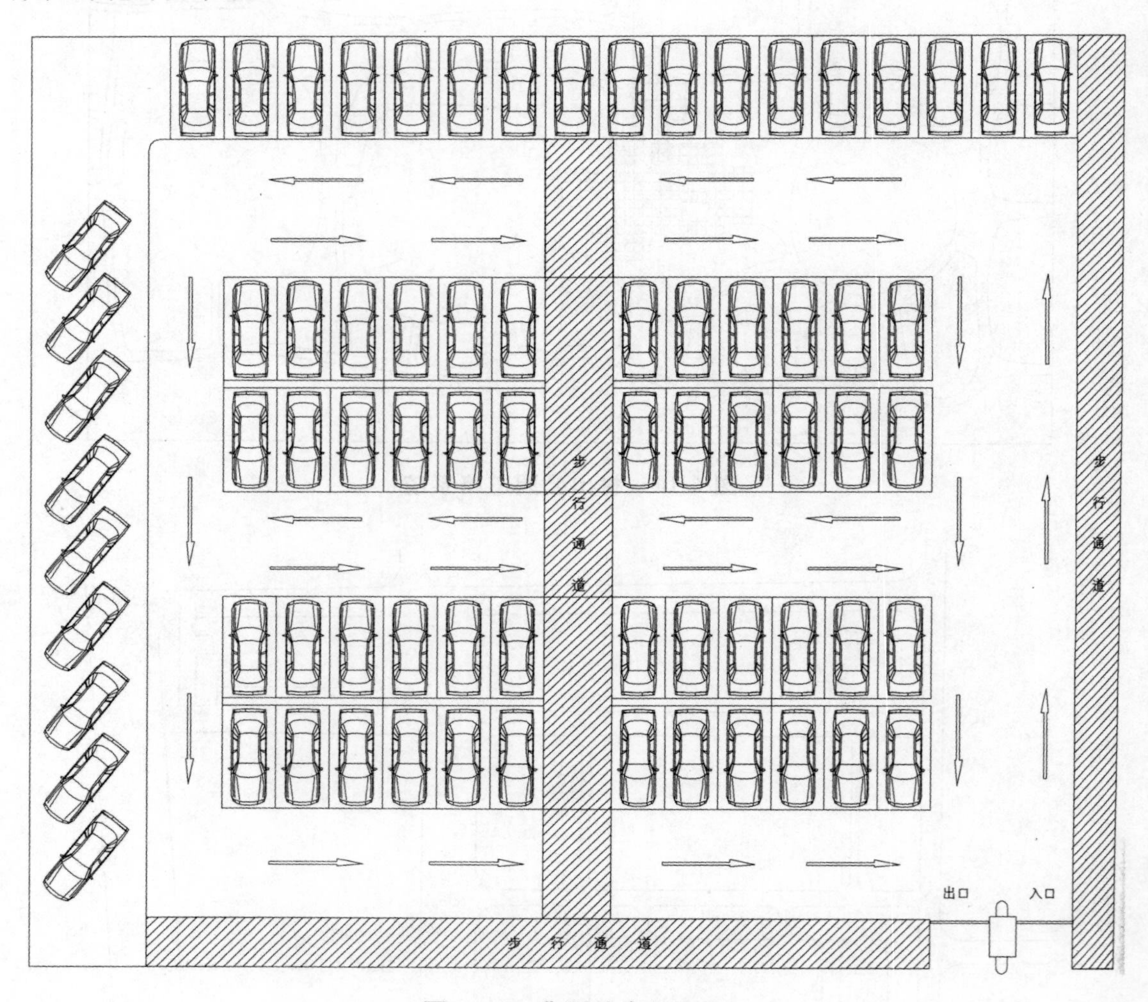

图 6-16　典型停车场平面

（一）出入口

停车场出入口与主要人行出入口、道路交叉点必须保持一定距离，以避免车流和人流混杂，产生安全问题。有明确规定，出口和入口可以分开设置，也可以设置在一起，但需要分道。

我国是机动车靠右道行驶，右拐入停车场，右拐出停车场进入城市机动车道。因此，出入口应该保持开阔的视野，避免视线遮挡造成车碰撞。收费停车场出入口设置电子落杆、计价器、管理室。

(二)车道

为避免堵车和安全问题,车道分成主车道和次车道。主车道一边尽量不设置停车位。车道一般单向行驶,交叉口避免十字交叉,尽量设置为 L 交叉和 T 交叉。为安全起见,交叉口需要设置标识、道路安全转角镜、挂式广角镜。

(三)停车位

停车位设计注意足够的车体间隔。一般情况下,车体间隔至少 60～90cm 可确保能够顺利打开车门。车位至少长 5m 宽 3m,才可以保证车辆顺利进出(图 6-17 至图 6-23)。

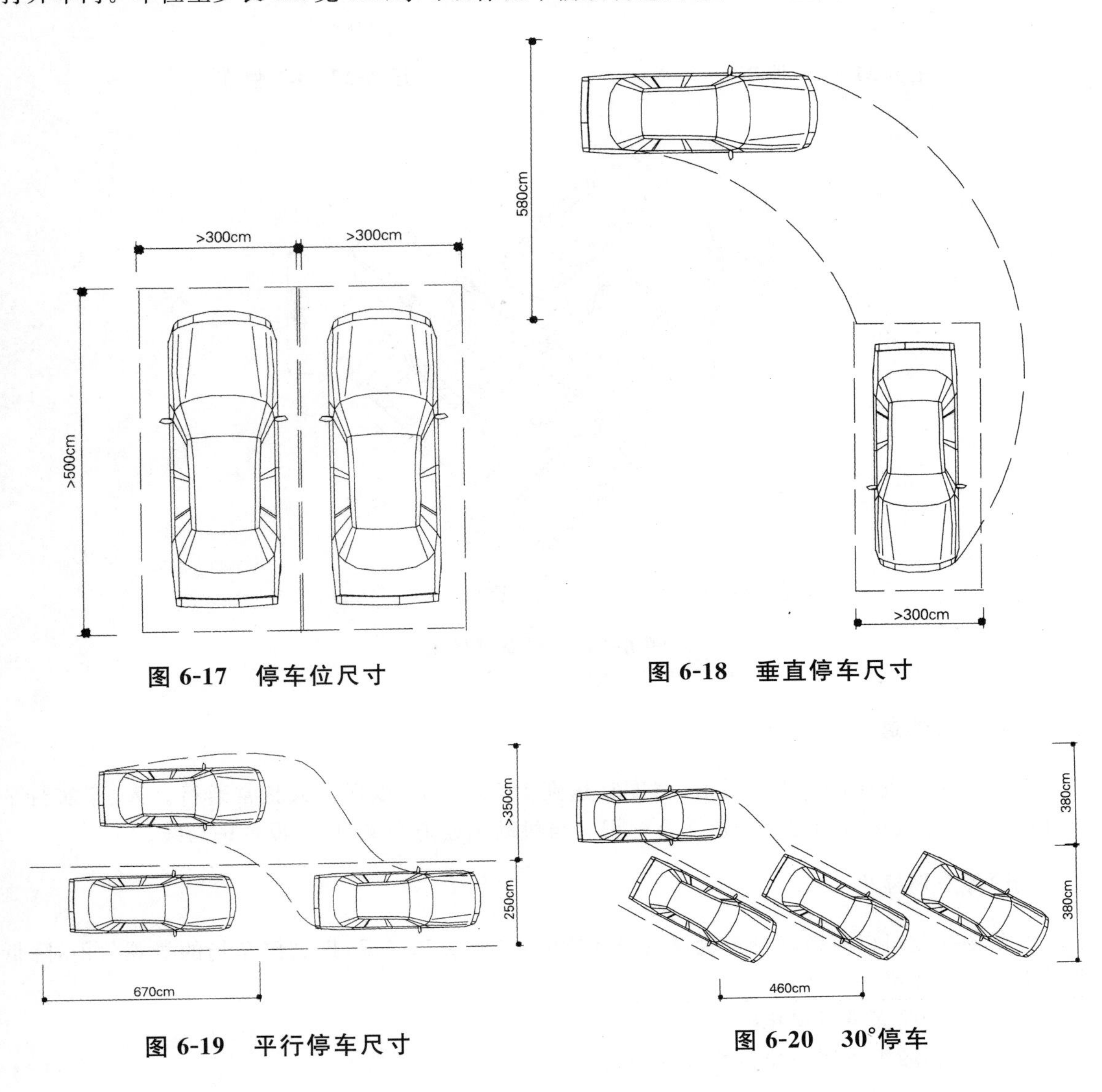

图 6-17　停车位尺寸

图 6-18　垂直停车尺寸

图 6-19　平行停车尺寸

图 6-20　30°停车

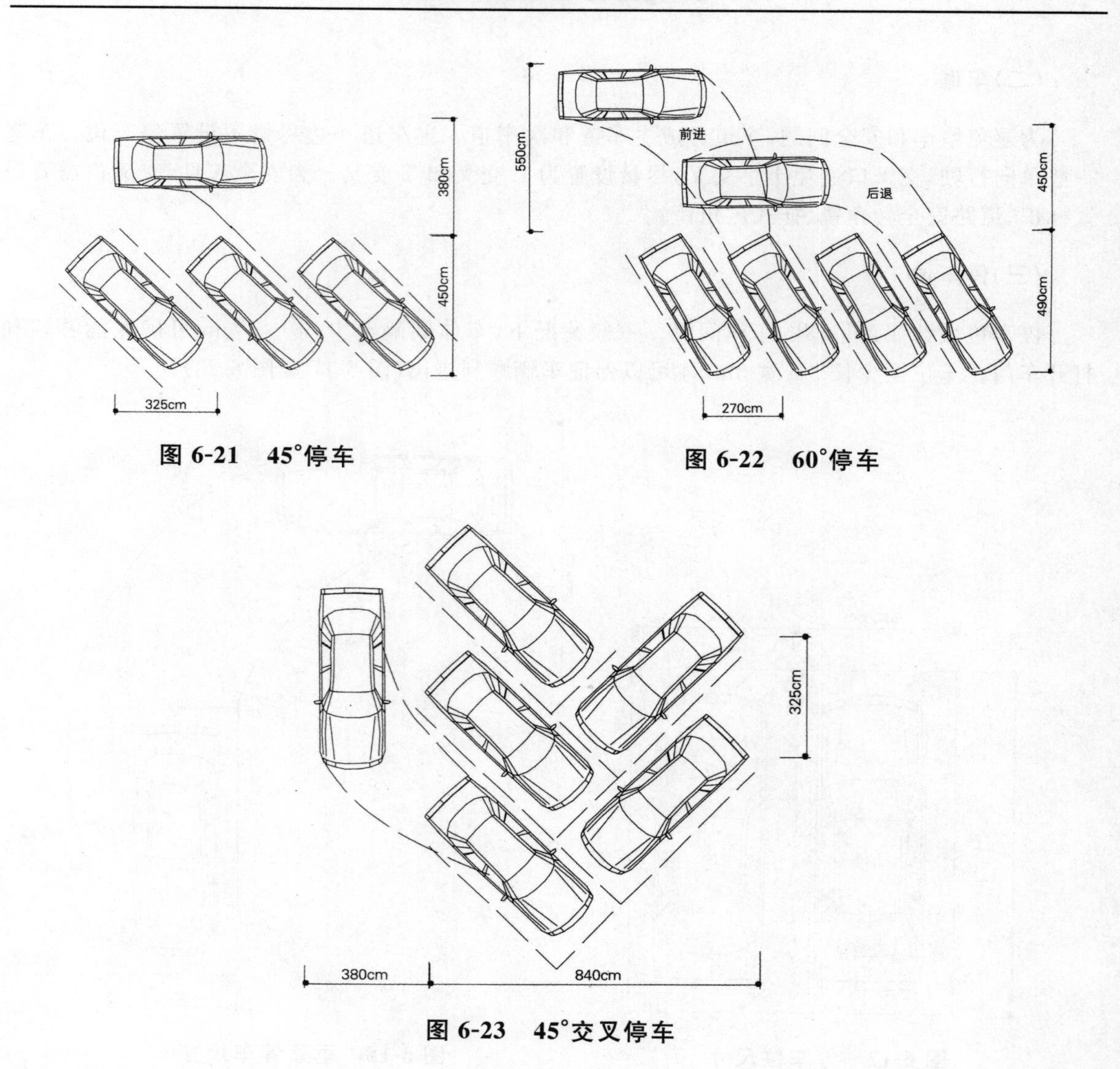

图 6-21　45°停车

图 6-22　60°停车

图 6-23　45°交叉停车

(四)步行通道

停车场应设置连贯的步行通道,宽度宜达到 1.5m 以上,以保证人正常通行。人、车实行平面分离,步行路线尽量用醒目颜色进行标识。与机动车通道交叉时,应设置斑马线。

(五)停车场绿化

停车场绿化可以有效降低车辆尾气对环境的污染,缓和气温,提高停车场的景观价值,降低视觉干扰。具体手法包括:

(1)停车带前面设置绿化隔离带;

(2)通过乔灌木对周边建筑视线进行遮挡;

(3)停车位使用绿色地面,如植草砖(图 6-24、图 6-25)。

图 6-24　地下车库出入口绿化

图 6-25　地面停车位绿化

三、绿化设计

(一)绿化的功能

绿化设计是景观设计的重要内容之一。绿化对于人类社会的功能主要体现在以下几个方面：

1. 环境保护功能

绿化可以固定土壤，防止水土流失，含养水分，促进生态系统恢复，保护河道，降低大气污染，净化空气，防风，缓和城市热岛现象，缓和气候，降低建筑表面和地表温度。

2. 防灾安全功能

绿化带分布可以有效阻挡火灾蔓延，防护性绿地形成的绿色屏障能够隔离工业区和居住区，保护居住环境。绿地也可以发挥避难功能，日本等多地震国家普遍将绿地作为避难点。

3. 景观美化功能

绿色代表生命，绿化对城镇环境景观具有明显的美化功能，能够形成赏心悦目的效果。

4. 健康功能

绿化环境能够有效减少城镇人工环境的对人体的损害。植被进行光合作用，吸收二氧化碳、释放氧气，是人类生命延续的基础。绿化环境能够使人放松、愉悦，促进身心健康。

(二)绿化设计原则

绿化设计作为景观设计的主要内容之一，必须遵循以下原则：

一是绿化设计应符合景观设计的总体目标，符合开发建设的性质和各个功能区的定位。居住区绿化、企业环境绿化、停车场绿化等应有不同的功能组合(表 6-1)。

表 6-1　不同地块的绿化功能

类型	主要功能	辅助功能
居住区绿化	促进健康、环境美化、休闲散步	生态环境保护、防灾避难
庭院绿化	美化庭院、促进健康、休闲	生态环境保护、防灾避难
公园绿化	环境保护、景观美化、休闲散步	防灾避难、促进健康
河道、滨水区绿化	水环境保护、减少水土流失、涵养水分	美化景观、休闲散步
广场绿化	遮阴、美化景观	降低地表温度
道路绿化	降低噪声、尾气侵害、美化环境	降低地表温度
工厂企业绿化	美化环境、防止生产环境侵害	促进健康

二是植物选择尽量选用本地适生植物,这样有利于提高存活率。尽量乔木、灌木、地被相搭配,落叶植物与常绿植物相搭配形成植物群落,促进植物生态系统的形成和稳定。

三是兼顾美观、经济、防护、生态效果。

(三)绿化设计模式

植被设计主要有孤植、列植、群植和散植四种模式。

孤植是在某节点单独种植高大、形态优美的树木(图 6-26)。

图 6-26　孤植树

列植是将形态相近、高度相同的树木在直线上等距离连续种植，容易形成植物的序列感。列植主要用于停车场、道路两侧、绿化隔离带内（图 6-27、图 6-28）。

图 6-27　列植树

图 6-28　列植的竹子

群植是通过乔灌木的有机组合，形成不同的效果，包括规整式群植和自由式群植两种方式。

规整式群植等距离群植形成树阵，可以形成厚重的绿色屏障和强烈的序列感。自由式群植将乔木、灌木、地被等不同植物搭配，形成自然、活泼、生态的效果（图 6-29、图 6-30）。

图 6-29　群植一

图 6-30　群植二

散植是分散地配置树木，形成随意、生态自然的效果。

(四)设计案例

具体的道路设计案例如图 6-31、图 6-32 所示。

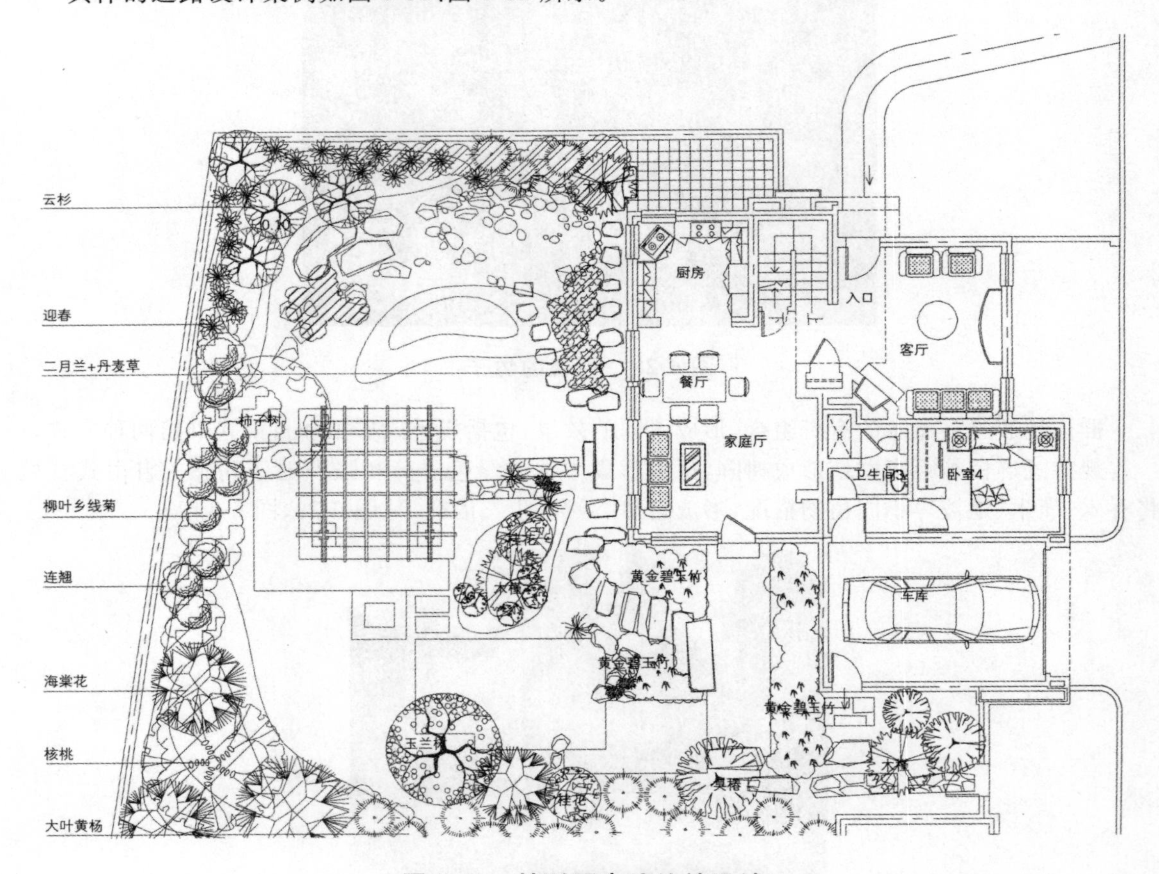

图 6-31　某别墅庭院植被设计

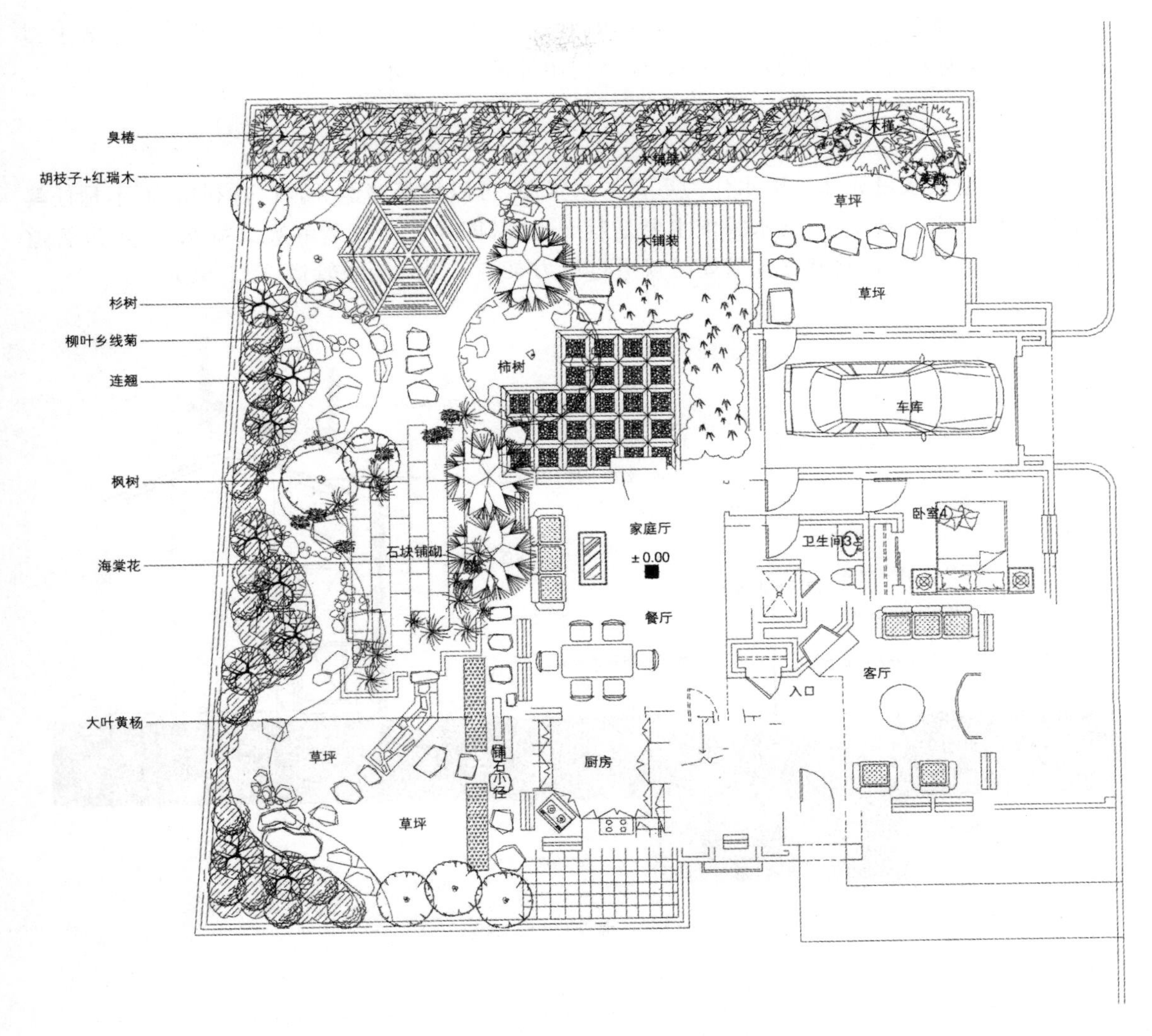

图 6-32　某别墅庭园植被设计

四、景观给水排水

(一)景观给水

景观设计中常常涉及池塘、鱼池、瀑布、涌泉、喷泉、河流等水体，同时植物也需要水灌溉，因此必须考虑景观给水。

景观给水的水源主要有自来水、雨水和处理水三种。

1. 自来水

自来水来自城市的市政给水管网。自来水为水厂处理过的水，水质较好，但是水价较贵。随着生态环保意识的增强，现在自来水已经不是景观给水的推荐水源。我国正在提倡建立节水型社会，景观用水量大则不适宜使用自来水，而是使用处理水和雨水。

2. 雨水

我国不少地区水量充沛。雨水作为珍贵的水资源，可以将其储蓄、回收、再利用，而不是任其随着排水管道流失。城镇中，雨水收集主要是屋面收集，即在屋面安装虹吸式排水管，经过管道汇集至雨水蓄水池内，将其储存。需要时候通过压力泵将水送入给水管道（图 6-33）。

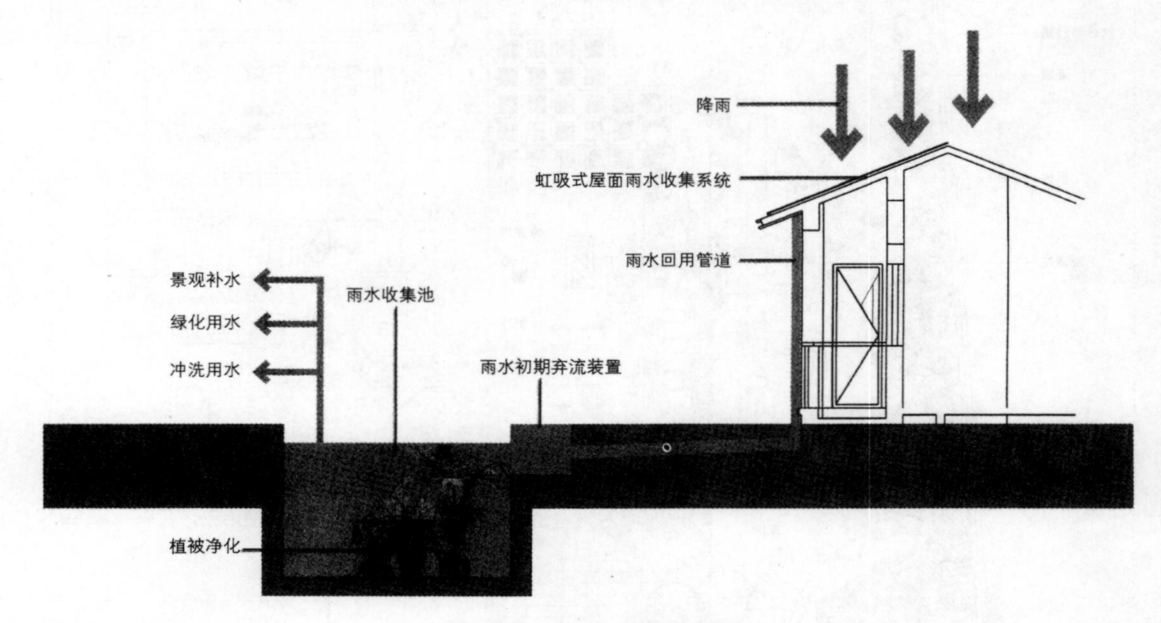

图 6-33　雨水回用示意

3. 处理水

处理水是基地周边有河流等水源，通过水处理设备和工艺对河水等原水进行处理，使其达到景观用水的水质要求，在此基础上将水体反复循环处理、重复利用，从而降低对补水水源的依赖性。对于景观用水量较大的设计项目，处理水是比较理想的给水方式。

图 6-34、图 6-35 为太湖水路十八湾的给水处理设计图。“水路十八湾”项目为高档别墅小区，小区内的景观水系蜿蜒曲折，打造了户户临水的景观效果。景观水系面积约 7200m^2，平均水深 0.6m，总水量约 4320 m^3。小区的三周都有自然河道，作为小区景观水的补水水源。具体思路如下：

（1）结合生物处理和植被净化，主要以生物处理技术处理小区水质。小区景观补水主要依靠外河道和雨水，通过水泵从外河道引水。

（2）生物处理依托综合水处理设备进行。该设备可以去除有机物、杀菌灭藻、水质清澈自然。该设备设置在主入口南侧景观河道的下游，通过循环泵反复处理景观水，经过设备处理后通过给水管道向景观河道各处理水给水口出水，完成水体的全面循环。

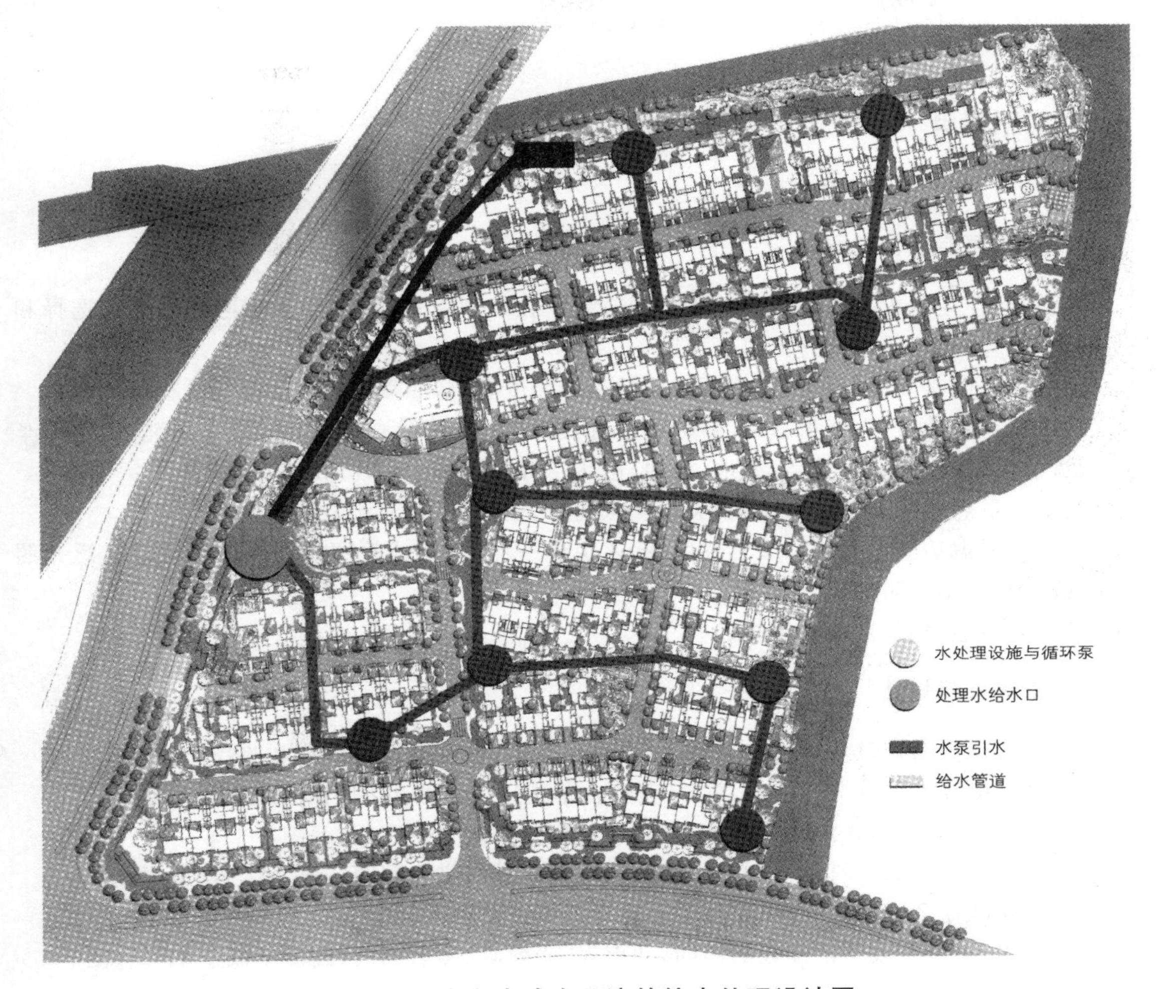

图 6-34　太湖水路十八湾的给水处理设计图

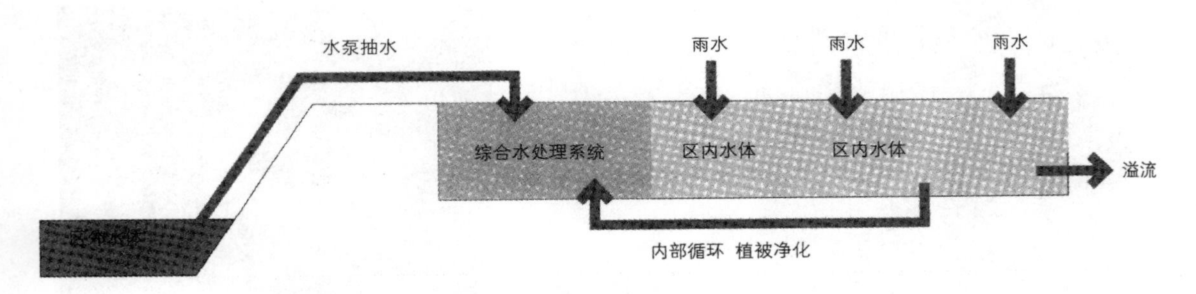

图 6-35　水处理示意图

（二）景观排水

景观排水主要是将雨水、多余的景观水排放至城市下水管网。排水主要通过道路边沟、雨水管渠、集水井、雨水井进行排水。水池、河道中多余的水通过溢流管排至雨水管道。

另外，为保证地面不积水，地面应向排水方向倾斜1%～3%。

五、照明设计

(一)景观照明设计的原则

景观项目往往要求具备高质量的夜景观效果。在景观设计阶段，应统筹考虑灯具的选择和照明的效果。景观照明设计遵循以下原则：

(1)景观照明必须满足场所安全所需要的最低照度要求，照度应符合国家相关标准规范。

(2)根据场地性质、人流量、设计目标确定灯具的选择和照度的分配。广场、道路、入口、停车场等人流量大的地方照度要高于绿地、河边、散步道等人流量小的场所。

(3)区分重点照明与非重点照明，突出重点场所、主要道路、人流节点照明。

(4)综合考虑功能性照明和装饰性照明，避免单一照明，形成轮廓照明、内透光照明、泛光照明多种方式结合的照明效果。

(5)提倡节能照明，避免光污染。

(二)景观照明灯具

常用的景观照明灯具主要有草坪灯、埋地灯、水下灯、庭院灯、广场灯和路灯。

草坪灯一般高度在0.3～0.4m左右，安放在草地边或者路边，用于地面亮化。(图6-36)

埋地灯埋在地面下，光源从下往上照射，一般用于植物点缀照明。(图6-37)

水下灯为密封绝缘灯具，放置在水面以下，对水景进行亮化照明。

庭园灯高度在2～3m，用于园路、广场、绿地照明。(图6-38)

广场灯用于广场、人流汇集处的照明，功率大、光效高、照射面大，高度不低于1m。(图6-39)

路灯高度在2.5m以上，用于道路照明。(图6-40)

图6-36　草坪灯

图6-37　埋地灯

图 6-38　庭园灯

图 6-39　广场灯

图 6-40　路灯

(三)灯具的光源

1. 光源特性

光通量:电光源的发光能力,单位为 1m。

光效:电光源每消耗 1w 电功率与光通量之比(1m/w)。

额定功率:电光源在额定工作条件下所消耗的有功功率。

色表:人眼观看到的光源所发的光的颜色,以色温表示(单位为 K)。

显色性:光源照明下,颜色在视觉上的失真程度。以显色指数 Ra 表示,Ra 越大则显色性越好。

2. 光源种类

景观灯具的光源一般采用白炽灯、卤钨灯、荧光灯、荧光高压汞灯、钠灯、金属卤化物灯、氙灯、LED 灯。

白炽灯是应用最为广泛的光源,价格低廉、使用方便,但是光效较低,发光色调偏红色光。

卤钨灯又称为卤钨白炽灯,亮度高,光效高,应用于大面积照明,发光色调偏红色光。

荧光灯又称为日光灯，光效高、寿命长、灯管表面温度低，发光色调偏白色光，与太阳光相近，应用广泛。

荧光高压汞灯耐震、耐热，发光色调偏淡蓝、绿色光，广泛应用于广场、车站、码头。

钠灯是利用钠蒸汽放电形成的光源，光效高、寿命长，发光色调偏金黄色光，广泛应用于广场、道路、停车场、园路照明。

金属卤化物灯是荧光高压汞灯的改进型产品，光色接近于太阳光，尺寸小、功率大，但是寿命短，常用于公园、广场等室外照明。

氙灯是惰性气体放电光源，光效高，启动快，应用于面积大的公共场所照明，如广场、体育场、游乐场、公园出入口、停车场、车站等。

LED 光源是以发光二极管(LED)为发光体的光源，是 20 世纪 60 年代发展起来的新一代光源，具有高效、节能、寿命长、光色好的优点，现在大量应用于景观照明。

(四)设计案例

案例为两处别墅庭园的景观照明布置，采用灯具为庭园灯、草坪灯和地埋灯。庭园灯灯具高度 2.5m，配置间隔 15m 左右。草坪灯灯具高度 0.4m，光源为 13w 节能灯，安装间距为 10m 左右，布置在步道一侧。地埋灯采用 15wLED 光源，为可调整角度的泛光灯具，主要对景石、植被进行重点照明(图 6-41、图 6-42)。

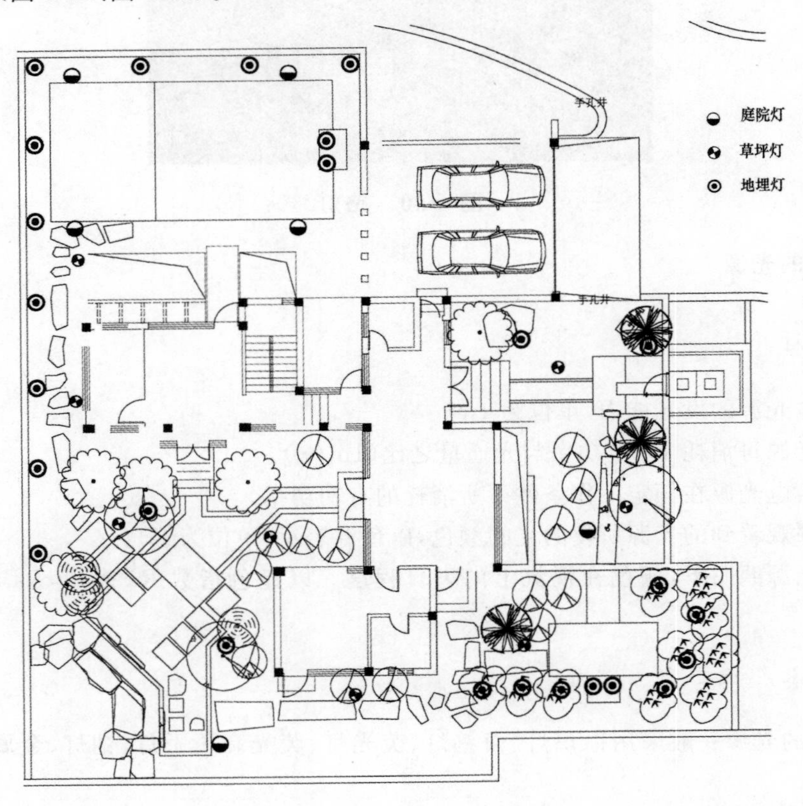

图 6-41　某别墅庭园灯具布置图

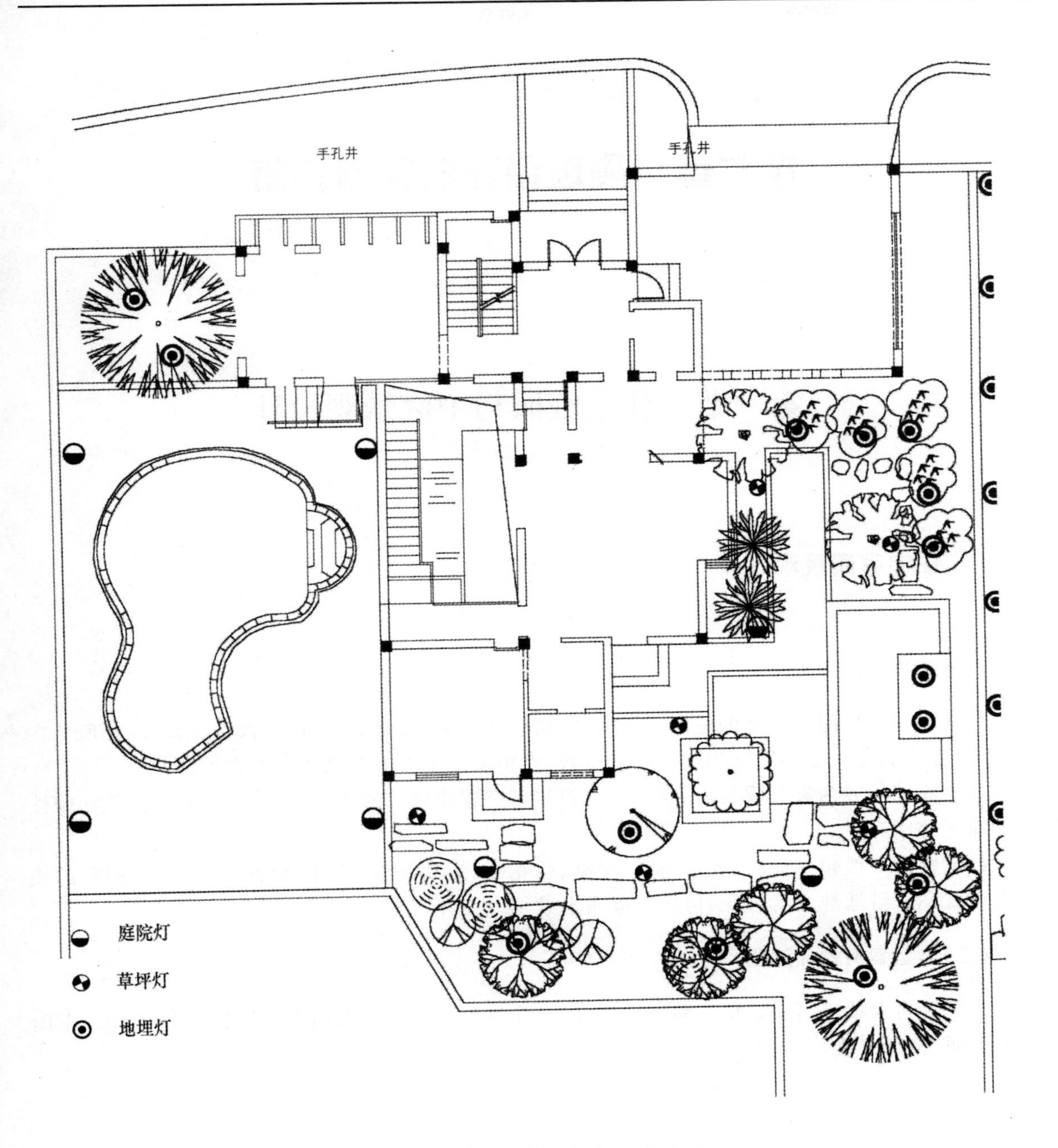

图 6-42　某别墅庭园灯具布置图

第七章　景观设计的案例分析

第一节　住宅庭园与中庭景观设计

一、住宅庭园景观设计

（一）概要

住宅庭园是依附于住宅的庭园，是该住宅居住者日常进行休闲、散步、谈话、活动的场所。在现阶段，住宅庭园一般为别墅物业拥有者所有，面积从几十平方米到数千平方米。

住宅庭园一般为家庭成员内部使用，也偶尔有宾客使用。因此，在设计上应充分注重私密性和功能区分。

住宅庭园一般包括前庭、入口通道、中庭、后花园、活动场地、水池、鱼池、亭子。面积大的还可以设置私家游泳池，也可以酌情设置瀑布水景。

（二）典型案例设计过程

本案例为太湖之滨一处私家别墅庭园，位于苏州西南吴中区东山上，距离市区 30km。东山风光秀丽，物产丰富，文化古迹众多。

1. 调查

通过现场勘查、资料数据收集对现状进行了详细调查。苏州当地为亚热带季风气候，四季分明，自然灾害少，年平均气温 16℃，降雨量为 1139mm。该别墅区依东山而建，地形西北高东南低。别墅区内土质良好，现存有大量的果树、银杏等植被，周边视野开阔，无明显遮挡物。东南侧位民宅和排洪沟，东面为公园，西边为学校。周边配套设施比较成熟，已经开发了一批别墅。

该别墅区品质高档，建筑风格为现代中式，结合了现代简约风格和苏州中式风格。

本案例为位于该别墅区中部的一栋私家别墅庭园，面积约 1400m^2。园地基本位于建筑北侧，地势北高南低。且北边坡地较陡，不宜安排人员活动。建筑西边离相邻别墅建筑较近，私密性受影响（图 7-1）。

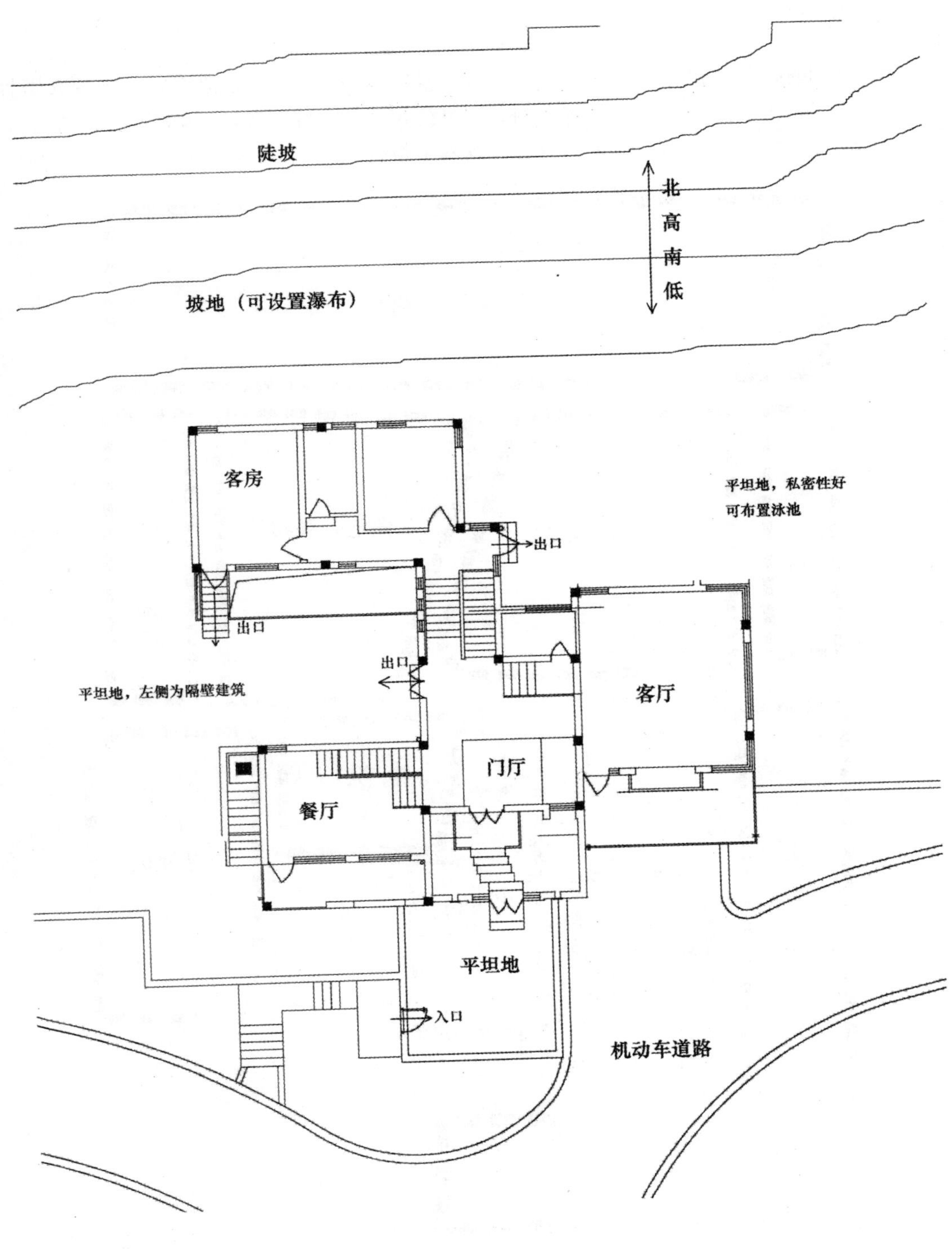

图 7-1　现状条件分析

经过与业主沟通交流，明确了该庭园应突出坡地景观特色，配置私家游泳池、鱼池。

2.功能布局

考虑地形起伏、建筑出入口和功能划分,确定庭园的功能布局。泳池需要一定的私密性,而且要求地形平坦,因此放置于别墅建筑东侧。别墅建筑西侧为绿化隔离区,配置活动场地。建筑北侧依山势建造瀑布和鱼池,结合瀑布设置观景木甲板(图7-2、图7-3)。

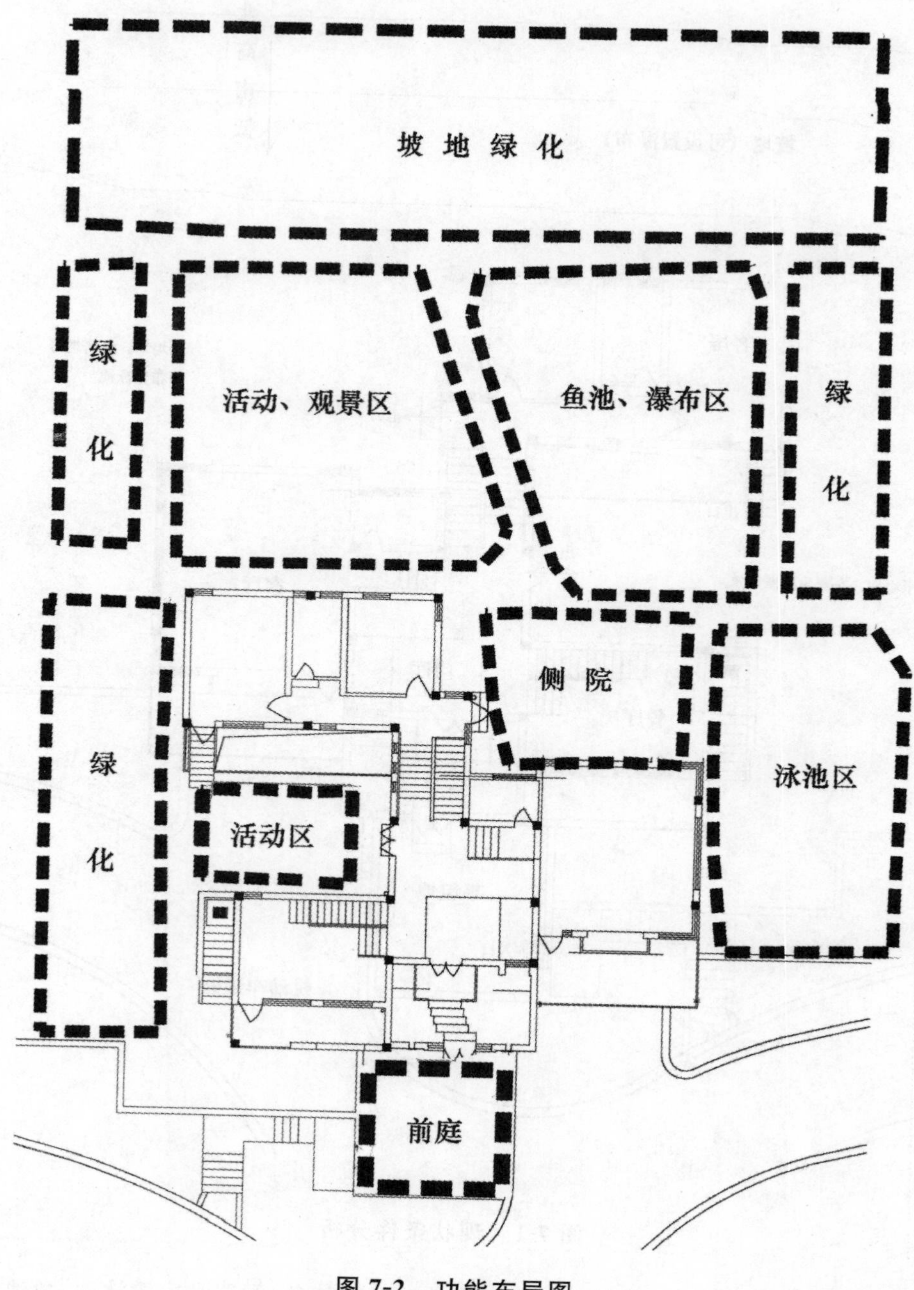

图7-2 功能布局图

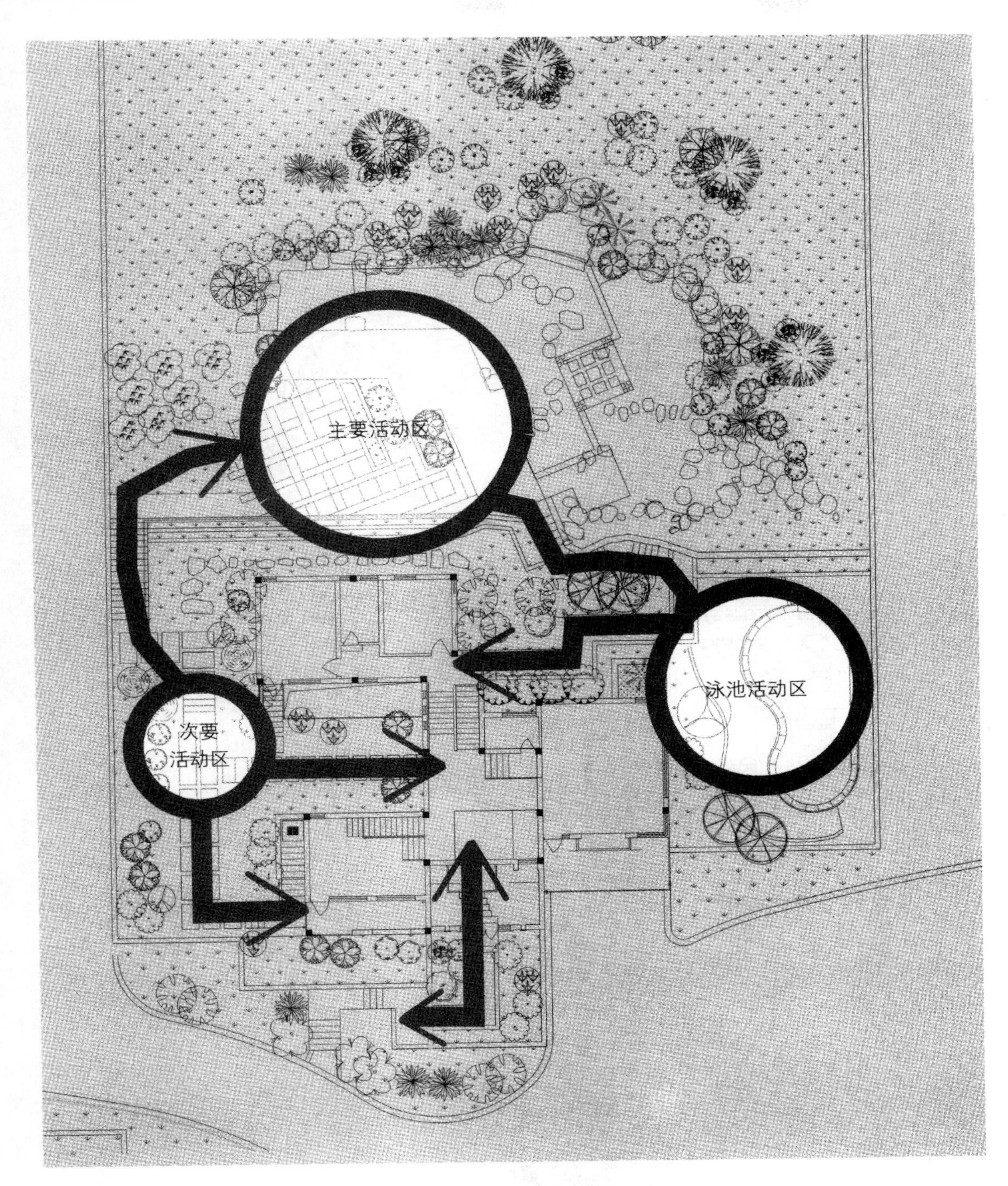

图 7-3　活动规划图

3. 设计方案

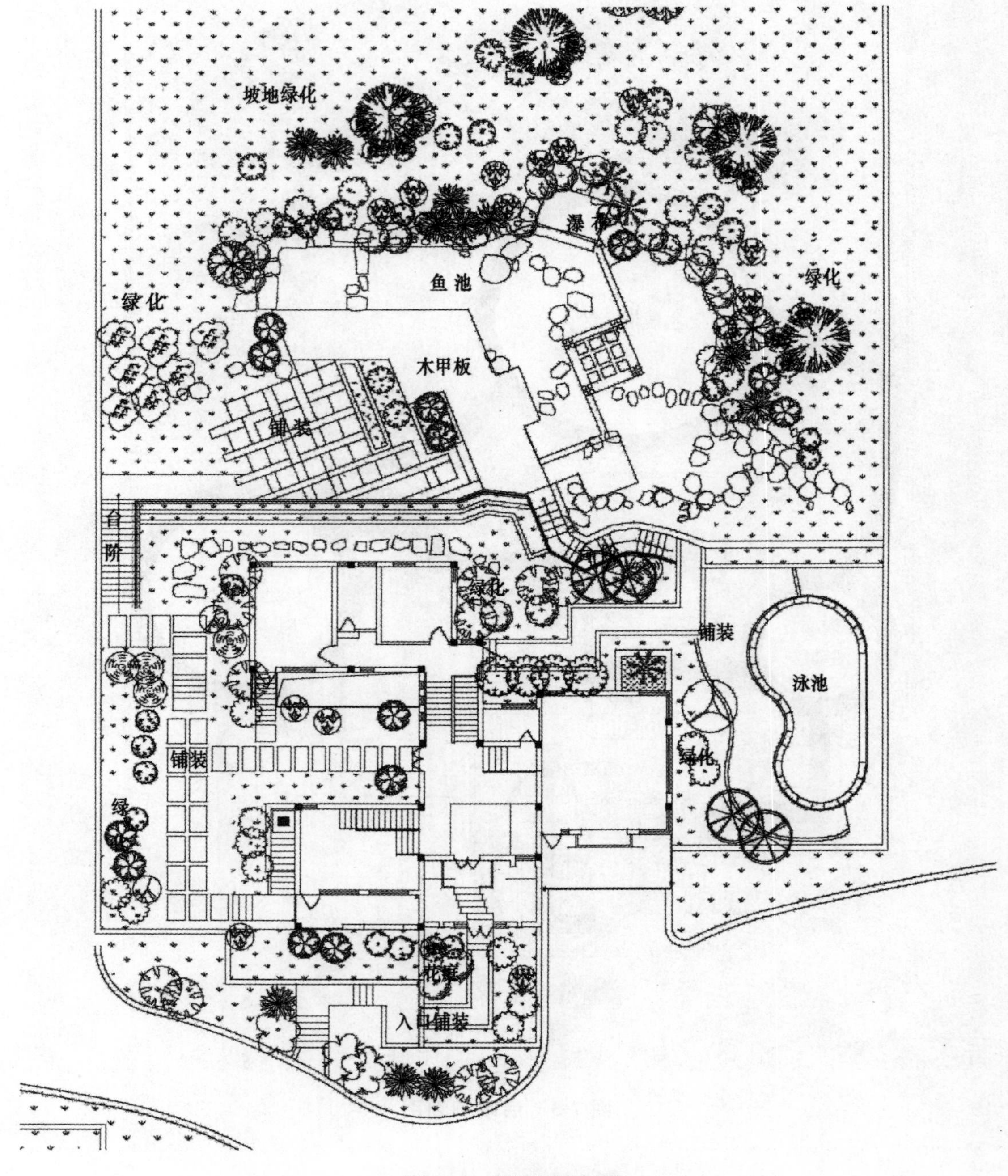

图 7-4　平面设计图

(三)其他案例

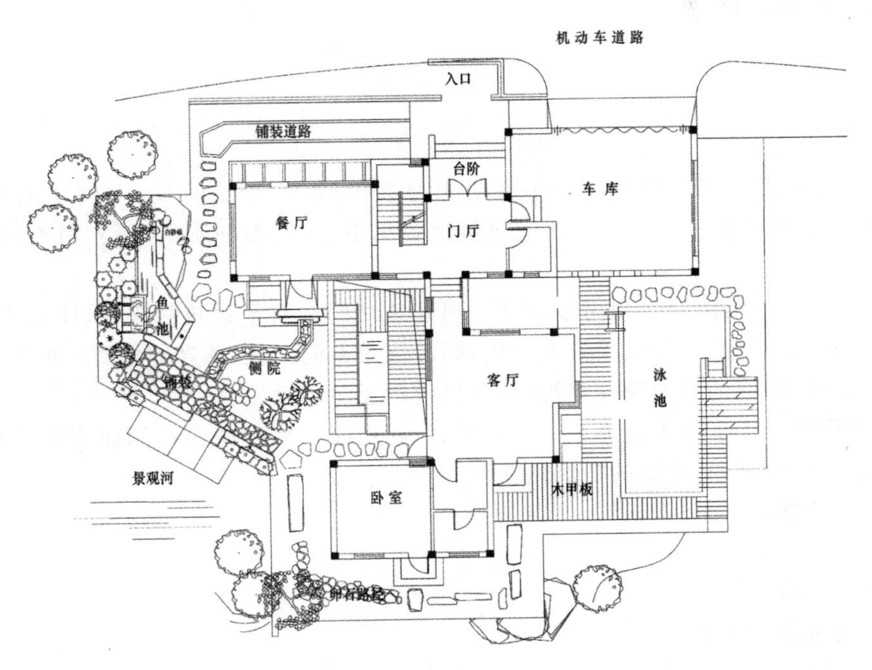

图 7-5　庭园设计案例一

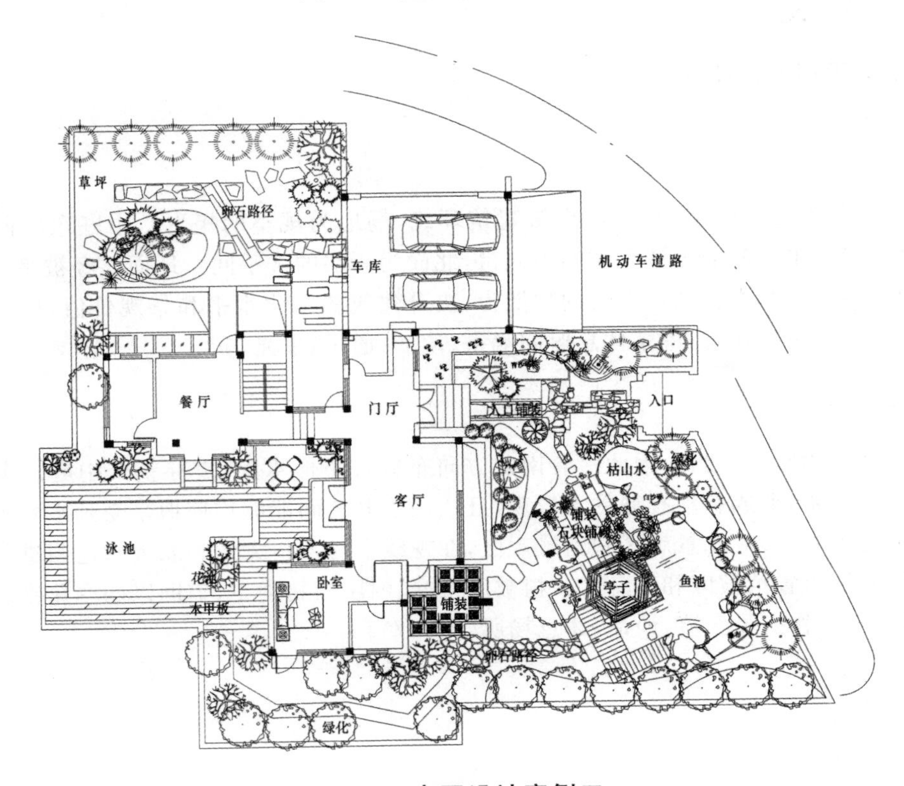

图 7-6　庭园设计案例二

二、中庭景观设计

(一)概要

中庭是四周被建筑围合的庭园。中庭历史悠久,早在古希腊时代,一些住宅就带有中庭(court),内种植各种植被花果。罗马住宅建筑也多见中庭,且被柱廊所环绕,具有迎宾接客、交流交往的功能。

中庭可以位于一栋建筑内,也可以位于一组建筑之间。对于建筑物来说,中庭不仅将绿色、生态因素带到建筑中,起到通风、采光的作用,同时也是人们交流、休息的场所。现代社会要求建筑生态化、绿色化,中庭的价值受到重视,被大量应用于建筑设计中。

中庭的面积从几十平方米到上千平方米都有,其功能主要根据中庭的面积大小和周边建筑物的要求而定。一般来说,中庭的功能包括:

(1)促进建筑物通风、采光;

(2)降低建筑能耗;

(3)促进建筑的生态性;

(4)提高建筑的文化品位;

(5)提高建筑的景观价值;

(6)提供交往交流空间。

(二)典型案例设计过程

1.调查

本案例为某办公楼一层中庭,四周被建筑环绕,场地为规整的矩形。中庭东西两侧为办公间,由走廊连接。中庭南面为该大楼的主入口,北面为一层的洗手间。地面已经被平整过。

经过与委托方的交流,确定中庭的功能为:提升建筑的绿化水平和景观价值,形成赏心悦目的办公环境;打造生态建筑;中午休息时间喝茶、谈话;通风、采光。

2.确定功能布局

由于场地东西窄、南北长,因此沿着南北方向布置长条形水渠,贯穿整个中庭。水渠上从北往南安排三处涌泉,形成有动有静的水景观,且让两边办公间能够均衡地享受到水景价值。以南北两处涌泉为中心,形成北景观区和南景观区,在视线上对入口大堂和北大堂适当进行遮挡。水渠两侧错位分别布置植被区和休息区。植被以常绿、耐阴植物为主,辅助以四季花卉。休息区放置休闲桌椅,是工作人员交流、谈话、休息场所(图 7-7)。

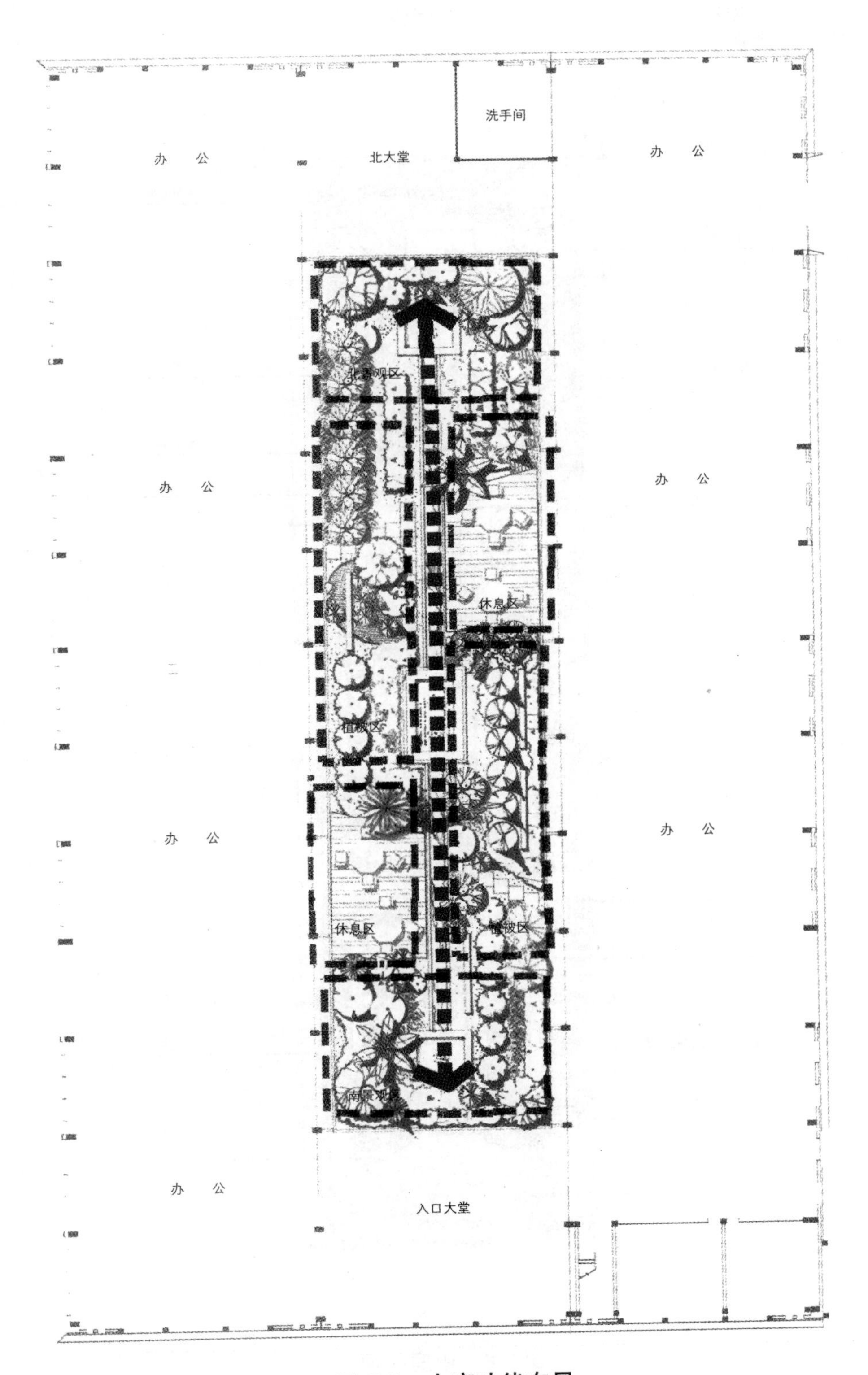

图 7-7　中庭功能布局

3. 确定方案平面

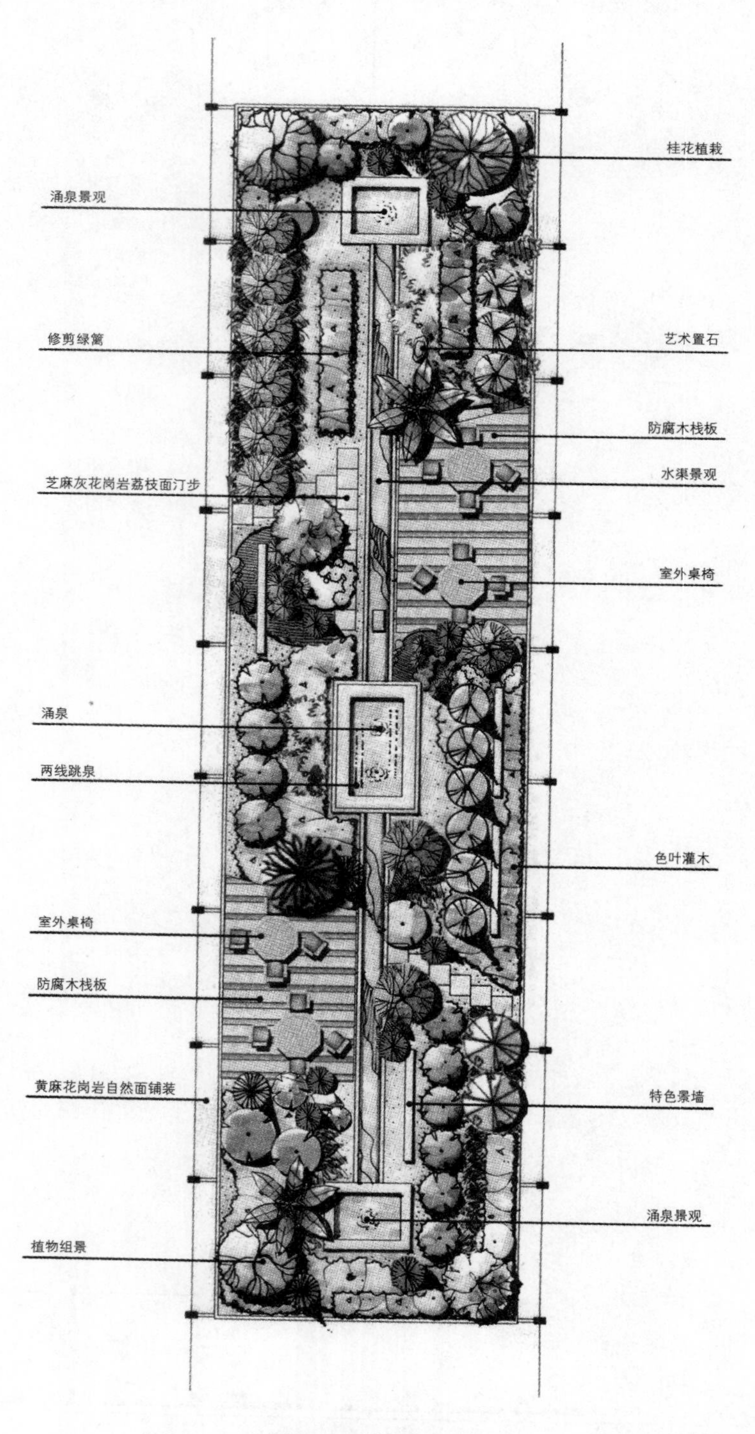

图 7-8　中庭平面

(三)其他案例

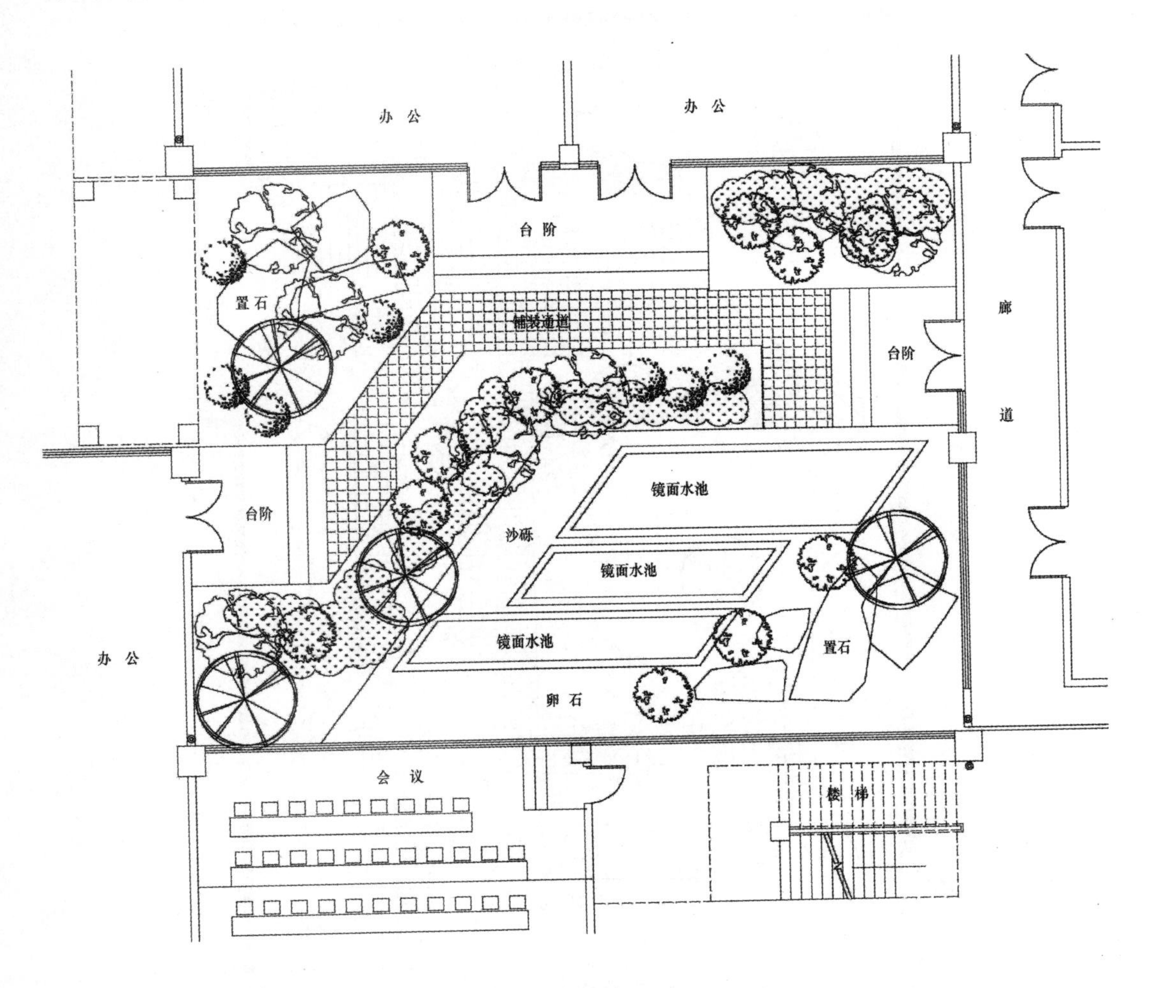

图 7-9 苏州某写字楼中庭方案

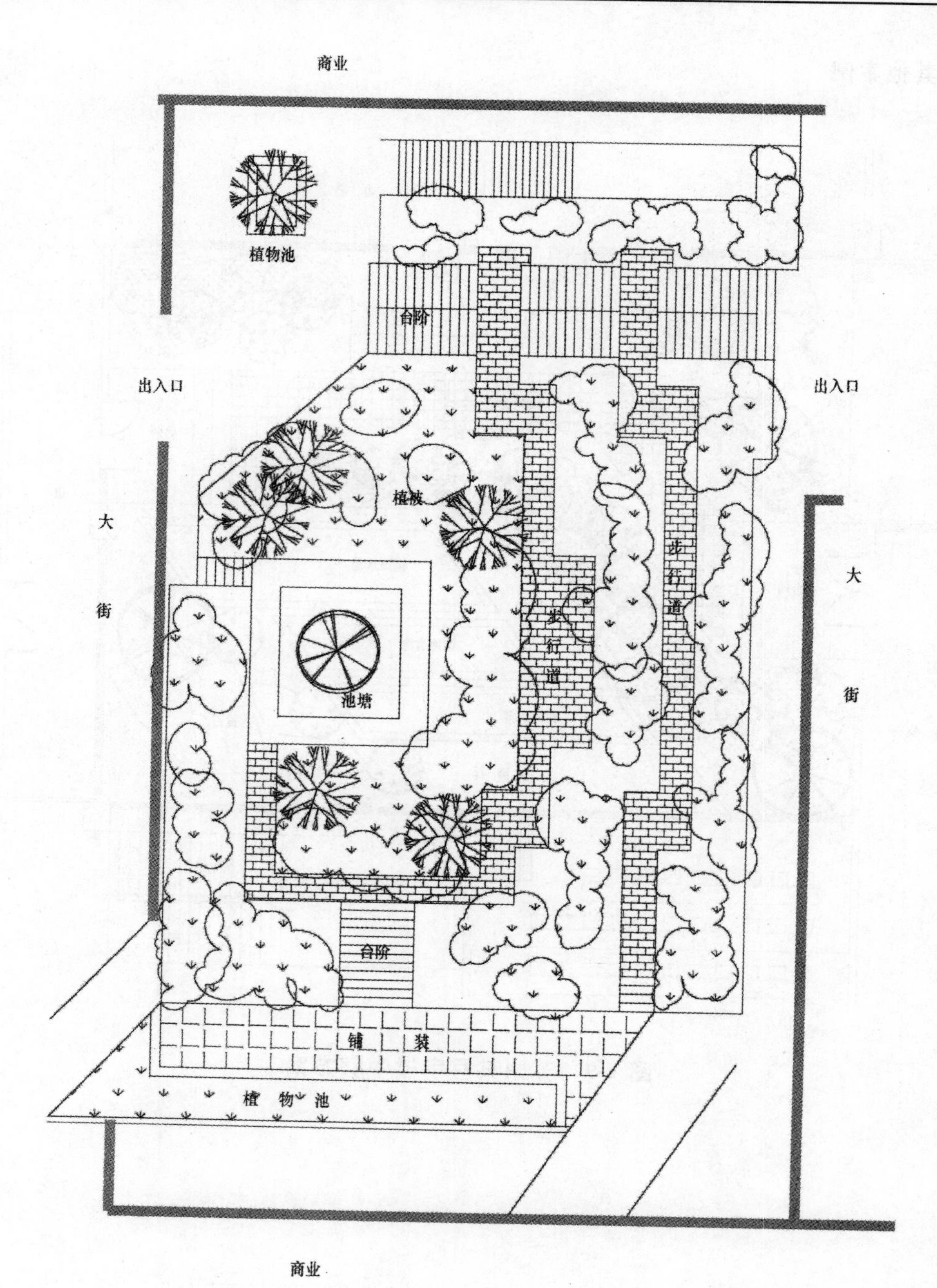

图 7-10　美国福特楼中庭示意

第二节　办公环境与居住环境设计

一、办公环境设计

(一)概要

不仅居住环境需要好的景观,办公环境也越来越重视景观设计。对于企业、政府机关、社团机构来说,办公环境的品质不仅影响到其工作效率,甚至关系到品牌和人文形象。对于大公司,或者注重品牌效应的公司,会委托设计师对其办公环境进行设计,作为体现企业价值和形象的重要手段。

办公环境一般依附于主体办公建筑,形成建筑外部空间;也有的位于建筑内部,形成中庭;或者位于建筑屋顶之上,形成屋顶花园。

办公环境设计的功能主要有:

(1)迎宾;

(2)内部员工交流、交谈;

(3)提升企业、政府机关、社团机构的人文形象;

(4)展示品牌;

(5)增强凝聚力,提高工作效率。

(二)典型案例设计过程

1. 调查

本案例为某台资电子企业的环境设计,该企业主要研究、生产太阳能板、电子开关。其厂房附带一块土地,总面积 $4500m^2$。该地块基本呈不规则矩形,中间为一座大消防水池,池深近 3m,池面积近 $3000m^3$。池北侧为传统风格中式建筑,南侧有一座曲桥、连接一座两层太阳能板屋。水池四周有一定的绿化(图 7-11)。

经过与委托方交谈,确定环境设计的基本要求为:

(1)保留消防水池,蓄水量不得变更。驳岸需作一定的改造,搭建木甲板廊道、钓鱼台,使其具备休闲观景功能,同时保持原来的消防用水功能。

(2)对绿化进行重新整治,具备一定健身功能。

(3)太阳能板屋改造为临水别墅,原有太阳能利用转化展示功能需保留,改造曲桥,使其成为休闲中心。

(4)内部不设置停车位,全部为步行。

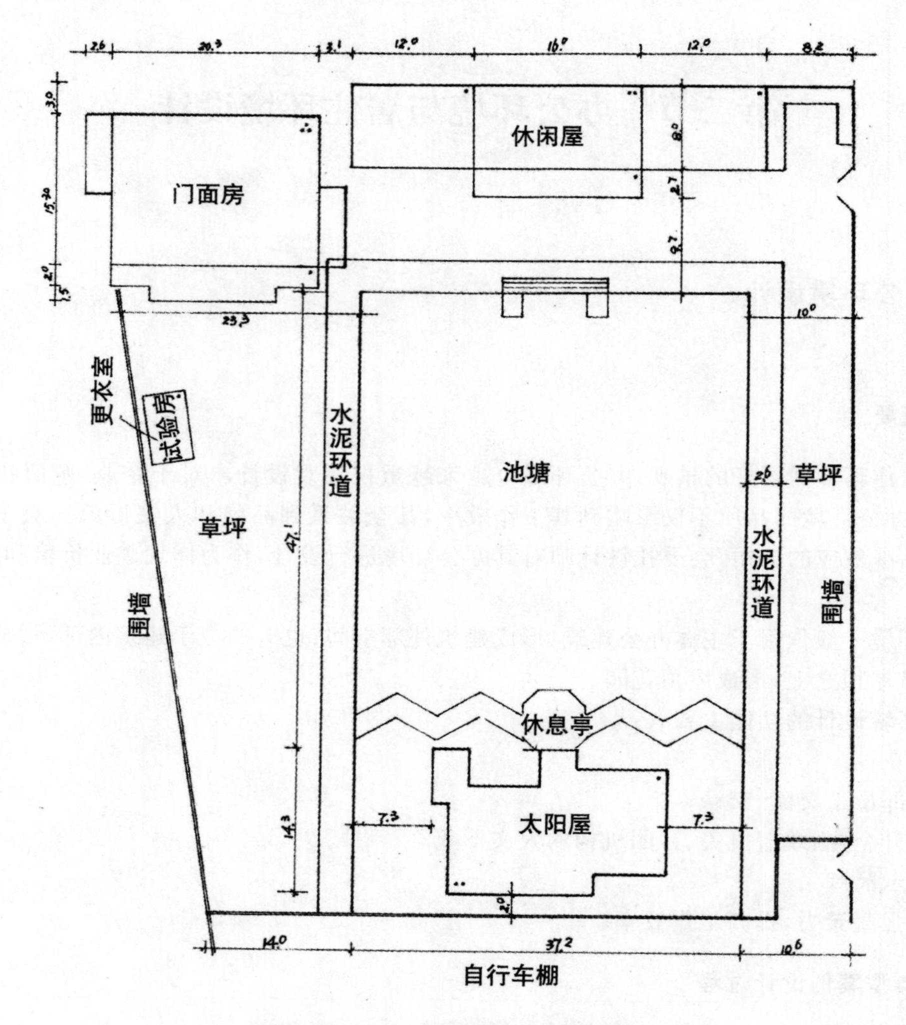

图 7-11 企业环境地块现状图

2. 确定功能分区

以消防水池位中心，北端结合原有中式建筑，建造亲水码头和临水茶室，消防水池西、北岸建造观景游廊，形成亲水休闲区。

消防水池东侧在原有绿化基础上，改造成体育健身区。

消防水池东侧地形有所起伏，多种植常绿、色叶植被，形成植被观赏区。

北侧为原有建筑区，进行适当翻新。南侧为新建建筑区，建造亲水别墅一座及卫生间(图7-12)。

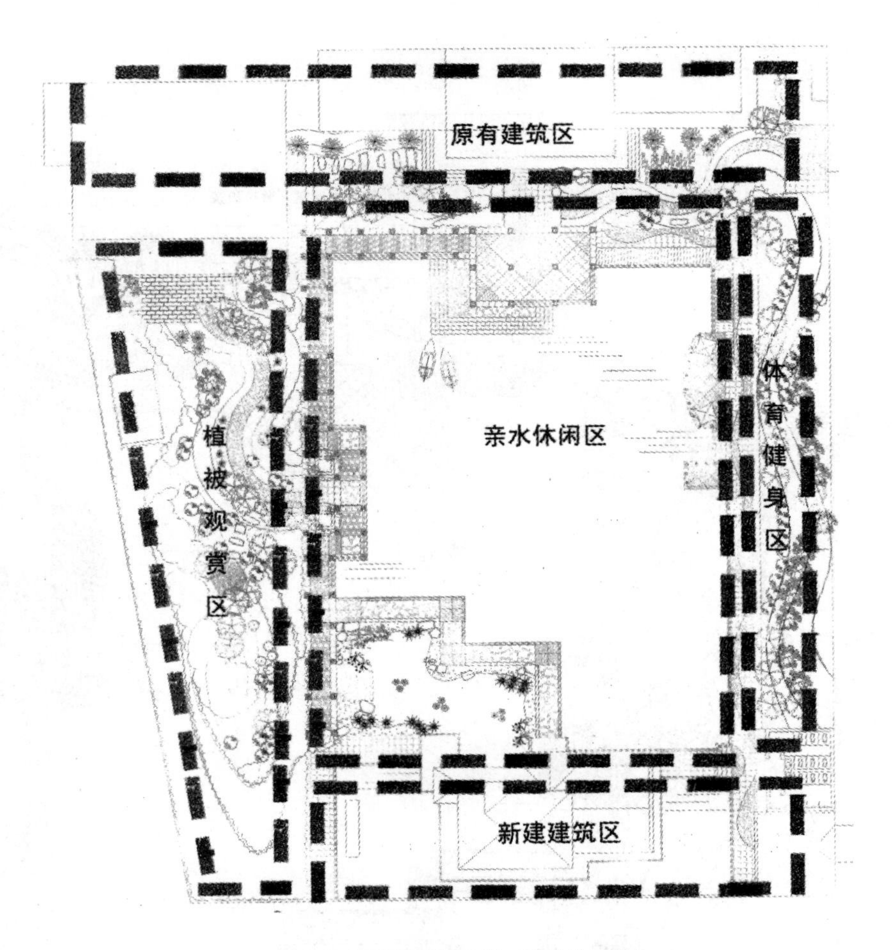

图 7-12　企业环境设计功能分区图

3. 确定方案平面

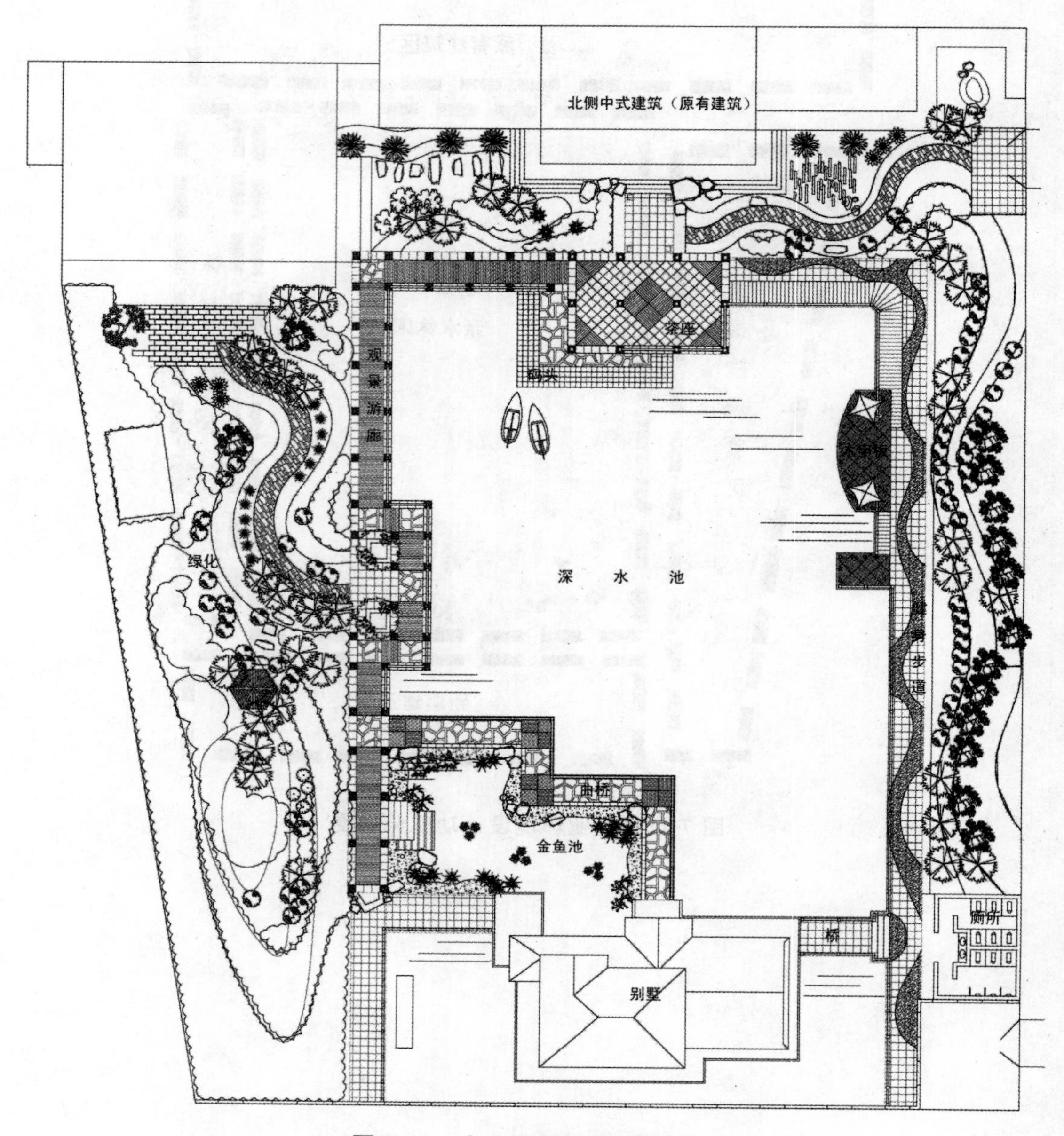

图 7-13　企业环境设计平面图

4. 详细设计

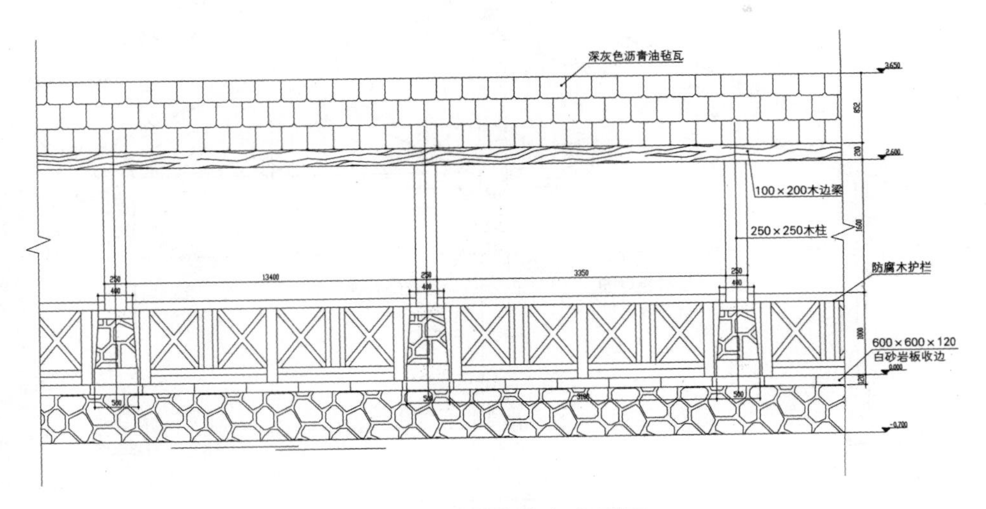

图 7-14　观景游廊立面图

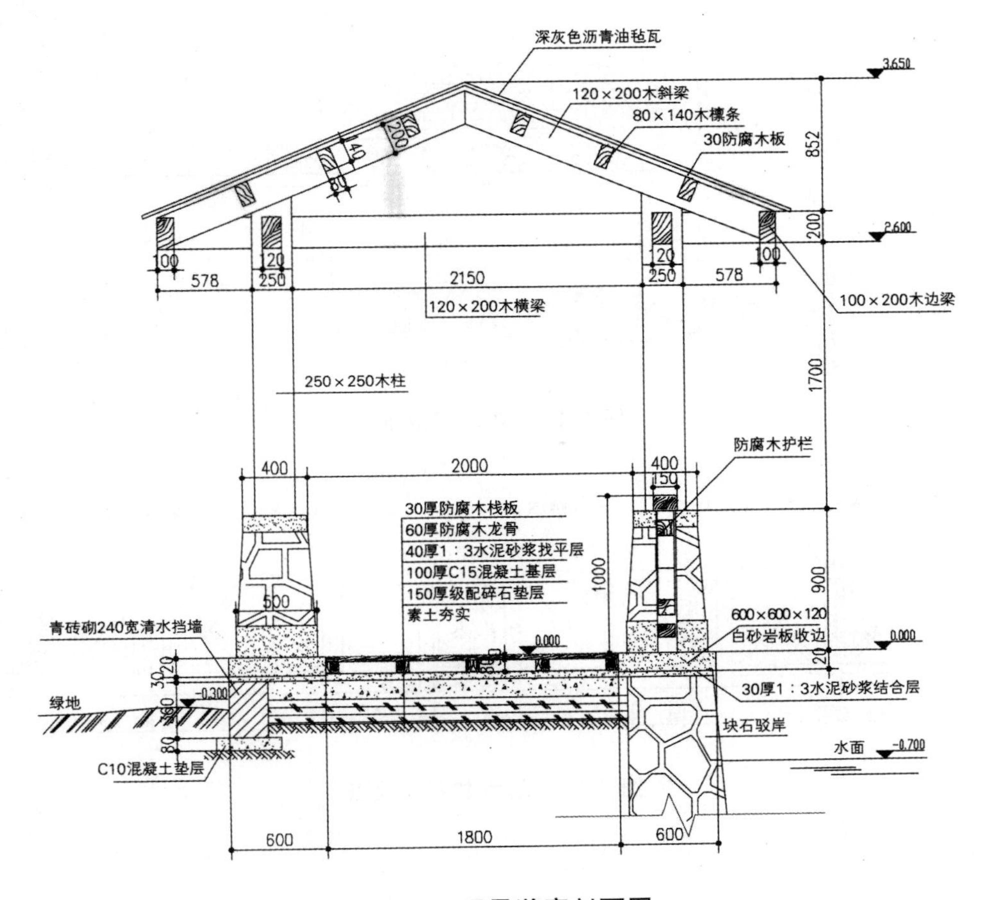

图 7-15　观景游廊剖面图

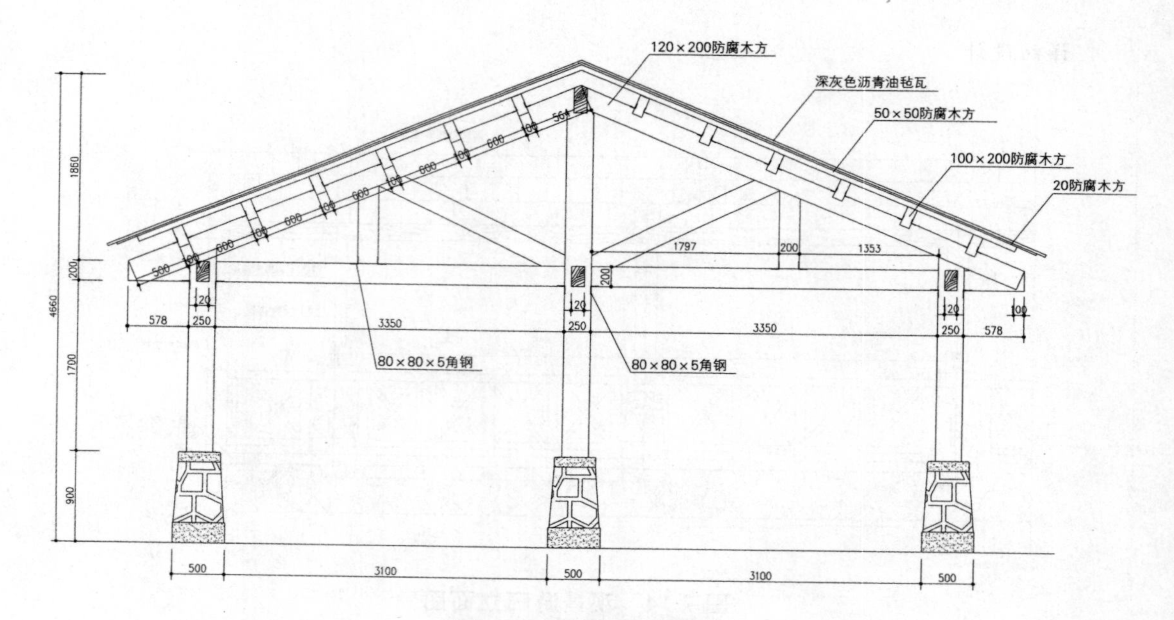

图 7-16　茶室剖面图

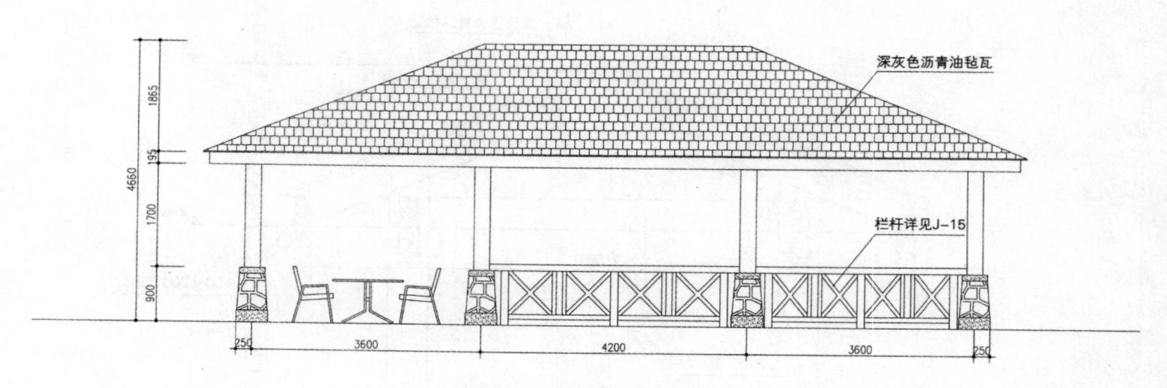

图 7-17　茶室正立面图

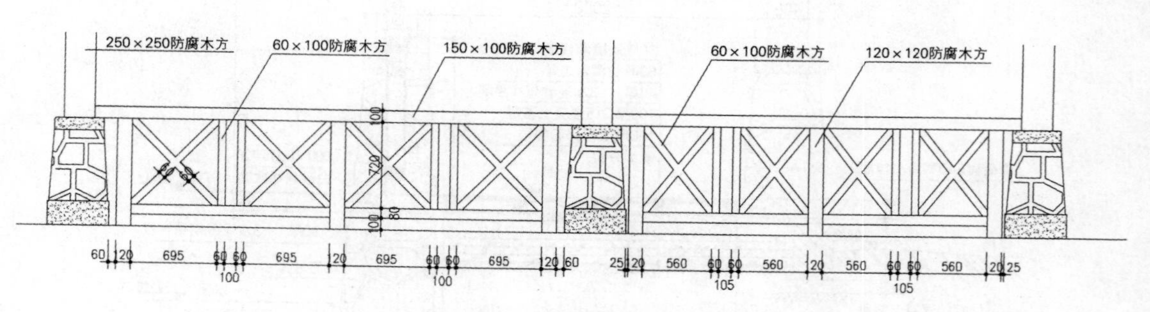

图 7-18　临水栏杆立面图

二、居住区景观设计

(一)概要

居住区是人类聚居的环境，一般来说泛指不同居住人口规模的居住生活聚居地和特指被城市干道或自然分界线所围合，并与居住人口规模(30000～50000 人)相对应，配建有一整套较完善的、能满足该区居民物质与文化生活所需的公共服务设施的居住生活聚居地。

根据人口规模或居民户数可以将居住区分为居住区、居住小区和居住组团三级。

居住小区一般称小区，是被居住区级道路或自然分界线所围合，并与居住人口规模(10000～15000 人)相对应，配建有一套能满足该区居民基本的物质与文化生活所需的公共服务设施的居住生活聚居地。

居住组团一般称组团，指一般被小区道路分隔，并与居住人口规模(1000～3000 人)相对应，配建有居民所需的基层公共服务设施的居住生活聚居地。

居住区景观设计是居住区规划设计的重要组成部分，也是建筑工程设计的有机补充。设计原则为：

一是通过景观塑造提升居住区的生活品位，展示绿色、人文的人居环境形象。

二是满足居民居住、休闲、休憩、观景的需求，形成景观精致优美、自然生态、功能合理的户外景观空间。

三是延续地域文脉，提升居住区的文化内涵。

(二)典型案例设计过程

本案例为镇江某居住区，居住户数为 500 户。该居住区定位比较高档，由双拼别墅、联排别墅、多层花园洋房、小高层组成。总用地面积 80000m^2，建筑密度 30%，容积率 1.0，绿地率接近 50%。

1.调查

该居住区周边配套设施完善，有完善的交通路网。居住区西边紧靠城市广场，该广场绿地率高，有很好的景观资源，视野开阔。周边建筑相对比较规整。

居住区内地势有微弱起伏，土质良好，现场无高大树木。建筑朝向均为南北向，总体比较对称。小高层在最北侧，双拼别墅在西侧靠近广场处，联排在南侧和中间偏右，花园洋房在东侧。建筑布局不活泼，景观设计需要弥补建筑布局呆板的缺陷(图 7-19 至图 7-21)。

图 7-19　现状地形

图 7-20　周边状况

2. 确定设计原则

(1)在城市中营造自然环境与健康生活相协调的生态型居住区。

(2)充分利用石材、植被的天然特点。

(3)利用地形高差汇水,形成自然性的溪流水系。

(4)不同空间应具有不同的绿化趣味。

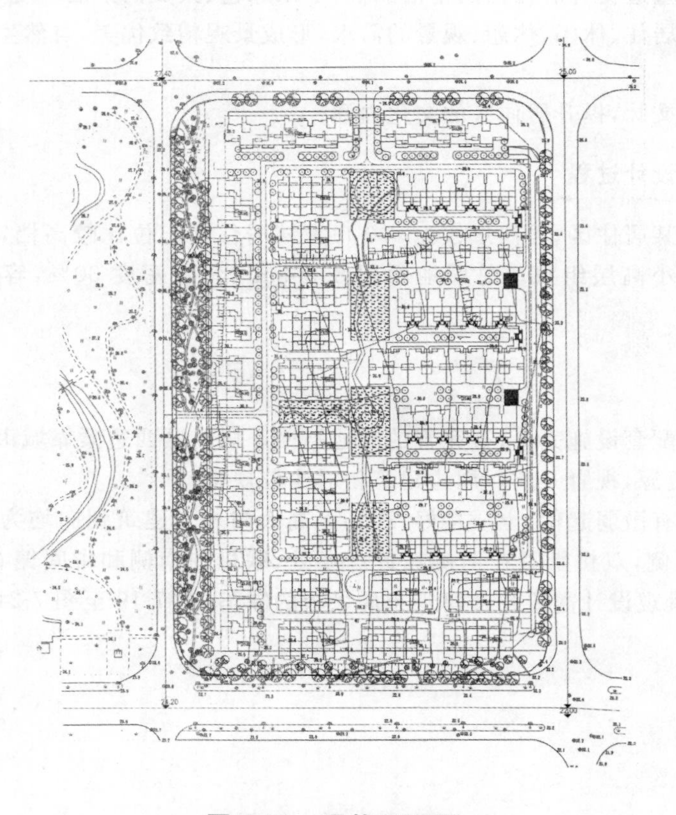

图 7-21　现状平面图

3.确定景观结构

在设计区内形成三主、五次、五轴的景观结构，沿纵向方向形成三处主要景观节点，分别以瀑布水池、枫叶观景、下沉广场为主题。各个区块主要人流汇集处形成五处次要景观节点，从北往南贯穿主要景观节点形成纵向景观主轴线。在楼间布置四条横向景观轴线。五条轴线将节点连接成景观系统(图 7-22)。

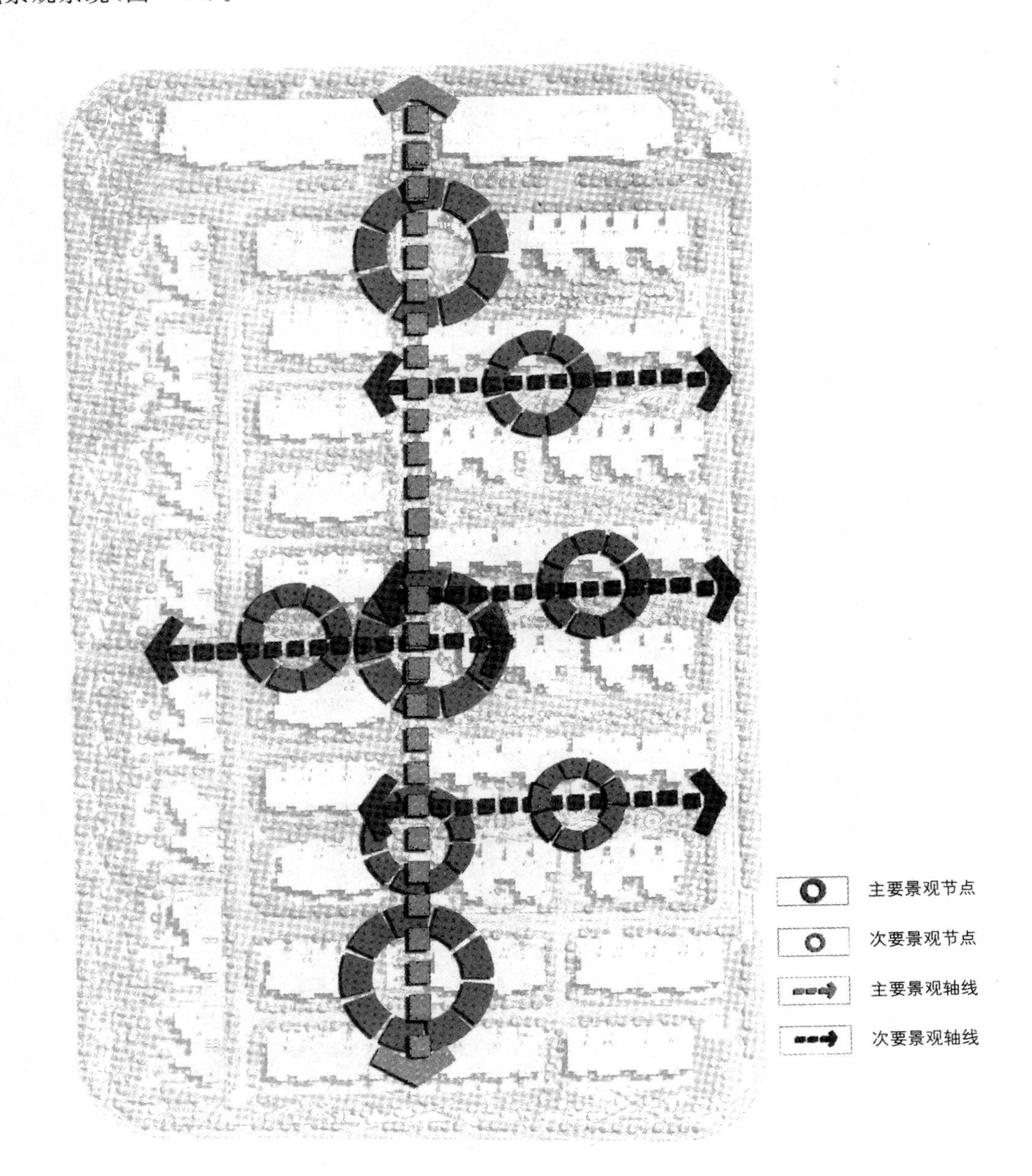

图 7-22　景观结构分析

4.确定方案平面

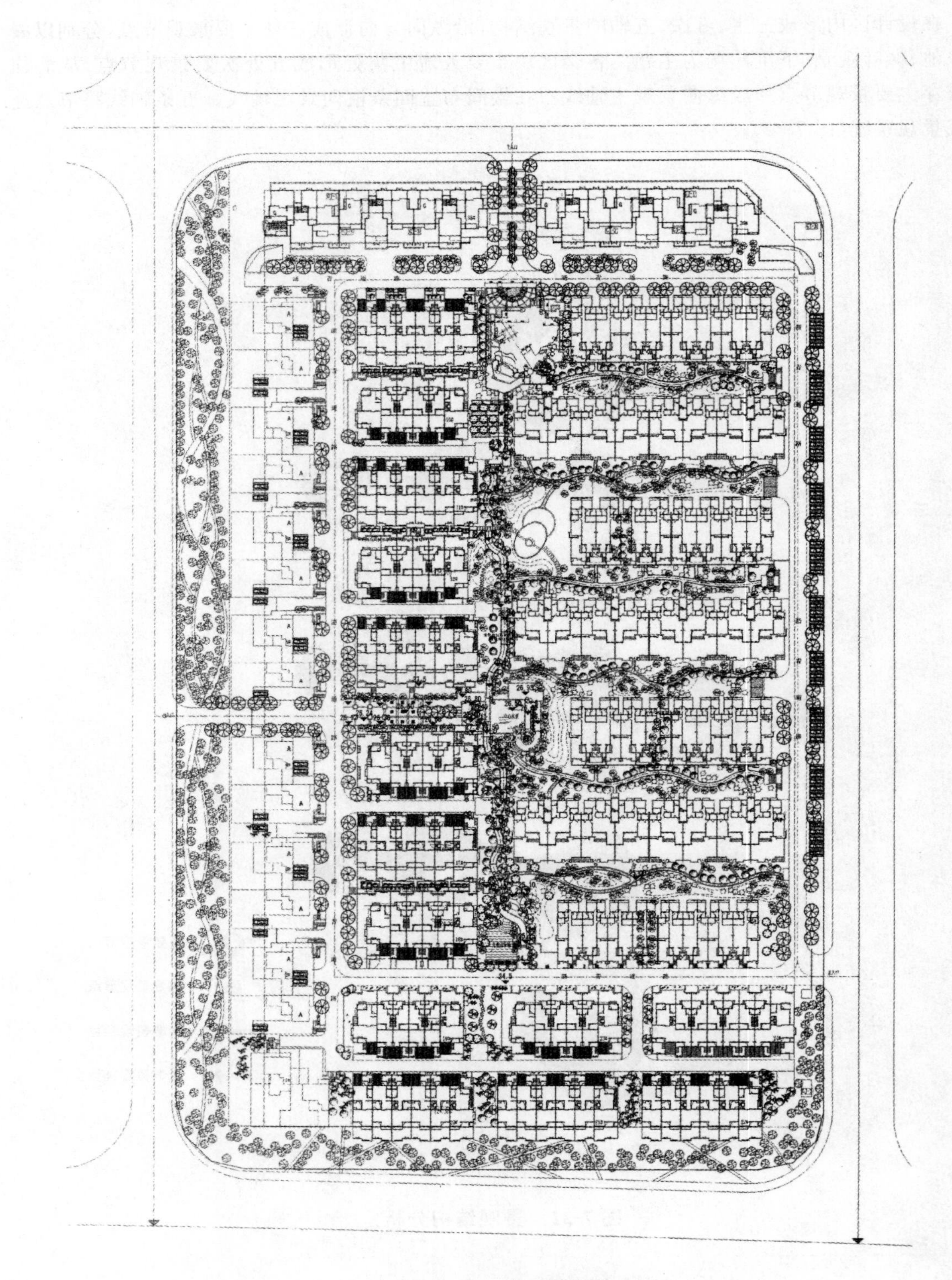

图 7-23　总平面设计

5. 分区详细设计

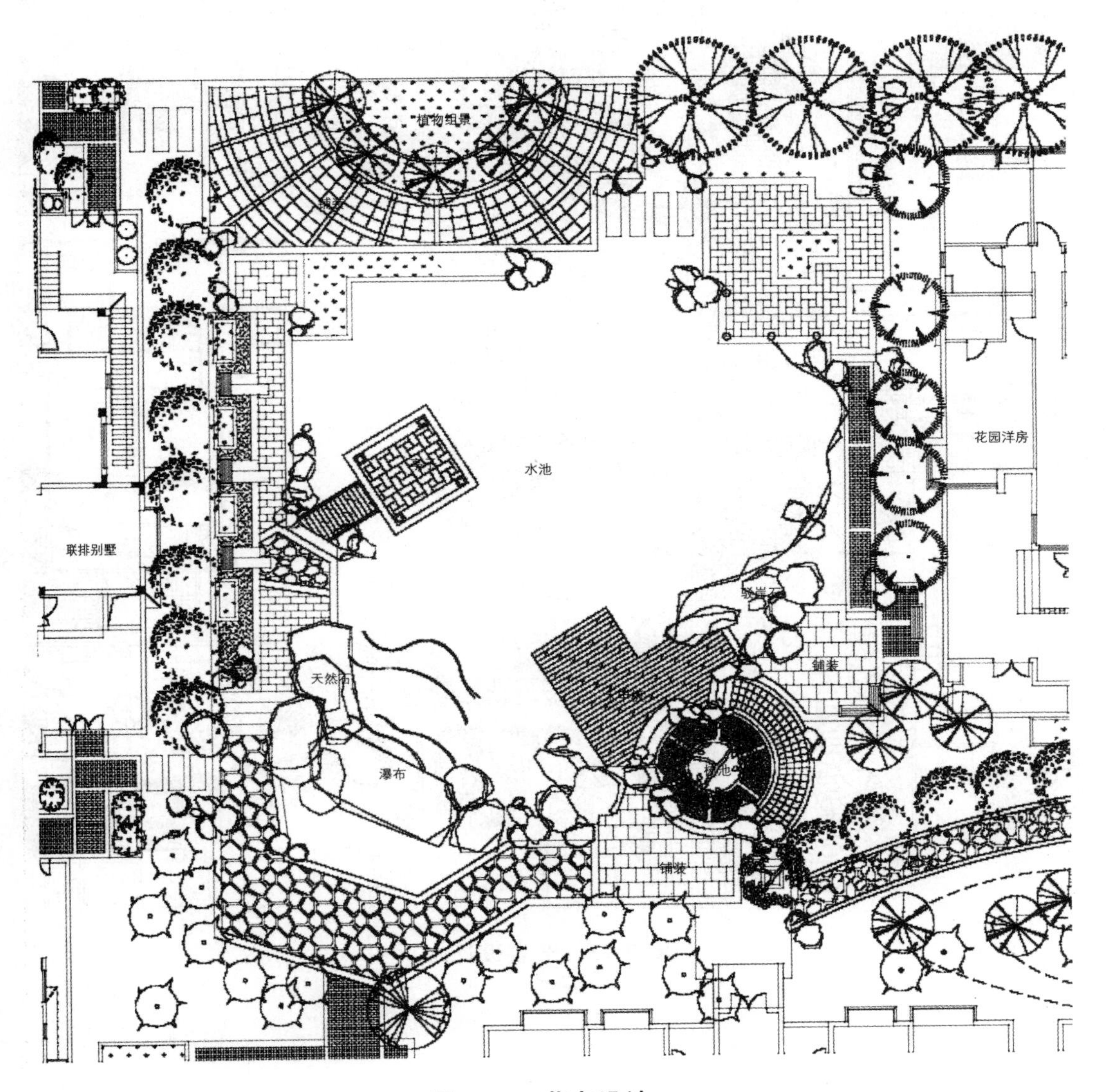

图 7-24　节点设计一

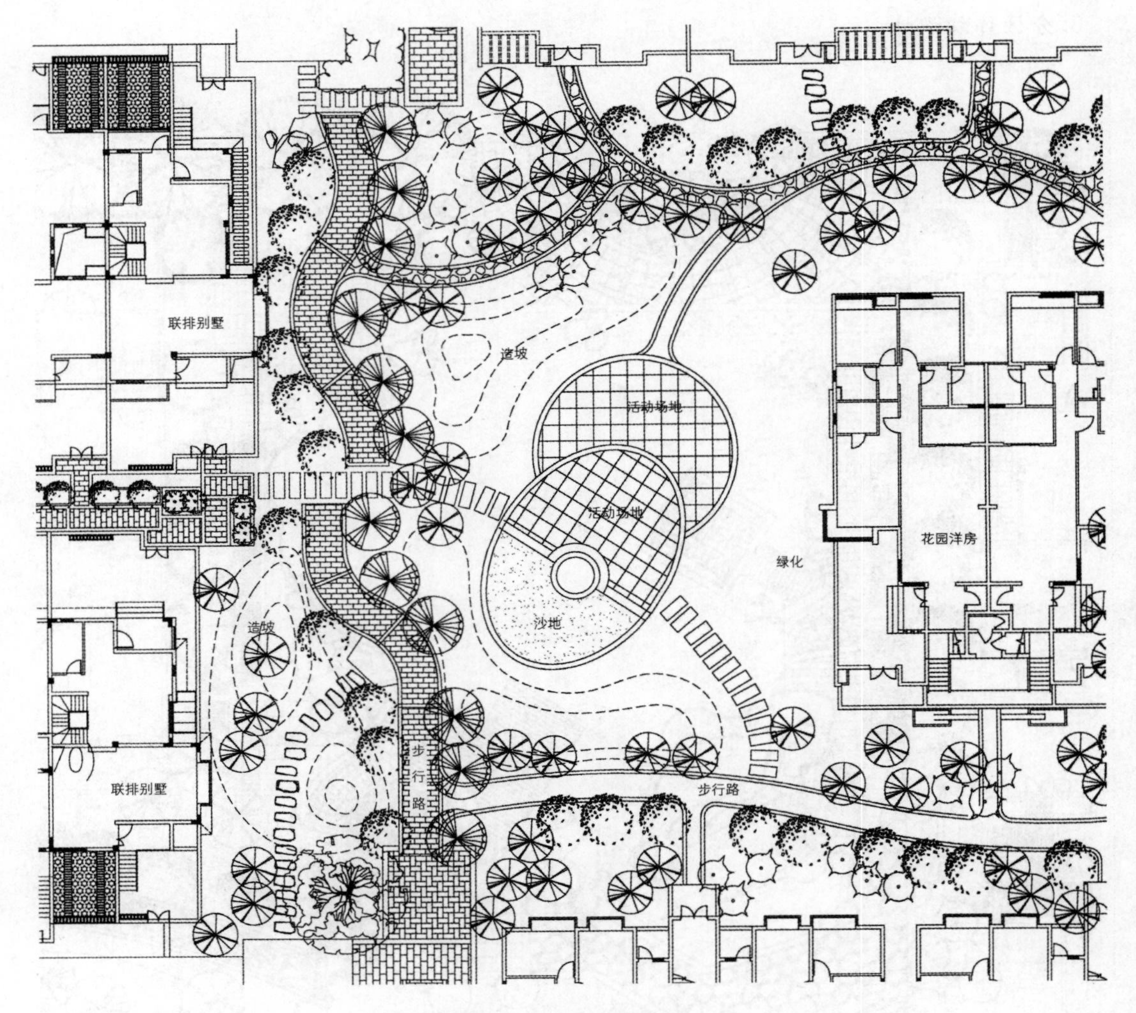

图 7-25　节点设计二

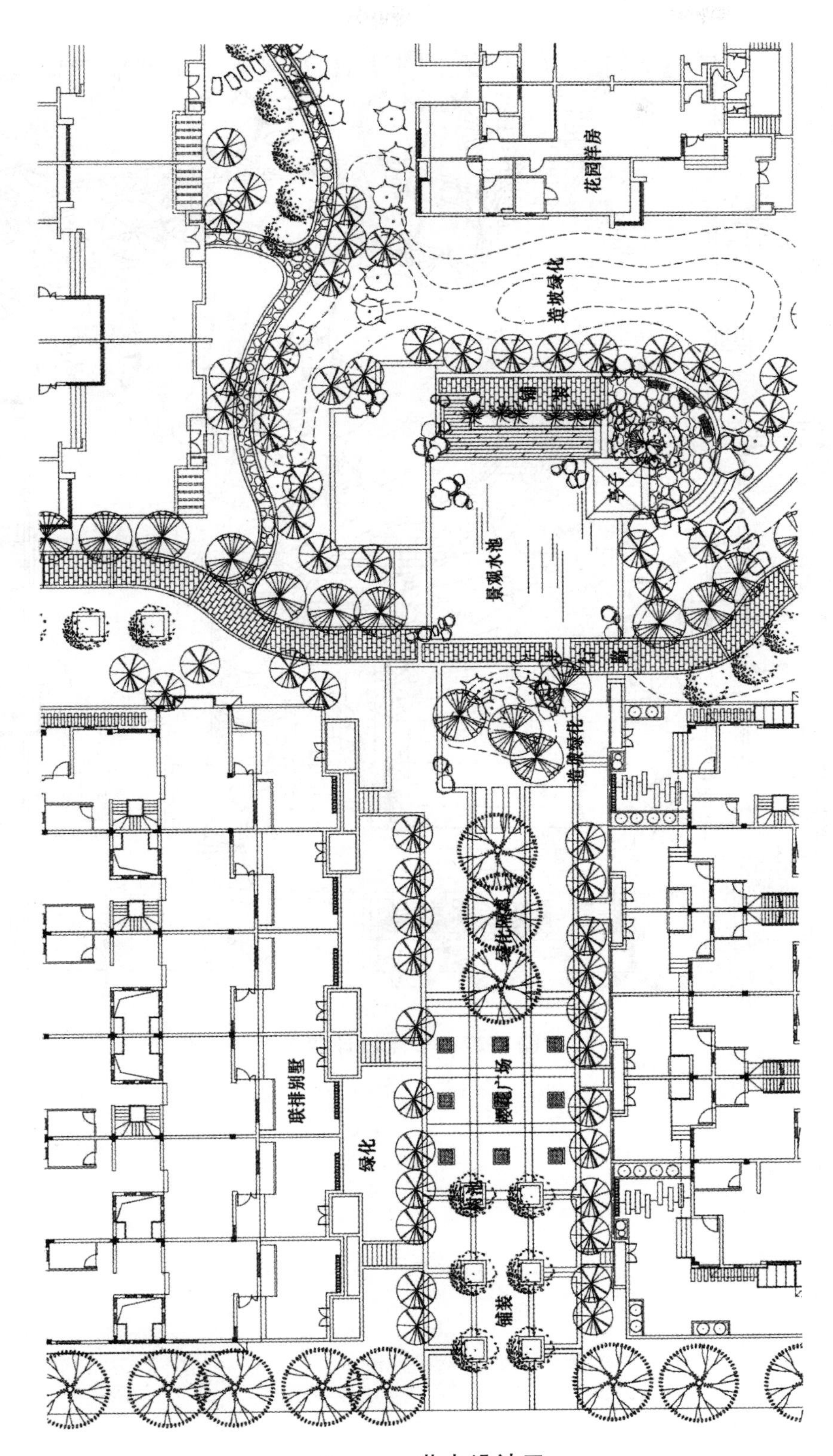

图 7-26　节点设计三

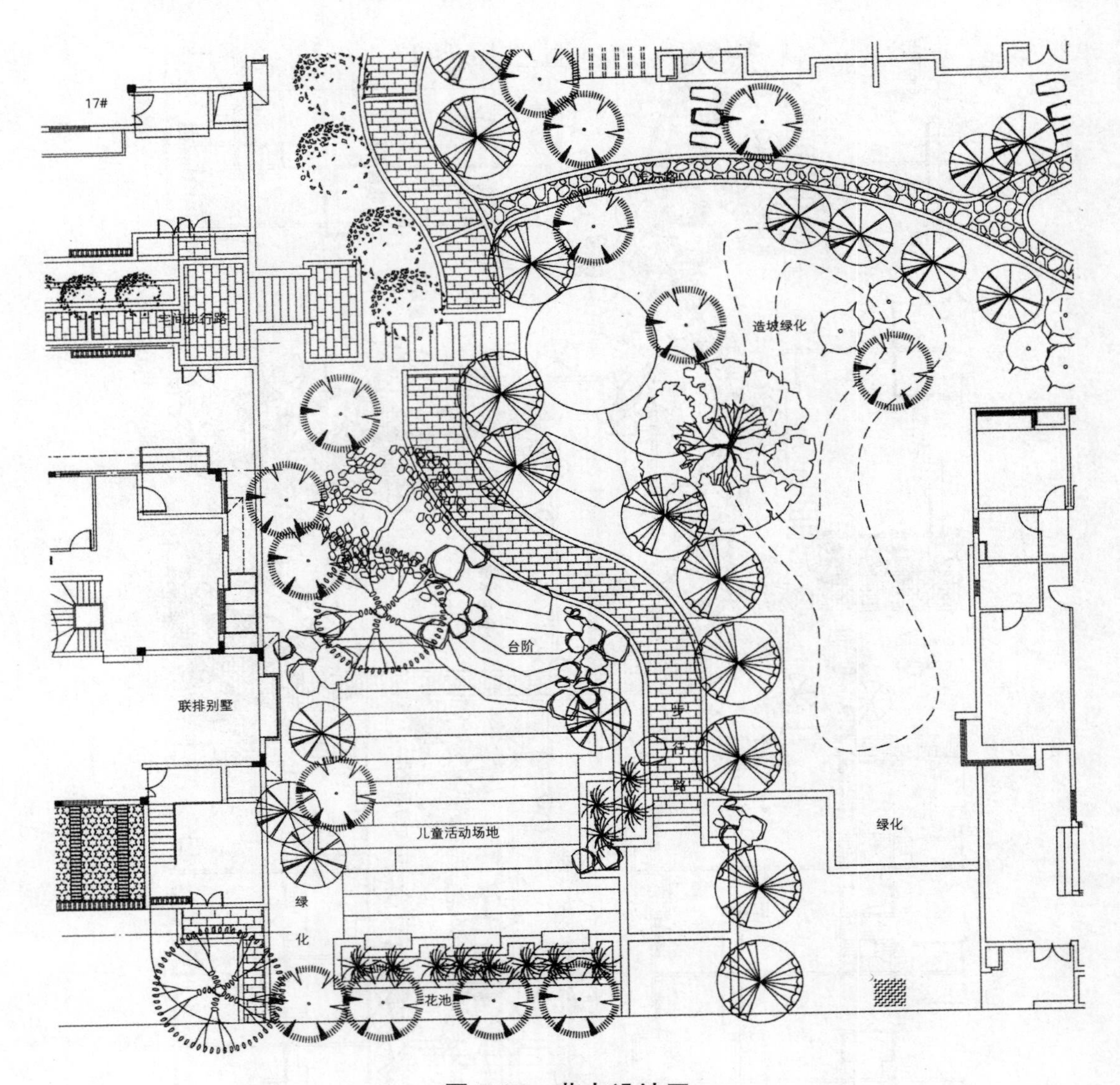

图 7-27　节点设计四

6. 确定植物

表 7-1　植物表

图标	名称	数量（株）	图标	名称	数量（株）	图标	名称	数量（m^2）	图标	名称	数量（m^2）
	香樟	71		红叶李	65		玫瑰	320		云南黄馨	65
	银杏（大）	17		贴梗海棠	69		金丝桃	134		多花蔷薇	74
	银杏	44		垂丝海棠	21		杜鹃	897		花叶蔓长春花	26
	广玉兰	47		垂柳	6		红花檵木	1031		芦苇	18
	金桂	7		五针松	4		金森女贞	447		金钟	16
	桂花	89		碧桃	108		龟甲冬青	404		菖蒲	30
	木槿	49		花石榴	68		大叶栀子	334		紫叶酢浆草	322
	樱花	113		红枫	44		金叶瓜子黄杨	369		红花酢浆草	487
	栾树	15		青枫	33		红王子锦带	481		紫露草	229
	榉树	10		芭蕉	13		法青	192		鸢尾	94
	女贞	32		橘树	9		海桐	320		四季草花	100
	水杉	6		山茶花	99		小龙柏	243		常绿草坪	6217
	朴树	40		红花檵木球	124		阔叶十大功劳	388			
	合欢	15		金叶女贞球	129		南天竺	320			
	杜英	61		海桐球	127		洒金桃叶珊瑚	425			
	鹅掌楸	11		阔叶十大功劳	75		红叶石楠H	205			
	梅花	63		火棘球	88		红叶石楠	344			
	丁香	77		茶梅球	156		红瑞木	211			
	紫荆	74		教顺竹			绣球	301			
	紫薇	87		睡莲	103m^2		紫叶小檗	424			
	散尾葵	1		棕榈	3		八角金盘	433			
				剑兰	65		花叶玉簪	426			

(三)相关数据

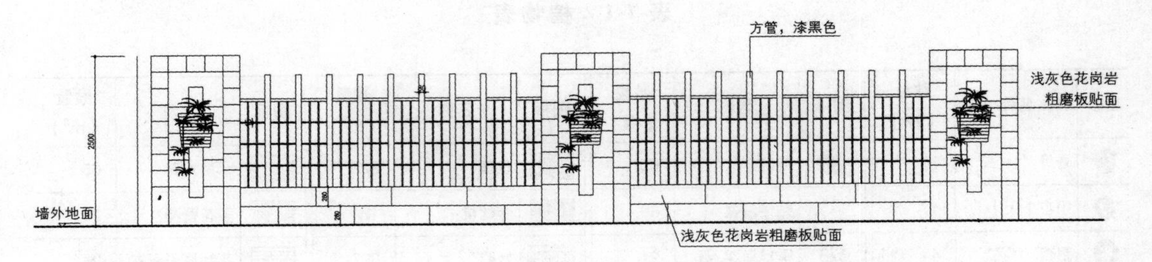

图 7-28　围墙立面

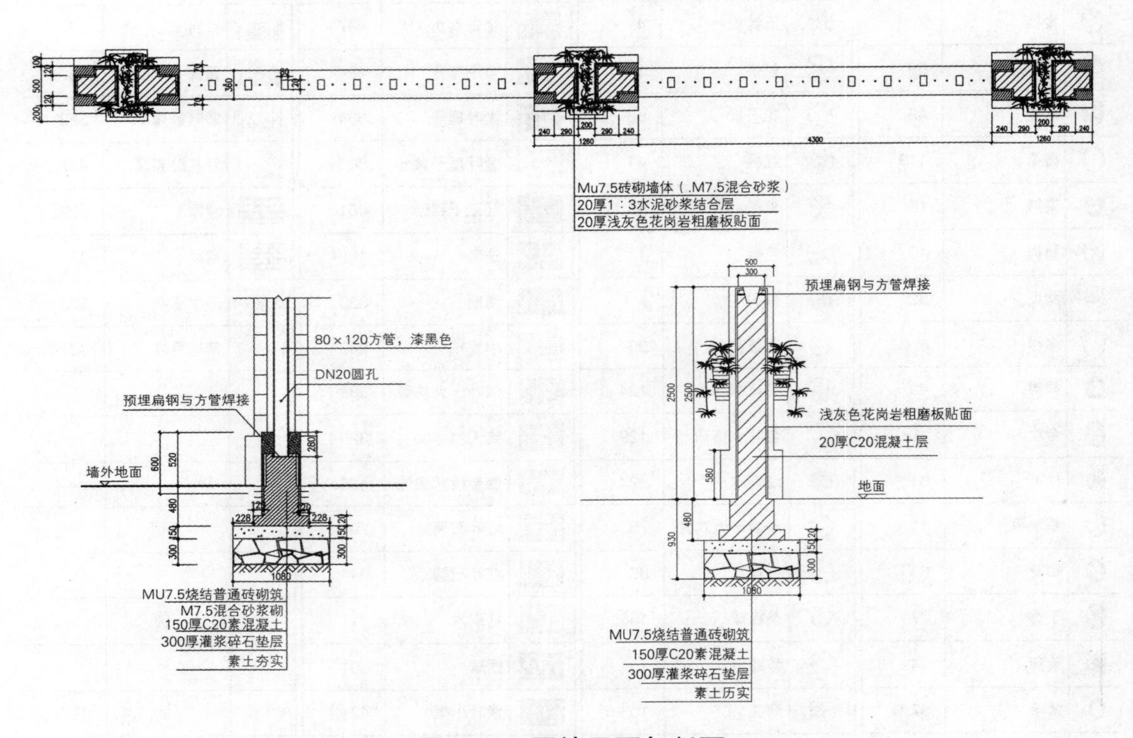

图 7-29　围墙平面与剖面

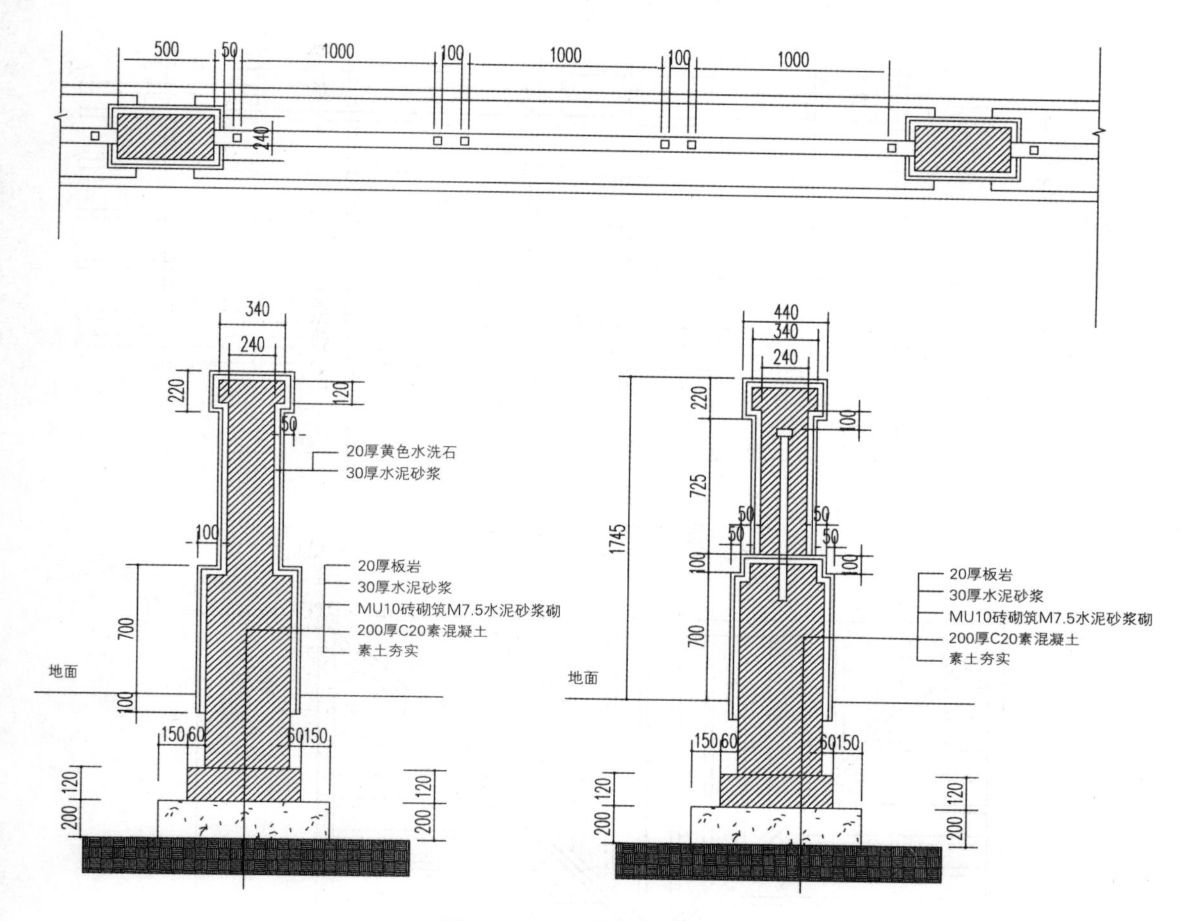

图 7-30 院墙平面与立面

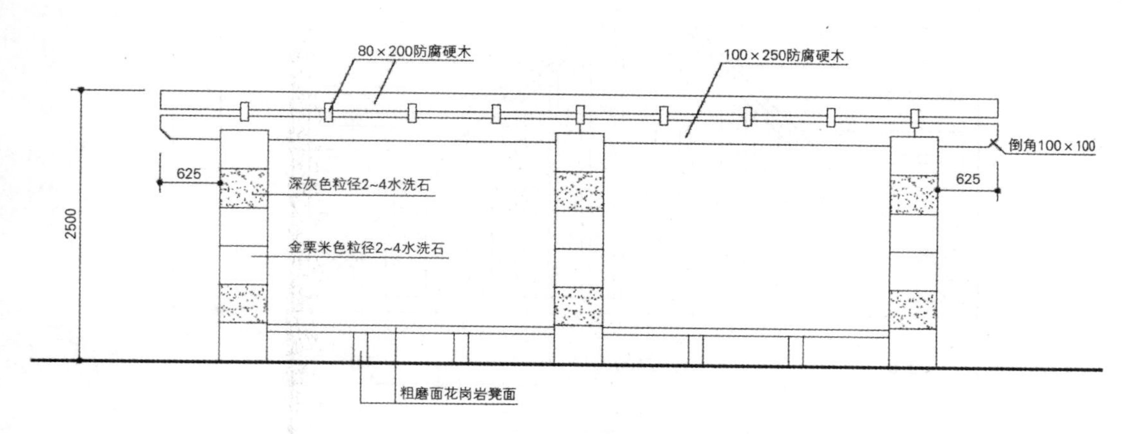

图 7-31 花架立面

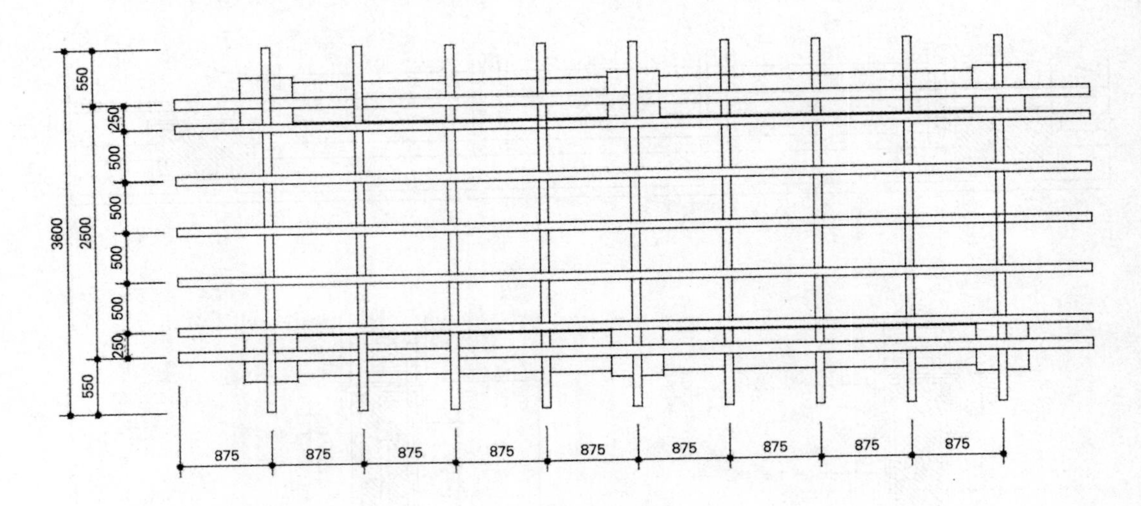

图 7-32　花架平面

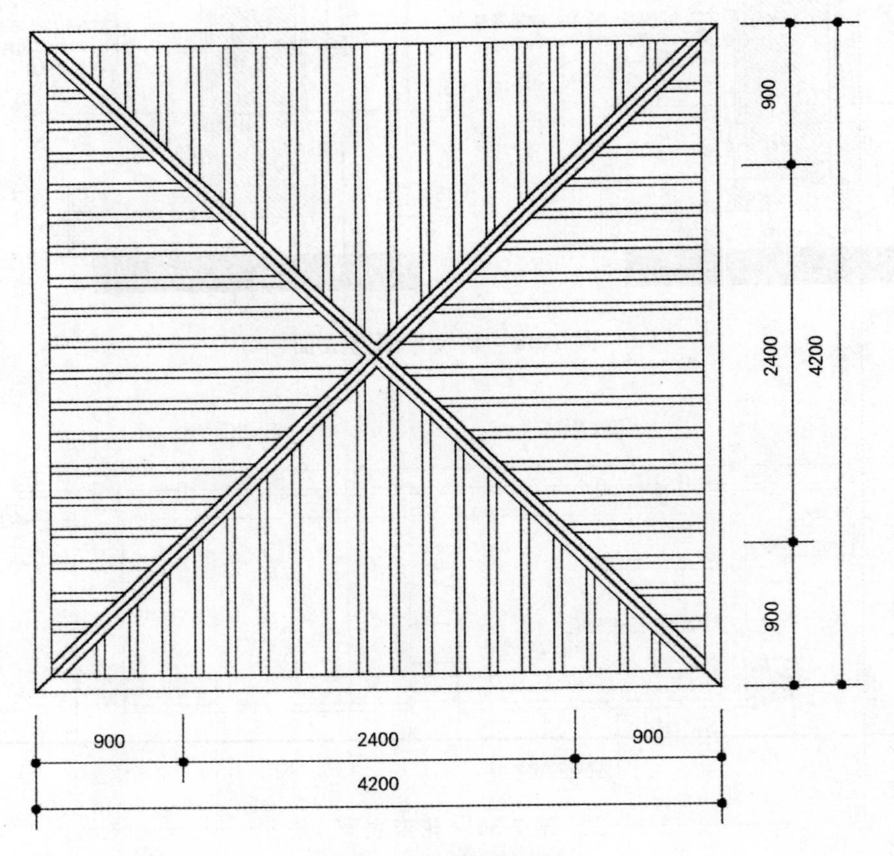

图 7-33　亭子平面

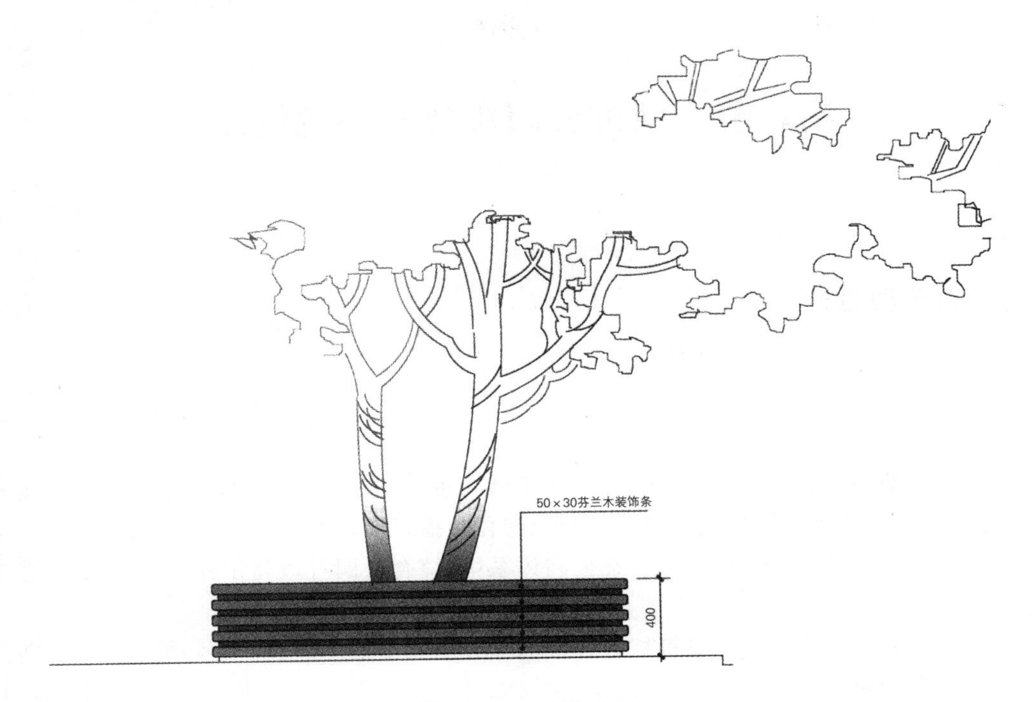

图 7-34　树池立面

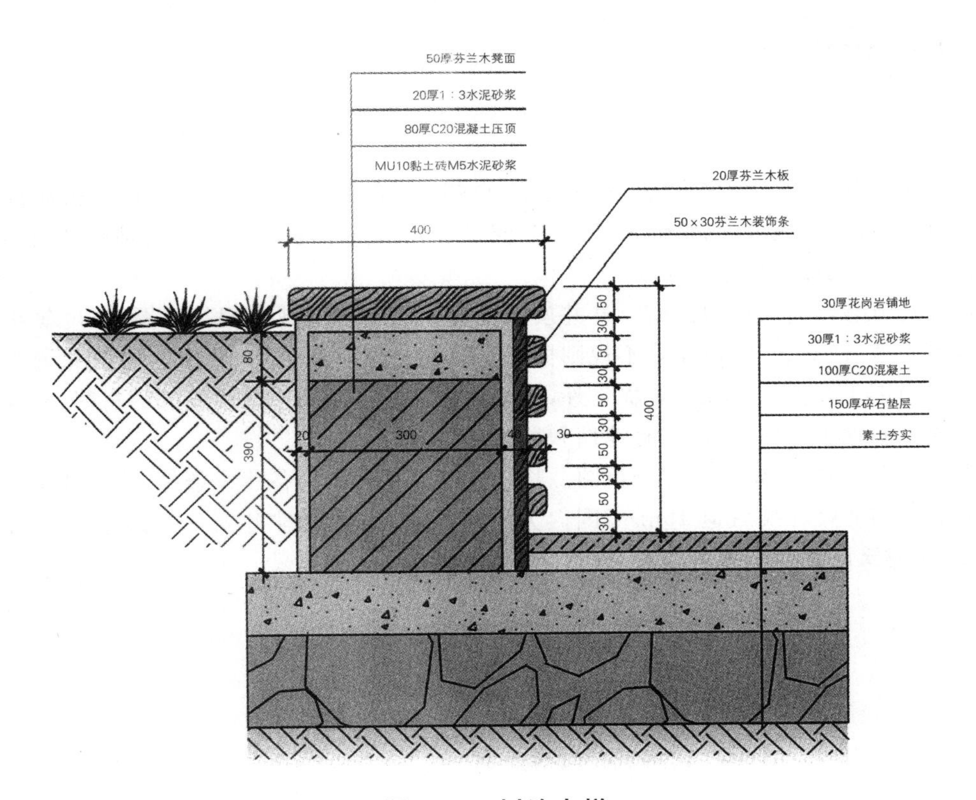

图 7-35　树池大样

第三节　城市公园及公共环境设计

一、综合公园设计

(一)概要

综合公园占地面积大,使用人数多,使用者年龄跨度大,设施设备比较完整。其功能也最为复杂,主要功能包括休闲、观景、生态环保、娱乐、文化传播、游戏、游玩、教育、体育运动等,附属功能包括餐饮、厕所、救助、管理、停车等。在公园体系中,综合公园等级高于社区公园,其服务半径覆盖整个城市或者整个区。

大型综合性公园一般包括休息餐饮区、游戏娱乐区、儿童活动区、管理区、植被绿化区等。必备的设施主要有公园管理建筑、游乐设施、文化设施(博物馆、画廊等)、体育设施、餐饮设施、休息设施、环卫设施、公园指示和标识设施、停车场等。

(二)典型案例设计过程

1.调查

本案例为长江边上一处公园,总面积约 $200000m^2$。经过与委托方交流,确定公园性质为综合性公园,满足周边居民日常休闲、游憩需求,同时该公园应体现文化特色,建造一条民俗文化老街,进行民俗文化用品的制造和买卖。

确定委托方意图后,进行现场调研,并按照地形图制作了基地高程等级图、坡度等级图。基地东临城市干道,西靠长江,总体呈不规则梯形。地块地形基本平坦,西南侧和西北侧有凸起的石山。基地西部 1/3 位于长江防波堤之外,地面均为江砂。基地中部为废弃的村落,建筑基本没有保留价值。基地东部地势低洼,有池塘和植被(图 7-36)。

根据地块条件,制作建设条件分析图。长江防波堤之外不具备建设条件,故划分为滨江非建筑区。地块东侧道路红线后退 15m 范围内为城市绿线范围,为非建筑区。凸起的石山坡度较陡,为坡地非建筑区。其他为可建设区(图 7-37)。

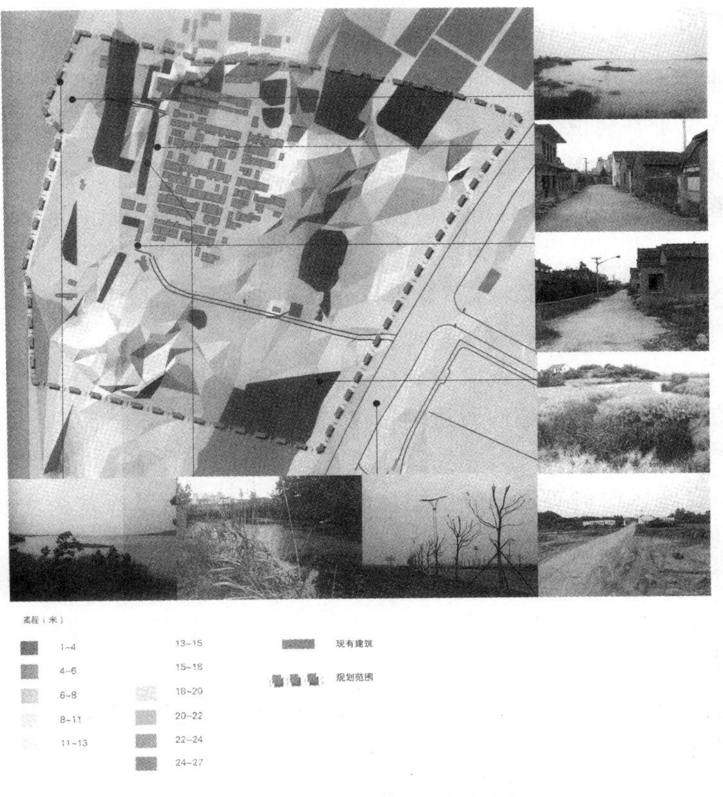

图 7-36　基地现状条件图

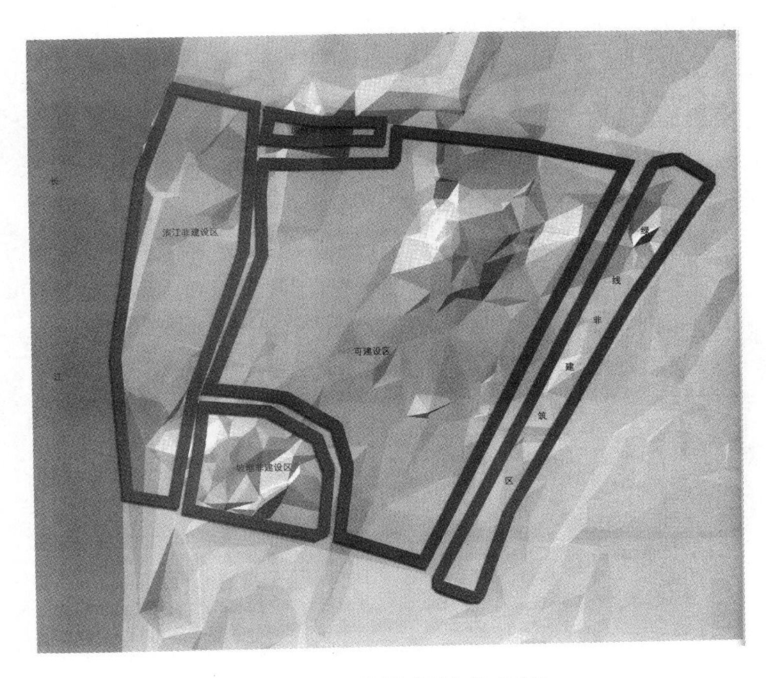

图 7-37　建设条件分析图

2. 确定功能布局

根据地块条件和委托方意图，规划八个功能区。

入口与服务区位于基地位于东侧偏北，紧靠城市道路，主要承接从北向南而来的人流。该区包括主入口、临街商铺、售票点、停车场和接待服务大厅。

基地东侧临道路的部分和北侧，布置绿化隔离区，通过高密度绿化降低周边道路和建筑对公园的干扰。

入口与服务区以西为老街文化区，布置步行一条街，主要进行文化制品、民俗工艺品、当地特色食品原材料的销售和制作。内部设置当地小吃食肆。

基地中部偏东南布置园林会所配套设施区，主要提供餐饮、住宿、会议服务。主体建筑为西北、东南走向，目的是使房间尽量朝向西边的长江，实现视野的开阔。园林会所配套设施区东南临道路处布置次入口。

园林会所配套设施区西侧布置户外主题休闲娱乐区，主要为以观赏为主要功能的四季性花卉主题园，方便会所和老街利用者用餐后或者购物后休闲散步。

通过景观河道将园林会所配套设施区、户外主题休闲娱乐区与老街文化区、入口区隔开，从而避免老街上游人过多对会所环境造成干扰。结合水主题布置相关活动，如垂钓、划船项目，形成水主题文化休闲区。

基地南部有陡坡石山，设置苑林区。山上最高点设置茶室，可以观赏江景。

防波堤以外部设置建构物，江边布置栈桥码头，可进行江面游览。沿岸线设置游步道和临江广场，形成码头区和滨江文化散步区(图 7-38)。

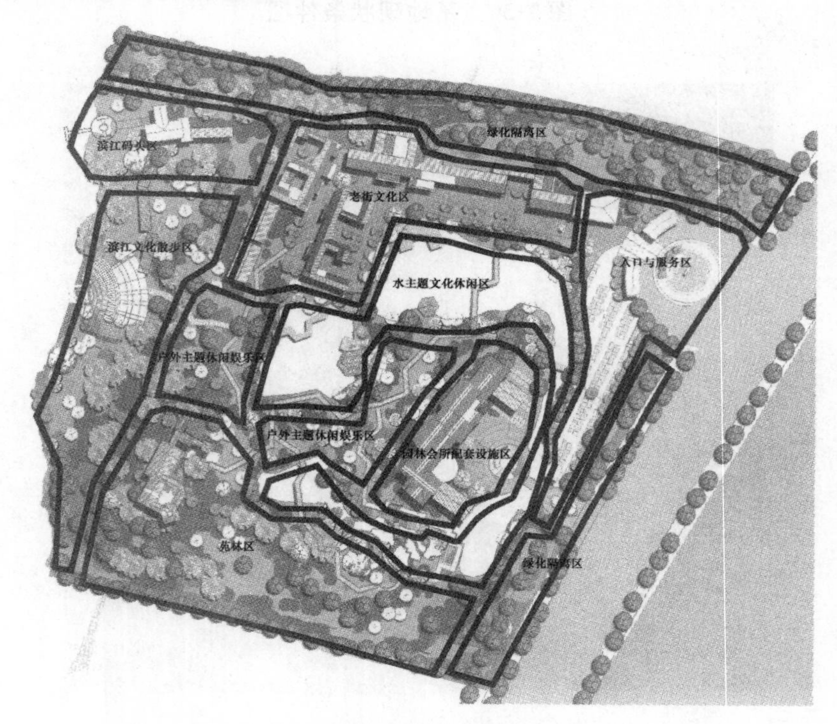

图 7-38　功能分区图

3. 确定游线布局

主入口至步行一条街、次入口至园林会所建筑，形成主要人流线路。其他次要人流线路贯穿各个功能区（图 7-39）。

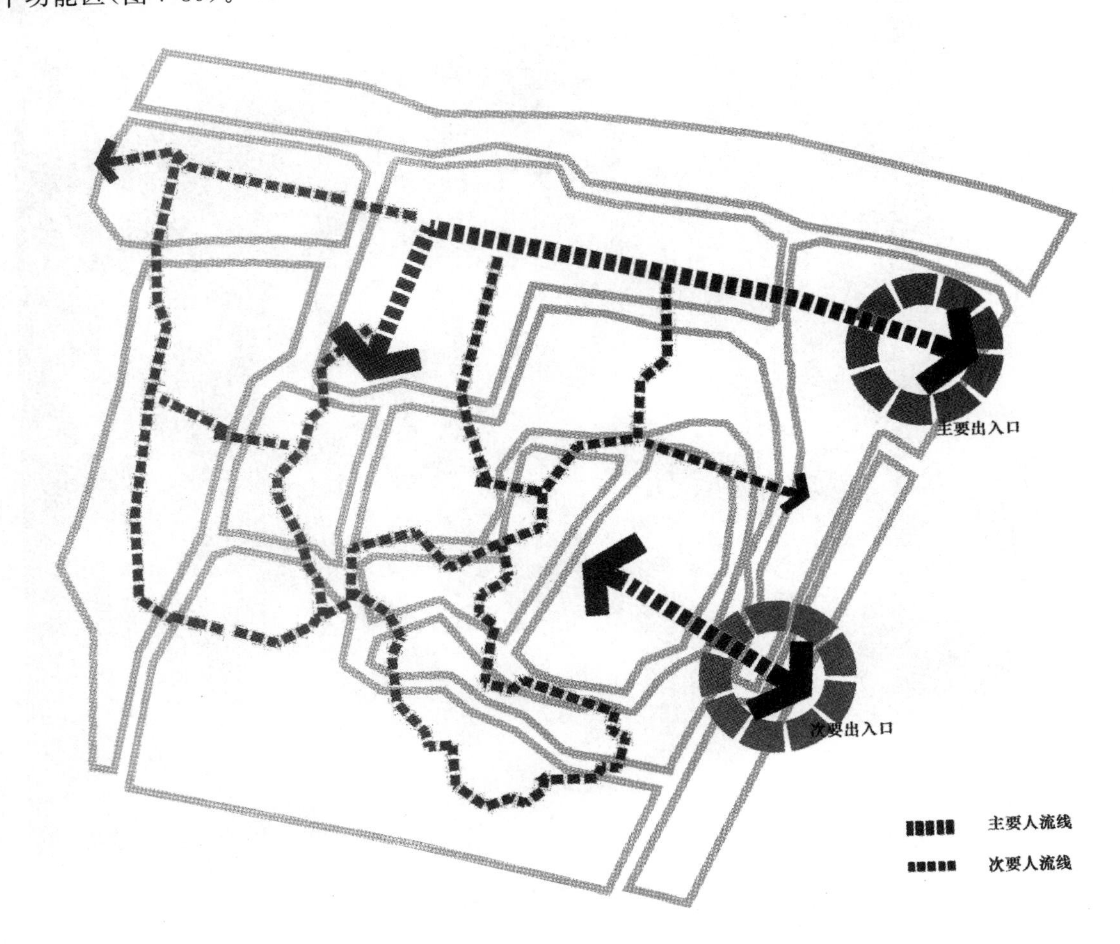

图 7-39　结构与游线图

4. 确定方案

图 7-40　方案平面图

二、广场设计

(一)概要

早在古希腊城邦时期,广场就成为城市中进行集会、举行庆典的场所。现代社会中,广场依旧是城市中不可缺少的组成部分,但是功能大大地拓展了。随着城市的日益发展,广场作为重要的开放空间,提供了集散、交通、集会、仪式、游憩、商业买卖和文化交流的功能。根据所承担的功能,广场大致分为市民广场、交通广场、纪念性广场、商业广场、街道广场、建筑广场等(表 7-2)。

表 7-2　广场功能和位置

分类	功能	位置
市民广场	集会、交流、公众信息发布、公共活动、游玩、休闲	城市中心、商业中心、居住区中心、居民容易聚集处、人流量大的城市节点
交通广场	疏散、组织、引导交通流量，转换交通方式	车站前、交通换乘处
纪念性广场	举行庆典活动和纪念仪式	具有重要政治意义的建筑物前或者具有政治、历史意义的场所
商业广场	商品买卖、休闲娱乐、人流集散	商业区的节点
街道广场	行人休息、交谈、等候的场所	道路节点
建筑广场	会谈、交流、标识	建筑前

(二)典型案例设计过程

本案例为某历史名城新火车站站前广场景观方案设计。火车站站前广场景观建设是新火车站改扩建工程的配套工程，方案设计范围由站房南、北广场组成。

1. 调查

首先对现状进行调查分析。该火车站地区是城市门户，但其整体形象未能充分体现经济发展和历史文化名城的特色。火车站设施已经较为陈旧，交通组织比较混乱，环境质量也有待改善和提高。环境方面存在脏、乱、差的特点，外来居住人口占较大比例，棚户建筑、农村住宅、城市小区、工厂、学校等建筑混杂布置。市政、交通条件均处于城市中较低水平，道路交通尚不成系统，市政配套设施不全。此外，该地区水系较为丰富，绿化较好，但这一景观资源未得到充分利用。

充分利用现状水系，加强与环城河的联系，并延续城一水格局，是本次景观设计的重点。用地总面积为 $63000m^2$(图 7-41)。

2. 确定设计原则思路

本设计应遵从整体性、生态性、创新性原则，以及布局优化原则。

注重广场景观设计与火车站，以及站前建筑群的呼应和协调。滨水地区的景观设计要充分彰显区段特色，强化广场空间的围合感，形成整体性的景观风貌。

延续城市文脉和肌理，重视开放空间和水系绿地的整合，塑造特色空间。

该区段内人流、物流量都很大，噪声污染严重，城市环境较差。因此，统筹绿化规划布局，合理选择植物种类、种植和方式，形成层次和内容丰富的绿化景观，凸显该市的地方特色和城市个性，同时改善地区生态环境。

广场设计强调以硬质景观为主，方便人流的集散。

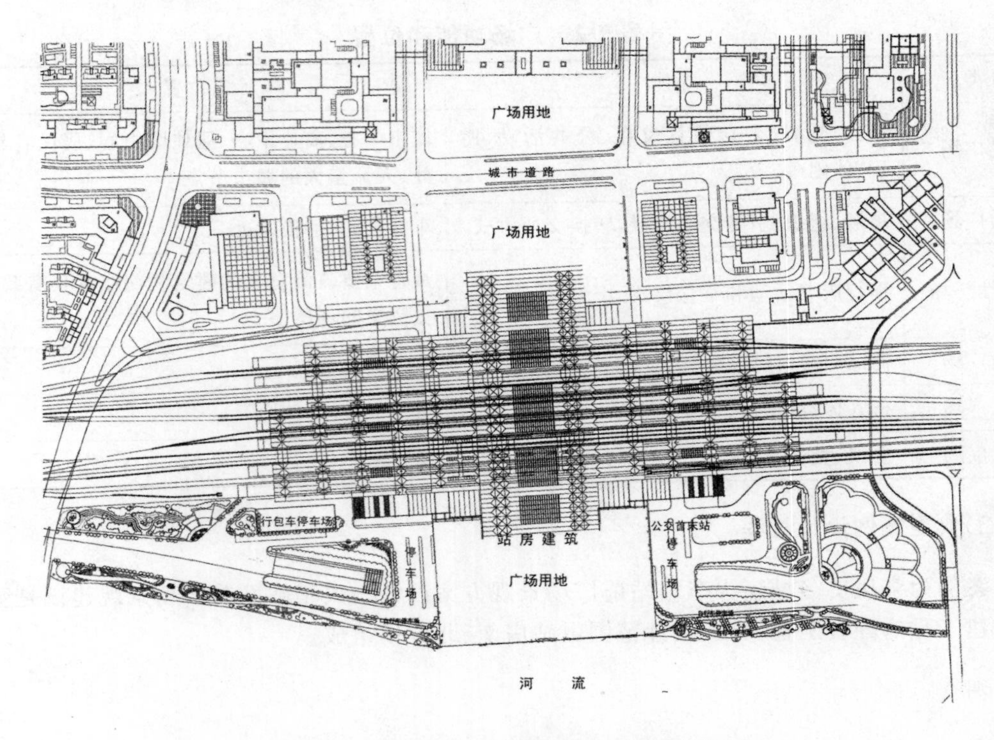

图 7-41 火车站站前广场现状条件图

3. 确定设计目标

充分把握火车站改造所带来的发展契机，依托站前广场及滨水地区的建设，通过景观的塑造提升城市品位，展示良好的城市门户形象。

满足火车站进出旅客的集散、交往和休闲需求，形成高效率、风景优美、功能组织合理的广场空间。充分发挥交通枢纽、景观节点和绿色生态廊道的功能。

延续古城文脉，形成古今交融的门户性开敞空间。

4. 功能布局

由于用地面积大，因此根据相关规划和建筑性质，将设计区划分为三个功能板块，分别是景观广场区、交通广场区、休闲广场区。每个板块侧重功能有所不同。

景观广场区位于站房建筑南，是纯步行区域。南临环城河，与河对岸的历史城区遥遥相望，将其定位为展现城市景观特色和火车站风貌的区域。在西南设置两处水上旅游码头，形成水上旅游接待服务中心。

车站旅客主要从北侧而来，因此站房建筑北侧的步行区域设置为交通广场区，未来将主要承担旅客集散功能。

休闲广场区位于交通广场区以北，周边多为商业办公建筑，结合周边建筑功能，为旅客及市民提供休闲休息的空间。

步行广场两侧为停车场区，主要为公交车、出租车、自行车、长途客车等提供车辆停放场所，便于人流的疏散。

其他绿化地带为休闲绿地，满足旅客、游客的休闲游憩需要，同时兼顾美化环境和净化空气的功能（图 7-42）。

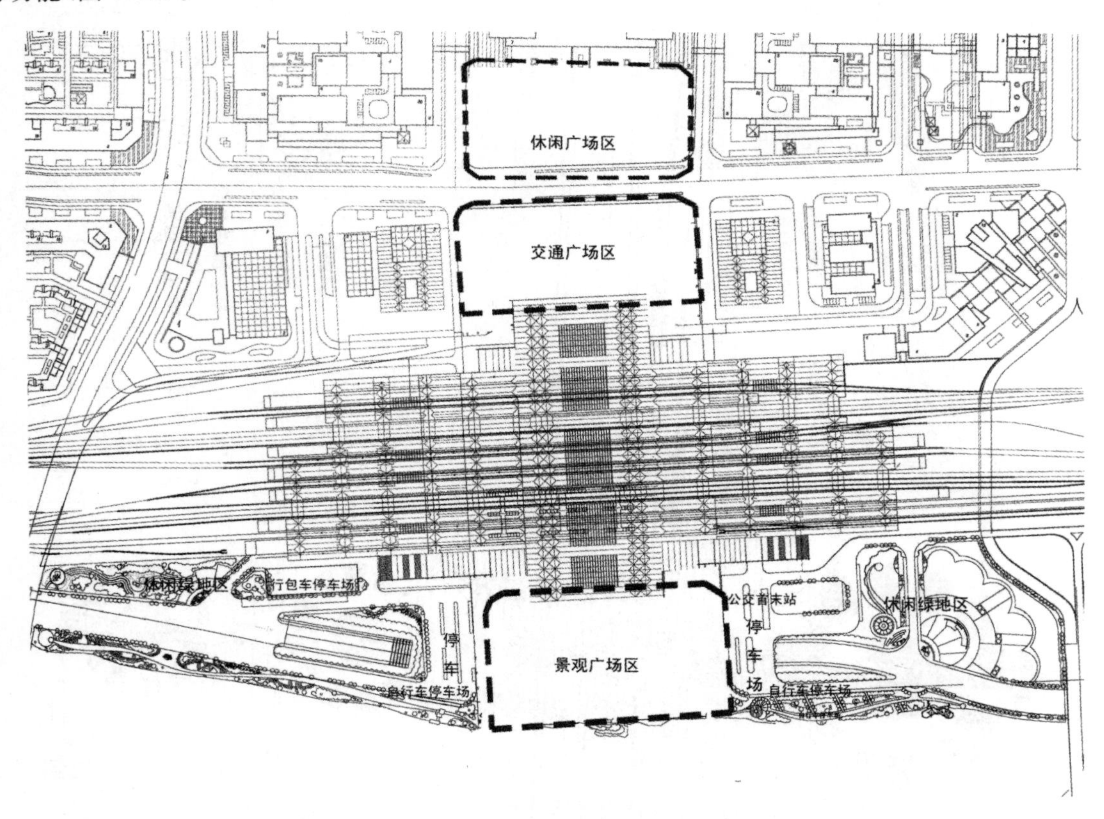

图 7-42　火车站站前广场功能布局

5. 景观结构

景观结构形成“一纵两横、三主两次”的结构。

休闲广场内设置下沉广场，交通广场内设置旱喷，景观广场南端设置滨水展望台，形成三处主要景观节点。两侧休闲绿地人流汇集处形成次要景观节点。

纵向景观轴连接三处主要景观节点，形成本区的景观中心轴线。

结合水上码头、观景台以及次要节点，形成两条次要横向景观轴线，将景观广场和两侧绿地有机联系起来。

一纵两横三条轴线，将五处景观节点连接成景观系统（图 7-43）。

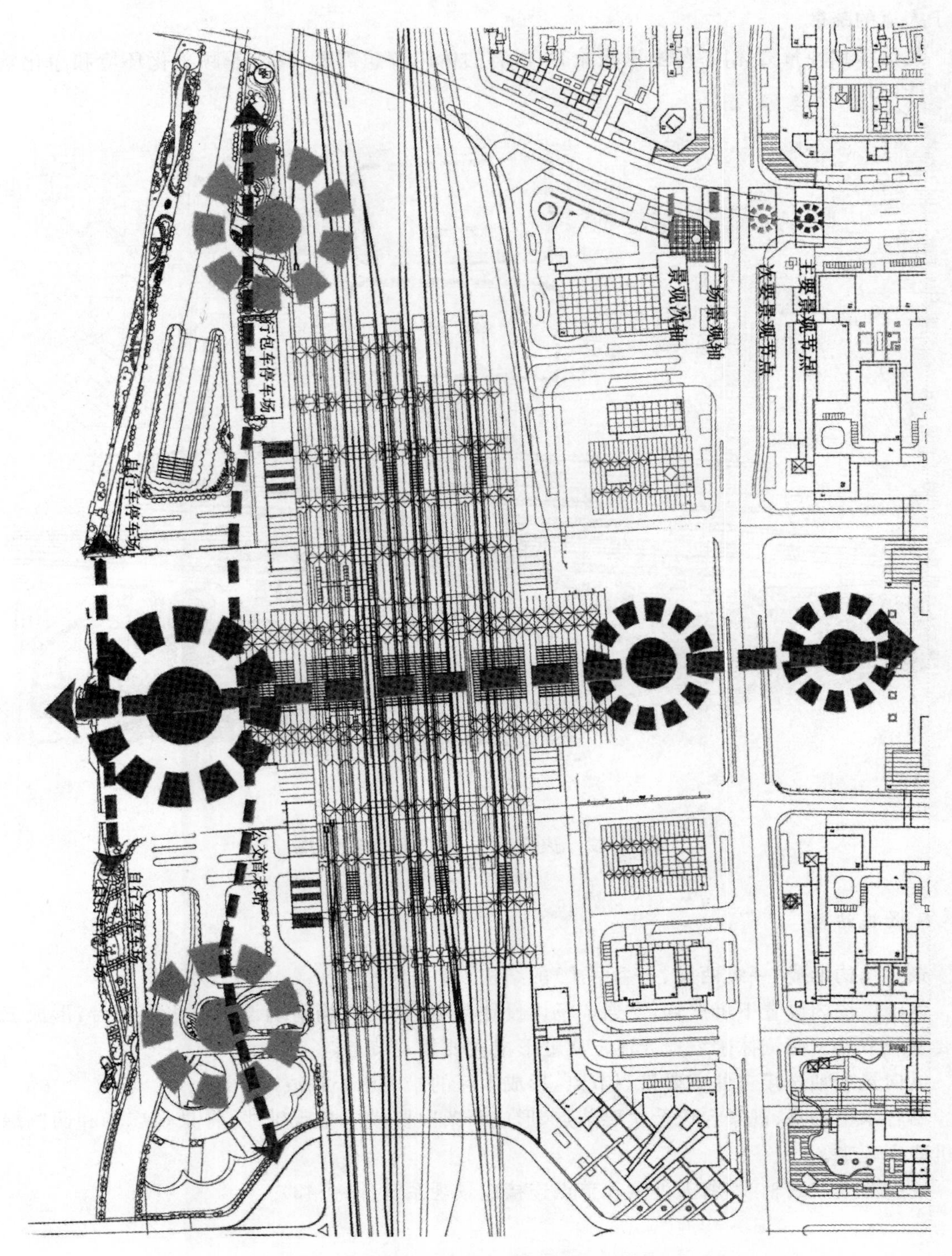

图 7-43　火车站站前广场结构图

6.确定方案平面

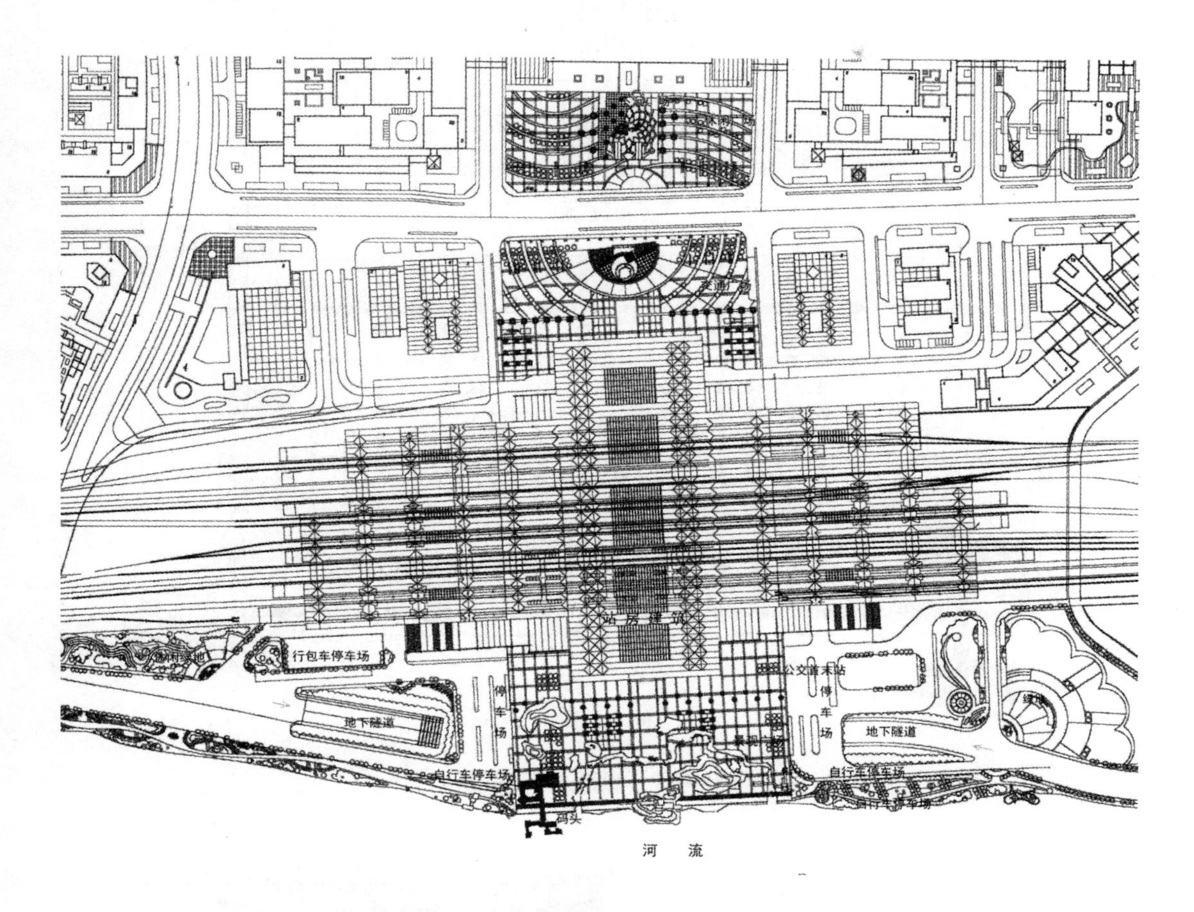

图 7-44 火车站站前广场方案总图

7.详细设计

(1)景观广场详细设计

景观广场位于站房建筑与河流之间,功能以疏散人流、观景、游憩、休闲、展示城市风貌为主。详细设计注重对地域文化的传承,体现江南水乡意境。引河流之水到广场形成飘带水系,形成湖、河、水乡、丘陵的景观意境。

景观广场西南端设计水上码头,码头建筑为古典中式风格,采用回廊结构,配置中庭花园,沿着廊空间布置咨询、宣传、售票、管理、候船、休息等功能,廊建筑延续到河流上,形成栈桥(图7-45至图 7-48)。

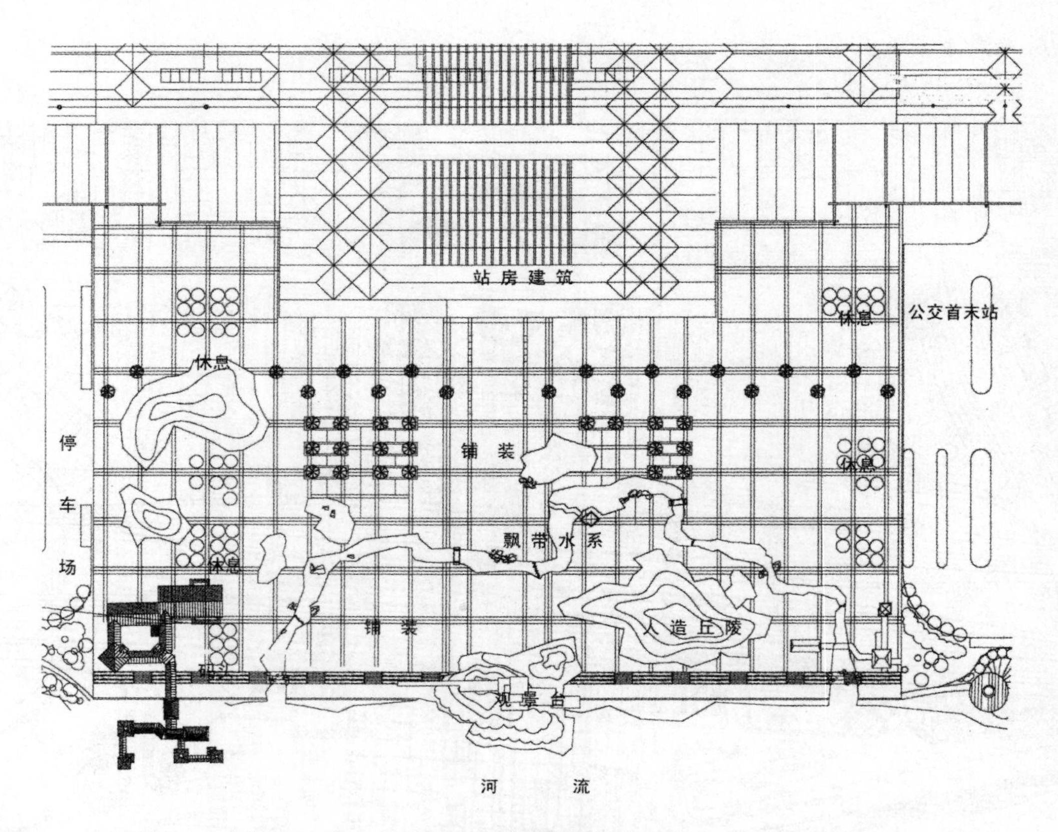

图 7-45　景观广场方案

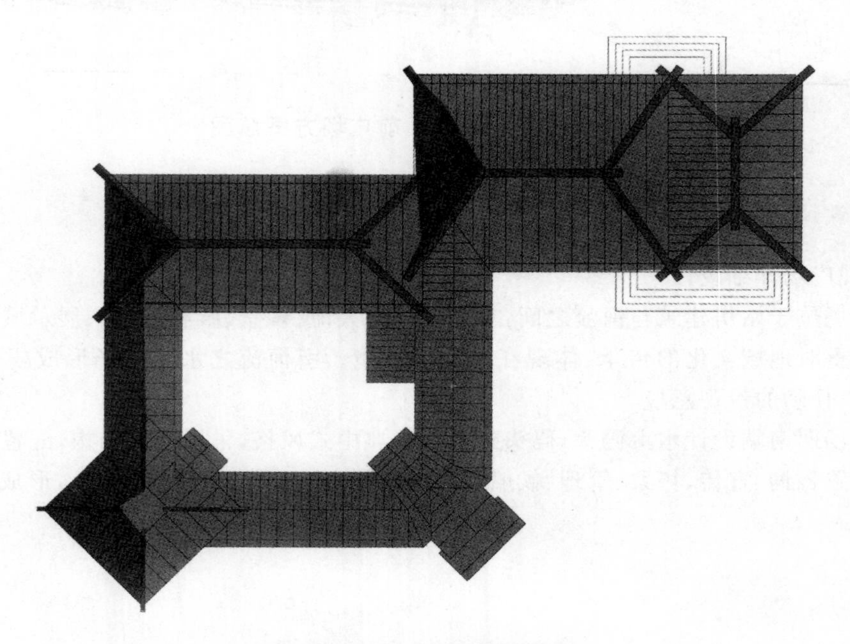

图 7-46　码头建筑顶面图

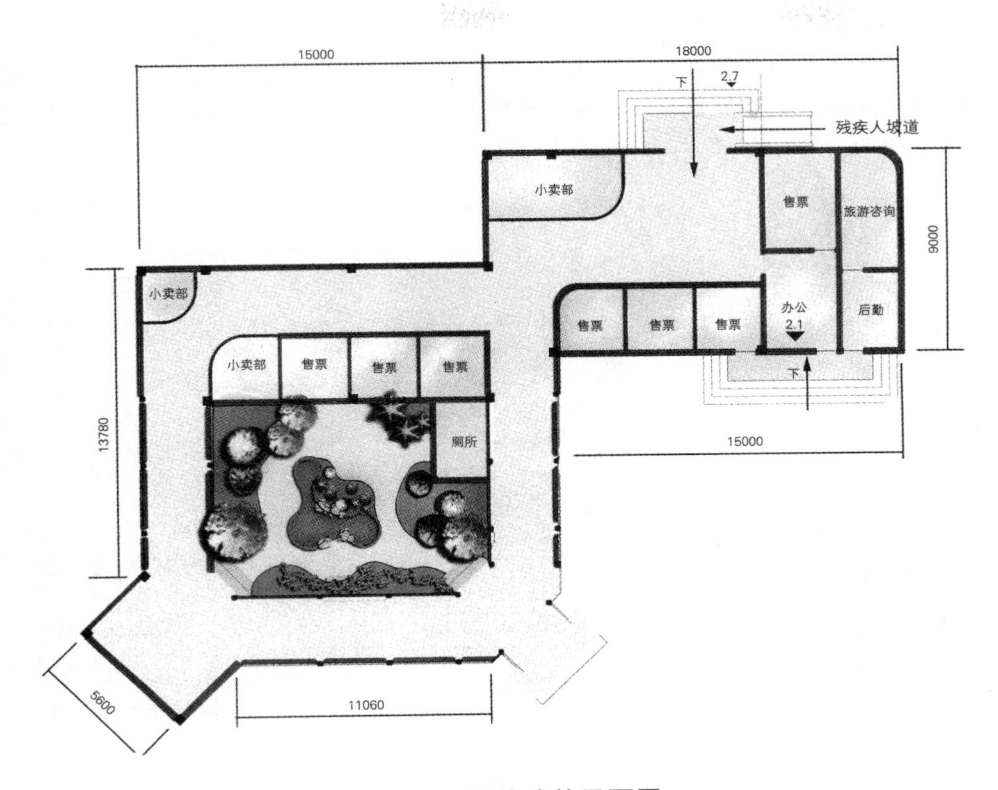

图 7-47　码头建筑平面图

图 7-48　景观广场鸟瞰图

(2)交通广场详细设计

本广场是人流进出火车站的主要场所,以硬质铺装为主。广场铺装以波浪形和几何形为主,草坪、灌木、乔木形成立面绿化效果。广场北端中央设置旱喷广场,其中间套一绿岛,作为景观节点(图 7-49 至图 7-51)。

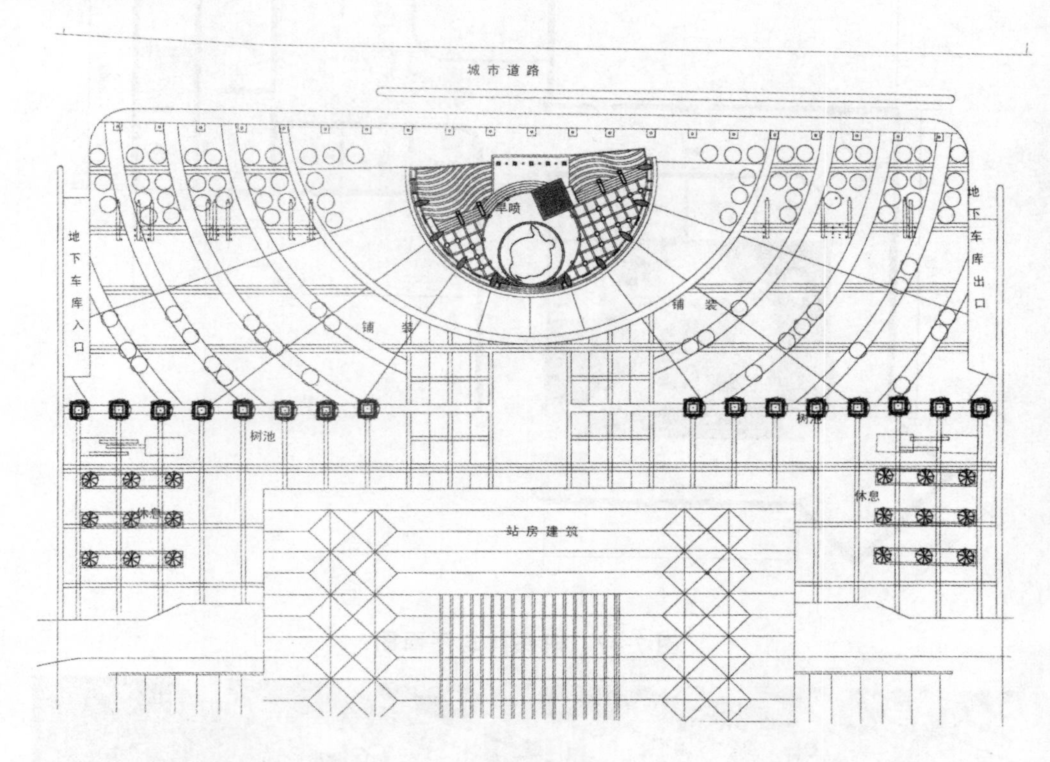

图 7-49　交通广场详细设计

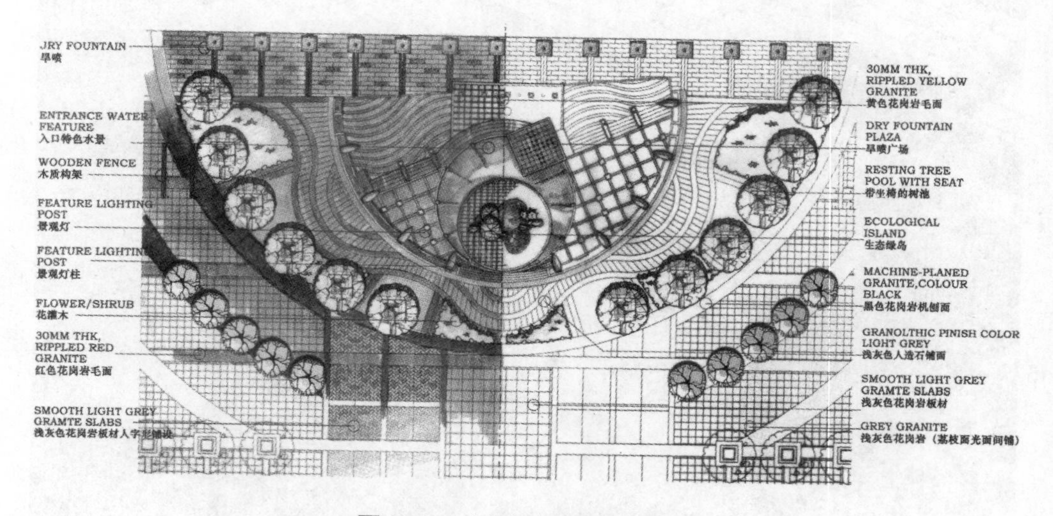

图 7-50　旱喷广场详细设计

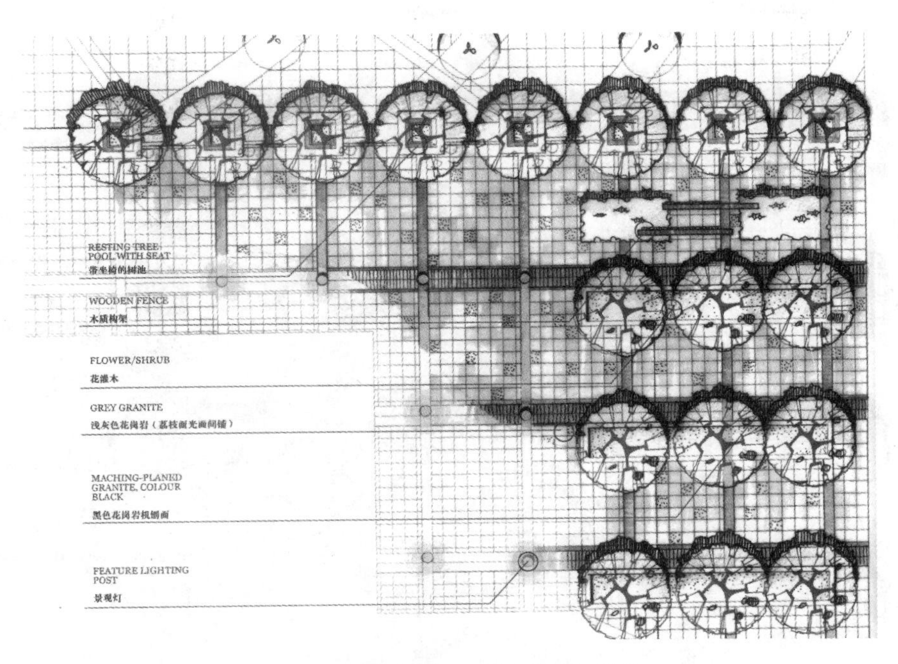

图 7-51　交通广场局部详细设计

(3)休闲广场详细设计

休闲广场主要为周边商厦内工作人员、市民、旅客提供休闲、交流空间。广场地面以下为地下商业设施，因此设置下沉广场作为地下、地面人流交点。本广场由景观广场比较浓郁的地域文化风格过渡到现代风格，注重现代元素的利用(图 7-52 至图 7-55)。

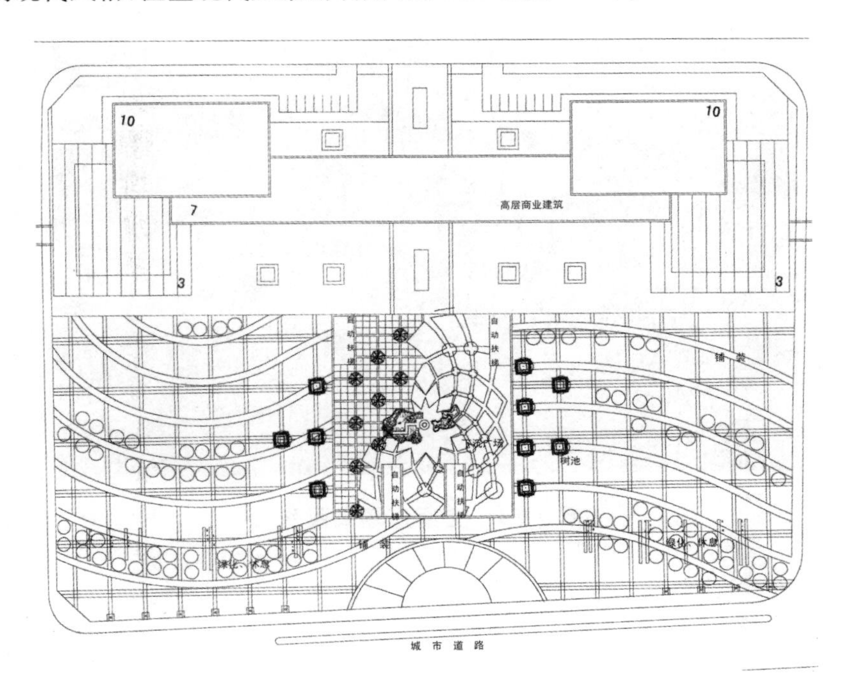

图 7-52　休闲广场设计

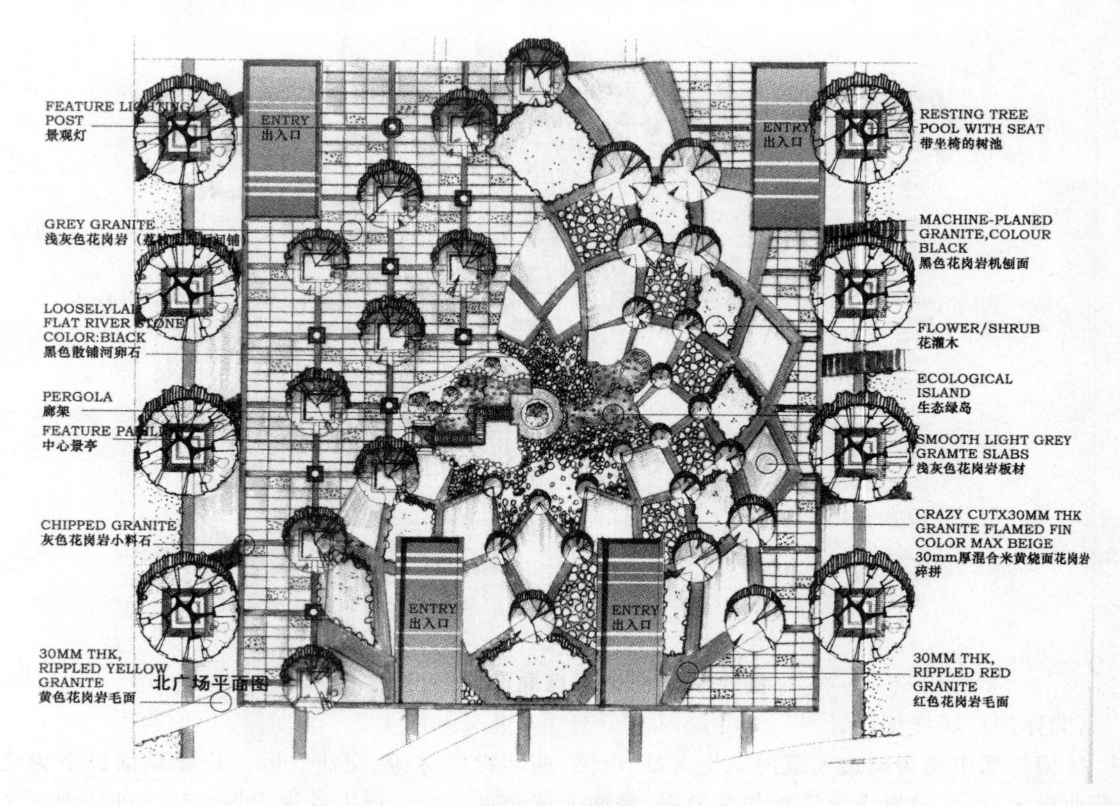

图 7-53　下沉广场详细设计

图 7-54　交通广场鸟瞰图

图 7-55　火车站广场全体鸟瞰图

第八章　景观设计指导与实践

第一节　景观设计思维与方法

一、景观设计思维

(一)创造性思维方法

创造性思维不同于一般的理性思维或逻辑思维方式,也较多地借助于形象思维的形式。但形象思维并不是绝对否定抽象或逻辑思维,而是以“形象”为主要思维工具的同时,通过理性、逻辑为指导而进行的,是从感性形象向观念形象或理性形象升华的过程。就创造性思维的方式和结果而言,只要思维对象、采用的方式、材料是新颖的,我们都称之为创造性思维。

创造性思维不同于一般性思维的基本特性,它具有独立性、流畅性、多向性、跨越性、创造性思维是设计方法的核心,贯穿于设计的始终,可分为形象思维与概念(抽象)思维、直觉思维与分析思维、发散思维与聚合思维、正向思维与逆向思维等多种不同的方式。

1. 抽象思维

抽象思维是运用抽象概念进行设计思维的方法,较偏重于抽象概念,是以表象的一定条件为基础构成的,并可脱离于表象,是一般包括个别。抽象思维的概念,偏重于普遍化,概括的普遍化结果,是形成理论的范畴。设计中的归纳演绎、分析和综合、抽象和具体等形式,都是抽象思维的常用方法。当形象思维能力达到一定阈限,而抽象思维能力突出时,才能产生创造性思维;抽象思维和形象思维能力都不突出时,不可能产生创造性思维。

2. 形象思维

形象思维就是以感觉形象作为媒介的思维方法,即运用形象来进行合乎逻辑的思维。其特征:一是形象性;二是逻辑性;三是情感性;四是想象性。想象性是其根本性特征。因此形象思维是一种典型的创造性思维,称设计思维,是一种对生活的审美认识:审美认识的感性阶段,是对生活的深入观察体验发现美,得到关于现实中美的事物的表象;审美认识理性阶段,则是审美意识充分发挥主观能动作用，将表象加工成内心视象，最后设计出审美意象。当抽象思维能力达到一定阈限，而形象思维能力突出时，才能产生创造性思维。当形象思维和抽象思维能力都达到一定高度时，是创造性思维最理想的境地，也是最突出的设计思维。

3. 灵感思维

灵感思维是借助于某种因素的直觉启示，诱发突如其来的创造灵感，及时捕捉灵感火花，得到新的设计和发明创造的线索、途径、产生新的结果。灵感思维还可细分为寻求诱因灵感法、追捕热线灵感法、暗示右脑灵感法、梦境灵感法等。灵感思维是一种把隐藏的潜意识信息以适当形式突然表现出来的创造性思维的重要形式。

4. 发散思维

发散思维是从一个思维起点，向许多方向扩展的设计思维方式，也称求异思维或辐射思维。如小小的一把美工刀，看起来只能用于切割、裁削，但从发散思维的角度看这把美工刀，就可举出其应用于生活、学习、游戏、工作、运输、施工等各个方面的无数用途。发散思维具有流畅、变通、独特三个不同层次的特性。积极开发发散思维的能力，需克服若干心理误区：一是思路固定单一模式的误区；二是明显陷入错误的歧途而不可自拔。这就需要抛弃错误结论，迅速进人新的思考。要准确把握与判断发散思维可能成功与否，需要广博的学识和善于吸收多种学科的知识，厚积薄发，广开思路，有意识地促进发散思维突破的契机。

5. 再造想象与创造想象

想象是对记忆中的表象进行加工改造形成新形象的过程。通过想象，把概念与形象、具体与抽象、现在与未来、科学与幻想巧妙地结合起来。再造想象是根据别人对某一事物的描述而产生新形象的过程。在创造活动中，人脑创造新形象的过程称为创造想象。创造想象比再造想象具有更多的创造成分，是创造性思维活动中最主动、最积极的因素。通过创造想象可弥补事实链条上的不足和尚未发现的环节，甚至可以概括世界的一切。设计师的每一种理论假设和设计方案都是想象力得以充分发挥的产物。

6. 逆向思维

逆向思维称“反向思维法”，即把思维方向逆转，用和常人或自己原来想法对立的，或与约定俗成的观念截然相反的设计思维方法。比如火，通常观念用的灶具只能是金属与陶瓷的容器，能耐火烧烤；纸，是易燃的，设计史上没有人用纸作灶具的。“纸”不容于“火”是约定俗成的概念。万万没想到日本一位设计师利用纸的优势，采用新技术通过加工使之达到普通火焰温度不易燃烧的程度，制成器具，用于烧烤。这便是逆向思维设计方法的典范。

7. 集合创造性思维

这是为了创造发明和开发设计新产品，在两个人以上的集体讨论中，激发每一个人的创造性思维活动的方法。通常是在限定的时间里，集中一定数量的人针对一个问题利用智力互激、结合，从而产生高质量的创意。如美国人奥斯本提出的“大脑风暴法”，还有“高顿思考法”“653 法”“MBS 法”“GNP 法”“CBS 法”等。原则上都是让与会者集体发挥智慧的设计创作方法。

8.辐合思维

辐合思维是遵循单一的求同思维或定向思维模式求取答案的设计思维方法，是以某一思考对象为中心，从不同角度、不同方面将思路集中指向该对象，寻求解决问题的最佳答案的思维形式。例如，把市场调查收集到的多种现成的材料归纳出一种结论或方案。在设想或设计的实现阶段，这种思维形式占主导地位。

在创造性思维开发的具体进程中，方法是多种多样的，目前世界上已总结出来的就有300多种。如异同自辨的异同方法，纵串横联、交叉渗透的立体思考法，寻根究底、由果推因的逆向思维法，宏微相连的系统想象法，打破常规、以变思变的标新立异法……其中最著名的有智力激励法和检核表法等。

(二)景观设计的专业思维

景观艺术设计的过程与结果是通过人脑思维来实现的。思维的模式与人脑的生理构成有着直接的联系，景观设计在所有设计门类中综合性较强，因此它的思维模式显然具有自身鲜明的特征，正是这种思维特征构成了景观艺术设计程序的特有规律。

1.环境设计的图形思维形式

(1)对比优选的思维过程

对比是优选的前提，没有对比就无选择可言。选择是对纷繁的客观环境进行对比、提炼、优化，合理的选择是任何科学决策的基础。选择的失误往往会导致失败的结果。人脑最基本的活动体现于选择的思维，这种选择的思维活动渗透于人类生活的各种层面。人的行走坐卧、穿衣吃饭等各种个人行为，无不体现于大脑受外界信号刺激形成的选择。人的学习、劳动、经商、科研等社会行为，无一不是经历各种选择考验的。选择是通过不同客观事物优劣的对比来实现的。这种对比优选的思维过程成为判断客观事物的基本思维模式，这种思维模式的依据是因对象的不同而呈现出不同的思维参照系数。

就景观艺术设计而言，选择的思维过程体现于多元图形的对比、优选，可以说对比优选的思维过程是建立在综合多元思维渠道以及图形分析思维方式之上的。没有前者作为基础，后者的选择结果也不可能达到最优。一般的选择思维过程是综合各类客观信息后的主观决定，通常是一个经验的逻辑推理过程，形象在这种逻辑的推理过程中显然有一定的辅助决策作用，但远不如在景观设计对比优选的思维过程中那样重要。可以说对比优选的思维决策，在艺术设计领域主要依靠可视形象的作用，如图8-1和图8-2所示。

在概念设计阶段，通过对多个具象图形空间形象的对比优选来决定设计发展的方向。通过抽象几何线平面图形的对比，优选决定设计的使用功能。在方案设计阶段，通过对正投影制图绘制不同平面图的对比优选来决定最佳的功能分区，通过对不同界面围合的室内外空间透视构图的对比优选决定最终的空间形象。在施工图设计阶段，通过对不同材料构造的对比优选，决定合适的搭配比例与结构，通过对不同比例节点详图的对比优选决定适宜的材料截面尺度。

一个概念、一个方案的诞生，必须依靠多种形象的对比，设计师在构思阶段，不能在一张纸上用橡皮反复地涂改，而要学会使用半透明的复制纸，不停地修改、修改自己的想法，每一个想法都要切实地落实于纸面，不要随意扔掉任何一张看似纷乱的草图。积累对比、优选的经验与方法，

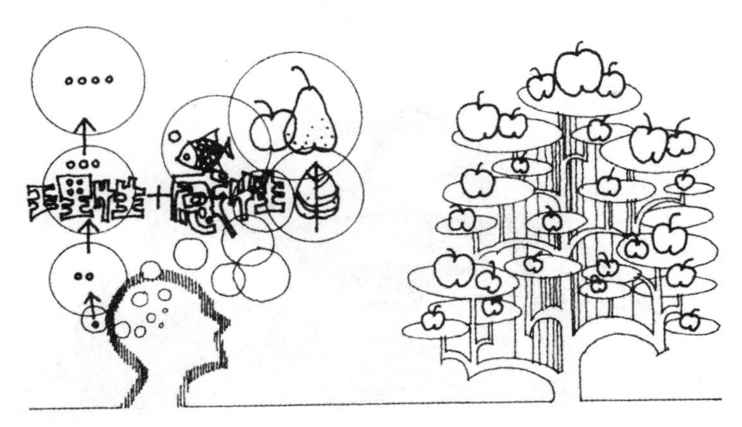

图 8-1　选择思维过程的对比、优化多元图形示例

图 8-2　对比优选思维主要依靠可视形象的作用

好的方案、好的形式就可能产生。

(2)设计表现图中的整合思维

设计的过程是先拟定出整体的构想，再把构想分解为各个项目计划，在项目计划中去论证和规划出可行性的方案，并通过各项目计划的实施实现设计的构想。而设计表现图是在尚未实施各项目计划时，把握项目计划可能产生的结果，去表现设计的整合效果。

表现图中不仅要严谨地把握各项目计划的特点要求，更要把握住各项目计划方向的关系和所构成的完整性和统一性结果。因此，设计表现过程中整合思维方式是十分重要的。设计表现图中的整合思维方法是建立在较严密的理性思维和富有联想的形象思维之上的。

设计中的各项目计划给出的界定，在表现图中是以理性思维方式去实现它的可能性的，如空间的大小、设备的位置、物体的造型、灯光设置等，都可以按照设计制图中的图示要求，运用透视作图的方法将各透视点上的内容形象化，如图 8-3 所示。但是，各部分形象的衔接和相互的作用却只能以富有联想的形象思维的方法去实现它，如空间的大小与光的强弱，物体的远近与画面层次，受光、背光的材质与色彩变化投影的形状与位置等，都是在考虑各部分形象间的相互作用和影响所产生的整体气氛效果中形成的，这种既有理性又有想象的思维方法是设计表现图中的整合思维的核心。

图 8-3　运用作图的方法将各透视点上的内容形象化

设计表现中的整合思维方法，要求在从每一个局部入手作图时，始终要顾及各局部间的关系和这些关系所产生的相互作用，只有这样才能较为准确地表现出设计方案的整体效果，才能使人们通过对表现图的视觉感受去体现设计方案的可行性和价值所在。

(3)图形分析的思维方式

环境艺术思维的基本素质是什么呢？是对形象敏锐的观察和感受能力，这是一种感性的形象思维，更多地依赖于人脑对于可视形象或图形的空间想象。这种素质的培养，主要依靠设计师本身去建立起科学的图形分析思维方式。

所谓图形分析思维方式，主要是指借助于各种工具绘制不同类型的形象图形并对其进行设计分析的思维过程。就环境艺术任何一项专业设计的整个过程来说，几乎每一个阶段都离不开图形的表达。在概念设计阶段的构思草图包括空间形象的透视立面图、功能分析的坐标线框图；方案设计阶段的图纸包括室内外设计，园林景观设计中的平面与立面图、空间透视与轴测图；施工图设计阶段的图纸包括装饰的剖立面图、表现构造的节点详图等。由此可见，离开图纸进行设计思维几乎是不可能的。

设计者无论在设计的什么阶段，都要习惯于用笔将自己一闪即逝的想法落实于纸面，如图 8-4 所示，培养图形分析思维方式的能力；而在不断的图形绘制过程中又会触发新的灵感。这是一种大脑思维形象化的外在延伸，完全是一种个人的辅助思维形式，优秀的设计往往就诞生在这种看似纷乱的草图当中。不少初学者喜欢用口头的方式表达自己的设计意图，这样是很难被人理解的。在设计领域，图形是专业沟通的最佳语汇，因此掌握图形分析思维方式就是设计师的一种职业素质的体现。

实现环境艺术设计图形思维方式的途径，归纳起来是三种绘图的类型：第一类为空间实体可视形象图形，表现为速写式的空间透视草图或空间界面样式草图；第二类为抽象的几何线平面图形，主要表现为关联矩阵坐标、树形系统、圆方图形三种形式；第三类为基于画法几何之上的严谨的透视图形，表现为正投影制图、三维空间透视图形等。

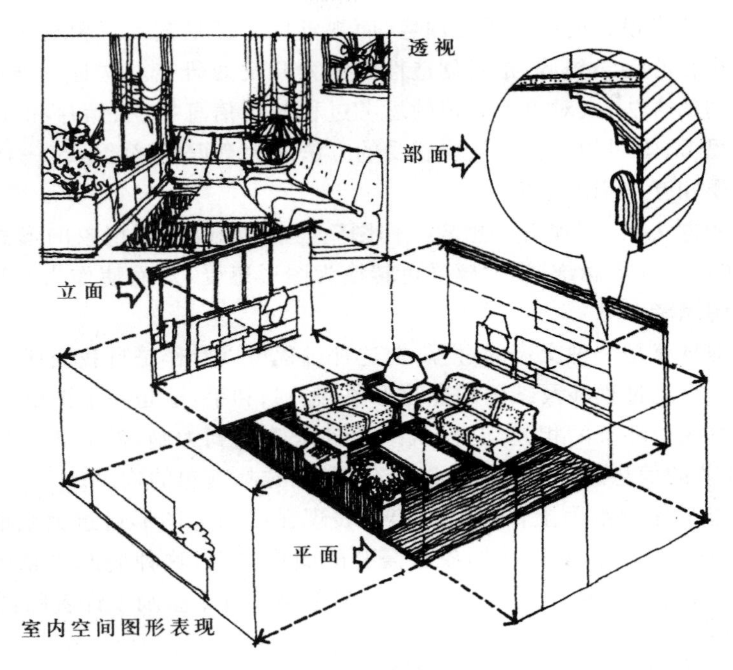

图 8-4 要善于用笔将一闪即逝的想法落实于纸面

2. 景观设计图形思维方法

如前所述，设计在很大的程度上依赖于表现，表现在很大程度上又依赖于图形，因此要掌握环境艺术设计的图形思维方法，关键是学会各种不同类型的绘图方法。绘图的水平因人而异，但就图形思维而言，绘图水平的高低并不是主要问题，主要问题在于自己必须动手学画，要获得图形思维的方法和表现视觉感受的技法，必须能够熟练地进行徒手画。

要知道，这一类徒手是给自己看的(与效果图不同，效果图主要是给别人看的)，它只是达到帮助自己进行设计思维，它只是思维的信息记录和工具。自己动了手才能体会到其中的深浅道理，才能举一反三、触类旁通并产生新的灵感；只有反复地修正、反复地比较，才能不断深化自己的设计概念。

即使在计算机绘图技术高度发展的 21 世纪的今天，这种能够迅速、直接反映自己思维成果的徒手画，永远无法被计算机取代。当然如果有一天我们能够把自己灵活的个人思维模式转换成熟练的人机对话模式，那么使用计算机进行图形思维也应该是一条可行之路。

使用不同的笔在不同的纸面进行徒手画，是学习设计进行图形思维的基本功。在设计的最初阶段(包括概念与方案)，最好使用粗软的铅笔或 0.5mm 以上的各类墨水笔在半透明的复制纸上作图。这样的图线醒目直观，也使绘图者不过分拘泥于细部，十分有利于图形思维进入比较、分析、优化选择。当然这种徒手画的图形还应该包括设计表现图阶段的各种类型：具象的室外建筑环境和室内环境的速写、空间形态的概念图解、功能分析图表、抽象的几何线形图标、空间平面图、立面图、剖面图、空间发展意向的透视图等。具体方法如下。

(1)从视觉思考到图解思考

环境艺术设计图形思维的方法实际上是一个从视觉思考到图解思考的过程。空间视觉的艺术形象设计是环境艺术设计的一个重要内容，而视觉思考又是艺术形象构思的主要方面。视觉思考的主要内容出自心理学领域，是对创造性的能力开发的研究。这是一种消除思考与感受行为之间的人为隔阂的方法，人对事物认识的思考过程包括信息接受、储存和处理程序，这是个感受和知觉、记忆、思考、学习的过程。认识感受的方法即为意识和感觉的统一，创造力的产生实际上正是意识和感受相互作用的结果。

这种视觉思考方法在于“观看—想象—作图”。当思考以速写想象的形式外部化成为图形时，视觉思维就转化为图形思维，视觉感受也转换为图形感受，从而使作为一种视觉感知的图形解释转换成为图解思考。

图解思考的本身就是一种交流的过程，把这种过程可以看作是自我交谈，在交谈中作者与设计草图相互交流。交流过程涉及纸面的速写形象、眼、脑和手，这是一个图解思考的循环过程，通过眼、脑、手和速写四个环节的相互配合，从纸面到眼睛再到大脑，然后再返回纸面的信息循环中，通过对交流环节的信息进行添加、删减、变化，从而选择理想的构思。

视觉感知通过手落到纸面上，即称为表现，表现在纸面的图形通过大脑的分析有了新的发现。表现与发现的循环往复，使设计抽象出需要的图形概念，这种概念再拿到方案设计中去验证。抽象与验证的结果在实践中运用，成功运用的范例反过来激励设计者的创造情感，从而开始下一轮的创作过程。

(2)图解语言的运用

什么是景观艺术设计的图解语言呢？如图 8-5 和图 8-6 所示，这是一种设计者个人所用的抽象图解符号，这种图解符号主要用于设计初期阶段(与设计最后阶段的严格的语言有一定的区别)。一般的图解语言并没有规定的、严格的绘画格式，每一个设计者都可能有自己习惯运用的、也许只有自己才能看懂的符号，当这些符号成为能够正确记录抽象信息的语言运动符号时，就成为设计者之间相互交流和合作的、约定俗成的图解语言。

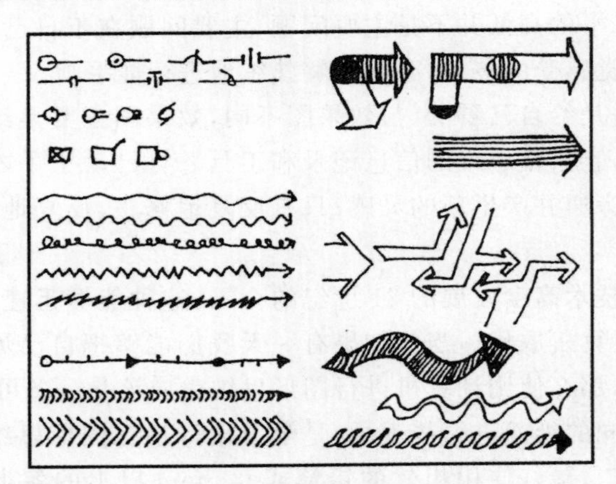

图 8-5　设计者所用的抽象图解符号

将自己一定的图解语言运用于自己的设计过程中，是每一个设计者走向理性与科学设计的必经之路。在环艺设计领域常常使用以下三种由图解语言构成的图形思维分析方法。

①关联矩阵坐标技法。以二维的数学空间坐标模式作为图形分析基础。这种坐标法是以数学空间模型 Y 纵向轴线与 x 横向轴线的运动交点形式作为图形基本样式，成为表现时间与空间

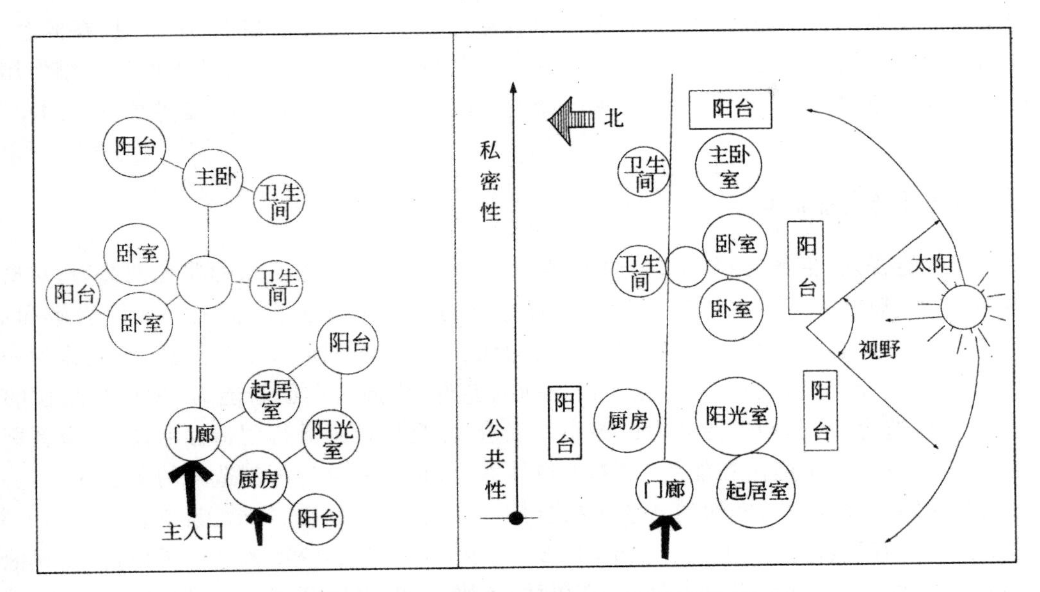

图 8-6　设计者相互交流和合作的图解语言

或空间与空间相互作用关系结果的最佳图形模式。广泛应用于空间型分类、空间使用功能的配置、设计程度控制、工程进程控制、设备物品配置等多方面。

②树形系统图形法。以二维空间中点的单向运动与分立作为图形表现特征。这是一种类似于细胞分裂或原子裂变运动样式的树形结构空间模型。这种图形分析法主要应用于设计系统分类、空间系统分类、概念方案发展等方面。

③圆方图形分析法。以几何图形从圆到方的变化过程对比作为图解思考方法。这是一种室内设计、平面设计的专用图形分析法，在这里，本体以“圆圈”的符号罗列出功能空间的位置；无方位的“圆圈”关系组合显示出相邻的功能关系；在建筑空间和外部环境信息控制下，“圆圈”表现出明确的功能分区；“圆圈”向矩形“方框”的过渡中确立了最后的平面形式与空间尺度。

二、设计方法与体系

设计方法是指实现设计预想目标的途径。一般包括计划、调查、分析、构思、表达、评价等手法的掌握和运用。有设计方法学之父之称的美国学者纳德列尔(Nadler)早在20世纪60年代就在其设计策略总结中，把信息的收集归纳入设计的几个重要阶段中。设计师所需要的知识是横向多元的，每一件设计品都要考虑功能、形态、色彩、适用环境等一系列问题，很大程度上靠信息的收集来完成。另一方面设计要按照客户的要求进行，从这些要求出发，设计师需通过大量的素材收集、信息的整理和构思来完成。有了计算机这种新型手段，不但解决了工具的革新问题，更重要的是解决了资料信息渠道的畅通问题。

(一)创造性能力的培养

创造性能力，是一种创造具有社会价值的新产品的能力。它作为一种认识功能，与人们的思维有着密切的联系。它是创造性主体在创造过程中所表现出来的新知识、新思想、新概念、新创意以及创造性思维能力和技能的总和。在现代设计领域体现为科学性与艺术性的思维作用于设计主体和设计对象的现实，是主观加客观的结合，是左脑加右脑的作用，是科学加艺术的共同实现。

1.创造性能力培养的观念

我们都不能否认，牛顿、达尔文、爱迪生、爱因斯坦等科学家、发明家的非凡创造力；对格罗皮乌斯、柯布西耶、赖特等一批现代建筑设计大师曾创造过的璀璨世界，世人亦无限崇敬和缅怀。当今，创造力这一概念，已成为被各界广泛使用的代名词，其表现形式十分宽泛，把它作为一种全民素质，为现代设计罩上一层光环。激发设计师的创意、挖掘潜在创新能力、进行高品位的设计思维，是开发创造力、培养创造性能力的核心。创造力，是设计师进行创造性活动（具有新颖性不重复性活动）中发挥出来的潜在能量，培养创造性能力，是造就设计师创造力的主要任务。

与创造性能力开发最为密切的素质包括自信、质疑、勇敢、勤奋、热情、紧迫感、好奇心、兴趣、情感和动机等。有学者对1901—1978年的325名诺贝尔科学奖获得者进行了分析，发现他们具有共同的素质，即选准目标，坚定不移；特殊勇敢，不顾一切；思路开阔，高度敏捷；注意实践，认真探索；富于幻想，大胆思考；坚忍顽强，勤奋努力；浓厚兴趣，无休止的好奇。由此可见，要提高设计师的创造性、开发创造力，就应该主动地、自觉地培养自己的各种创造性素质。

创造力学说告诉我们，人的实际创造力的大小、强弱差别主要取决于后天的培养与开发。创造力开发的工程是一项系统工程，它要研究创造理论、总结创造的规律，一方面，要结合哲学、科学方法论、自然辩证法、生理学、脑科学、人体科学、管理科学、思维科学、行为科学等自然科学学科与美学、心理学、文学、教育学、人才学人文科学学科的综合知识；另一方面，又要结合每个人的具体情况，进行创造力开发的引导、培养和扶植。美国创造学家S·阿瑞提说："创造活动可以被看成具有双重的作用，它增添和开拓出新领域而使世界更广阔，同时又由于使人的内在心灵能体验到这种新领域而丰富发展了人本身。"

2.提出问题和解决问题

所谓问题，就是疑难或称"难题"，就是个人不能用自己的经验直接加以处理并因此感到疑难的情景。提出问题是解决问题的一半，提出问题同时又是发现问题的深化和解决问题的开始。提出问题有其科学性标准，没有标准与原则的提问，很可能会扰乱思路。设问的核心，是通过提问，使不明确的问题明朗化，从而缩小探寻和思考的范围并接近解决的目标。为此，提问的方法是在设计师设计方案预测、设计构想和设计表现中的一个重要步骤，是形成设计目标的重要举措。

体现在艺术设计中，设计师善于提出设计问题和解决设计问题，是培养创造性能力的开始和重要途径之一。爱因斯坦说过，"提出问题往往比解决一个问题更重要。"世界史上的科学家、发明家、设计师的创造发明都是从提出问题开始的。

当然并非提出的每一个问题都是正确的，也不意味着所有提出的问题都能被解决。但是，能提出问题只是打开想象大门的第一步。提问生于"疑"，古人云："学起于思，思源于疑。"心理学认为，疑会引起定向反射，有了这种反射，思维就应运而生。生疑提问法在认识活动中具有重要作用，是设计师值得研究和实践的。这些方法归纳起来主要有：一是寻原因；二是寻规律；三是旧事新看；四是突破知觉假象的迷惑；五是“吹毛求疵”；六是不满足于现状等。

一是寻原因，即看一事物、一现象，不管是初次接触或者是司空见惯的，都不妨问一下“为什么”，养成每事必问的习惯。

二是寻规律。对于身边的现象，不妨“摸一摸”规律。有《十万个为什么》一书，最好先别看，等得出结论后再去找答案，看看是否有出入，再问一个为什么，便于探索新问题。

三是旧事新看。善于在习以为常的事与物中旧事新看，从平凡之中寻求不平凡，获得成功的契机。

四是突破知觉假象的迷惑。在许多场合中，提不出问题是被假象所迷惑，如果能够揭开假象的面纱，问题就会迎刃而出，于是也便迎刃而解了。

五是“吹毛求疵”。在传统习惯中，“吹毛求疵”一词多为贬义。然而，在开发创造性思维能力过程中，有意识地这样做，经常会在熟视无睹的地方找出症结。日本大发明家丰泽丰雄明确地说：“谁有想在豆腐里挑骨头道心，就会有发明，也就会产生各种有趣的东西。”

六是不满足于现状。日本曾出过一部名为《燃烧你的不满》的书，在书中有这样一段话：“不满是我们活力的源泉，是发展与发明的原动力。”对日常使用的工具、产品、装置、设备乃至“老师之说”“专家认为”“权威论坛”……产生不满足，于是就会大胆发问，保持着创造的“饥饿感”。

设计师解决问题能力的训练一般为：(1)创设接纳意见的氛围；(2)必须仔细地界定问题；(3)掌握分析问题的方法；(4)设计师应该多角度地提出假设；(5)正确评价每个假设的优缺点；(6)考虑影响解决问题的因素；(7)提供问题解决的机会并给予反馈。

在人们创造性能力的开发过程中，“新颖”的机遇常常与传统的成见碰撞，只有随时准备突破传统观念、突破权威和教条、突破自己的设计师，才容易抓住机遇并获得成功。当然，要提高设计师的创造能力，还需要了解和掌握创造性思维和创造性技法，了解创造力开发的相关因素，在实践中充分发挥有利因素，抑制或改变障碍，从而尽快发挥出创造性。

3.创造性能力开发的过程

在设计和创造发明活动中，人们都会自觉或不自觉地探索和挖掘创造、创造力和创造技能。一般会经历“动因—准备—孕育—顿悟—验证”的创造活动阶梯。其活动过程虽因设计师的类型、个性差异而不同，且因事而别，但创造作为一个完整的过程，是有阶段可划分、有阶梯可攀登的。

(1)动因阶段

这是因人的需要而萌发创造意识、明确创造任务的阶段。人们生理的、生活的、学习的、工作的需要，都能成为创造活动的动因。人类为扩大视野发明了望远镜；手工设计需要延伸，于是发明了计算机辅助设计。设计中越是有难题，越是能激发人们的创新动机，也越是能产生更有高度的设计方案。

(2)准备阶段

这是搜集设计素材、材料的阶段。扎实的素材资源是设计创造的重要基础，要取得设计成果，就得尽量撒开搜集这张网，系统分析前人的创新成果，对同类创新项目进行横向比较。在此基础上，提出问题，设定方法。

(3)孕育阶段

这一阶段，是创造灵感的潜伏期，是设计发明的前奏曲。在这一阶段，设计师通过创造性思维和想象,运用各种创造性技法,展开艰苦复杂的创造性活动。这一阶段对设计师来说是至关重要的。

(4)顿悟阶段

这是设计师在孕育阶段"山重水复疑无路"之后的"柳暗花明又一村"的豁然开朗阶段。这时,设计热情高度集中,创造情绪空前高涨,创造性思维特别活跃,创新点相互沟通,由点成线,由线成面,通过长久的攻关诱发出顿悟。

(5)验证阶段

这是最后的努力阶段,使创造变为现实的设计成果,甚至可能由此衍生出更新更尖端的设计成果。这一阶段还需要整理研究设计成果,听取各方面的意见,制定改进方案,写出科研论文,还要把设计成果放到实践中去验证。

在设计师创造性能力的开发过程中,"新颖"的机遇常常与传统的成见碰撞,只有随时准备突破传统观念、突破权威和教条、突破自己,才能抓住机遇并获得成功。当然,要提高设计师的创造能力,还需要了解和掌握创造性思维和创造性技法,了解创造力开发的相关因素,在实践中充分发挥有利因素、抑制或改变障碍,从而尽快发挥出创造性能力。

(二)综合性能力的培养

艺术设计创造是以综合手段、以创新为目标的高级、复杂的脑力劳动过程。作为设计创造主体的设计师,必须具备综合性的能力。第一,要能将复杂枯燥的市场数据转化成活生生的设计模型。第二,要能举一反三、触类旁通地引发许多新的设计方案。第三,要能自如地驾驭形态和色彩,将灵感之花转换为具体的、由一定的材料与技术构成和实现的设计成品。第四,要能将人们潜在的生活需要变成真实满足,从而改变人们的生活行为与方式。

1.具备调查研究和科学预测的能力

在市场开发中,设计的目标是指向未来的。因此,作为一个优秀的现代设计师,应该随时关注市场的需求及变化,必须培养自己调查研究和科学预测的能力。设计师在新产品开发中科学方法的运用,促使市场调查有目的、有计划、有系统地深入进行。收集整理有关市场活动的各种情报资料,并对其进行思考、分析和论证,从而为实现企业市场营销决策、营销目标提供有力的科学根据。

市场需求发展的变化,不断振动着产品的更新换代,新名牌往往通过对功能的深入发掘,对人的需求多样性的满足以及审美品位的提升而崭露头角。

设计师对于未来设计品种的差别化和细分化,是新品牌开发的有效措施,因为未来新产品的功能效应和新的使用方式是从现有方式中分化和变化而来的。在这里,不仅要重视对于人们当前的需求的研究,更需要对不久的将来新品种多样性和发展变化轨迹的研究,从而提高新的功能的科技成果,才能取得新的工作原理、新的结构方式、新的材料梯队和新的设计造型能力。

2.具备处理各种公共关系的能力

设计师要具备善于处理各种公共关系的能力。设计师要积极参与企业、行业、社会的设计调查、设计竞争、合同签订、现场施工等实践活动,并在设计期间,经常性地与客户、实施方、消费者之间进行联系与合作,深入生产制作现场,研习工艺技术,借此不断扩大知识面、接受新经验,形成处理设计中不断出现复杂关系的能力。设计师通过与其他设计师、艺术家、建筑家、工程师、会计师、管理者等多方面的合作，其个人的知识技能的欠缺可以得到弥补。设计师协调与外界之间的关系，关键是沟通，是与合作者之间相互尊重、相互配合的一种互动关系。

要培养设计师与外界合作的能力，能与他人合作，是设计师必须具有的能力。由于设计师的个人能力、精力所限，很少有设计专家同时又是生产专家、销售专家或市场专家……但是，可以肯定地说，不精通先进的生产工艺、不精通销售市场、不谙熟机构上下左右、里里外外相互间的关系，就很难展开实践活动和设计出先进的产品。如果不顾一切硬着头皮设计，至多也只有设计探讨的价值，而不具有生产实施、销售的价值。对于设计师而言，从学生时代就要开始接触各种工艺，如木工工艺、金属工艺、塑料工艺、印刷工艺，以及材料学、价值工程学、生产管理、经济核算等课题。设计师要向生产人员学习、向销售人员学习、设计师之间也要互相学习……生产技术日新月异，生产管理也面临着层出不穷的难题，因此，设计师终身都有需要学习的新课题。

设计师—设计作品—设计环境—使用者之间的关系，并非简单相加而成为整体的，应是各自独立的多层次有机“链接”，通过协调使之构成完整、完善的统一体的内涵。协调在这里的意义是使这种“链接”关系趋于和谐，“协调”中包含着丰富的有机组合因素，构成了设计品与人与环境的对应关照系统。

3.具备广泛知识和超越自我的能力

社会生活的不断发展、现代科学技术日新月异的变化，现代设计的覆盖面越来越广泛，设计行为在多数情况下已不只是设计师的个人行为。为适应这种发展与变化，设计师个体不仅要具有比过去任何时期都更加广泛的知识面、更加系统的知识结构，还要具有更强的超越自我的能力。

设计师真正的设计品是创造，在设计的创造活动中，是自觉的、有目的的社会行为，不是设计师的“自我表现”。它是应社会的需要而产生，受社会的制约，并为社会服务。因此，作为以设计创作为主体的现代设计师，应该自觉地运用设计为社会服务、为人的利益而设计，这是社会对设计师的要求，也是设计师超越自我之所在。

(三)设计方法体系

设计方法的研究是从20世纪初开始的，进入60年代后，初步建立了科学的研究和理论体系。手工业时代沿袭言传身教的传统方法，理论上形成具有强烈的经验主义色彩和偶发性试验性的特征；进入工业化后，科学技术的发展为设计方法的形成提供了新的测试和辅助手段，一系列横向科学应运而生，为现代设计的方法研究和推广奠定了丰厚的基础。1962年，在英国伦敦召开了首次世界设计方法会议，随后不断地举行有关专题的研讨会，掀起了国际性设计方法运动，逐渐形成了不同的设计方法流派，极大地丰富了设计方法论的研究和运作体系。这些流派和方法主要有：

一是“计算辅助设计方法流派”，如由罗伯特·克劳福德提出的“属性列举法”以系统论为基础，主张利用属性分解方法对设计物进行全方位的研讨和评价。

二是由美国广告大型公司奥斯本发明的“智力激励法”(BS法)应用较为广泛。

三是“主流设计流派”，该派主张设计中主客观的结合，一方面基于严格的数理逻辑的处理，并提倡为了高效率地解决问题，把与设计问题相适应的伦理性思考和创造性思维结合起来进行设计。代表人物是克里斯托费·琼斯,他的专著《系统设计方法》和《设计方法——人类未来的种子》是举世公认的设计方法论经典著作,他首创了使设计需求与问题求解相结合的手段,提出从分析、综合、评价三个阶段进行设计的三段法,还提出了"黑箱方法""白箱方法""策略控制方法"等,解决了设计师的个人思考和主观创造意识与客观的情报分析逻辑性判断评价之间的结合协调问题,将直观能力与逻辑性思考融为一体。

另外,还有参与设计法、可靠性设计法、技术预测法、优化设计法等。尤为可观的是设计方法论的出台,以及作为设计科学崭新里程碑的"十大方法"等。

美国未来学家托夫勒把人类社会分为农业社会、工业社会和信息社会。当代信息社会的设计转向以信息处理为中心,导致信息革命的技术手段主要是电信工程、微电子技术、计算机技术的发展。进入20世纪80年代,随着计算机软件和硬件技术的起飞,图形技术得以实施。90年代以来,是计算机与媒体时代,由于计算机将文字、图形、动画、声音等综合一体,新的视觉技术被广泛应用到广告、电子出版、电影电视、建筑设计、服装设计等多个领域。如"信息产高速公路"政策理论的构建、计算机辅助设计方法和技术不断发展、模拟现实(VR)技术和设计法的新生,设计网络化、智能化技术和理论体系不断出新和完善,正以巨大的魅力展现出"计算机第五代"的风采。

(四)虚拟现实与环境设计

计算机在设计领域的应用可分为两个阶段,20世纪90年代之前的计算机辅助设计(CAD)阶段即是用这种新技术代替传统的纸、尺、笔的时代,它仍然保持与传统设计同样的面目,即用二维平面设计图纸表达立体造型;90年代后至今,随着计算机硬件和软件的发展和完善,人类设计活动进入了虚拟现实(Virtual Reality,VR)阶段。

虚拟现实技术的实质,就是通过高性能的计算机或工作站并借助相关软件,把设计目标立体地、真实地表现出来,从而在设计目标实现之前就创造出一种虚拟环境。这是一个计算机软件、硬件及各种先进的传感器(数字手套、数字头盔等)所构成的三维信息的人工环境。当戴上数字头盔、数字眼镜和数字手套时,人们在这个环境中漫游,可以"访问"世界各地,在宇宙中翱翔飞行,和分子、原子为伴,触摸虚拟环境中的对象。在这个环境中,虚实结合得惟妙惟肖。设计师或客户借助一些设备,可在图纸未出来之前"检查楼房""巡视飞机",亲临其境"走一走""坐一坐"。人们可在不同的楼层、房间去观摩"样板房",如改换窗子,移动门位等,缩短了设计与实施之间的距离。

使客户参与到设计中来是建筑设计师的愿望。其雏形最先是美国北卡来罗纳大学的弗雷德里克·布鲁克斯(Frederick Brooks)和他的研究小组在设计该大学一座耗资几百万美元的建筑时开始使用的。他们借助计算机三维动画突破了传统的建筑设计。今天在飞机、轮船、建筑设计界,对这一高新技术的采用已蔚为壮观,如在美国西雅图的港口扩建、香港新机场的设计、美国波音公司的"777"型飞机设计中,都采用了虚拟的三维模型。

在当今环境艺术中的建筑设计、室内设计等领域,已充分展现出虚拟现实的魅力。与一般的计算机辅助设计(CAD)相比是又一次飞跃,为此有人说,"未来的设计是计算机虚拟现实的时代",这种说法有一定的道理。

(五)人工智能与设计思维

人工智能(Artifical Intelligence)是研究怎样让计算机做一些通常认为需要智能才能完成的事,又称机器智能。如用计算机进行自动信息检索、自动程序设计、绘画、作曲、对弈和机器控制等。

20世纪90年代后,计算机辅助设计的自动化、智能化作为现代化设计工具,把设计师从重复性劳动中解放出来,更多地把精力转向设计思维活动。当代设计并开发人工智能的目的在于如何使计算机更聪明,而智能工程则在于如何将人工智能研究成果服务于人。

机械化时代,机械工程学将研究成果推及机械制造,大大提高了生产力,然而,这并未使机械参与设计思维活动。而智能计算机则是部分参与或用来辅助设计师的设计思维。鉴于计算机与人共同作用的设计思维体系,“人”的思维和“机”的思维是一种什么样的关系呢?钱学森认为:人类的思维有三种,有一维的线性的逻辑思维,即科学思维;有二维的面性的形象思维;还有多维的立体结构灵感思维。前两种是国际认知科学所公认的思维形式。由于人类形象思维刚刚确认,对人的视觉过程还没有彻底解密,所以智能计算机所具备的“思维”活动主要是逻辑思维,其主要应用也在这一方面。当然,智能工具不是万能的,它只具备部分人类“思维”功能,是人类思维基础上的一个计算机程序;智能思维可以部分代替传统设计中设计师的思维活动,设计师的思维和智能思维应该是一个融洽的思维整体,二者是一个互补综合性思维体系。在设计中,如何协调二者关系,应强调以下两点:

第一,钱学森说,“计算机能做的事让计算机来做,计算机不能做的事由人来做”,“把人考虑在系统之中”,人在这个系统中占主导地位,形成一种“人—机”互补的综合性思维方式。智能计算机在逻辑推理、记忆、数值计算方面能力大大超过人类,但一经涉及视觉领域,就远远落在人类的后面,许多人类的小事,对于计算机而言却是无能为力的。

第二,智能计算机系统是一个推理库和知识库。推理库是人类编辑的程序,其功能可以模仿人类抽象的思维方式,对知识库中的知识进行推理并得出结论;而知识库则是设计中所涉及的各方面的知识,即专家系统能够模仿某一领域的专家行为。计算机时代是设计面临挑战的时代,现代设计作为一个边缘学科,涉及的学科日益广泛,从工程学、材料学、经济学、生理学到人体工学、设计美学、环境科学、认识科学等。就设计本身来说,仿生设计、绿色设计、多元化设计等也给设计师提出了新问题。对于这些问题,设计师未必能门门是专家,如果设计师把自己的思维与智能计算机的专家系统结合,对计算机时代的设计是非常必要的。

设计的智能化解决的是与设计相关的逻辑思维问题,而设计涉及的形象思维问题,智能计算机是无法实现的,需要用设计师的形象思维来弥补。为此,在智能化的计算机辅助设计系统中,设计师的形象思维是至关重要的。设计的这种智能化特性,使得设计思维向“人—机”共同作用方向发展,人类的思维方式也必将发生变化,为此,设计教育必须把传统课程和智能化设计思维结合起来。

第二节　景观设计的艺术表现

在艺术发展的长河中，绘画艺术的某种形式可以长期延续，而艺术设计的任何一种形式随时都可能被一种新的形式所取代。就环境艺术设计而言，20 世纪 80 年代初以前，设计及其教学围绕使用“图板”，研究如何运用水彩、水粉颜料表现设计方案；80 年代中到 90 年代初，喷绘表现成了时髦的方法；90 年代初，计算机辅助设计进入设计领域，AutoCAD、3D Studio 等开始热门；1994 年、1995 年后，这类软件又落后了……这种技术的革新对提高艺术设计的效果、质量及丰富设计表现的形式都起到极大的促进作用。

由于环境艺术表现技法极其丰富，也无定法，如果赶潮流，常常有新的软件取代。但是从艺术设计专业教学来讲，重要的是培养一种艺术素质，培养学生的思维方法和处理问题的能力。因此，表现技法基础的训练无论何种时髦理论都无法代替。

一、设计与设计表现

在景观艺术领域技术与艺术结合的系统设计过程中，每项设计都会在设计师整体构想指导下、在相互配合与协调之中，以图示、文字、数据等形式分别拟定出来的。当人们了解某一方案时，必须将有关的图示、图形和资料详细解读之后，并经各自的思维去综合那些图示、图形和资料的信息，然后才能构建设计方案的印象。在这种“构建印象”的过程中，对于技术信息可通过数据和规范程式去把握，而对于艺术效果，如空间与造型关系、整体色调与局部色彩关系、材质和环境协调关系、布光与投影关系、视觉和效果关系等，人们又往往依据对平常生活的体验以形象思维的方式去把握，如图 8-7 所示。

图 8-7　根据图形资料构建设计印象

但是，设计师仅仅借助感受经验去理解设计是不准确的，形象思维是一种复杂的思维形式，各种个体的思维结果也难以一致。因此如图8-8所示，对于视觉形象、审美形式的把握就要求设计师以某种恰当的形式语言，较准确地表现出方案中有关形象的整合关系，于是设计表现便成为设计的必要组成部分。

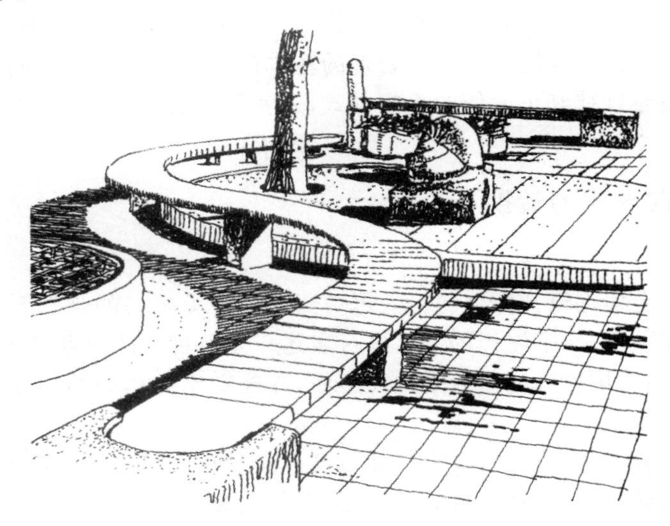

图8-8　设计表现是设计的主要成分

从理论上讲，设计表现是在设计方案的项目设计完成之后，对综合设计的一种表达方式。根据这层含义，设计方案的成败与设计表现无关，而取决于设计本身，即设计方案各项目标计划的创意与合理性。但是在实际操作中，优秀的设计表现图不仅能够准确地反映出设计的创意和形式，还能够通过对设计形式和形象的整体感受，特别是对设计空间及形态的体量关系、材质及配色关系的视觉直观感受，去有效把握设计的预想效果，并通过表现图对设计进行补充、修改与调整。

艺术上拙劣的设计表现图不仅不能引发人们对设计方案的兴趣，甚至因为对设计意图的某些扭曲，很容易使人对设计创意、目标的合理性产生怀疑或否决。从理论与实践两个角度去认识，我们可以较客观地处理设计与设计表现图之间的关系。设计师在充分、合理地把握与运筹、策划设计的各个环节的前提下，强化设计表达的形式语言，提高设计图表现技法，形成完整、合理、感染力很强的表现效果，从而使设计方案为人们所接受。

设计与设计表现是同一目标采用不同方式的操作过程。设计师把设计方案的整体构想分解落实到各个项目计划中，先进行深入设计，再通过设计表现图把各项计划中的设计要素进行综合，从而表现出整体视觉效果，以便检验和审核设计方案的可行性。设计与设计表现共同构成了完整的设计方案。

一旦设计师过于自信设计构想而忽略设计表现，就不能使人对构想形成形象化的判断，也难以得到人们对设计方案的认同，这是不利于方案的确定以及设计目标实施的。相反，加强了设计的表现效果，而设计中缺乏创意，将不可能出现好的设计；或者表现图形同虚设，成为一张废纸，这两种现象都是不可取的。

设计表现图作为传达设计形式的语言之一，是以设计中各项目计划为基本依靠的形象化图示语言。项目计划界定了表现图的内容与目的，在表现图中设计的项目计划与表现效果是否会形成一种制约关系呢？同时，设计图示符号如平、立、剖面等图示与相应的数据成为设计表现的基本参照，也成为设计施工的依据，那么，在设计图示符号与表现图的图示形象两种语言之间，是否需建立某种关联呢？表现图是以模拟三维空间表达设计的整体构想，而设计是分项提供的多角度、多图面的平视图，怎样才能将平面视图转换为三维视图方式呢？怎样才能将分项目设计组合为一个整体呢？这一系列问题成为设计表现的基本问题。要解决这些问题，必须先搞清楚设计表现中应遵循的基本规律和可操作的相应方式，这就是在设计表现图制作中需要把握的准则。

二、设计因素向形式的转换

设计的整体构思会根据设计内容和目的落实到各个分类项目的规划和制图中，并以制图的方式、图示符号、尺度数据、文字注释的方式进行表述。分项目的计划可以详细地、深入地依据准确的数据为参照，把整体构想分解为若干正投影面，并规划出物体间的相互关系，使构想成为一种可视的现实。

比如景观面积和分区尺寸、空间大小与设施设备位置、通道与人流、装饰范围与造型样式等，都可通过制图图示数据使其具体化；材料及工艺、设备及配置等都以图示和注释使其意图明确；各图面所规划的项目都在图目编排中确定了标示区域和位置。通过这些项目计划表达了设计的基本构想，形成了设计的具体方案，也成为设计表现图最基本的依据。如图 8-9 和图 8-10 所示。

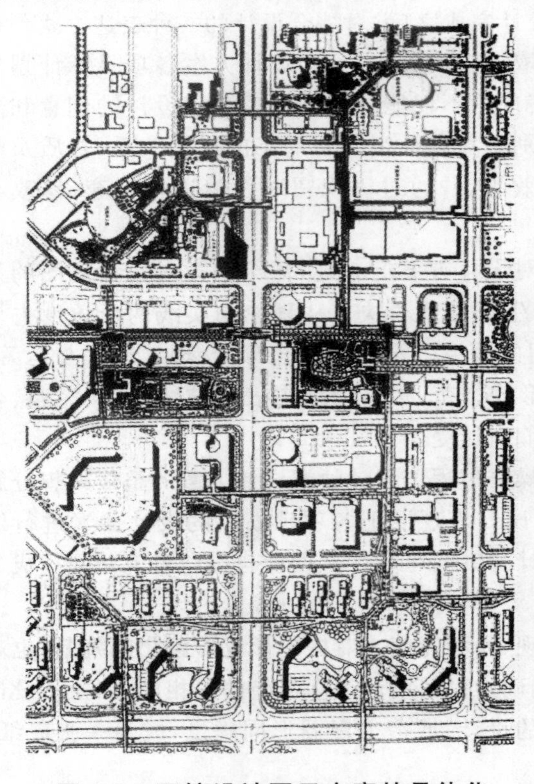

图 8-9 环境设计图示方案的具体化

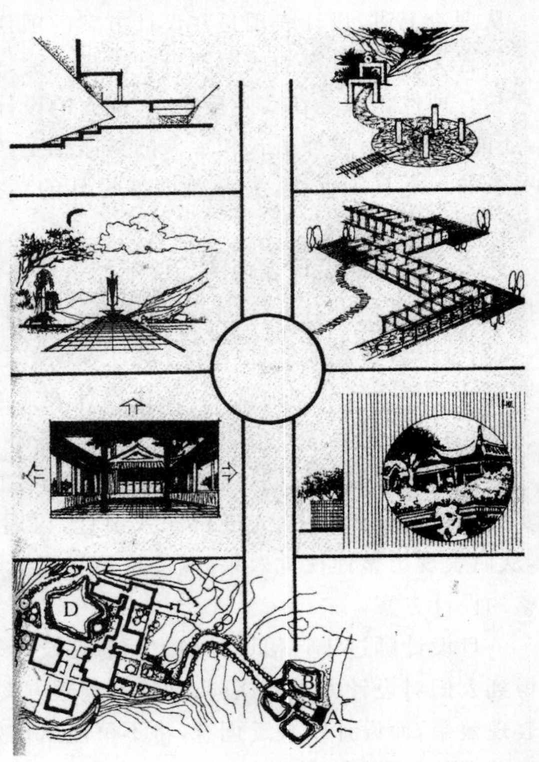

图 8-10 设置等都以图示明确设计意图

项目计划中界定的内容，即通过制图图示的内容，在表现图中可以说几乎是转换了一种表达的语言方式，表现的效果必须与设计的初衷一致。因此，设计表现图不是凭空想象任意发挥的，而是在很大程度上受到了设计中各项目计划的制约，也即受到设计制图图示语言的制约。

设计制图中的尺度规范了空间，规划出物体的合理关系，使设计构想成为一种实现的可能。而设计表现的第一步是塑造空间，也就是塑造空间物与物的关联。如果表现图中没有建立严格的尺度观念，是不可能准确表达设计方案的，也将无法通过设计表现图去正确审视设计，更无作为施工依据的可能。

设计制图图示中的尺度是在正投影三视图的水平方向(X 坐标)和垂直方向(Y 坐标)以二维方式准确投注的。而设计表现图是以透视图方式表现三维空间的水平方向、垂直方向、深度方向(Z 坐标)的尺度关系。由于设计表现图增加了深度和透视，它所反映的尺度随深度和透视的变化而随即改变，这种变化中的尺度不便用尺规量具直接准确测量出形体空间的尺寸，它所反映出来的尺度关系只能是相对深度位置上的比例关系。但是，这种比例关系也必须依据设计尺度来确定可参照的尺度比例，才能获得正确的透视比例，准确反映设计空间的关系。因此，设计制图中的尺度就成为设计表现图中空间造型的一个重要的制约条件。

景观艺术设计中，设计师往往把空间、造型、材质、色彩在条件光线的作用下所形成的视觉效果看成是最终的设计效果。比如室外景观中，设计主体的朝向与日光方向的关系密切，日出日落阳光的轨迹将构成物体投影变化的轨迹。日光不断改变着形体的视觉印象，朝霞和夕阳下的环境色调是迥然不同的；室内景观中自然采光与人工布光效果还有着各自明显的特点；自然光由于蓝色天空的作用往往呈冷色光，其采用顶光或侧光的效果差异也十分显著；人工布光中普通灯具的钨丝灯和荧光灯相对也形成冷暖两种光源，影响着室内景观的色调气氛。另外，布光的照明度强，光源集中，环境中形体的投射对比度也强烈；布光均匀，照度柔和，则会给环境气氛增加一种恬静的感觉。

在表现图中如果要准确表现设计的某种情调和整体气氛，则需要严格遵循采光、布光的计划。设计中采光、布光的方案决定了表现图的色彩基调、形体刻画和阴影强弱的处理。采光、布光的计划成为设计表现图着色和色调控制的制约条件。

除造型、布光因素外，材质的使用和搭配也是表现图的重要因素之一。在环境设计中使用的任何表面材料都具有色彩和质地两种属性。通过不同颜色、质地的材料应用和关系搭配，可构成各种各样的色彩和材质的对比关系，不同的对比关系可产生富丽堂皇或豪华典雅、朴实大方或自然拙趣、典雅清爽或恬静宜人等视觉的和心理的特殊感受，设计师也正是利用这种搭配关系创造艺术氛围的。设计表现图也只有正确地表达出这种组合及对比关系，才能反映出设计方案的个性与特点。设计构想中的材质运用计划是表达图中尽可能去区别和表现材质特征的限定条件，不可能只凭感觉去强调表现图的效果，而任意改变设计中对材料使用的限定。另外，材料的设计不仅能与使用功能、审美功能有关，相当重要的是与经济相关，设计项目的预算和投资，使设计师在考虑材料应用上慎之又慎。因此，应该把设计方案中的材料计划作为设计表现图材质表现的制约条件。

综上所述，我们在设计表现中要掌握三个转换关系：一是塑造空间形体时，将设计图示的二维语言转换成三维语言；二是设计构思中光源设置向表现图的色彩描绘转换；三是设计计划中材料的运用应成为表现刻画形体表面质地和色泽的转换条件。

三、图示的程式语言与风格

设计表现不同于纯绘画的一个重要方面是,绘画作品中追求实现感觉体验的逼真效果,可以投入大量的时间进行形象的深入表达,并体现一种技能,再现生活情景的观赏性价值;而设计表现图并不是设计对象的真实写照(写生效果),而是对设计方案预想效果的表达,如果把现实生活的体验作为惟一的描绘准则,则是费力不讨好的做法。设计表现图的价值体现在准确把握设计方案的总体效果,起着沟通人们对设计方案认同的作用。出现不同目的的艺术表现,在方法及形式语言表达方式上有很大差别,如图 8-11 所示。

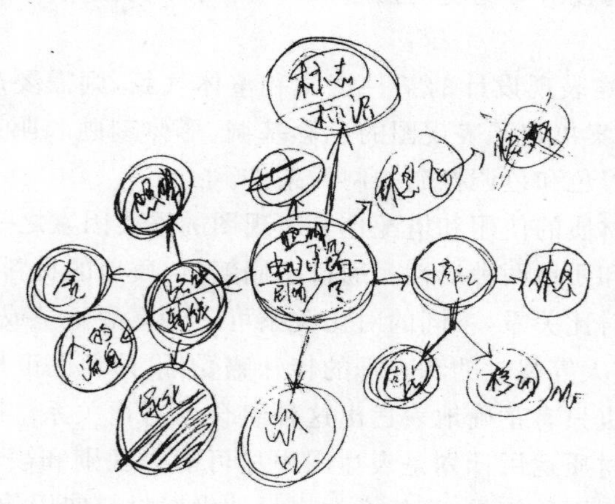

图 8-11　表现图是对设计预想效果的表达

设计预想效果的表现具有成为现实的可能性,但毕竟不是现实,不是对某一具体事物的现实反映,而是对现实事物的本质特征和发展规律的应用,同时还有更多创造性的内涵。因此,设计表现图传达的真实性侧重于表现设计的"真切性",而不是现实的"逼真性"。基于此,应确立设计表现应有的自身形式语言。

与设计中的平面制图图示语言相比,表现图的形象语言表达起到一种翻译、形象化的解释作用。两种语言之间应存在某种对应关系。设计制图中的图示符号,以它简洁的几何形、点、线、面等描述了设计各方面的企划，是设计构想的图形示意，使受过专业训练的人能够识别，并能易读、易懂。而设计表现图将平面的制图符号转换成具有三维和形象化特性的图形，也是设计构想的图形示意，但从这层意义上讲，它又具有一定的绘画性特征，使人能从更多层面去识别，并有真实感。制图语言和表现图语言的依据和目的是一致的，都是以设计构想为前提，去示意设计结果。这种对应关系主要在于都是以图形方式示意设计方案。

设计制图中的图示符号简洁、概括、规范、逻辑性强，已形成一种理性定式，具有示意某一事物的典型意义和十分鲜明的程式化特征。那么表现图中图示形象的描述，也应具有一定的典型性和程式化特性，才能把握事物的本质和规律，克服模仿自然的描述，排除了干扰设计主题的若干不必要细节，达到清晰而准确地表述设计的整体构想。

但是，我们这里还需强调表现的真实性（当然不同于绘画的真实性），实际上是上文谈到的真切性。仅仅是忠实地反映设计项目计划给出的内容和条件，并不是我们提出的设计表现真实性的全部内容。如果仅是机械地复制设计方案的内容，缺乏艺术性的处理能力，将会失去设计中许多富于美感的因素，造成表现效果虽然严谨却失去感染力的结果。

我们不忽视设计方案中既定的内容和条件，应进行准确而充分地表现。但是，设计方案中各项目计划之间相互作用的整合效果才是设计的最终结果，而在设计方案中对结果是没有给出明确的界定的，只能是通过理解、想象和艺术的表现手法去实现。

在设计表现中，设计的风格和个性是设计的灵魂，它集中地反映在整体效果"意"和"趣"之中。"意""趣"不是通过逻辑描述能够得到的，而只能是付诸于某种艺术形式去体现并被人们感受的。可见，设计表现图的真实性不是只孤立地描述形象的结构细节，而应该以恰当的艺术形式去表现那些情节和它们所构成的审美特征。只有形成鲜明的艺术表现风格，才能真实地反映出设计的内涵和特点，才具备艺术的表现力和感染力。

艺术表现图有各种表现形式，有的严谨工整，有的粗放自由，有的单纯明了，有的细腻精巧，有的色调统一，有的材质分明，有的结构清晰，而有的光影强烈等。这些表现形式具有各自的艺术表现个性和强烈的艺术表现效果，它们都刻意集中地反映了设计方案中某些特征或凸现的风格特点，对设计方案的真实性反映虽然不是面面俱到，却将设计的内涵和主要创意与相应的艺术形式有机结合起来，以表现图的艺术风格强化了设计方案的整体效果的真实性。

设计表现图艺术风格的形成，是根据设计的整体效果和艺术表现特征的需要去表现"形与色"的真切气氛，只有具备了形神兼备的真实感，才是设计表现图追求的更高境界。

四、设计图示技法类型

在环境艺术中，除了好的构思和创意方案之外，还必须有一种与之相应的、丰富多彩的艺术语言。熟练地掌握和运用设计表现的艺术语言，对提高作品的表现深度和感染力、增强人们对设计的全面认识、为设计施工提供佐证和依据，就显得十分重要了。设计通过图示形式来表达工程技术的设计观念、交流技术、艺术思想，人们常把这种现象的图样化过程称之为"技术语言"。

(一)艺术表现形式

1.线描表现技法

线是视觉设计最简洁的语言,也是视觉造型艺术最基本的元素之一,线是点的轨迹,是面的交界。人们的视觉将线条的形式感与事物的性能结合起来而导致各种联想,所以线是视觉的感性与分析的理性相统一的表现。

线除能产生视觉联系之外,还作为表现体积、分割块面并产生和谐、运动、力量和速度的重要表现手法。线有直线、曲线和折线三种基本类型。直线表示力量与刚直;曲线表现优美与柔和;折线表现转折与断续;水平线给人一种平静、开阔的感觉;垂直线给人一种庄严、肃穆的感觉;折线给人一种不平衡的运动感。

线的表现手法有各种不同的特点。在设计中要根据不同的表现内容与形式,确定使用哪一种线条或运用几种线的结合表现,轮廓线注重空间的描绘,可形成二维空间。建筑画常常通过轮廓线来表现造型、结构及空间关系,透视关系常用匀整线、规则的粗线与细线来表现。环境中山石树木则用不规整的线条来表现其多样化的特点,如图 8-12 和图 8-13 所示。

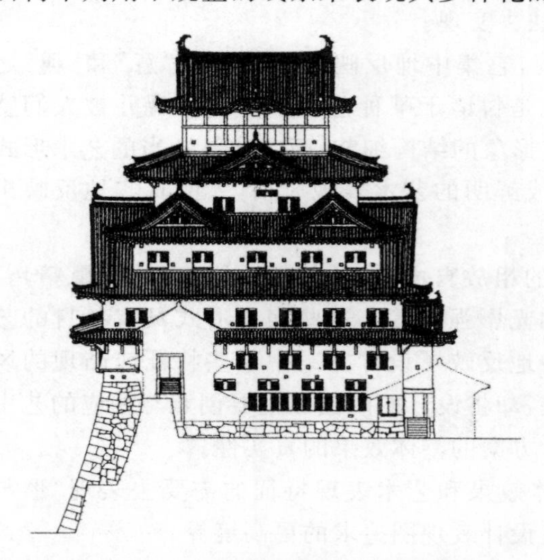

图 8-12　线条征建筑中的表现形式

福建主楼

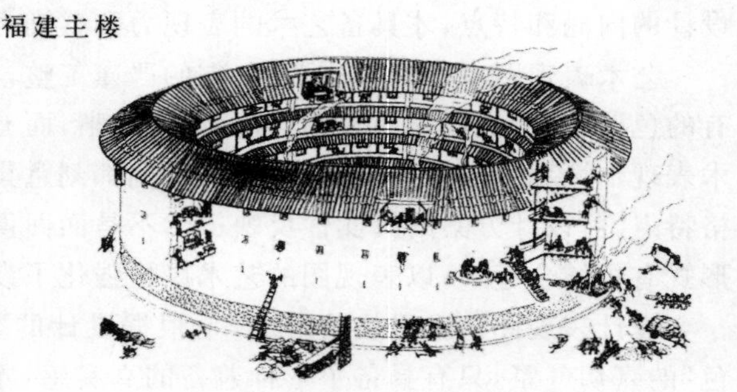

图 8-13　线条在设计中的多种表现

2.水彩渲染表现技法

水彩渲染表现技法是一种简便的方法,具有清新、明快、简练的艺术效果。这种技法实用范围很广,是一种经久不衰的表现形式,在建筑设计、园林规划、室内装饰的表现图中随时使用。水彩渲染表现技法之所以广为应用,主要原因是:工具材料比较普及,画法步骤比较容易掌握、控制,表现风格严谨,画面工整细腻,真实感强,人们易于接受。

水彩的表现技法很多,如图 8-14 和图 8-15 所示,主要有干画法、湿画法,并借助其他工具结合使用的特殊技法,还有淡彩画法等。水彩画的关键在于用水、用色和用笔,充分利用笔触、水的渗透与流淌,表现透明、轻快的特色。淡彩画法介于线描画法与水彩画法之间,这种线描可采用铅笔、炭笔、钢笔、毛笔等各种工具，勾画出严格的轮廓、结构线，再施以透明颜料。

图 8-14　水彩渲染表现技法的运用

图 8-15　水彩多种渲染表现技法的综合运用

3. 水粉表现技法

水粉画是一个介于水彩画与油画之间的交叉画种。它以水调色并与水彩类似，又以具有覆盖力的粉质颜料进行表现，与油画某些特点有些接近。这是一种表现力强、运用范围广泛的画种，它既有水彩画的明快、轻松、灵活表现的特色，又具有油画色调丰富、深沉、浑厚的特色。

水粉画也有干画法、湿画法、干湿结合画法多种，如图 8-16 所示是干湿结合画法，如图 8-17 所示则是干画法。水粉画被广泛应用于环境艺术设计的建筑外观、环境氛围、室内效果，包括天空、云彩、花草、树木、人物等方面，形成一整套表现规范，充分显示出它的表现力。

图 8-16　水粉画的干湿结合画法

图 8-17　水粉画的干画法

4. 喷绘表现技法

喷绘技法包括喷与绘两个方面。按作画步骤可以先绘后喷或先喷后绘结合进行。喷绘技法既是传统技法，也是现代设计中流行的效果图表现技法。

喷绘的表现特色如图 8-18 所示，在于细腻的层次过渡和微妙的色彩变化，关键是利用模板遮挡技术。

图 8-18　喷绘的表现技法

在利用喷绘表现环境艺术设计效果图时，最常见的是表现光的效果，表现在光的作用下空间和材质对光的反映。

(1)空间的光环境效果，包括光照和阴影、灯光的光晕、空间的虚实等。

(2)材质对光照的反射，包括色彩层次、质感变化等。喷绘表现材质的范围很广阔，可以比较轻易地做到表现设计的真切性和画面的和谐感。

5. 马克笔表现技法

马克笔表现技法的最大特点是方便、快速。马克笔的颜色品种有上万种，可以很方便地直接选取各种色彩来调和使用。颜色干得快，非常类似速写式的表现效果，具有体块生动、色调节奏流畅的特性，如图 8-19 所示。

图 8-19　马克笔的表现技法

6. 色底渲染技法

色底渲染表现技法也是一种快速的表现。如图 8-20 所示，一般用色纸作底，对色底的选择主要依据表现的主题色调来确定，一般是有明确色彩倾向的各种中明度灰色。色底渲染是以肯定、有力度的结构线为基础，略施色彩，渲染的目的是丰富画面的表现层次和增强画面的对比力度。色彩渲染的表现语言十分简练，对色彩的表现重在表意，而不在于写实，但表现效果却十分强烈。

图 8-20　色纸作底进行色彩演染

7. 计算机综合处理技法

计算机图形设计的历史近 20 年进入 PC 计算机图形、图像时代以后，由于开发速度愈来愈快，近年来计算机图形、图像技术在设计领域应用也愈来愈普及，如图 8-21 所示。计算机作为图形、图像工具，与以往的绘图工具有概念上的区别。

图 8-21　外景观设计计算机综合处理技法

(1)传统绘图工具作为技能训练的手段，真正掌握必须经过漫长而艰苦的过程；而计算机图形制作中，软件开发已经把“做什么”和“怎么做”的程序编入图形设计规范之中，只要考虑“需要什么”“选择什么”即可。计算机作品的质量体现在设计师的思维方式、创新意识和审美素质上，而表现技能的水平是很容易掌握的。

(2)传统绘画工具可以充分体现设计师的技艺；而计算机制图中，个人技能的发挥受应用软件程序限定，相对而言，不同的设计师将会有一个相同的技能表现极限。

(3)使用传统绘图工具，从设计到作品完成的全过程都体现了设计师的个人的价值；而计算机作为特殊工具，对应用软件的开发凝聚了若干群体的智慧，计算机作品的全过程不只是设计师个人价值的体现。

(4)传统的绘图工具是纯粹的被人支配；而计算机可以给人指令的基础上，经过数万次计算后给出计算机“思维”的结果，这种结果与设计师思维的初衷可能是不一致的，可能没有初衷时理想，也可能更完美。计算机“思维”是设计师思维的补充，设计师往往通过“人机对话”的方式，在计算机“思维”的结果中会得到更新的启示。

计算机在环境艺术中常用的软件主要有：AutoCAD、3ds max，Photoshop 及 Photostyler 等。主要技法有：平面图形软件控制数据技法、三维图形软件绘制表现图技法、计算机的渲染与处理技巧等。

(二)平面图、立面图、断面图与剖面图

1. 平面图

用平面表示地面作的布局图，称为平面图。通过平面图的表现，可显示出建筑与构筑物平面的轮廓、位置和方向，道路、河流、湖池、山坡、墙、桥、花坛等的位置和轮廓，树木的栽植地点和树冠的投影，如图 8-22 所示。树木的平面图是树冠的投影形成的。树木的形状非常丰富，表现因不同类型而异。

建筑平面图是假设用一水平剖切面沿门窗洞口位置将房屋剖切后，对剖切面以下部分作水平投影图，它反映出房屋的平面形状、大小和布置，以及墙、柱的位置、尺寸和使用材料。一般有底层平面图、标准房平面图、顶层平面图以及屋顶平面图等，如图 8-23 所示。

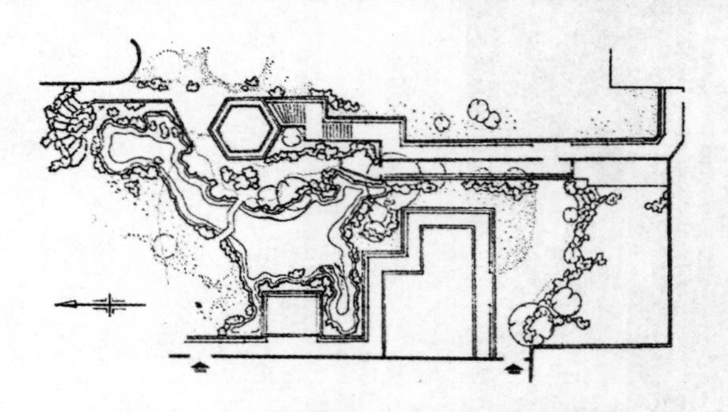

图 8-22　景观布局设计平面图

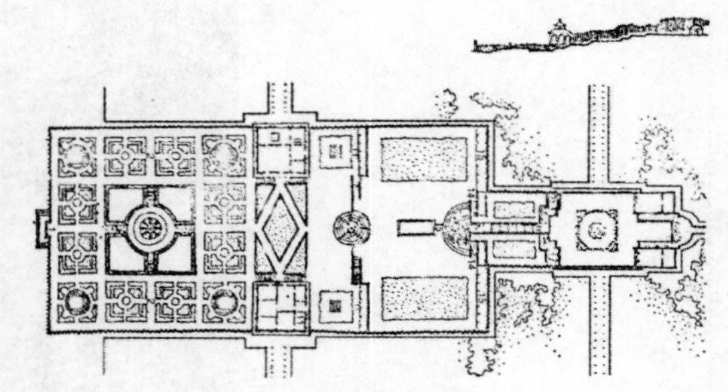

图 8-23　建筑设计平面图

2. 立面图

平行于建筑物，构筑物各个方向外墙面的正投影图，平行于树木的外貌图，是用来表示建筑物、构筑物、树木等体型外貌并帮助我们看清楚某一面的设计状况的图形。它包括建筑物与建筑物之间、建筑物与构筑物、树木之间，树木与树木之间高矮宽窄的关系，以及外观特征、凹凸变化、材料、色彩及构思关系。包括正立面图、背立面图、侧立面图三种。如图 8-24 所示就是一立面图。

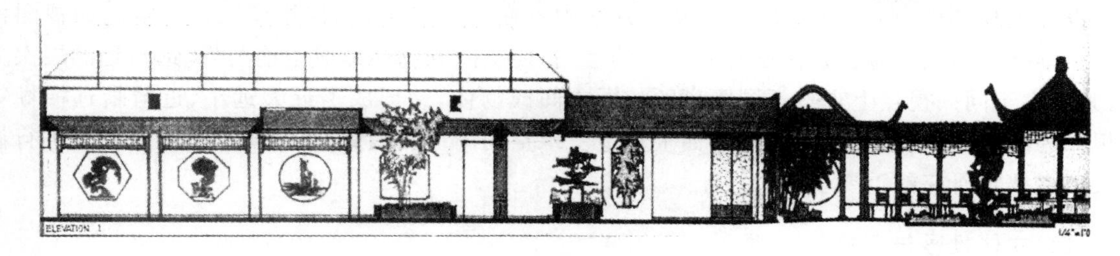

图 8-24　园林设计中的立面图

3. 断面与剖面图

断面图是根据设计需要选择室内外景观(建筑、构筑物，家具等)某一断面位置的立面状况的平面图。

剖面图是假想用一个或多个垂直于建筑与构筑物、山坡、河岸、池壁的轴线将其剖开所得到的投影图。以剖面图表示建筑与构筑物内部结构或构造形式、分层情况和各部位的联系、材料及高度等，并与平、立面图相互配合，成为方案设计中不可或缺的作图因素。

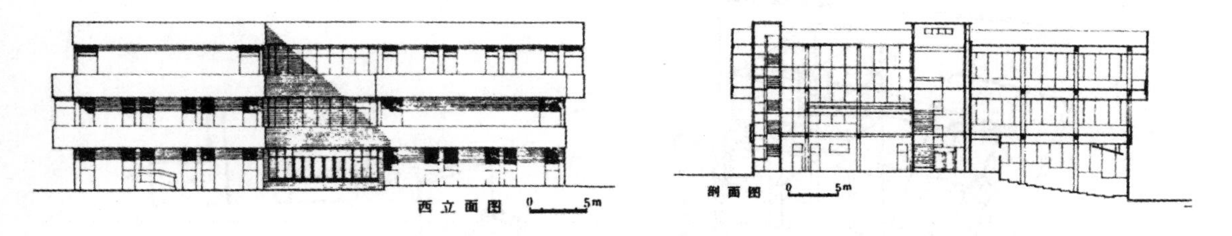

图 8-25　立面图与剖面图

(三)透视图画法

根据设计拟定的平面、立面和剖面的尺度数据，运用绘画透视学的法则绘制成的表示建筑物外部形体、内部空间或建筑群体与目睹实况相似的立体图形，如图 8-26 所示。从高处俯视的透视图称为“鸟瞰图”，是建筑环境艺术设计中研究和表达设计方案意图的一种方法。彩色建筑透视图可用水彩、水粉、喷绘或计算机辅助表现。

图 8-26　用平行透视绘制的室内设计透视图

设计表现图的制作，首先是根据设计方案中各面向的二维视图，建模拟三维空间的视图模式。三维空间的主要特征是深度空间图式的运用，使空间和物体形成了前与后、远与近的层次关系，并且由于同一视点上观察不同距离的相同空间或物体，又形成了近大远小、近清晰远模糊等有规律的图视现象，使我们能在纸平面上塑造三维空间图形。因此，透视图画法的研究是进行设计表现图技术研究的重要步骤。

(四)立体投影与三视图

1. 轴测图

在景观设计中，通常采用正投影图，这种图形可以完全确定物体的形状、大小与尺寸，但立体感不强，使人不易看懂。如果采用轴测投影图，就很易识图。如图 8-27 所示的轴测图是将空间物体和确定其位置的直角坐标轴按平行投影法投影到一个适当的纸平面上，所取得的图形称为轴测投影图(简称轴测图)。由于图面反映出物体三个坐标面的形状，所以富有立体感，而常用来作为正投影图的辅助图形。

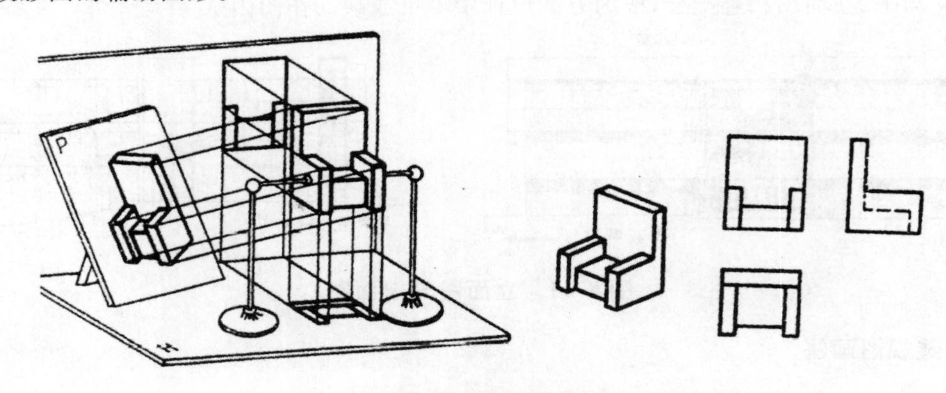

图 8-27 轴测图

2. 三视图

物体或建筑物按正投影法向投影面投影时产生的图形，在制图中称为视图。视图有基本视图、斜视图、旋转视图、局部视图等。在正投影面上的投影图称为主视图；在水面投影面上的投影称为俯视图；在侧投影面上的投影称为左视图；现在再加上三个与原有投影面对称的投影面，将物体向这三个投影面上投影又可得到三个视图，分别称为右视图、仰视图和后视图。这六个投影面称为基本投影面，六个视图称为基本视图。如图 8-28 所示的三视图指的是主视图、俯视图和左视图，它们之间的基本关系是长对正(主视图与俯视图)、宽相等(俯视图与左视图)、高平齐(左视图与主视图)。

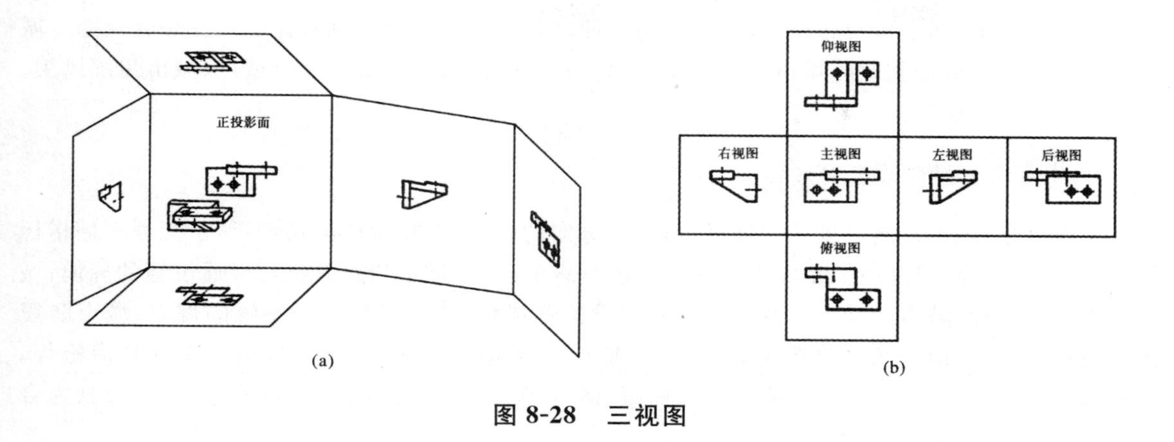

图 8-28　三视图

第三节　景观规划与绿化设计

一、城市规划设计

城市是人类因生活和生产需要而聚集定居的地方。进入 21 世纪后，居民点在不断向城市化方向发展，城市数量和城市人口比重呈现不断增长的趋势，与此相应的社会生活各方面（如人口密度、消费、生产等）集中过度，交通紧张、三废污染等社会问题不断增生，必须经过不断地再调整，控制超常情势所造成的失衡与矛盾，这样就产生了城市规划设计。它是指在一定时期内实现经济与社会发展目标所制定的城市建设综合性计划，成为城市各项建设的工程技术和管理的依据。城市规划设计一般分城市总体规划设计和城市详细规划设计两个阶段。

（一）总体规划设计

总体规划，实际上是对室外空间的整体规划布局，指城市各项发展建设的总体策划。

1. 城市总体规划任务

其任务是：以国家经济计划与区域规划为依据，按城市固有的建设条件和现状特点，因地制宜地拟定城市发展的性质、规模和建设标准，统筹安排各项建设布局；妥善处理城市与周围地区生产与生活、当前与长远、老城与新区等方面的关系，做到经济合理，协调发展，有利生产，方便生活，重视城市环境保护与自然、人文景观建设，体现城市特色。

2. 城市总体规划设计的范围

城市总体规划设计一般包括：确定城市性质、人口规模和用地范围；拟定工业、民居、文教、行政、道路、广场、交通、环境保护、园林绿地、商业服务、给水排水、电力通信等公共设施的建设规模及其标准与要求;确定城市布局和用地的配置,使之各得其所、互补发展、充分发挥综合效能。城市规划还应注意保护和改善城市生态环境,防止污染和公害,保护历史文化遗产、城市传统风貌、地方特色和自然景观。

3. 城市总体规划的中心内容

其内容是:城市发展依据的论证;城市发展方向的确定;人口规模的预测;城市规划定额指标的选定;城市征地的计划;城市布局形式与功能分区的确立;城市道路系统与交通设施的规模;城市工程管线设计;城市活动中心及主要公共建设位置规划;城市园林绿地系统的规划;城市防震抗灾规划;市郊及旧城区的改造规划;城市近期建设及总投资估算;实施规划的步骤和措施等。另外,总体规划的内容需附有相应的设计图纸、图表与文件资料。总体规划是一项长远的、为合理开发奠定基础的系统工程。

(二)详细规划设计

详细规划设计,是指根据总体规划确定的各项原则,对城市近期建设的工厂、住宅、交通设施、市政工程、公用事业、园林绿化、文教卫生、商业网点和其他公共设施作具体的布置,以作为城市各项工程设计的依据。规划范围可整体、分区或分段进行。具体内容有:居住区内部的布局结构与道路系统,各单位或群体方案的确定,人口规模的估算,对原建筑的拆迁计划与安排,公共建筑、绿地和停车场的布置;各级道路断面、标志及其旁侧建筑、红线的划定;市政工程管理线、工程构筑物项目、位置及走向布置;竖向规划及综合建筑投资估算等。城市详细规划应编制具体的规划说明文件,绘制现状及规划总面积图、管线综合图、鸟瞰图、规划全景效果图及模型等。

1.城市设计

城市设计,属于城市详细规划设计的具体化,是 20 世纪 40 年代后发展起来的新兴规划学科。它从城市体型、空间和环境质量等方面入手,着重城市的视觉景观与环境行为,直接通过营造环节来落实空间的意向设计及景观政策。它属于应用性的综合领域,是由城市规划、建筑学、园林设计艺术心理学、环境心理学、环境美学及社会学科紧密联系的综合性学科,是社会文化、物质环境的和人类行为的统一体。由于建筑单体的构成不能全面顾及城市环境整体层次,而城市规划又仅仅从经济区域的布面出发,并着重在城市土地开发利用的行政性控制管理上,两者间的偏离和分化往往导致城市环境的危机。现代的环境设计弥补了这一空缺。

目前,高等院校的环境设计专业中设立了城市设计课程。以人为中心的观念及环境保护意识的觉醒,促使人们将物质环境的设计与人们在其中的行为、认知和感受相结合,使城市设计深入到社会生活之中。城市设计的实践过程是一个起宏观控制作用的详细规划过程,其范围既广阔又细致,大到某一活动中心周际视野中城市空间的群体轮廓及其展出序列,小到人行道或市政设施的造型、色彩、图案、绿化与公共小品设计等。

其设计方法是建立与规划管理相应的"指挥控制体系",在环境物理、城市景观与建设形式等方面,既满足量与质的功能要求,又完美地体现城市与地区的魅力和个性特色。城市的功能与形象的完美与否,很大程度上取决于城市设计的具体化措施和实施。

2.城市布局形式

城市布局形式，是指城市建成的平面形状及内部功能结构和道路系统的结构形态。各城市的平面轮廓及其内部结构形态各异。影响城市形式的构成有多种因素：地理环境、资源开发、历史与文化积淀、城市性质的确立与规划建设的结果等。

根据城市平面形状的基本特征，城市形式大致可归纳成块状、带状、环状、串联状、组团状、星座状及对称和辐射等布局。

(1)块状布局。块状布局便于集中安排市政设施，土地利用合理，交通便捷，易于满足市民生产、生活与游憩之需。

(2)带状布局。这是受制于自然条件与交通干线的影响来建成的城市布局形式。

(3)环状布局。这种形式实际上是环形带状的布局形式，除了便于城市各功能分区之间的联系外，其中心部分为城市创造了优美的景观和良好的生态环境。

(4)串联状布局。这种形式灵活性大，城市之间保持间隔，有利于自然环境的渗透。

(5)组团状布局。这种形式可绿地穿插其中，起到丰富城市景观和优化空间的作用。

(6)星座状布局。星座状布局即在中心城市外围建造并与其保持一定距离的城镇，在生产、生活及交通方面互相关联。它与中心城市的关系类似卫星与行星的关系。

(7)对称或辐射状布局，是人为的图案组织规划布局，更多的是体现人的设计思想。

通过以上城市布局形式的阐述，以及对其与环境结合的考察，可综合分析其利弊，对于制定城市的总体规划和详细规划具有指导意义。

(三)城市中心区的规划设计

一个城市的中心区是市民活动集散的枢纽，是城市文化的展示窗口，它像一个城市的心脏那样，驱动着分支街区的脉搏。新建城市以中心区向外扩展进行规划，在旧城改造中会不断形成新区。加强中心区的规划建设，是整个城市规划的重点。中心区，一是就城市的显性结构而言，它处于中心位置，有四方向中心辐合的和由中心向四方辐射的秩序，具备强烈的交汇与平衡的作用；另外就其隐性结构而言，它作为政治、经济、文化、交通、信息、活动的神经中枢，对整个城市具有控制、辐射、结集、疏导等作用，影响整个城市机体的生命运动。对一个城市系统来说，它具有“文化中心”“娱乐中心”“体育中心”“交流中心”“饮食服务中心”“商业中心”或“购物中心”的功能。总括起来，城市中心区具有教育、劳动、生活、休息、交往等五项职能。

1.城市中心区的结构

城市中心区的结构，是在现代城市中的人—建筑—自然—交通等矛盾交织的公共空间中凸现出来的合理分布的缝隙与脉络。就其类型而言，可分平面展开型和立体复合型结构两种。由于城市用地紧张，平面展开型占用面积较大，近年来多有向立体化发展的趋势。平面展开型含“十字街型”“条带型”“脊椎带型”“区带型”及以广场为中心的“包孕型”等。

立体的复合型结构，人与车辆采取垂直分流，上下分层；车与车采用直线立交和匝道立交，以及螺旋上升的形式过境或转向；人走在人行栈桥和路边人行道上，上下升降，左右盘旋。

2.城市中心区的规划趋向

在城市中心区,人口、建筑、交通、信息、物质都向中心区凝聚。中心区建筑高度密集,空间重叠,交通线往来穿梭,人口流动极大,土地昂贵,一个城市的功能都浓缩在中心。近年来,城市中心区的规划呈现如下的倾向。

(1)立体化规划。立体化,一是体现在人、车分流方面,组织主体化的交通;二是体现在建筑组合上的各层空间结构;三是将人的活动分散在地下、地面、架空的道路上,以增加展开面积。立体化的布局形式很多,有单层式、复式、单多层混合式等。单层式是采用上升或下沉的办法来增加活动的层面。复式是采用分层结构,纵横交错,通过垂直交通进行交通联系(电梯、自动扶梯、飞廊、楼梯等)。混合式是单层与多层的组合,有一部分空间沿单层展开,另一部分空间采用叠落式多层展开。

(2)步行化规划。步行化,是由于人与交通矛盾日益激化的状态而促使人们经过严酷的反思所采取的革命性行动。步行环境的开发与建设,是整个城市规划建设的重要组成部分。也就是说,设计要向人性复归。因为城市规划和城市设计首先开始于步行环境的创造,这一点现已成为许多先进国家的共识,并已成为规划和设计的最高目标。

步行环境的基本概念可归纳成"城市中的步行环境",就是步行者在不受汽车等交通干扰和危害的情况下,人们可以经常性地或暂时性地自由而愉快地活动在充满自然性、景观性和其他设备的空间中。构成步行环境的各种类型均有各自的性格和机能,具有"异质性",如小规模开放空间,公共绿道、游步道,步行街,地下步行街,高架步行空间等。另外还有如"时间系步行空间""车步共道""步行优先空间"等,这些步行化规划的类型,在实际建设中往往是按需要进行综合设计的。

3.复归自然的规划

事实上,复归自然是一种理想的目标。在现代化大城市中开辟自然是无法再回到原来的第一生态环境中去了,而是在顺应现代化发展的进程中,在观念上应该努力地重视自然,在措施上应有利于再现自然,在行动上参与创造自然。在中心区进行自然景观的规划与设计,这是当前环境设计的一种显著趋向。有的城市曾试图将整个城市中心区"融合"于自然景观,如新西伯利亚和彼得罗扎沃兹克的规划,即采取将主要建筑面向公园和水体而形成开辟式的中心区布局。当然这种将大面积绿化镶嵌在市中心的做法,无疑会给中心区带来一片自然生机,使人在自然中获得清新和愉悦。

利用开辟式布局来使城市、中心区的空间与天空融合,并引入阳光和云天;增加小面积的绿化、水体和具有乡野气息的建筑小品;扩大垂直绿化,尽量争取直立壁面的自然化;开辟屋顶花园、庭园,使功能空间和自然空间各得其所等,以上措施对于任何城市都是有条件实施的、行之有效的途径。

二、广场与街市设计

广场与街市,是城市文明的重要象征,也往往是构成城市景观最具魅力的部分。城市的户外活动空间,事实上分成了车行与步行两个主要区域。人们对这两个区域的评估角度截然不同:对前者,侧重其交通功能及效率;对后者,则关注其文化内涵。

(一)广场与街市的构成

过去的年代,城市活动几乎都是局限在步行区。这些区域,通常与自然和传统人文环境保持着和谐的关系。

1.街市广场的历史文脉

交通的改观,是工业文明的象征。专为机动车铺设的、形式单调的柏油马路,在城市大行其道,成为人们熟悉的"自然"的一部分;几乎所有路面丰富的变化,都被汽车的洪流所淹没;市民们匆匆往来,借助交通安全岛,人行道的信号灯遍布全城。而城市的无限膨胀、技术的进步和对效率的追求,胁迫更多的现代人加入乘车和驾车者的行列。

当我们审视一个按初级标准步入了现代化的城市,发现被交通工具占据的面积差不多为整个城市面积1/3以上时,立即会使人惊觉:这个过度机械化的时代,市民生活失去了些什么。中古时代城市文化的多元性、生活节奏的缓慢,以及艺术品的精致和绚丽,为后工业时代的人所缅怀和追忆,但他们同时也不准备放弃工业文明带来的富裕、速度、效率和舒适,从而导致了具有兼收并蓄、综合自由与唯美、强调生态优先的后现代主义文化的创造。显而易见,对"后现代主义文化"的心理需求,并不仅仅来自思想和学术领域,对工业化时代生活体验和对前工业化时代生活的追忆,使人们的关注和选择不再是非此即彼。所谓"以人为本",从主观愿望到社会物质进步两方面要首先具备付诸实践的可能。

原来那些显得单调的"柏油马路",随着城市规划和技术、工艺水平的提高而有了很大的改观,以致成为现代都市重要的景观。其美学原则是功能优先,在最大限度满足城市需要的前提下,这些类似于都市血脉的道路系统愈来愈漂亮了。从路面铺设的立交桥工艺设计,到统一的标准化标志系统,它们的美感从车辆的顺畅行驶中得到充分的体现。干线两侧的景观也增加了高速公路的魅力。道路和环境的交融达到明显的默契之后,便在一种更高的时空定义上成为一条"景观道路"。

由于现代化的高速公路体系分流了大多数机动车辆,传统的步行区域重新获得了展示自我空间的机会。在一些历史悠久的大都市,各种类型的广场和有限制机动车进入的步行街区域几乎无处不在,它们的存在,使城市空间丰富多彩,并显示出传奇色彩。在勉强适应了机械化交通躁动、喧嚣的现实之后,人们仍然倾向于把保留的步行区视为避风的港湾。与满足"通过性"为主要目标的功能主义相比,机动车道路系统不同的是,广场和步行街是为了人的逗留而形成的,这也是商家更倾向于将他们的店铺建在这类区域而不是高速公路旁的原因。形形色色的大小广场和步行街(包括富有特色的、图案拼铺的地面和路面),只有步行才能通过的桥和各种别有洞天的缓冲空间,以一种灵活和引人入胜的方式,把城市各个部分连接在一起。

交通干道的延伸,加剧了城市非人性化的发展,而轻松自由、联系紧密的步行道路和缓冲地却使城市充满了人情味。人们希望在这些地段,不仅是徜徉、购物和游憩,而且是他们情感生活的寄托,那里的景致更容易引发人们的回忆和退想。这些步行区域是整个城市的"文脉"的留存和发扬,机动车道并非能体现这一点。交通干道看起来是科学和理性的,实际上则随着城市的扩张而变动或变迁;相反,著名的步行街区保持着恒定性,它们是历史的见证,因此是文化遗产重要的组成部分。时间对具有人文内涵的步行街网络而言,意味着无可比拟的价值。像苏州和威尼斯这样的城市,其联系紧密的步行街和桥梁体系是历史文化长期积累得产物,出于任何理由对其进行改变,都可能意味着万劫不复的破坏。

在类似苏州和威尼斯的城市中心,修筑一条方便机动车行驶的通衢大道,这使部分市民减少了从一个街区到另一个街区的很多麻烦。但从更深的层次来说,则可以看出一直以来保留的历史"文脉"被割断了。在此之前,市民的文化行为是由他们生活的环境保障的。当不恰当的规划设计改变或限制了原有环境的完整性和通畅性之后,虽然不能排除新的生活方式将取而代之,但从文化的延续和资源利用的角度判断,在多数情况下是得不偿失的事。

2.街市广场的构成形式

领略新事物与对历史的缅怀并无冲突,一个富于吸引力的现代都市应包含这两个方面。在机动车系统愈来愈完善的条件下,传统意义上的街市与广场的界限已经变得模糊起来,城市因交通和电子通信体系的完备而倍增效率,它们以多种多样的形式连成一体,文化与自然相互渗透,现代建筑与历史遗迹并列,构成现代社会丰富而新颖的景观。这些街市广场的景观形式,在环境的所有构成要素中最重要的是自然空间。其中包括以下几个方面。

(1)围合空间。围合空间是城市最基本的分区单位,融合了步行与车行两种特性。它所界定的区域之外往往是高速行驶的车辆,之内则是安静并适合人体尺度的广场、中庭或院落。正是与繁忙的交通相比,这种围合空间港湾般的宁静及其文化价值才得以显现。换一个角度看,如果这一类场所不复存在,所谓城市交通也将变得毫无意义。

(2)粘滞性空间。粘滞性空间指人群以静止和运动两种主要方式占有的空间。无论是广场还是设有座椅供人休憩的步行街,"粘滞性空间"同时承纳了滞留者和徜徉者的结合体。它是温情的场所,人们在这里漫步浏览橱窗、买报、赏花,同时也领略这里的风情,享受阴凉或阳光。

(3)半开敞空间。半开敞空间指从一种类型的空间到另一种类型的空间,有直接、自由的通道,诸如与建筑物相连接的廊道和对外敞开的房间。这样的场所往往存在于繁华的市井之外并远离喧闹的交通要道。这一地带常常是景色宜人,光线柔和,空气中弥漫着花园植被的芬芳,人们在这里有一种安全感和防御感。

(4)焦点空间。焦点空间是一种带有主题性的围合空间。空间焦点通常以人为空间占有形式,如以雕塑或雕塑化的建筑物而展现,它使热闹的街市或广场更具有特性,表明了这就是"那个场所"。空间焦点给许多场所增添了色彩,但是,当城市的膨胀使原本与之匹配的景致过度变更甚至不复存在的时候,焦点的标志物便成为一件不起眼的老古董了。

(5)分区。显然,不同功能的场所之所以完美,在于城市经过常年的改进和完善,已倾向于形成一个条理清晰的模式。城市的内部是紧密排列的步行街区,它们中有围合空间、焦点空间、粘滞性空间和半开敞空间;城市外部是供机动车辆行使的高速公路、铁路、轮船码头。后者是为城市的运行服务的,使之更具生存能力。

从近年来城市发展的趋势看,设计师施展才华的空间已大大拓宽,"生态"和"平衡"的观念已经在所有城市决策者中产生了强烈反响。由于汽车的普及而引起的变化,原有的城市形态已被打破,旧城建筑密度过高而妨碍了机动车辆的进入,老的"市中心"逐渐走向衰落。集中一地进行商业、贸易活动变得没有必要。根据不同的街市、广场空间、不同区域的服务功能而形成若干个中心,以及郊外的卫星城,呈多元化发展的趋势日益明显,人们在新开发的土地上拥有更舒适和风格更新颖的新社区，使设计师得以将他们的经验和创造力进一步发挥出来。

（二）街市广场的小品景观

街市广场小品景观，一是指在城市广场街道及其他活动空间中设置的公共设施和建筑小品。它有别于自然景观如山林、江湖、花草、瀑布、峡谷，也有别于动态景观中的日出日落、月圆月缺等。它包括能够给人传递人工美信息的环境空间，如花阶、铺地和道路等。二是公共性设施和建筑小品。这一类小品景观，既具有实用性功能，又具有强烈的装饰性效果，是街市的活跃元素。它们以多姿多彩的形式存在，甚至以自然环境中的某种形象出现，有的具有十分真切的仿生效果；他们可以与建筑物、植物、雕塑等其他公共艺术元素搭配，围合成各类空间景观艺术。

这些功能性街市广场景观小品在满足人们各种使用和观赏的需要的同时，其本身就是一件优美的公共艺术品。这些小品，既可用彩色钢板、混凝土、彩陶、铝合金、玻璃钢等人工材料制作，又可采用石材、木材、竹材等天然材料构筑，造型精巧、诙谐幽默，色彩明快、耐人寻味，尺度合理、亲切动人。

1.服务性小品景观

这类小品是在广场街市为公众活动时提供使用的便利性设施，如电话亭、售货亭、商业服务亭、自动售货机、书报亭、垃圾桶、坐椅、公共卫生间等。

当今的流行时尚是崇尚个性化，强调环境保护，人们的要求已经不仅仅是使用方便，还要造型独特，构思巧妙。一段折断的树桩，一个童话世界中的木桶，一只巨大的辣椒，这类匠心独具的小品都给人们带来意想不到的视觉享受。它们如同居室中的小摆设，装点着城市中的每一个空间。垃圾箱的设计已突破传统的不锈钢或塑料的桶型造型，开始利用混凝土材料的可塑性，采用模拟、仿生等艺术设计手法，产生惟妙惟肖的艺术效果。

电话亭和自动售货机是城市空间中的新面孔，是现代化高新技术的结晶，它们的造型也成为城市街道和广场景观的重要点缀。由于闹市区噪声干扰较为严重，公用电话亭宜采用封闭式，以铝合金、玻璃、彩色钢板等材料围合而成。在其他较为安静的地段，则可采用半封闭式的话亭。公共电话亭和自动售货机的形象，以色彩明亮、造型大方别致而引人入胜，自动售货机更以其先进的性能和新鲜感，成为步行商业街上的新“宠儿”。

2.公共设施小品景观

公共设施属于市政建设的范畴，这类小品包括：交通岗亭、候车亭、加油站、街灯、路标、邮亭、地铁入口以及安全设施等。城市公共空间中的这类小品，在市民的生活中是司空见惯的常用公共用品。城市中的指示性元素的项目有：指示牌、路标、公交牌、时钟、广告、招牌、展示橱窗等。这些艺术化的小品，就像佩戴在人们身上的各种徽章一样，在表述着指示功能的同时，也成为非常生动有趣的装饰性元素。一个优美的指示牌设计，应该是将机能与形式有机地统一起来，并与周围环境合理地匹配。直线、曲线、抽象、具象各种造型艺术语言尽各体现其中，不仅自然流畅地表达了自身的价值，更为都市带来了艺术趣味。

无处不在的公交车、个人小车，及与之相应的车亭、加油站和各类安全性设施（如路栅、人行道、安全岛、天桥、地下道等）公共小品，不仅丰富了市政公交建设风貌，也美化了都市。公交车辆的增多，特别是双层巴士的出现，公交车的车体本身，也成为镶嵌在都市中的靓丽景观：或诉说着都市的故事，或赞美着市民的风采，或展示着一则优美的广告，无不体现出大都市的商业、旅游、文化的特色。

3. 无处不在的景观小品

城市建筑装饰小品历来被城市环境设计师所青睐，一般设立在休憩、娱乐的城市广场和街道之中。这一类充满了乡野气息的建筑小品，为了充分与周围的自然环境相融，常采用天然木材、天然石材、仿木混凝土等材质建造。在造型和外观上，则追求古老的茅草屋、小木屋等效果，形象古朴自然，浑然天成，或卧于山脚，或隐于树荫，或立于水边，或悬于高楼上面……可谓得天独厚。

著名建筑大师米斯曾说过："建筑的生命在于细部。"在城市的所有环境中，无所不在的建筑小品，丰富着市容，装点着气氛。在城市街道两侧和广场中，经常可见到高耸的乔木树，以它们多姿多彩的形态点缀着城市，而在树下的地面却往往被忽略了。人们似乎已经习惯了看到树下暴露的泥土，常常散落着不少杂物。而在国外的许多城市中，各种形式别致的铸铁篦子，被用来覆盖在树底部的地面上，它们很好地与树木和周围的铺地结合在一起，不仅起到美化的作用，还减少了树下泥土的流失，确保了城市的环境卫生。

(三)花阶、铺地与道路

在 M. 盖奇与 M. 凡登堡所著《城市硬质景观设计》一书中，首次提出硬质景观这个名词，这是相对于植物的软质景观而言。花阶、铺地与道路，正是硬质景观中最重要的一部分。在城市街市、广场中，它们既是为了市民的使用，同时其形式的存在又成为极佳的观赏艺术。

1. 色彩、质感、图案的搭配

在较大的城市广场和街道中，颜色单一很容易使人产生乏味的感觉，而经过不同色彩的配合之后，重复性的图案和形式就产生了节奏与韵律感，悄然活跃着人们的心情。材料的质感变化影响着人们的视觉感受和行为。平整、光洁、坚实的花阶、铺地与道路，在很大程度上吸引着人们舒坦地驻足其间。对于具有丰富质地的地砖、鹅卵石、不规则石料等自然材料的巧妙运用，更会给人带来赏心悦目的效果。

经过多种图案形式组合而成的这一类城市景观小品，就像绘画那样，打破了硬质材料的刻板、冷漠，丰富的视觉效果中包含了人性化意味。花阶、铺地与道路中图案、形式秩序的运用，通常以简洁为主，强调统一的风格，一般不作过多地矫饰和繁复地组合。

2. 材料特性与运用

花阶、铺地与道路常用的材料是：地砖、石材和卵石三种。

(1)地砖，是一种较为人工化的材料，适用于大面积的铺地，如广场、人行道等。因其施工简便，甚至不用任何机械就能进行，其选择性强，不仅形状、大小规格多种多样，而且色彩也十分丰富，可根据不同性质的场所进行选择和搭配。

(2)石材。公共场所常用的石材，一般是经过人工打磨的大理石或花岗岩成品，有光面与毛面之分，形态规整，便于铺设。石材也常见于有中国古典园林风味的许多城市空间，况且这里的石材仅经过粗琢，古朴而富于自然情趣，多用于庭园以及具有东方风格的景观之中。讲求曲折深远、以小见大、自然悠远的情境。

(3)卵石,是中国古典园林中最常见的铺地材料。它体积小、纹路深、使用灵活,并可与其他铺地材料配合使用。多用于创造较为亲切的环境,如庭园、小径,因其小巧朴拙,而具有自然气息,为许多市民所喜爱。

3.设计方法

(1)根据实际需要选择合适的材料。城市的公共活动空间有许多种类型,因而必须根据需要进行不同的设计。如大型公共活动广场,就宜采用大面积的石材;人多繁华的商业街,可采用尺寸较小的广场砖;而在住宅小区的庭园中,就应采用更贴近自然的材料,让人们尽情享受返璞归真、回归自然的乐趣。

(2)材料、色彩、尺度、质感的搭配设计。单调的铺地形式已不能满足现代城市发展的需要,城市空间的性格和使用的要求是促使铺地设计多样化的主要原因。运用不同的设计方法可以进行不同空间区域的划分,具有暗示性的诱导以及强调作用,并可以丰富和美化城市空间的景观效果。

(3)在图案设计方面要独具匠心。许多美丽的都市广场和街道上,我们常能看到简洁、统一和突出重点的铺地图案,它们使广场与街道的设计更趋完美,而且又富于变化。这样的图案设计不仅丰富了铺地的形式,而且常会取得意想不到的效果。

(4)与软质景观的结合。花阶、铺地与道路,尤其是花阶,它既与铺地、道路密不可分,又直接与绿化中的花草树木相连。巧妙地结合和相互穿插,可避免花阶、铺地与道路形式的过于生硬,使得整个空间更符合环境特征。

三、绿化规划与设计

(一)人与城市绿化

在寸土、寸金的城市中长期生活的市民们,对拥有一个开放的、人性化的、哪怕是“袖珍型”的空间是会何等的向往和爱惜!每当假期周末、茶余饭后、情人约会、朋友小聚,无不需要一个格调高雅、环境舒适的室外绿色空间与之相伴。随着人们生活质量的不断提升,生活情趣的时尚化和多样化,对户外公共环境的品位要求越来越高。“绿色城市”“田园城市”“山水城市”“风景旅游城市”的建设也便成为现代城市规划设计中的重要环节。

1.东西方绿色文化发展

城市绿化主要包括:公园绿化、广场绿化、街道绿化、风景区绿化等。公园和景区绿化是城市绿化的集中区域。

绿化,最早起源于几千年前的皇家及士大夫等贵族园林。中国古代造园,崇尚师法自然、依托山水、因地制宜的精神原则,追求诗情画意的境界。现代城市中的公园、绿地、名胜等区域,在总体布局、绿化配置、规划设施方面都受到了中国古典园林的深刻影响。

西方园林主要分为两大类:一类是起源于意大利,发展于法国,并以几何形构图为基础。意大利式园林多依附地形地势做多层台地,中轴不突出;法国式园林则多在平地展开,中轴极强。

另一类为英国式。选择天然草地、树林、池沼，一派牧歌式、田园式风光，试图与原野同归。然而，对现代城市公共开放性空间的总体布局。绿化规划影响最大的，当推法国式古典园林设计。其十分讲究轴线对称、几何图形、分行队列，显示了人为的力量。

东西方文化的差异，对城市绿化设计必然产生不同的影响。在中国园林中，花草林木的形态、位置、色彩、疏密都十分讲究，树木的配置也追求形态曲折、苍老古朴、层次丰富，几株老树，往往会给整座园林增加许多意境；而西方城市的绿化设计，则倾向于大面积的几何形构图和图案化布局，规整划一，气势博大。中西园林格局的差异，集中反映了东西方文化的不同价值取向。

城市中的公用设施是近代城市发展的产物。尤其是20世纪以来，随着人文主义、个性化思潮的兴起，新技术、新材料的发明运用，以及人们对功能与技术完美结合的追求，都极大地促进了城市绿化规划设计的进步和发展。在艺术、审美、文化、传统、历史等精神因素的作用下，人们对城市公共事业建设提出了更高的艺术要求，而城市建设的发展也突出地反映了这些市民要求。

2.绿化规划的设计趋向

绿化是涉及诸多方面的问题。首先，植物具有净化空气，减少空气污染的作用，这对人体健康是相当重要的，尤其是在工业化步伐较快的大城市，绿化是减少空气污染的重要手段；其次，噪声已成为当代城市的一大污染，植物能从较大程度上吸收噪音，人们在嘈杂的闹市区无法进行正常生活，植物屏障给人们带来了相对安静的隔音环境。

绿化还给市民带来一定的精神享受。这在现代都市已成为越来越多市民热心关爱的大事，处处绿荫浓郁、鸟语花香，家家花团锦簇，人们对自然的热爱之情，自古不变。人们追寻机会扑向大自然的怀抱，已是一种审美时尚。

(1)艺术化的情趣。无论是城市绿化还是公共设施设计，艺术化的要求已经被提高到人心所向的层面，深入千家万户。设计风格的个性化、独特化与多样化已成为一种新时尚。材料运用的精致与巧妙，色彩搭配的艳丽与高雅，设计手法的夸张与平实，使城市绿化呈现出丰富多彩的艺术景象。

(2)人性化的时尚。最适化、最优化、科学化、艺术化，归结到一点是绿色设计的人性化。人本主义和人性化倾向，是近几年来在城市环境设计领域中的一大趋势，它主张以人为本，认为使用者是空间环境的第一要素，现代绿色设计是为人进行的设计，植物形成的丰富的视觉效果，愉悦了人们的心情。适当的围合和遮蔽形态，为人们提供了相对私密的交往空间。人们使用公共饮水器的时候，感到不仅仅是新鲜，更多的还是方便等。人性化已渗透到城市中许多方面。

(3)多元化的风格。这里是指文脉、技术、历史、人文、风情等诸多因素与绿化设计组成的一种发展方向。城市文脉和地域性的特点在公用设施上多有体现，如欧洲绿荫丛中古典风格的电话亭，乡村风格浓郁的小木屋等，丰富多元化的形态阐释着现代都市的神韵与内涵，体现出理性与狂放、简约与细腻、典雅与精巧……

(二)植种与绿化设计

1.植物品类及其选择

植物，包括乔木、灌木、藤木、花卉、草坪及其他地被植物，统统称之为植被。植物是城市交往空间中必不可少的一种组成元素，由于品种、形态色彩的千差万别，因此设计中必须结合实际需要进行有组织有规划的设计。

(1)常绿乔木。乔木的主干单一而明了,有常绿性或落叶性特征。常绿乔木树冠终年翠绿,为优良的造园、造景树木。树形有高壮或低矮之分,并有开花美丽而以观花为主的树种。景观设计上,需依树形高矮、树冠冠幅、质感粗细、开花季节、色彩变化等因素加以选择应用。

(2)灌木类植物。灌木在绿化中是主要植物品类,常修剪成几何形状,起到划分空间而又不遮挡视线的作用。灌木应用中,常以观花和观姿两类品种为绿化选择的对象。

(3)草花植物类。草花有一、二年生草花和宿根多年生草花两类。草花具有丰富的色彩,在造园上是常用的品类,其生性美丽,姹紫嫣红的视觉效果令人心旷神怡。草花以观花为主,一、二年生草花在花期结束以后,必须按照季节不同更换其他花种;多年生草花也需要良好的栽培管理才能连续生长、开花。

2.植种在设计中的应用

(1)松柏类的应用。松柏类植物有灌木型或乔木型,均属常绿性的针叶树木,生长缓慢,枝叶葱郁青翠,质感细腻,为造园、造景中常用的高级树种。松柏类在景观应用上,大多数以自然树形取胜,唯有龙柏类及罗汉松类常利用修枝术变化其造型,应用在景观上效果极佳,其他树种有赖创意再提升。

(2)棕榈类的应用。棕榈类植物树姿婆娑飒爽,终年青翠,有单干或多干树种,株型有低矮或高耸粗壮挺拔者,在造园、制景应用上,必须依照场面大小、风格选择树种,才能发挥最佳景观效果。尤其是棕榈类大多数属热带植物,对高温地的适应性较弱,在景观设计上应多考虑适地而植。

(3)竹类景观的构成。竹类在造园、制景的表现上,常象征高风亮节。一般作为庭园的植物配置,如中国式古典庭园或日本式庭园的神社、寺庙等。竹类常以人工方式栽种,供作观赏,并形成特殊的东方造园风格与手法。

(4)海滨植物的开发利用。海滨植物的种类十分丰富,只要涉足海滩,无论哪一个方位,都可以欣赏到各式各样的海滨植物,哪怕是寒冬季节。根据海岸地形的特性及植物生长的位置,海滨植物一般可分为:珊瑚礁植物,常年暴露在土壤贫瘠的海岸巨岩上,在烈日和海风之下展现出艰苦卓绝的生命力;沙砾滩植物,具有经过暑风冰雨长期“折磨”而养成的特性,能在各种恶劣的环境中傲然抬头;红树林植物,遍布于海湾或河口,构筑起一道森林屏障,是独特的自然景观;热带海岸林植物,分布在沿海地区或海湾一带,是难得的海岸林带景观。

3.地被植物与造园

所谓的“地皮植物”,即指一群可以将地表覆盖并使泥土不外露的植物。草坪是最为人们所熟知的地被植物。阔叶草、草花、灌木、矮竹以及蔓藤等也可做地被。

地被植物种类繁多,应用于庭园中依其机能、环境因素,欲展示的效果等慎加选择。地被植物不仅解决了工程建筑上的遗留问题,而且使庭园的景观更加亮丽。大树下、建筑物朝北处光线不佳,必须选择耐荫性地被植物;其次,植物本身的特性不容忽视,例如供人们运动、奔跑、嬉戏、追随的大片草地,则需选择耐践踏的植物。

草坪植物分为暖地型草坪及冷地型草坪两类。高温多湿的平地适合栽暖地型草,高冷地则适合栽植冷地草种。草种有质感粗细、密度大小、生长特性、耐踏、耐旱、耐阴、耐寒等区分。绿化设计中必须选择恰当的草种，才能产生幽雅的草坪景观。

（三）绿化设计的布局方法

植物，是城市交往空间中必不可少的一种自然元素，它有许多品类，形态多姿多彩，色彩、形态也千差万别，因此在设计中必须结合绿化实际需要进行有组织的规划设计，并充分考虑到植物的生长周期。植物是城市空间中惟一具有生命的元素，它可因季节、气候的不同变化而表现出不同的特点。植物在空间布局中往往会有意想不到的效果，它对气氛的创造是不容易忽视的。植物的空间布局大体可分为：一是纯对称的几何形布局，二是自由式布局，三是自然形式布局等三种。

1.对称式布局

这种布局的主要目的在于突出几何中心，这里的空间中心多为雕塑、纪念性景物等。我们正逐渐注意到西方社会的绿化布局倾向，一个非常突出的亮点就是规则式的对称布局，始终是绿化设计的主流。“对称”通常与“美丽”同义，并有形式愉人优雅的含义。这也许是因为对称意味着一种强加给主题的、易于为人们理解和欣赏的秩序，也可能是因为对称这个词开始同绿化规划的清晰、平衡、韵律、稳定及统一等正面特性相关。

对称轴可以是一条线或一个平面，如小路、宽阔的林荫道或商场；还可以是强有力的视觉或运动的引导线，就像穿越一系列庄严的拱门或大门，或穿行于间隔而有韵律的成行的树木或塔门，或朝向一个高兴趣点的物体或空间运动一样。对称轴可由视线或运动线强有力地引导着，它可以穿过一大片开放的草地静谧的透景线，其每一侧似乎都是对等平衡的。

对称布局使景观系统化，而组织成似乎刻板的图案。对于规划结构来说，自然环境则变成了场景或背景。对称布局不仅要求景观特征服从于有组织的规划，人们的活动线路也被限制在布局的线路上，布局形式也控制着我们的视线。绿化布局经过巧妙处理的对称平面形式，可用于渲染某种观念或引发一种纪律、秩序感，从而产生无可挑剔的完美感。

2.自由式设计布局

自由式布局是对城市空间进行灵活地划分，安排多种植物进行点、线、面的协调组织，从而创造出一个丰富而亲切的空间环境。绿化中选择的每一类植物应符合预期的功能。设计应首先准备一张粗略的概念种植示意图，在示意图上用箭头描述种植实例目的的记号。

冠荫式树的布局是一种自由的方式，也是最容易引人注目的，它构成了最显著的街坊特征和标志。它们还可以遮荫蔽阳，柔和灵活地配置调和建筑线条，并充当空间屋顶或天花板的作用。在中国历史上最壮观的花园——圆明园，如今静卧于北京西郊的废墟中，在平面上，它明显是非对称的自由式布局。法国牧师琼·德尼·阿蒂雷在给朋友写的信中描述了这种自由布局的妙处：“你离开山谷时，不是通过欧洲式精美笔直的大道，而是经由弯曲迂回的路径。每离开一个山谷，你会发现自己正处在另外一个迥异的天地中，无论是地形还是建筑的结构都不同。高山和土丘都为绿树覆盖，花木在这里尤为繁茂。这是人间真正的天堂。”

3.自然式设计布局

这是一种群植，是一种模拟自然形态的方法。它是以自然为摹本，追求自然形式、写意的空间风格，力求使植物与空间的风格相一致。按照惯例，在绿化种植中应避免规则株距和几何格局，成行或成格网状的种植，最好用于城市中有限的、需要有公众性或纪念性特征的场合。

绿化设计往往并不是那样单一、独立的，而是与喷泉、水池、雕塑、园景小品、座椅、亭廊、灯饰等其他因素结合在一起，而形成的一种综合性效果的设计。因此，良好的空间环境设计应多元化地进行，在相互呼应中达到最完美的艺术境界。自然式布局在城市小区绿地规划中是热门话题，常常以综合的景观元素（如建筑小品、喷泉、雕塑、花卉、低矮的灌木丛、乔木、平地、山丘等）密切结合进行仿自然式的布局。

第九章　景观小品及建筑景观设计

第一节　景观小品的设计

一、概述

(一)概念

与景观小品相关的概念有园林建筑小品、园林小品、景观设施、园林建筑装饰小品等①,每种概念均有所侧重和局限,如园林建筑小品侧重于建筑配件(栏杆、窗、门等)的艺术性;园林小品无法表达现代景观中出现的新的小品设施;而景观设施的表达又过于宽泛;园林建筑装饰小品过于强调小品的装饰性。本书将这些概念统称景观小品,可理解为在景观环境中提供装饰欣赏或具有实用功能的设施。

(二)分类

景观小品种类繁多,涵盖面广,按不同概念表述分类总结如表 9-1 所示。

表 9-1　不同概念表述下的景观小品分类②

概念表述	分类	
园林建筑小品	分类 1	门窗洞口、花窗、装饰隔断、墙面、铺地、花架、雕塑小品、花池、栏杆边饰、梯级与磴道、小桥与汀步、庭园凳、庭园灯和喷水池
	分类 2	园门、景墙与景窗、花架、园林雕塑、梯级与磴道、园路与铺地、园桥与汀步、园桌与园凳、花坛、水池、置石和其他
	分类 3	门窗洞口、花架、梯级与磴道、园路铺地、园桥与汀步、园桌与园凳、雕塑小品、花坛和其他

① 陈祺. 景观小品图解与施工. 北京:化学工业出版社,2008

② 陈祺. 景观小品图解与施工. 北京:化学工业出版社,2008

续表

概念表述	分类	
园林小品	分类 1	水景工程、园桥工程、园路工程、假山工程和其他小品（花坛、景墙、路标）
	分类 2	园桌园椅园凳、园门园墙、雕塑和其他（园灯、栏杆、宣传牌宣传廊、公用类建筑设施）
	分类 3	供休息的小品、装饰性小品、结合照明的小品、展示性和服务性小品
景观设施	分类	休息设施（如园椅、凉亭等）、服务设施（如园路、园桥等）、解说设施（标志、指示牌）、管理设施（园门、园灯）、卫生设施（如洗手设施、垃圾桶、公厕等）、饰景设施（水景、石景等）、运动设施、游乐设施
园林建筑装饰小品	分类	园椅、园灯、园林墙垣与门洞漏窗、园林展示小品、园林小桥、园林栏杆、园林雕塑和花格

虽然不同的分类各有特点，但通过表 9-1 可获得景观小品设计的主要对象，对掌握景观小品设计的方法具有一定作用。

(三)功能

景观小品的主要功能包括：

(1)景观构成。景观小品是构成景观环境的主要内容之一(图 9-1)，既可作为景观主景，独立形成观赏目标，又可作为配景，烘托主景或与其他景观共同构成新的景观，同时在景观视觉上起到均衡作用(图 9-2)。

(2)空间组织。通过景观小品可以对景观总体空间进行功能划分和流线组织，以满足景观的整体功能要求(图 9-3)。

图 9-1　雕塑景观小品成为人们在公共空间交流、活动的有机组成部分

图 9-2　英国伦敦街头抽象的景观雕塑小品衬托了主体建筑并形成均构图

(3)环境美化。造型优美、生动的景观小品可丰富视觉层次、美化景观环境、诠释设计意境，给人以美的享受。

(4)文化教育。主题雕塑、文化墙等小品对展示地域特色、弘扬历史文化有着重要作用。在公园、广场和景区中,作为景观小品的标志牌、宣传牌等具有诸如普及知识、信息交流、交通引导的功能(图 9-4),同时给人以美好或独特的感观印象。

图 9-3　荷兰海牙街头景观小品(含垃圾箱)清晰地界定出交通空间和人行空间

图 9-4　台湾日月潭湖心岛景观小品具有介绍景点的导游功能

(5)实用功能。景观小品具有许多实用功能,如亭子、桌椅可供人休息(图 9-5),入口、路灯等是景观管理不可或缺的部分,垃圾桶、洗手池等小品是为人们提供卫生条件的必备设施(图 9-6)。

图 9-5　四川省邛海边穹顶造型的亭子为游人提供了休息和观景的空间

图 9-6　整齐划一的垃圾箱是城市必备设施

二、设计原则

景观小品设计在坚持景观设计原则的同时，还应结合自身特点，特别要遵循以下原则。

(一)功能合理

景观小品的设计要满足人们的行为需求，把握好布局和尺度的关系；满足和考虑人的私密性、舒适性和归属性等心理需求；满足人们的审美要求，符合美学原理，应通过其外部表现形式和内涵体现其艺术魅力；满足人们的文化认同感。

(二)环境协调

景观小品是与周围环境作为一个系统来被人们认知和感受的，因此必须保证景观小品与周围环境之间的和谐与统一，避免在风格、色彩及空间关系上发生冲突(图 9-7)。

图 9-7　法国巴黎拉维莱特公园科技馆前和谐统一的景观小品和科技馆天穹

(三)艺术品质

图 9-8　具有极高艺术价值的比利时鲁汶市行政办公大楼古老建筑局部

景观设计的艺术性能通过某些景观小品如雕塑作品得到集中体现，景观小品设计应塑造艺术品质，实现其艺术形象个性化，使其作为提升景观可识别性的重要途径，体现地域特色，彰显艺术魅力。图 9-8 所示为古老的比利时鲁尔市行政办公大楼局部，外装饰极其华丽繁缛，但是整个人物雕塑与建筑装饰尺度统一，整体风格协调一致，内在秩序清晰可辨，具有极高的艺术价值。

(四)经济适用

景观小品设计在保证使用功能和艺术品质的前提下，应尊重经济适用性原则，如尽量选用本土材料以节约成本、科学选择施工工艺以缩短施工周期。

三、设计方法

(一)立意构思

立意构思是针对景观小品的功能、所处的空间环境及社会环境，综合产生出来的设计意图和想法，是景观小品设计的灵魂所在，任何没有立意的构图和设计都是苍白的。立意构思的基本方法是对景观小品的功能和环境进行分析和提炼。

(二)选址布局

选址是景观小品设计的基础，如选址不当就会对景观整体产生破坏性作用，好的选址应在对场地环境充分调查和了解的基础上进行，注意场地的安全性，周边建筑、构筑物和其他景观小品的色彩、尺度和形式，同时尽量利用自然地形，达到选址安全与协调、提升景观整体形象的目的。

布局是景观设计要解决的中心问题，布置凌乱、毫无章法的小品布局绝非好的作品。布局要从宏观上把握景观小品单体间的关系，寻找单体间的逻辑关系和内在联系，只有这样才能创造出“美”的作品来。最基本的布局方式有自由式和规则式。自由式常用于自然要素占主导地位的景观中，如地质公园、植物园等；规则式常用于纪念性场所中，如陵园、寺观等。根据场地条件的不同，可因地制宜地选用，还可两者混合使用。

(三)单体设计

1. 协调与对比

景观小品既要考虑到与所处建筑环境、外部空间环境保持协调，以强化整体环境意象，又要适当采用对比手法，实现一定的艺术效果。借景是景观小品与环境达到合理的协调与对比的重要方法，常用的有远借、临借、仰借、俯借等。此外，尺度、色彩和质感是需要特别注意问题。人体尺度和观景效果(视角)是决定尺度的主要依据，色彩和材料的选择上要注意它们带给人的不同心理感受，如红色代表热情，蓝色代表冷静，原木为自然的质感，而钢铁为坚硬的质感。

图 9-9　美国华盛顿国家美术馆新馆及其馆前雕塑

图 9-9 所示为华裔美籍建筑师贝聿铭设计的国家美术馆新馆及其馆前雕塑，深色基调的雕塑在浅色调的新馆衬托下显得十分突出，其尺度也形成对比，但是雕塑的形态设计却与主体建筑形态保持一致，不仅自身具有艺术价值，而且与美术馆新馆高度协调。

2.简洁与丰富

景观小品细节刻画要通过统一的规划设计，提炼、净化基本语汇，控制数量和规模来达到净化视觉的效果；在需要表达丰富的细节时，也要利用基本语汇，通过一定的次序和条理来组织，避免造成杂乱的感觉(图 9-10)。

3.具象与抽象

景观小品设计时，既通过具象、写实的处理手法，满足人体工程学原理和行为心理学原则，对小品本身的功用和环境空间尺度起着明确的指导作用；同时通过抽象的艺术手法处理，使小品具有一定的审美价值，给人留有一定的想象空间。

图 9-10　简洁大方的景观艺术小品

四、设计要点

(一)雕塑小品

雕塑是景观小品设计的重要内容之一，许多景观的主题就是雕塑，而雕塑往往成为一个城市甚至一个国家的标志(图 9-11)。雕塑作为一门艺术，其艺术手法及形式是复杂而多样的，对雕塑的理解也可以是多层次的，在景观设计中关键是准确选择雕塑题材，正确处理雕塑与环境的关系，使雕塑对环境起到画龙点睛之功效。图 9-12 所示为“布鲁塞尔第一公民”——小于连的雕像，由于题材了见证民族的沧桑历史，仅有 61cm 高、憨态可掬的撒尿男童雕塑，成为比利时富于爱国主义教育意义的珍贵历史文物。

图 9-11 纽约自由女神雕塑成为美国的标志

图 9-12 比利时布鲁塞尔"小尿童"雕塑

1. 类型

景观雕塑小品可分为纪念性雕塑(图 9-13)、主题性雕塑(图 9-14)、装饰性雕塑(图 9-15)和陈列性雕塑(图 9-16)等类型。

图 9-13　台湾台南纪念性雕塑

图 9-14　美国华盛顿越战纪念碑前主题雕塑

图 9-15　法国巴黎凯旋门上的雕塑

图 9-16　法国巴黎卢浮宫陈列性塑装饰性雕塑

2.面布局

雕塑小品的平面布局方式有中心式、T 字式、通过式、对位式、自由式和综合式等,其特点见表 9-2。

表 9-2　常用雕塑小品平面构图方式及其特点①

构图方式	特　　点
中心式	雕塑处于环境中央位置,具有全方位的观察视角,在平面设计时注意人流特点。
T 字式	景观雕塑在环境一端,有明显的方向性,视角为 180°,气势宏伟、庄重。
通过式	景观雕塑处于人流线路的一侧,虽然也有 180°的观察视角方位,但不如 T 字式显得庄重。比较适合用于小型装饰性景观雕塑的布置。

① 衣学慧.园林艺术.北京:中国农业出版社,2006

续表

构图方式	特　点
对位式	景观雕塑从属于环境的空间组合需要，并运用环境平面的轴线控制景观雕塑的平面布置，一般采用对称结构。这种布置方式比较严谨，多用于纪念性环境。
自由式	景观雕塑处于不规则环境，一般采用自由式的布置形式
综合式	景观雕塑处于较为复杂的环境空间结构之中，环境平面、高差变化较大时，可采用多样的组合布置方式。

（二）城市公用设施小品

城市设施包括城市基础设施和城市公用设施，其中对城市公共环境产生重要影响的那部分公用设施也被称为“街道家具”。

1.卫生设施

在传统印象中，卫生设施就只有形象丑陋、躲躲藏藏的垃圾箱和公厕。而现在，它们作为景观元素的一部分，以丰富的造型和色彩、考究的材质、完善的功能出现在街巷及风景区。另外，饮水台、洗手台等新式卫生设施也越来越多地出现在公共场所。下面分别讲述几个常用卫生设施小品的设计要点。

（1）垃圾箱

设置地点为大量人流滞留、漫步、休息或有室外用餐的公共场所，如广场、步行街、人行道、公园、绿地、游乐场等，其设计要点为方便使用，造型色彩和材质上尽量与整体环境协调一致，宜简洁并方便使用，注意与人行道、休息设施及周边环境的关系，注意主导风向、地面材料密实性、地面排水坡度等问题，避免造成环境污染。

（2）公厕

设置于广场、步行街、城市公园、风景旅游区等处，不同场所有不同类型的公厕与之适应，如独立式、附属式和临时式等。设计要点：公厕设计首先要功能合理、设施完善，其次要提供一定的附属设施如垃圾箱、照明、休息等候设施等；公厕设计在材料和外观上应充分反映地域特色并与环境相协调，与环境关系的处理关键在于“藏、露”结合上，即对于景观系统而言宜“藏”，对于人流动线而言宜“露”。台湾著名的水里蛇窑遗址，公厕位于左侧，其小门是既隐蔽又易找到，厕所设施也使用具有古窑特色的陶瓷材料。

（3）饮水台、洗手台

饮水台、洗手台等卫生设施具有实用与装饰的双重功能，其构造形式多样，造型活泼、丰富，兼具景观小品的装饰添景功效（图 9-17），多设于广场、游乐场中心，运动场及园路旁便于利用之处。设计要点：宜与休息设施综合考虑。须注意卫生及排水问题，如地表应有一定坡度以利排水，地面铺装材料要有一定的渗水功能。

图 9-17　上海世博园饮水台

2. 服务设施

坐椅、电话亭、书报亭、售卖亭、候车亭等服务设施，在为人们的户外活动提供便利的同时，也构成了城市街道广场景观中的一部分。

(1)坐椅

坐椅是为了满足人们休息的基本生理需求，在室外环境中分布广、使用频率高的公用设施，设计应遵循人体工程学及行为心理学的原则，同时考虑其装饰功能。坐椅有长椅、桌椅、坐凳之分；根据结构不同又可分为独立式和附属式两种类型。附属式坐椅多与花坛、树池、水池、棚架、亭台等结合设置，结构附属设施也附属于环境；独立式坐椅则应注意其造型、材质及色彩的选择。室外坐椅同室内坐椅一样，一般长凳坐椅高度大约在 425～450mm。应根据环境特点确定坐椅相应的造型、材质；坐椅宜与卫生设施、照明设施、花坛树木等配套设置；坐椅的配置应与场所中人们的活动特点相适应。

(2)电话亭、书报亭、售卖亭、候车亭

电话亭、书报亭、售卖亭、候车亭等服务设施实质上已属于公共场所中的“建筑小品”范畴，它们体量小、分布广、服务内容较单一，设置上灵活机动，是景观环境的活跃元素，造型上应与环境相协调，做到既便于利用又不过分突出；在设置上应考虑到其与人行道(尤其是盲道)的关系，避免造成人流冲突、交通阻塞。

(3)标志、告示牌

标志、告示牌是一种重要的信息传播设施，是人们生活中不可缺少的内容，多置于街道、广场、路口、建筑和公共场所入口，用作引导、警示、解释说明，同时，在城市环境中具有装饰、导向与提示、划分空间的功能。设计要点是选择合理的位置；瞬间识别性强，给予明确信息；统一的外观和位置；运用一致的符号、颜色和印刷格式；无论尺度还是材料都应该与环境相适应，有的标志牌甚至直接设置在建筑、构筑物上面。

值得一提的是，除了雕塑小品和城市公用设施小品以外，景观小品设计还涉及很多类型，体现在人们生产和生活环境的方方面面、各个细节，如路灯设计、招牌设计、门牌设计等，景观设计师应细心体会、深入发掘并精心设计。例如，重要部位的地面铺装就能让人感受到一个地方的地域特色或历史底蕴。另外,景观小品特别是城市设施常常具有复合功能,好的设计师往往会统筹考虑。

第二节　建筑景观的设计

一、概述

建筑作为人类社会文明的物化成果,构成了城市的空间主体,形成了城市的主要意象。英国伦敦议会大厦及大本钟成为城市的主要意象(图 9-18);拉萨布达拉宫甚至是整个西藏的象征(图 9-19)。

图 9-18　议会大厦、大本钟成为英国伦敦的主要城市意象

建筑作为构成城市的细胞,在城市景观的形成上既是一种构成要素,也是一种景观主体。建筑与构筑物通过其单体造型、群体组合关系、细部处理、材料质感对比、色彩变化以及良好的环境关系,从视觉和心理上给人以艺术享受,所以,建筑也被认为是一种重要的视觉艺术而被赋予较高的景观期望值。特别是在城市景观中,建筑往往因为其历史地位、地理位置和独特造型而成为景观核心,影响甚至主导着景观构成:平面上,具有统一风格或性质的建筑群形成了城市的主要景观区域;建筑与构筑物围合成广场、街道等开放空间的界面和轮廓线,决定了城市的主要景观意象;在景观系统中,建筑、构筑物与场地结合设计可用作景观控制点,从而成为视觉中心。

图 9-19　拉萨布达拉宫是整个西藏的象征

二、建筑物

(一)建筑特征

不同的建筑类型具有不同的景观特点:居住建筑数量大且分布广泛,对城市景观而言,它们是形成景观区域、影响城市风格的重要因素,不同气候条件、不同文化背景、不同历史时期的居住建筑表现出丰富多姿的景观效果。图 9-20 是干热气候条件下的美国亚利桑那州(Arizona)居住建筑景观;图 9-21 则是海洋式气候条件下的英格兰贝克韦尔(Bakewell)小镇居住建筑形态。

图 9-20　干热气候条件下的美国亚利桑那州居住建筑景观

图 9-21　海洋式气候条件下的英格兰贝克韦尔小镇居住建筑景观

文化类建筑由于其功能所赋予的文化内涵，造型上具有特定的风格，其体量以及它在城市空间中的区位易于对城市空间产生较大的影响，易于形成城市景观标志性节点。文化建筑往往还具有综合性的使用功能，同时配套建设一定规模的绿地、广场，是景观设计的重要部分。商业建筑由于自身功能需要，在造型上具有富丽、醒目的特点，在构图上多采用自由式体形，色彩上强调对比效果，以达到视觉上的强化作用。统一规划、设计的商业街区、传统商业街等具有统一风貌的大规模商业建筑群形成景观区域，其中大体量的综合商业建筑，结合商业广场、街道、绿化，形成景观节点。行政办公建筑造型上庄严典雅，细部上简练大方，色彩上雅致、材质高档，它们所附带的广场、庭园的景观设计上也相应地以烘托建筑气氛为目标，简洁大方、庄重，也提供可参与性的环境设施，但以休息设施为主，以观赏性雕塑、小品、绿雕、水景、石景为常用元素，景观格调宁静而致远(图 9-22)。除此之外的其他建筑类型及构筑物均具有不同的形态特征和文化内涵，所产生的景观效果也不尽相同，需要在景观设计时加以体会和协调。

图 9-22　荷兰海牙市政厅:造型庄严典雅的行政办公建筑

(二)景观分析

建筑物所处的景观环境是建筑设计的重要依据，因此，建筑物景观设计应首先分析其所处的自然环境和人文环境，使建筑物适应环境与环境共生。建筑设计的构思阶段，就应对环境的气候特征、地形特点、水文、地址等自然条件进行调查分析。好的景观环境是创作建筑作品的良好基础，而建筑作品反过来也成为环境景观的一个有机组成部分。当建筑处在诸如风景区、度假村、河边湖畔、林间、公园环境这样的自然环境时，与自然环境的协调、共生问题就更加突出，需要对建筑进行正确定位，设计手法上往往是建筑造型让位于自然环境，尽量尊重原始地貌特征，维持原生景观特质及原生生物生境，通过对所在环境特点的提炼，设计出与之适应的建筑形式。如赖特(F. L. Wright)设计的落水别墅即是与自然环境相协调的优秀范例(图 9-23)。

图 9-23 落水别墅

人文环境是社会本体中隐藏的无形环境，专指由于人类活动产生的周围环境，是人为的、社会的、非自然的，如建筑所处的城市背景、文化特点等均属于人文环境。建筑设计应按照文化性原则，充分体现地域文化，尊重地方文脉，避免千城一面的建筑形式。

(三)设计方法

要在一个特定的景观环境中做好建筑设计，除了具备建筑学的基本知识以外，还必须遵循第三章所述的景观设计基本原则，按照景观构图要素的分析方法并结合景观构图的组织方式进行设计。在此以对比、协调和过渡三个具体空间处理方法为例加以说明。

1. 对比

对比是建筑设计中常用的方法，即把具有明显差异、矛盾和对立的双方安排在一起，进行对照比较，以形成强烈的视觉冲击，常常使人留下深刻的印象。如新旧建筑的对比，新建筑按现时建筑的技术、形式而设计，并不完全将就、模仿旧建筑，如实反映时代历史特征。如华裔美籍建筑师贝聿铭(I. M. Pei)设计的巴黎卢佛尔宫玻璃金字塔，通过新旧、简洁与繁复的造型对比，取得了强烈的视觉对比效果；又如英国著名建筑师诺曼·福斯特(Norman Foster)按照节能新理念设计的英国伦敦新建市政厅，其造型超出了常规的形态，在建筑材料、建筑造型、建筑色彩、建筑风格等方面都与历史悠久、享誉世界的伦敦塔桥形成鲜明对比。

2. 协调

协调是指建筑物与周边环境相协调，包括建筑与地形相协调，建筑与周边建筑形态、色彩等方面相协调。图 9-24 所示为荷兰北部弗里斯兰省的一栋住宅，与赖特的落水别墅尽管所处环境不同，但设计理念相同，建筑物的构建构成、造型特征、色彩色调等都与周边环境相互渗透、融为一体，建筑本身已成为优美景观必不可少的组成部分。

图 9-24　荷兰北部弗里斯兰省的一栋与周边环境相互渗透、融为一体的住宅

3. 过渡

过渡是为了缓冲新建筑与老建筑之间过于强烈、生硬的对比而采取的一种空间设计方法，可以通过"连接体"的形式，如轻钢玻璃连接体光洁、轻巧、通透的感觉适宜于多种材质间的过渡，协调不同时代建筑的文脉。上海新天地的更新改造即是通过此法，一方面满足结构需求，另一方面其通透的特点也形成了新旧建筑的过渡空间（图 9-25）；也可以将传统建筑"嫁接"到现代建筑中，使两者直接建立某种联系（图 9-26）；还可以在建筑前设计水池，通过水池形成的倒影使建筑产生景观交融的效果（图 9-27）。

图 9-25　上海新天地的过渡空间

图 9-26　上海国际丽都城将传统的石窟门建筑形式运用到现代居住建筑中

图 9-27　巴黎凡尔赛宫水池将建筑倒映其中，形成景观交融的效果

三、构筑物

(一)桥梁

“逢山开路，遇水搭桥”。桥梁既是交通设施，构成交通系统的重要部分，又是景观设计运用最为普遍的构景元素之一，可以联系不同的景观区域，还因结构、造型、色彩的千变万化而成为景观欣赏的对象。图 9-28 所示东海大桥不仅完善了区域交通功能，而且成为跨越杭州湾外海的标志性景观。

图 9-28　完善区域交通功能的东海大桥成为跨越杭州湾外海的标志性景观

当然，在日常景观设计中，桥梁的尺度远比东海大桥小，所涉及的桥按功能可以分为交通桥及景观桥。桥的形式有圆拱桥、过街天桥、栈桥、风雨桥等。圆拱桥除了具有交通、联系的功能外，兼有点缀添景之含义，或美观优雅、诗情画意，或意趣盎然（图 9-29）；过街天桥一般位于城市繁华商业区，人流车流复杂、流量大（图 9-30）；栈桥多用于自然风景旅游区，组织并限定游人的活动路线、范围，为游人提供方便的同时，保护自然界的动植物生境、水系不受破坏，其本身也成为自然风景中的一道人工景观（图 9-31），一些公园甚至庭园中都有设置；风雨桥是传统民居中一道瑰丽的风景，兼有景亭的作用，融交通、装饰、休闲交流等多种功能于一体。

图 9-29　颐和园玉带桥：圆拱桥

桥梁按结构方式可以分为斜拉桥、简支梁桥、拱桥（图 9-32）、悬索桥（图 9-33）等；按材料可以分为钢桥（图 9-34）、混凝土桥（图 9-35）、石桥（见图 9-32 拱桥图）、木桥（图 9-36）等。在具体运用中，要根据不同水景类型的要求、交通组织情况、人流量大小选择不同类型的桥。

图 9-30　位于城市繁华商业区的过街天桥

图 9-31　上海崇明东滩湿地栈桥

图 9-32　上海朱家沱古镇石拱桥景观

图 9-33　四川都江堰安澜索桥:古老的悬索桥

图 9-34　法国拉维莱特公园内的钢结构桥梁

图 9-35　荷兰鹿特丹现代钢筋混凝土悬索桥

图 9-36　木桥景观

(二)台阶

台阶是组织不同高程地坪之间人流交通的主要手段。在场地环境中,它们是富于表现力的空间构成元素,起着引导、划分空间的作用,常被设计为空间变化的起点而加以强调,同时也具有改变场地环境特征的作用(图 9-37)。

图 9-37　具有引导、划分空间作用的台阶同时也是富于表现力的空间构成元素

台阶的设计形式及材质选择非常丰富，这主要取决于其所处的环境特征，应以满足使用功能为前提。台阶的设计应注意：较长的踏步之间应设休息平台；踏步坡度较大时注意使用护栏（或其他防护）（图 9-38）；除在建筑、构筑物平台上，室外一般不设一级台阶；为安全起见，踏面应根据实际情况采用防滑条或纹理粗糙的材质；作为地面铺装的一部分，台阶坡道在铺装材质选择、方案设计上尽量与地面铺装相一致，以利于提高不同高程空间之间的整体性和流动性（图 9-39）。

图 9-38　美国哥伦比亚大学设置的横向大台阶

图 9-39　荷兰海牙海滨景观局部：与地面铺装及环境相一致的台阶

(三)坡道

作为底界面间的连接体,坡道比台阶更趋人性化、安全性;方便行走,利于车辆通行。坡道分为无障碍坡道和行走坡道。在景观设计中,应注意无障碍设计,保证无障碍坡道具有合理的位置和尺度(图 9-40)。

图 9-40　无障碍坡道

坡道常与踏步组成坡阶,比简单的坡道、踏步更能适应场地,且具有人情味,可以创造生动的坡面景观。为了吸引行人按设计意图行进,变乏味吃力的上下攀登为一次愉快的经历,就必须减小人们攀登时的单调感、吃力感,设计中常与跌水、花坛坐椅、雕塑、石景等装饰性设施相结合(图 9-41)。

图 9-41　无障碍坡道与台阶组成坡阶

(四)挡土墙及护坡

挡土墙及护坡是为了防止坡地滑坡而设置的,主要目的是保障场地安全。但从空间营造的角度讲,坡地具有非常吸引人的动态景观特征,即坡度的明显变化,这种场地有利于形成动态的布局形式。常通过挡土墙、护坡、阶梯的运用,使自然坡度的变化得以强化、夸张。挡土墙是对陡坡地进行的单台(图 9-42)或分台垂直处理(图 9-43),是处理地形高差的重要手段,同时在景观中具有重要作用;护坡在景观处理中,常用于各类缓坡、碟形地形的处理,有植物护坡、工程护坡等多种形式(图 9-44)。

图 9-42　单台处理的挡土墙:台湾台南市安平古堡

图 9-43　对陡坡地进行分台垂直处理的挡土墙:英国伦敦金丝雀码头一景观

图 9-44　英国爱丁堡城堡护坡

(五)墙及隔断

墙是有力的空间界定者和围合物,安全、防卫是其基本功能;同时,墙配合建筑对空间划分、组合,引导人流;墙还具有视觉屏障、阳光屏障的作用(图 9-45)。

图 9-45　空间中的墙①

墙的常见材质有水泥、砖、石、竹、木、泥沙、卵石、金属、玻璃(图 9-46)等。墙的形式按平面分有直线段形、折线形、L 形、自由曲线形,按立面形式分有实墙、漏墙、墙栏。

图 9-46　某住区采用玻璃墙形成隔而透的空间效果

墙在划分空间的同时,经过艺术处理也可成为环境中的视觉焦点,处理手法有:墙体造型,如开洞窗、洞门等;对墙体面材的肌理、色彩作艺术构成设计;与雕塑、浮雕、壁画、水景、装饰照明、廊架、铺地等环境设施结合,统一环境语汇、丰富环境元素(图 9-47)。

① (日)芦原义信著;尹培桐译.外部空间设计.北京:中国建筑工业出版社,1985

图 9-47　郫县鹿野园艺术博物馆:粗糙的墙体肌理与精美的石刻艺术

景观设计中除墙外,还有多种具有空间界定和围合的构筑物,如花架、隔断等,均可根据环境条件灵活应用。

(六)入口

入口即传统中的门阙,与墙垣同步而生,是空间转换点,也是形象的代言(图 9-48)。传统的入口形式有城门、门楼、牌楼、牌坊、阙、鸟居、院门、屋门(图 9-49)。入口按照功能分为主入口、次要入口、混合入口等。除去建筑和构筑物形式的实体门,还有暗示性入口、领域性大门,一般通过石、碑、标牌,配合地形、环境处理,营造出强烈的领域分界线的氛围(图 9-50)。入口的设计应注意处理好与建筑、道路、围墙的关系,保证顺畅的通行功能、满足消防限高、在材质与色彩上与建筑及围墙相协调(图 9-51)。

图 9-48　四川凉山民族风情园入口

图 9-49　峨眉山华藏寺山门设计

图 9-50　四川假山民居庭园：结合环境设置过渡入口以划分两个空间领域

图 9-51　英国利物浦伯肯海德公园入口

第十章　园林景观的设计研究

第一节　园林设计的构成要素

一、园林设计中的植物

(一)植物的种类

园林植物是园林树木及花卉的总称。按照通常园林应用的分类方法,可将其分为乔木、灌木、草本花卉、藤本、水生植物和草坪六种类型。

1. 乔木

乔木是园林植物景观营造中的骨干材料。它有独立明显的主干,树体高大,枝叶繁茂,生长年限长,管理粗放,绿化效益高,常可观花、观果、观叶、观枝干、观树形等。

乔木的分类可总结为表10-1。

表10-1　乔木的分类

分类方式	类别	特征	实例
按照高度划分	小乔	5～10m	金叶木、彩叶木、龙舌兰类等。
	中乔	10～20m	圆柏、樱花、木瓜等。
	大乔	21～30m	法桐、栾树、五角枫、柳树、国槐等。
	伟乔	31m以上	香樟等。

续表

分类方式	类别		特征	实例
按照生长特性划分	常绿乔木	常绿针叶类	叶片寿命长，一般在一年至多年，每年仅仅脱落部分老叶，才能增长新叶，新老叶交替不明显，因此全树终年有绿色，所以呈现四季常青的自然景观。	油松、雪松、白皮松、黑松、华山松、云杉、冷杉、南洋杉、桧柏、侧柏等。
		常绿阔叶类		广玉兰、山茶、女贞、桂花等。
	落叶乔木	落叶针叶类	每年秋冬季节或干旱季节叶全部脱落的乔木。落叶是植物减少蒸腾、渡过寒冷或干旱季节的一种适应，这一习性是植物在长期进化过程中形成的。	金钱松、落羽杉、水杉、水松、落叶松等。
		落叶阔叶类		银杏、梧桐、栾树、鹅掌楸、白蜡、紫叶李、法桐、毛白杨、柳树、榆树、玉兰、国槐等。

2.灌木

灌木通常指那些没有明显的主干、呈丛生状态的树木，它种类繁多，形态各异，在园林设计中占有重要地位，主要用于分隔与围合空间。

灌木一般可分为观花类、观果类、观枝干类等。园林中常用灌木有海棠、月季、紫叶小檗、金叶女贞、黄杨、牡丹、樱花、榆叶梅、紫薇、迎春、碧桃、紫荆、连翘、棣棠、白蜡等。有些花灌木常植成牡丹园、樱花园等。

3.草本花卉

草本花卉为草质茎，含木质较少，茎多汁，支持力较弱，茎的地上部分在生长期终了时就枯死。它的主要观赏及应用价值在于其花叶色彩形状的多样性，而且其与地被植物结合，不仅增强地表的覆盖效果，更能形成独特的平面构图。

草本花卉按照生长时间的不同可以分为：

(1)一年生草本花卉，即生长期为1年，当年播种，当年开花、结果，当年死亡，如凤仙花、一串红、鸡冠花；

(2)两年生草本花卉，即生长期为2年，一般是在秋季播种，到第二年春夏开花、结实直至死亡，如石竹、三色堇等；

(3)多年生草本花卉，即生长期在2年以上，它们的共同特征是都有永久性的地下根、茎，常年不死，如美人蕉、大丽花、郁金香、唐菖蒲、菊花、芍药、鸢尾等。

4.藤本

藤本植物的茎细长而弱，不能直立，只能匍匐地面或缠绕、攀援墙体、护栏或其他支撑物上升。藤本植物在增加绿化面积的同时还起到柔化附着体的作用。

藤本植物根据茎的不同科分为木质藤本植物和草本茎藤本植物。木质藤本植物如紫藤、葡萄；草质藤本植物如牵牛花、葫芦。

5.水生植物

水生植物指生理上依附于水环境，至少部分生殖周期发生在水中或水表面的植物类群。水生植物有挺水植物、浮叶植物、沉水植物和自由漂浮植物。水生植物可以大大提高水体景观，如荷花、睡莲等。

6.草坪

草坪是用多年生矮小草本植株密植，并经修剪的人工草地。草坪不仅起到美化景观，还可以覆盖地面，涵养水分。常用的草坪植物主要有结缕草、狗牙根草、早熟禾、剪骨颖、野牛草、高羊茅、黑麦草等。

(二)植物的功能

1.构建和改善环境

由于园林植物有高低不同的树形、稀密不等的枝叶以及常绿与落叶的区别，所以它可以被用作建筑的墙体、屋面和铺装，构建成各种形态的屏障和空间。高大乔木以高度和大树冠作为主体，顶部和横向都可以起到封闭、隔断作用。低矮的植物可以作为地被，如同铺在地面上的地毯。灌木可以遮挡视线，在建造林带上作为下木，构建成紧密型不透风林带。在公园边界上设边界林，隔离视线，作公园景观的背景。在街道旁建造林带，可以遮蔽影响市容的败景。

2.美化环境

植物的美化功能是园林设计者认识、发掘和利用的重要方面，风景园林设计要达到的目的之一。通过创造性的构思及适当的手法，将蕴藏于自然界和社会历史中的影像加以变化、提炼和升华，从而形成新的典型的景观，满足人们审美的要求，成为一种艺术享受，陶冶人的情操，净化人的心灵，因此具备了美化环境的功能。

3.衬托建筑

在现代城市中，园林植物种植的不同方式，可以对建筑物起到不同的衬托作用。这种衬托作用主要表现在五个方面。

第一，植物配植可以衬托山景、水景，使之更加生动，如图10-1所示。

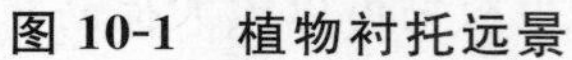

图 10-1　植物衬托远景

图 10-2　植物与建筑形成对比

第二，丰富和强调建筑的轮廓线，如图 10-2 所示。

第三，街道上同样的树种、等距离的栽植，可以统一全街的建筑，使之有整体统一而不杂乱的感觉，如图 10-3 所示。

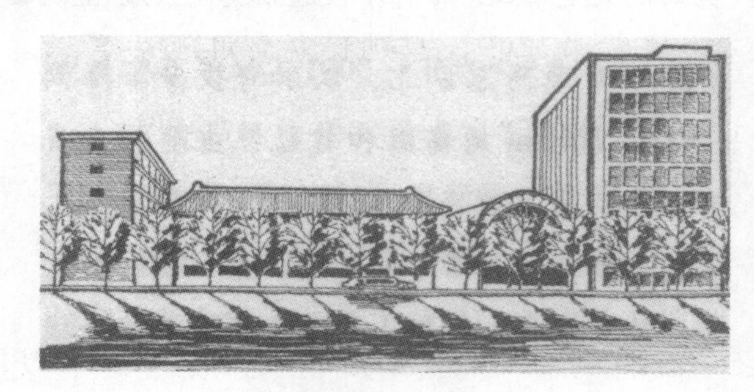

图 10-3　植物统一街道

图 10-4　加强建筑形式

第四，在建筑或雕塑物体的周围配植适当的植物，能够起到陪衬和强调的作用，如图 10-4 所示。

第五，在城市中可以软化、削弱庞大的硬质景观，让人感到自然、亲切，如图 10-5 所示。

图 10-5　软化城市构筑物

(三)植物种植方法

1. 孤植

孤植就是在草坪、水滨、山冈或广场等空旷空间,单独栽植一株树形优美的乔木或灌木。它主要表现植株个体的特点,突出树木的个体美。因此,应选择那些具有体形巨大、枝条开展、姿态优美、轮廓线分明、生长旺盛、成荫效果好、寿命长等特点的树种。

2. 对植

对植是指两株或两丛相同的树,按一定的轴线关系,左右相互对称或均衡的种植形式,它主要用于强调公园、建筑、道路、广场的出入口,同时起到庇荫和装饰美化的作用,在构图上形成配景和夹景。同孤立树不同,对植很少作主景。

3. 丛植

丛植是两株或两株以上的乔、灌木成丛栽植。丛植的树木在树种、树形、体量、动势、距离上要协调呼应,彼此有变化,切忌规整的几何图形。丛植树种应选择树形美观,枝叶庇荫,生长旺盛、有花有朵的植物。

4. 群植

群植指大型树丛,一般为二三十株以上组成的树群。它在园林构图中可作主景、屏障、诱导或透视的夹景。群植在植物选择上应综合考虑喜光树种与阴性树种、物候季相、叶色花期、树形姿态等因素。

(四)植物配置的原则

植物造景是在生态原则和植物群落原则的指导下,注重色彩、形态、风韵和季相变化等方面的特色。因此,园林植物配置要遵守的原则有以下几个方面。

1. 生态化原则

生态化原则是指在进行植物配置时,应当着重注意创造适宜的植物生长环境,因为植物因自身生态习性的差别,在其生长发育的过程中,对光照、水分、土壤、温度、湿度等周边环境因素都有着不同的要求。只有满足各方面的生态要求和生态条件,才能使植物呈现出绚烂的勃勃生机。

2. 垂直化原则

垂直化原则就是要充分利用垂直空间。因水平方向绿化面积是有限的,要想在有限的空间发挥生态效益最大化,就得进行垂直方向的绿化。垂直绿化具有充分利用空间、随时随地、简单易行的特点,而且占地少、见效快,对增加绿化面积有明显的作用。

3. 乡土化原则

乡土化就是因地制宜、突出个性,合理选择相应的植物,使各种不同习性的景观植物与之生长的土地环境条件相适应，这样才能使绿地内选用的多种景观植物能够正常健康地生长，形成生机盎然的景观。

4.适地适性化原则

植物不仅具有美化环境的功能，而且不同的植物具有不同的作用和习性，如防风、固沙、防火、杀菌、降噪、吸收有害气体等。因此，在植物种植设计时，要根据场地的性质来选择相应的植物。

5.生物多样化原则

在植物配置的时候应该尊重自然所具有的生物多样性，生物多样性能够提高城市景观生态系统的稳定性，减少养护成本与使用化学药剂对环境的危害，尽量不要出现单个物种的植物群落形式。但要注意有些植物之间存在拮抗作用，布置时不能放在一起。例如刺槐会抑制邻近植物的生长，配置时应当和其他植物分开来栽。

6.层次化原则

层次化是指植物种植要有层次、有错落、有联系，要考虑植物的色彩、密度、质感、高度、形态等。此外，还要注意协调主体植物与次要植物的关系，通过升高或降低、孤植与群植等方式来突出主体植物，而次要植物主要是发挥对主体植物的陪衬作用；平面布置上要注意植物配置的疏密关系和轮廓线，立面布置上要注意林冠线的营造，同时在空间中形成一定的透视线。

7.经济化原则

园林植物景观在满足生态、观赏等要求的同时还应该考虑经济要求，结合生产及销售选择具有经济价值的观赏植物，充分发挥园林植物配置的综合效益，特别是增加经济收益。如对生存环境要求较小的植物进行规划种植，可选植物如柿子、山里红等果实植物。

二、园林设计中的地形

地形的形态直接影响景观效果，所以要根据排水、灌溉、防火、防灾、活动项目和建筑等各种景观所需来选择和设计地形形态。

（一）地形形态

地形泛指陆地表面各种各样的形态，从大的范围可分为山地、高原、平原、丘陵和盆地五种类型，根据景观的大小可延伸为山地、江河、森林、高山、盆地、丘陵、峡谷、高原、平原、土丘、台地、斜坡、平地等复杂多样的类型。其中起伏较小的地形称为“微地形”，凸起的称为“凸地形”，凹陷的称为“凹地形”。

(二)地形的作用与功能

1. 构成整个景观的骨架

园林设计中的其他要素都在其地形上来完成，所以地形在园林设计中是不可或缺的要素，是其他要素的依托基础和底界面，是构成整个景观的骨架。

2. 构建各种空间

实现空间的分隔可通过对原基础平面进行土方挖掘，以降低原有地平面高度，可做池沼等；或在原基础平面上增添土石等进行地面造型处理，可做石山、土丘等；或改变海拔高度构筑成平台或改变水平面，这些方法中的多数形式对构成凹凸地形都非常有效。

3. 创造不同的景观形式

不同的地形能创造不同园林的景观形式，如地形起伏多变创造自然式园林，开阔平坦的地形创造规则式园林。要构成开敞的园林空间，需要有大片的平地或水面；幽深景观需要有峰回路转层次多的山林；大型广场需要平地，自然式草坪需要微起伏的地形。

4. 改善小气候

地形的凹凸变化对于气候有一定的影响。从大环境来讲，山体或丘陵对于遮挡季风有很大的作用；小环境来讲，人工设计的地形变化同样可以在一定程度上改善小气候。

5. 审美和情感作用

可利用地形的形态变化来满足人的审美和情感需求。地形在设计中可作为布局和视觉要素来使用，利用地形变化来表现其美学思想和审美情趣的案例很多，私家园林中常以“一峰则太华千寻，一勺则江湖万里”来表达主人的情感。

(三)地形的设计方法与原则

第一，地形设计要与周围地区环境配合好，在城市园林中要与城市规划所制订的四周标高相协调，以利于城区排水和保持水土。

第二，对较大面积的地形设计或特殊地形的改造，要对该处的水文、土壤、气象、植被资料有所了解，以保证生态环境的质量和地形的稳定。

第三，简单的地形设计可以用断面法，用等高线计算土方量，并表示各处标高；面积较大的场地可用方格网法。选用适当的脑软件可以快速、准确地用电脑计算出土量，并制出设计图。

第四，在布置自然式的山水庭园时，山高、水深与周围环境的关系、比例尺度要有全面的考虑。

第五，不同标高的地形要相互衔接，既要考虑到地形的稳定，又要具有美的效果。具体处理时，可以运用缓坡、挡土墙、自然山石、台阶各种手法来处理。

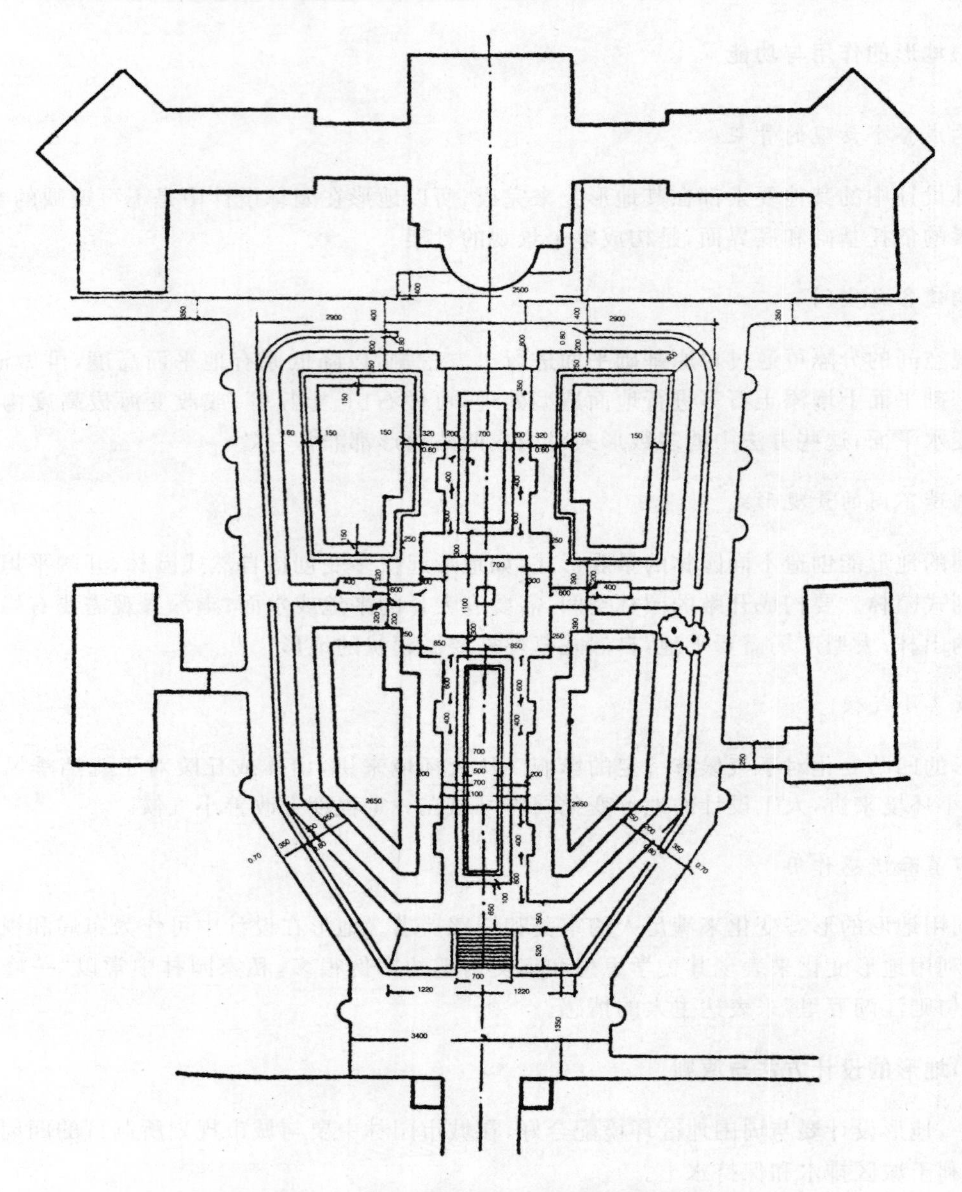

图 10-6　广场平面示意图([苏联]《绿化建设》)

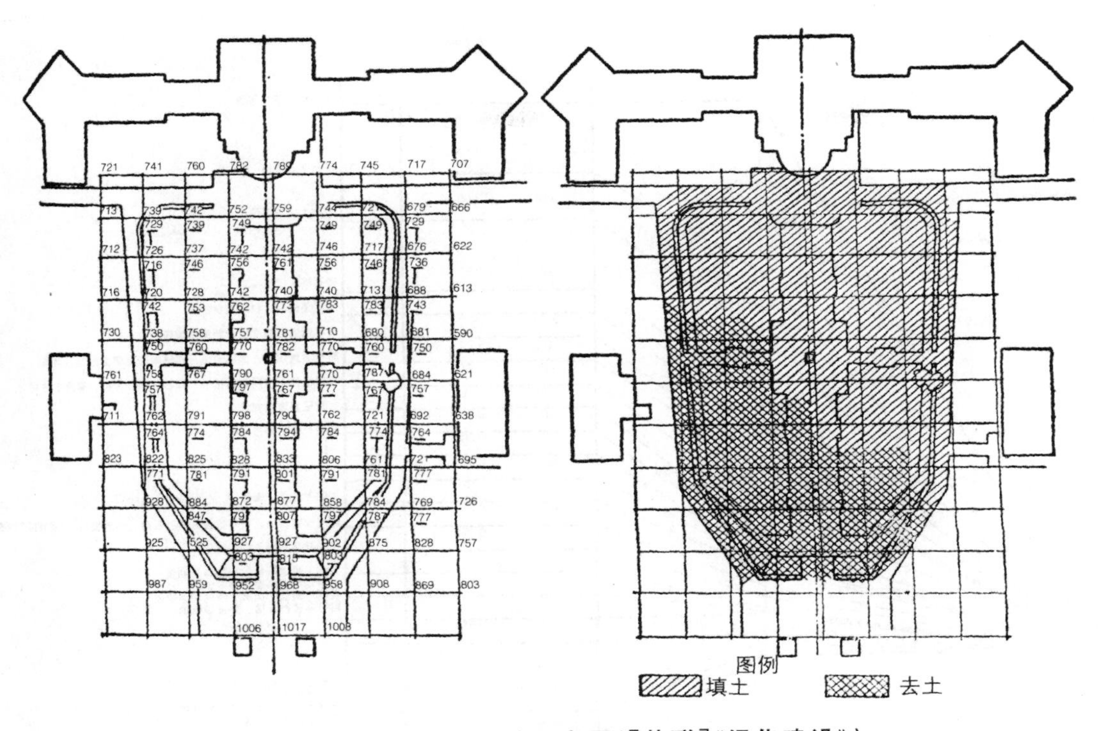

图 10-7　广场竖向设计示意图([苏联]《绿化建设》)

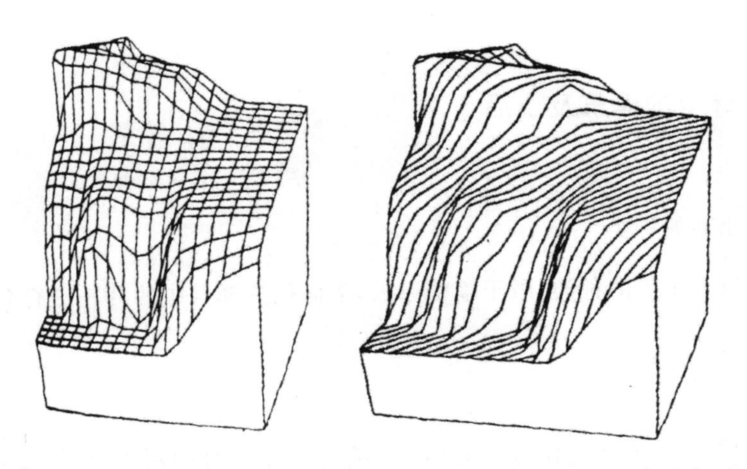

图 10-8　计算机绘制的地形模型([美]《风景园林设计要素》)

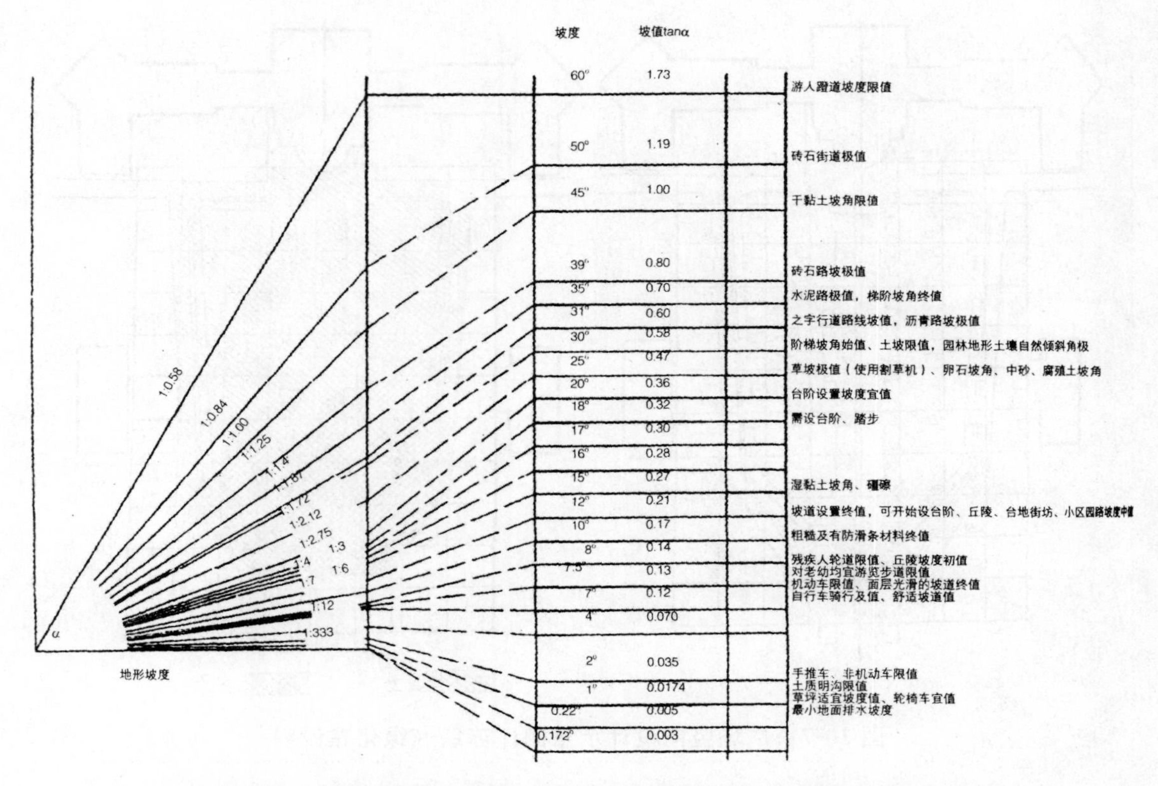

图 10-9　常见地形设计坡度选用表(《古建园林工程施工技术》)

三、园林设计中的建筑及小品

(一)建筑及小品的种类

园林中的建筑及小品的种类,限于篇幅原因,下面仅选择其中的几种进行介绍。

1. 建筑的种类

(1)亭

亭(图 10-10)是指只有屋顶没有墙的小屋。它在风景园林中用来点景、观景、供游人驻足小憩、纳凉、避雨。其特征是玲珑轻巧,从各个角度观赏都有相对独立和完整的建筑形象。

图 10-10　苏州沧浪亭

图 10-11　水廊

(2)廊

廊(图 10-11)是指有覆盖的通道。它一般被用作建筑室内外空间的过渡和建筑物之间的连接,有遮风避雨、联系交通等实用功能。其基本特征是窄而长。

(3)榭

榭(图 10-12)是指水边的敞屋。它在风景园林中除具有供人游憩的功能外,主要起观景与点景作用。

图 10-12　流徵榭

图 10-13　与谁同坐轩

(4)轩

轩(图 10-13)是地处高旷、环境幽静的小室。它在园林中多作观景之用。特征是轻巧灵活、高敞飘逸,多布局在高旷地段,踞岗临下,是园内的主要观景点之一。

2. 建筑小品的种类

(1)雕塑

雕塑(图 10-14)是以各种适宜雕或塑的材料(如砖、石、木、金属、黏土)等进行艺术创作,制作出各种形态的具有实在体积的艺术形象。它是造型艺术之一,包括雕、刻、塑三种制作方式。

图 10-14　世界公园雕塑

图 10-15　标识牌

(2)标识牌

标识牌(图 10-15)是信息服务设施中的重要组成部分,其设置目的是为了引导人们尽快到达目的地。

(3)桌椅凳

桌、椅(图 10-16)、凳为人们提供交谈、休憩、娱乐、观赏的空间,一般布置在湖边池畔、林荫树下、草坪边上、路旁等地方。

图 10-16　座椅

图 10-17　垃圾箱

(4)垃圾箱

垃圾箱(图 10-17)是必不可少的卫生设施,它们的设计应该考虑人们的使用频率、垃圾倒放的多少、倒放的种类与清洁工清除垃圾的次数等。

(二)建筑及小品的设计思想

园林建筑及小品在园林中起着画龙点睛的作用,它具有特殊的优点,不随气候而变化,可以一年四季在园林中得到应用。对它的设计思想主要有以下几点。

1. 巧于立意

园林建筑及小品应当巧于立意，强调精神文化层面上的内容，通过立意构思巧妙的结合自然景观和人文风情，创造更高层次上的深刻含义，表达一定的意境和情趣，赋予园林建筑及小品文化内容和精神内涵，使其成为耐人寻味的作品。

2. 独具特色

园林建筑及小品应当切实结合园林环境和当地风土人情，取其特色，充分体现园林景观小品的特色，创造个性鲜明、意味深远的园林建筑小品，巧妙地将其融入整个园林环境之中。

3. 把握自然

随着城市工作和生活压力的加大，现代人们便越来越趋向于自然式设计，力求为繁忙的公众带来一丝身心上的放松。因此，我们在设计园林建筑及小品时可以采用恰当的处理方式，通过自然与人工的对比、协调来体现人工与自然的结合，创造一个良好的景观效果。

4. 体量适当

园林建筑及小品是园林中的点缀，它所起的是锦上添花和画龙点睛的作用，切不可喧宾夺主。因此，在设计园林建筑和小品时，要特别注意建筑与小品的体量大小和比例关系，合其体宜，充分利用园林景观小品的灵活性、多样性、艺术性来丰富园林空间，做到巧而得体、精而适宜。

（三）建筑及小品的设计原则

1. 符合功能和技术要求

这一点主要针对园林建筑和功能性小品来讲，这些功能性小品既是优质小景观，也是功能极大的园林设施，对它的设计，除了应具有优美时尚的外观造型外，还必须符合功能和技术上的要求。具体来说，就是尺度规格应由人类的生理构造特点决定，符合一定的尺寸比例，太大或太小都不能给游人带来舒适之感。

2. 满足审美情趣

小品最初的本质是创造雅致浓缩、富于动感的景观以满足人们审美情趣的要求。因此，在创作小品之时必须使其充满灵活多变的体态、气质和表情，创造不同的审美感受。

3. 处理好功能性与观赏性

具体的处理原则为：对于有明显观赏要求的建筑，其使用功能应从属于造景需要；对于有明显使用功能要求的建筑，其观赏需要应从属于功能要求；而对于既有使用功能要求，又有观赏要求的，则应在满足功能要求的前提下，尽可能创造一种极具美感的观赏环境。

4. 与整体环境相符

园林建筑及小品是整个园林环境中不可或缺的重要组成部分。因此，建筑及小品的形式设计应使园林建筑小品与整体环境相协调，起到点缀环境和美化的作用；倘若处理不当，也有可能会破坏甚至毁掉整个园林环境。

5.满足空间序列的需求

在园林建筑及小品的规划设计中，我们应当追求空间序列的变化，使空间能够彼此渗透，增添空间层次。对于小品来讲则更为简单，多采用不规则式自由布局，加之自身曼妙的形态，创造多变的空间序列是一项较为容易的工作。

（四）建筑及小品的设计手法

1.仿生化手法

仿生化手法是依照仿生学理论，在建筑小品的设计中以自然界的生物原型或生物造型为出发点，模仿动、植物的形态和动势。

图 10-18　仿生化手法

图 10-19　雕塑化手法

2.雕塑化手法

雕塑化手法是指在园林建筑及小品的创作中借鉴专业雕塑的设计原则和设计手法，将园林建筑及小品当作一件雕塑品加以诠释和塑造。

3.延伸化手法

延伸化手法就是在将我们需要传达的意义融入建筑与小品之后，可以使游人产生无限的遐想。这种手法在一些纪念性小品建筑上表现得更为明显。

图 10-20 延伸化手法

图 10-21 植物化手法

4. 植物化手法

植物化手法是从建筑与小品自身的形态和造型出发，在结构的转折处或构件的交叉处植入较具观赏性的植物，从而有效地将充满生机的植物元素融入硬朗的建筑小品中，达到与自然环境的融合与协调。

四、园林设计中的地面

园林中联系在植物、山地、水面和建筑之间的就是地面。地面上主要是道路、广场和衔接于它们之间的台阶、挡土墙。

(一)铺装

铺装是为了人行走或开展活动的需要而装饰的，其目的是为了保护地面，防止雨水冲刷、人为践踏磨损；人行舒适，不滑、不崴脚、不积水；引导步行者能达到目的地；对环境空间能起到统一或分割的作用；质地如何、砌块大小、拼装的花纹能起到装饰作用。

1. 铺装的材料

(1)天然材料

天然材料包括有自然界的石料、卵石、碎石、粗沙或木块。自然石料表面有粗有细，石块有大有小，还有方整和自然形状之分。小空间宜用小料；人多的地方不宜用自然纹理粗糙的石料；方整均齐的石块铺装会有高雅、永久性的感觉。

图 10-22　自然石料铺装

图 10-23　木料铺装

木料铺装由于其原木的色泽和纹理，显得自然、古朴。以木板条铺路者，其条纹有特别的美感，也可保护原地面植被。

嵌草铺装是由于游客较多或是停车需要，在硬质材料中间种草。它既可耐踏、耐磨，又有绿意。

图 10-24　嵌草铺装

图 10-25　卵石铺装

天然卵石铺装在我国传统做法中花纹比较细腻、复杂，在现代园林中可用比较简易的方法施工。

(2)人工合成材料

人工合成的材料有混凝土类制品、陶瓷类制品、废钢渣粉类制品、塑胶类制品、沥青类、废橡胶再生类制品等。

大规格混凝土砖宜于铺装广场，能与园外呼应。小块砖可以用于一般小广场或园路。不同形体砖可以铺成各种花纹或加以颜色更显别致。在管线未全入地之前宜铺方砖，以利于将来破路。铺透水砖有利于降水下渗，保护生态环境。

各种塑胶、彩色沥青路面会显得鲜明、欢快。由于是现场摊铺、浇筑，适宜于弯路和异形广场。

图 10-26　混凝土砖铺装

图 10-27　透水砖铺装

图 10-28　橡胶铺装

2. 我国传统铺装花纹

在我国传统园林中铺装用砖、瓦和卵石拼成各种纹样，十分精细，有的花纹严正，有的生动活泼。

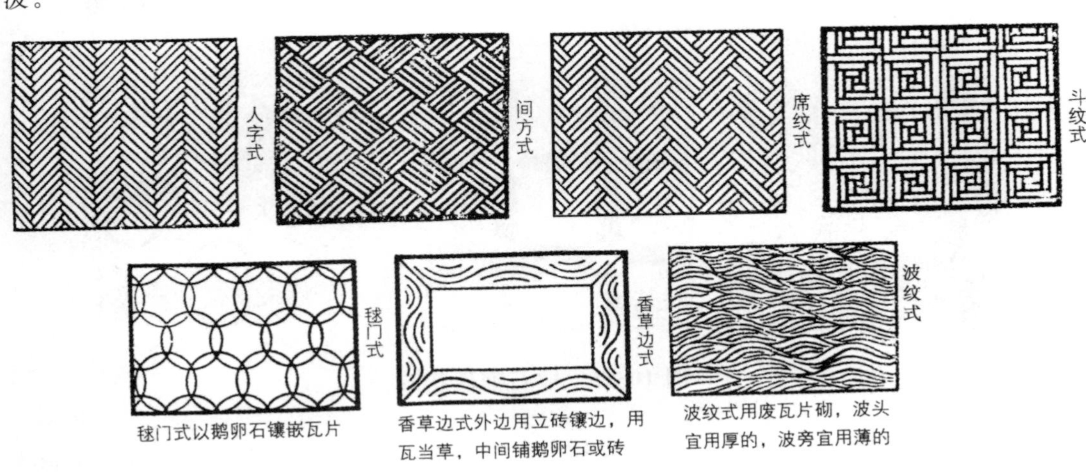

图 10-29　我国传统铺砖花纹

3.进行铺装需要注意的问题

第一,铺装的基础和面层是使用的关键。做法是依当地的气候、土质、地下水位高低、坡度大小、路面承重要求而定。使用上要求严格,或条件较差的地区铺装的基础要较厚,其面层也要能经受高温或严寒的侵害。

第二,块状铺装的接缝影响工程质量和美观。以方块整形砖铺装曲线的路面或不规则的广场时,在边缘处要铺一些异形砖,填满填齐,铺装时要注意平整均匀和整体效果。道路拐弯处、宽窄路面相接处或两种砖块大小不一的接缝处要有一定的设计,事先定点放线安排好图形。在我国传统园林中,对这些细微之处都有细致的要求。

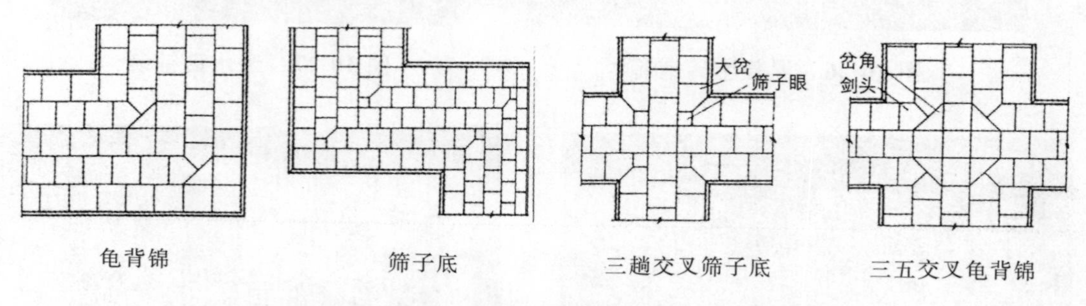

图 10-30 方砖、甬路交叉转角处的排砖方位①

第三,用不同彩色砖或不同颜色卵石在路面上或广场上铺成花纹,是显得细腻、讲究的做法。花纹的平面造型要与周围的环境相衬,地形、场合、室内外都应有区分。

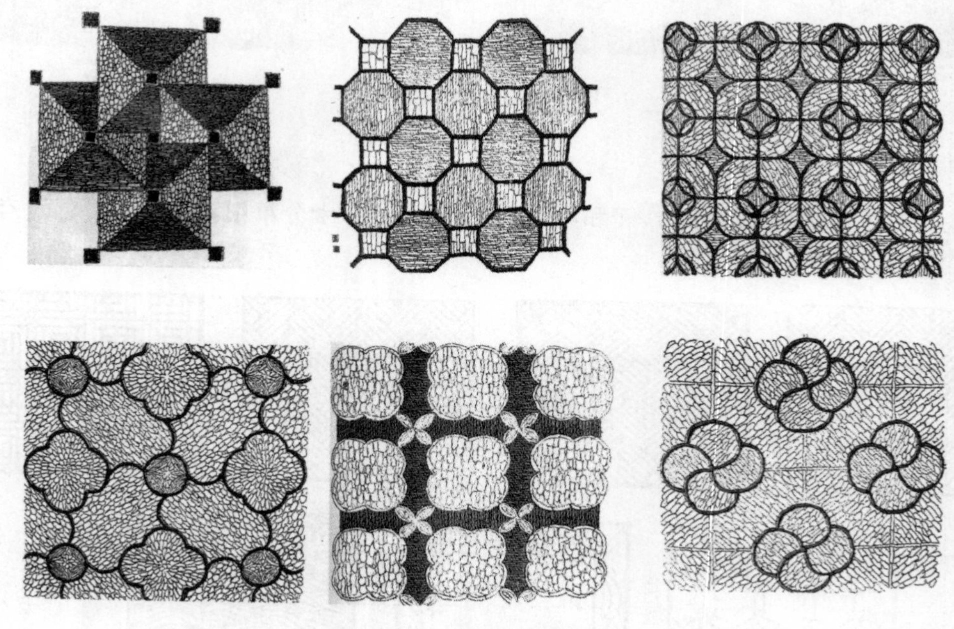

图 10-31 卵石铺砖花纹

① 选自《古建园林施工技术》。

(二)台阶

台阶是在平地与起坡的相接处或进入建筑的门口,为了行人方便而设置的。它的设置方式,具体来说,有以下几种。

(1)在建筑前设置台阶。这些台阶一般有垂带式、如意式和分开式三种。其用料一般用方正的石砌筑。

图 10-32　垂带式台阶

图 10-33　如意式台阶

图 10-34　分开式台阶

图 10-35　颐和园以自然山石做的台阶

(2)在山坡上或小型的亭、榭前设置台阶,这种台阶可以用整块山石堆砌成台阶,比较自然,如图 10-35。

(3)缓坡道路两旁,为了车、轿行走方便,也会设置一些台阶。

图 10-36　缓坡旁的台阶

图 10-37　南清园台阶

(4)山地园林中由于地形差较大,因此也会设置许多台阶,以方便行人休息或观赏各种景物变化,见图 10-37。

(5)在一些大型园林的广场或有地形变化的城市或郊区别墅区,也会设有台阶,且这些台阶更加复杂、自由而多样化。

图 10-38　广场台阶

图 10-39　别墅台阶

(6)礓礤是在斜面上用石料凿成,可以代替台阶的形式,人行、车行均可。

(7)在水面沿岸也有用台阶式的驳岸,这样可以使人更亲水。在码头上使用可以更适应水位的高低变化。

图 10-40　滨水台阶

(三)挡土墙

挡土墙是在不同高差的地平相接处用以防止土坡塌陷的墙。它可以有效地阻挡泥土不被冲刷流失;制约空间和空间边界;为其他园林要素充当背景;成为建筑物与周围环境的连接体;较矮的挡土墙(30～40cm)也可以代替坐凳;传统园林中的挡土墙还可以和建筑与园林相结合,既达到使用功能又创造了很美的景观。

1. 挡土墙的材料

建造挡土墙的材料可以用石块、砖、混凝土及木材。

图 10-41　石块挡土墙

图 10-42　砖块挡土墙

图 10-43　混凝土挡土墙

图 10-44　木挡土墙

2. 挡土墙的设计

挡土墙的设计要根据使用功能、环境特色和美观的原则。图 10-45 是挡土墙的断面示意图。

在较寒冷地带砌筑挡土墙要注意挡土墙基础的深度应在当地冰冻线以下；墙体上部要有防水措施；靠近墙体最好填充沥水材料，并有细孔能将积水排出，以防冻胀。

3. 挡土墙的装饰

第一，毛石砌筑的墙体，毛石要摆放合适。在勾缝时注意线形和深浅，以鹅卵石砌筑的墙体一般用干砌法，如用砂浆可不外露，以表现天然卵石的形态。

第二，清水砖墙体，砖缝要平直，上下对齐。混水砖墙体，表面可以贴瓷砖、石料或粉刷涂料，面层的质地、色彩都要与环境协调。

第三，挡土墙顶端除了用压顶石以外，还可以加筑铁栏杆、木栏杆，用砖砌成图案，或琉璃制品做成花饰。

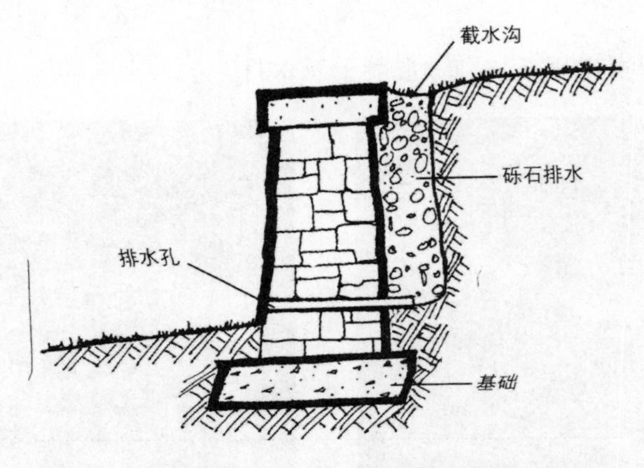

图 10-45 挡土墙断面示意图

第二节 园林设计手法、原则与形式美

一、园林构景设计的手法

园林设计是通过人工手段，利用环境条件和构成园林的各种要素，再通过不同构景手法造作所需要的景观。园林构景贵在层次，以有限空间，造无限风景，从而使景观达到理想的艺术效果。园林构景中常运用多种手法来表现景观，以求得渐入佳境、小中见大、步移景异的艺术效果。主要有借景、障景、框景、透景、添景、对景、夹景、隔景、漏景、移景等手法。

(一)借景

借景意味着园林景象的外延，是将园内风景视线所及的园外景色有意识地组织到园内来，成为园景的一部分。因园林的面积和空间都是有限的，要想将园外的景致巧妙地收进园内游人视野中，就要突破自身基地范围的局限，充分利用周围的自然美景，选择恰当的观赏位置，有意识地把园外的景物"借"到园内视景范围中来，与园内景物融为一体，便可收无限于有限之中，在有限空间内获得无限的意境。明代造园家计成在《园冶》一书中也提到："园巧于因借，精在体宜。""借者，园虽别内外，得景则无拘远近。"这最好地诠释了借景的真谛。

借景有远借、邻借、仰借、俯借、时借、形借、声借、色借或香借之分。借远方之景为远借；借近邻之景为邻借；借仰视之景为仰借；借俯瞰之景为俯借；借时令所构之景为时借。如北京颐和园运用了巧妙的借景手法，布置一些适当的眺望点，使西山、玉泉山诸峰的景色组织到园里来，山光塔影尽收眼底。又如拙政园的荷风四面亭是借荷花香；在悟竹幽居亭可借远处的北寺塔，塔成了此亭的远景，空间有了层次，景因此而更美。故借景法则可取得事半功倍的园林景观效果。

借景方法主要有以下三种。

(1)开辟透景线，去除阻碍赏景的物体，以借远景或自然景观。如修剪掉遮挡视线的树木枝叶等。

(2)提高视点位置，突破园林的界限，让游者放眼远望。如在园中建造楼、阁、亭等。

(3)借虚景。上海豫园中的花墙下的月洞，透露了隔院的水榭。

(二)障景

障景又称抑景，它多用在园林入口处或空间序列的转折引导处。障景常采用“欲露先藏、欲扬先抑”的艺术手法，以达到“山重水复疑无路，柳暗花明又一村”的艺术效果。常用材料有假山、影壁、屏风、树丛或树群等。

障景往往给游人以深邃含蓄、曲折多变的观感，尤其是面积较小的园林多用此手法，可避免一眼看到全园的景色。如拙政园入口部分有院门，内叠石为假山，成为障景，使人入院门不能一下子看到全院的景物，在山后有一小池，循廊绕池便豁然开朗，从而获得“曲径通幽”、“庭院深深”的园林意境，最后才将景致突然展现出来，使人心情为之一振，以此来提高园景的艺术感召力(图10-46)。

图 10-46　苏州拙政园入口假山

图 10-47　苏州拙政园悟竹幽居

(三)框景

框景如同一幅画，用类似画框的门框、窗、洞、廊柱或乔木树冠抱合而成的空间作为构图前景，将要突出的景框在“镜框”中，把景包围起来，使人的视线高度集中于画面的主景上，从而使游人产生景在画中的错觉，将现实风景误以为是画在纸上的图画，达到了自然美升华为艺术美的效果。苏州拙政园“悟竹幽居”四个洞门分别框春夏秋冬四景(图10-47)。

(四)透景

美好的景物被高于游人视线的地物所遮挡，须开辟透景线，这种处理手法叫透景。透景线两侧的景物，做透景的配置布景，以提高透景的艺术效果。如竹林中的幽径。

(五)添景

添景是当观赏点与风景点之间没有中景时，常采用乔木、花卉作为中间、近处的一种过渡景

(图 10-48)。添景是为使园景完美,往往在景物疏朗之处,增添一些景色,以丰富园景的层次,园景也因这些装饰而生动起来。缺少这个过渡,整个风景就会显得呆板而又缺乏观赏性和感染力。

图 10-48 柳树充当添景

图 10-49 苏州拙政园绣绮亭

(六)对景

对景是指从甲观赏点观赏乙观赏点,从乙观赏点观赏甲观赏点的互相观赏、互相衬托的构景手法,即我把你作为景,你也把我作为景。园内的建筑物如厅、堂、楼、阁等既是观赏点,又是被观赏对象,因此,往往互为对景,形成错综复杂的交叉对象。所以,园林中重要建筑物的方位确定后,在其视线所及具备透景线的情况下,即可形成对景。如拙政园远香堂对面绿叶掩映下能观赏到绣绮亭,它们互为对景(图 10-49)。

(七)夹景

夹景是一种带有控制性的构景方式,通过树丛或岩石或建筑所形成的狭长空间的尽端所夹的景象。夹景手法的运用是通过植物或建筑来限定和诱导游人的视线,使游人的视域高度集中,从而达到突出主要景物的效果。另外,对视域的限定,也可以起到摒弃周边杂乱景色的作用。如园路两侧植物密植,形成绿色走廊,走廊的尽头设置景观,就形成夹景效果(图 10-50)。

图 10-50 春天花园

(八)隔景

隔景是利用山石、粉墙、林木、构筑物、地形、花窗、洞、长廊、疏林、花架等将景物分隔，以使园景虚虚实实，景色丰富多彩，空间“小中见大”。

隔景分实隔、虚隔(图 10-51)和虚实相隔。实隔能完全阻隔游人视线、限制游人通过，加强私密性和强化空间领域，被分隔的空间景色独立性强，彼此可无直接联系；虚隔能使游人视线从一个空间透入另一个空间，不仅丰富景观的层次，而且隐约显现但难窥全貌、近在咫尺但不可及的意境，如从墙的漏窗观看另一边的景色。

图 10-51　虚隔

图 10-52　苏州拙政园花窗无重样的水廊

(九)漏景

漏景是将被隔的景物透漏呈现在人眼前，给人若隐若现、含蓄雅致的感觉。

古典园林中，利用形式各异的漏窗造成漏景效果是较为常见形式。漏窗能使空间互相穿插渗透，达到增加风景和扩大空间的效果。透过漏窗，景区似隔非隔，似隐还现，光影迷离斑驳，随着游人的脚步移动，景色也随之变化，平直的墙面有了它，便增添了无尽的生气和流动变幻感。园林的围墙上、廊一侧或两侧的墙上，常常设以漏窗，或雕以带有民族特色的各种几何图形，或雕以葡萄、石榴、老梅、荷花、修竹等植物，或雕以鹿、鹤、兔等动物，透过漏窗的窗隙，可见园外的美景。如苏州拙政园的游廊共运用了几十种窗形式，每一个窗就像一个取景框来框取不同的景物，是画也是窗，是窗也是画，而且没有一个漏窗同样(图 10-52)，真正做到步移景异，大大激发游人探幽的兴致。

除此而外，各种花木的枝叶、玲珑剔透的山石都是制造漏景效果的常用元素。

(十)移景

移景是仿建的一种园林构景手法，是将其他地方优美的景致移在园林中仿造。如承德避暑山庄的芝径云堤是仿效杭州西子湖的苏堤构筑；殿春簃是苏州网师园内的一处景点，1979 年美国纽约大都会博物馆以殿春簃为原形建造了中国式庭院“明轩”。移景手段的运用，促进了中外及我国南北造园艺术的交流和发展。

总之，园林设计的构景手法多种多样，不能生搬硬套，墨守成规，须悉心把握，融会贯通，处理恰当,才能设计出好的园林作品。

二、园林规划设计的原则

因为园林规划设计不仅要考虑经济、技术和生态问题,还要在艺术上考虑美的问题,要把自然美融于生态美之中。同时,还要借助建筑美、绘画美、文学美和人文美来增强自身的表现能力。园林设计也不同于工程上单纯制平面图和立面图,更不同于绘画,因为园林设计是以室外空间为主,是以园林地形、建筑、山水、植物为材料的一种空间艺术创作。园林绿地的性质和功能规定了园林规划的特殊性,为此在园林设计时要遵循以下几个原则。

(一)生态优先原则

生态化是又一个时代主题,凡符合生态规律、自然完整、生物多样性高、生态环境功能重要的景观,都是美的。但是随着高科技的发展,全球生态环境日益遭到破坏,何谈美呢?所以怎样保护我们生存的环境,成为园林设计师当前最为重要的工作。生态设计观是直接关系到园林景观质量的非常重要的一个方面,是创造更好的环境、更高质量和更安全的景观的有效途径。但现阶段在园林设计领域内,生态设计的理论和方法还不够成熟,一提到生态,就认为是绿化率达到多少,实际上不仅仅是绿化,尊重地域自然地理特征和节约与保护资源都是生态设计观的体现。另外,也不是绿化率提高了,生态性就提高了那么简单。前些年许多设计师在进行园林设计时,为了追求新奇特的效果,大量地从外地引进各种名贵树种,可长势很弱甚至死亡,原因就是在植物配置时没有考虑植物分布的地带性和生态适应性。因此,在植物配置时应以乡土树种为主,适当引进外来树种,要根据立地的具体条件合理地选择植物种类。现在又有些城市为了达到绿化率指标,见效快,大面积铺设草坪,这不仅耗资巨大,养护成本费用高,而且生态效益要远比种树小得多。

体现园林设计的生态性原则,具体方法有:充分利用当地的物产材料,石材、竹木等,能体现当地的风土人情和风俗习惯;提炼精华,把文化加以发扬和传承,延续历史文脉;种植具有浓郁地方特色的乡土植物,养育适合地方气候的动物,促进生态平衡。另外,还应多从园林景观细节上考虑,比如尽量减少铺地材料的使用面积,以尽可能地保留可渗透性的土壤,恢复雨水的天然路径,为地下水提供补给;另一方面也可以延缓雨水进入地表河渠的时间,减轻雨季市政管道排放压力以及降低河道洪峰,这都是遵循生态设计原则的体现。所以要提高园林景观环境质量,在做园林设计时就要把生态学原理作为其生态设计观的理论基础,尊重物种多样性,减少对资源的掠夺,保持营养和水循环,维持植物生境和动物栖息地的质量,把这些融汇到园林设计中的每一个环节,才能达到生态的最大化,给人类一个健康的、绿色的、环保的、可持续性的栖息家园。

(二)人性化设计原则

人有基本的物理层次需求和更高的心理层次需求。设计时要根据使用者的年龄、文化层次和喜好等自然特征,如根据老年人喜静、儿童好动来划分功能分区,以满足使用者不同的需求。人性设计观的体现在设计细节要求上更为突出,如踏步、栏杆、扶手、坡道、坐椅、人行道等的尺度和材质的选择等问题是否能满足人的生理层次的需求。近年来,国际上无障碍设计得到广泛使用，如广场、公园等公共场所的入口处都设置了方便残疾人的轮椅车上下行走及盲人行走的坡道。但目前我国园林设计在这方面仍不够成熟，如一些公共场所的主入口没有设坡道，这样对残疾人来说极其不方便，要绕道而行，更有甚至没有设置坡道，这些设计也就更无从谈人性设计观了。另外，在北方园林设计中，供人使用的户外设施材质的选择要做到冬暖夏凉，这样才不会失去设置的意义。

此外，园林设计必须掌握心理审美知识，根据使用者的心理需求来设计景观设施。如公园里坐椅的安排，仅仅考虑它的材质和高度等已不能满足人的需求，同时还要考虑坐椅靠背的朝向、坐椅长度等特性。比如，人都有喜欢看别人而不被人看的心理，所以朝向的问题也十分关键。另外，人们行走在广场和公园里都有抄近路的行为心理（图10-53），我们常常见到绿篱和栏杆被人为割裂的缺口，草坪被踏出的一条小径，这都是因为设计上对交通流动走向缺乏准确的尺度判断所造成的后果。所以在园林设计中，应尽可能不要放过每一个细节的设计，一个总体方案的优秀设计，是靠一个个"人情味"的细节来完成的。

图10-53　绿地边缘的处理

图10-54　中央分隔带

（三）功能性设计原则

园林景观是以创造生态效益和社会效益为主要目的，所以还要秉承功能性设计原则。任何一个城市的人力、物力、财力和土地都是有限的，如果无限制地增加投入，一味追求豪华气派，不切实际，那样会造成很大的浪费，甚至还会产生视觉污染。

在园林植物配置时，很多情况下植物都在执行一定的功能。例如在进行高速公路中央分隔带的园林设计时，考虑到减少夜间车辆眩光的影响，引导司机视线，提高行车速度和确保行车的安全和舒适，选择枝密叶茂，株高在1.5m以上的花灌木，并且植株应该以均匀的方式排列，确保防眩效果（图10-54）；又如城市滨水区绿地中植物的功能之一，就是能够过滤调节由陆地生态系统流向水域的有机物和无机物。

（四）经济安全性原则

经济性是通过就地取材，因地制宜，结合自然，不需要耗费很多人工来改造自然，并最终达到"虽由人作，宛自天开"的最高艺术境界。如水景的设置一定要事先考虑其使用后的运营成本和维护费用，避免只注重视觉的形式美，追求高档次、豪华，与自然背道而驰，而不顾工程的投资及日后的管理成本。

安全性是园林设计不容忽视的重要原则，没有安全性，园林设计的功能性和审美性就成为空谈。如景观结构的牢固性能、所用材质的健康环保性能、与人接触的设施部位没有伤害和刺激性能等。

总之，园林设计在考虑以上几个原则的基础上须节约成本、保证安全、方便管理，以最少的投入获得最大的生态效益和社会效益。

（五）创新意识设计原则

创新设计是在满足功能设计基础上，对设计者提出的更高要求。它需要设计者的思维开拓，不拘泥于现有的景观形式，敢于表达自己的设计语言和个性特色，避免“千城一面”、“似曾相识”的景观现象。在园林设计中，要强调培养创造性思维方式。创造性思维方式建立的关键是挖掘创造性和个性的表达能力，创造性是艺术思维中的较高思维层次。人们一般的思维方式是习惯于再现性的思维方式，通过记忆中对事物的感受和潜意识的融合唤起对新问题的思考，这是一种有象的再现性思维，因而是顺畅和自然的。而创造性的思维是有象与无象的结合，里面想象占有很大的成分，通过大脑记忆中的感知觉，运用想象和分析进行自觉的创造性表现思维。创造性的思维由于探索性强度高，需要联想、推理和判断要求环环相扣，所以是比较艰苦和困难的思维设计过程。但是成功的园林设计作品，必定是富有创新特色的设计作品。

目前，很多城市的园林设计都是千篇一律的模式，没有鲜明的设计特色和个性语言。如水景设计时应避免盲目的模仿、抄袭和缺乏个性的设计，要体现地区的地方特色，与地方特色相匹配，从文化出发突出地区自身的景观文化特色。所以要使园林设计具有创新内涵，设计者必须具有独特性、灵活性、敏感性、发散性的创新思维，从新方式、新方向、新角度来处理景观的空间、形态、形式、色彩等问题，给人们带来崭新的思考和设计观点，从而使园林设计呈现多元化的创新局面，如美国西雅图奥林匹克雕塑公园。

（六）地域文化保护原则

俞孔坚教授曾指出设计应根植于所在的地方，这句话道出了保护地域文化的重要性。园林场地所在地域的自然与文化遗产，自然发展过程格局与自然和文化特征，都使新的规划与设计留有不可抹去的痕迹。作为设计者要尊重这种文化的烙印，以原生文化为基础，把场地的性质、特征、价值等作为设计规划的前提和主要因素，设计中无论从规划布局、建筑单体、景观环境、细部构造的设计上均要立足于本土文化、因地制宜，以表现地域文化的独特景观魅力，反映不同地域的人文背景为最终目的，园林景观氛围的营造在一定程度上依赖于地域的文化观念。从日本城市园林设计看日本人的城市生活与文化，可以从中深刻地感受到本土文化在生活中形成氛围的自然流露，无论是山村小镇还是都市，园林设计都根植于所在的地域特点，在这样氛围的环境中，让人时刻能感受到地域文化的内涵与外延。尊重自然物质，人与自然良好的相处与共存是日本园林设计的理念。因此，尊重传统文化、乡土知识，尊重当地人对于环境的认识和理解，保留当地人和其所拥有的文化传统，是园林设计保留地域文化的有效方法和手段之一（图 10-55）。

图 10-55　安徽古城

例如植物景观在保持和塑造城市风情、文脉和特色方面具有重要作用。园林植物景观设计应考虑当地的文化内涵，用植物表现人文理念。植物景观设计应重视景观资源的继承、保护和利用，以自然生态条件和地带性植被为基础，将民俗风情、传统文化、宗教、历史文物等融合在植物景观中，使植物景观具有明显的地域性和文化性特征，产生可识别性和特色性。另外，园林植物景观设计还要考虑场地的大小、周边环境（建筑物的体量和颜色）、游客的年龄层次等因素。好的园林植物景观设计必须综合考虑各方面的因素，通过植物的合理搭配，既形成合理、稳定、长久的植物群落，又为人们提供四季各异的美丽景观，从而满足人们的精神需求，并改善城区环境和气候，为市民提供一个宜居的家园。

（七）可持续发展原则

可持续研究是近年来为各个学科领域所关注的重大课题，随着城市建设规模的不断扩大和乡村的急剧城市化，人的生存空间环境面临着巨大的挑战。高速的发展在带来了看似空前繁荣的同时也引发了人与环境的一系列矛盾：一是旧的环境景观不断为新的设计潮流所淹没，有些很好的具有历史文脉价值的景观被拆掉或者被整修的不伦不类，新与旧、传统与现代、现实与将来发生着前所未有的激烈碰撞，大量的城市景观和乡村景观与周围的土地和人的关系处于不和谐的状态；二是在环境景观的设计领域中，人们过于注重园林设计的人工性和雕琢性，忽视了景观环境中人与客观自然因素的和谐状态；三是在景观的物质创造过程中，忽略了人类的精神方面的需求，景观表面的物质材料的豪华构成并不能满足人们心灵上深层次对审美精神的需求。

园林设计中要尽可能使用再生原料制成的材料，尽可能将场地上的材料循环使用，最大限度地发挥材料的潜力，减少生产、加工、运输材料而消耗的能源，减少施工中的废弃物；尽量保留当地的文化特点，万无一失是不大可能的，这就要求达到可持续的发展模式；防止盲目追求水景设计的视觉效果，忽略了水景的经济性、环保性、舒适性等综合效应，即要做到在设计之初，对水景设计项目做一个经济、生态的可行性评估，并要求具有一定的前瞻性、预见性；设计中还要求小心求证，对未来发展动态进行科学、合理、可行的预测，并为未来的改进工作留有足够的空间和发挥的余地；设计交付使用后，仍需要加强对项目的修改工作，处理好交付使用后的一些具体安排。

（八）艺术性设计原则

艺术性设计原则是园林设计中更高层次的追求，它的加入使景观相对丰富多彩，也体现出了对称与均衡、对比与统一、比例与尺度、节奏与韵律等艺术特征。如抽象的园林小品、雕塑耐人寻味；有特色的铺装令人驻足观望；现代的造园手法和景观材料，塑造既延续历史文脉风貌，又具有高效、有序、便捷、时尚的都市开放空间，同时新材料、新技术的应用，超越传统材料的限制条件，达到只有现代园林设计才能具备的质感、色感、透明度、光影等时代艺术特征。所以，通过艺术设计，可以使功能性设施艺术化。

如园林设计中的休息设施，从功能的角度讲，其作用就在于为人提供休息方便，而从艺术设计的角度，它已不仅仅具有使用功能，通过它的造型、材料等特性赋予艺术形式，从而为景观空间增加文化艺术内涵。再如，不同类型的景观雕塑，抽象的、具象的、人物的(图 10-56、图 10-57)、动物的等都为景观空间增添了艺术细胞。还有完美的植物景观，必须具备科学性与艺术性两方面的高度统一，既满足植物与环境在生态适应上的统一，又要通过艺术构图原理体现出植物个体及群体的形式美，及人们欣赏时所产生的意境美。

图 10-56 德国人物雕塑

图 10-57 巴黎街心公园

植物景观中艺术性的创造是极为细腻复杂的，需要巧妙地利用植物的形体、线条、色彩和质地进行构图，并通过植物的季相变化来创造瑰丽的景观，表现其独特的艺术魅力。这些都是艺术设计观的很好应用，对于现代园林设计师来说，应积极主动地将艺术观念和艺术语言运用到园林设计中去，在园林设计的艺术中发挥它应有的魅力。

三、园林设计的形式美

设计者遵循园林设计形式美的法则，运用设计的手段、方法、技巧，结合世界情况和功能要求达到预想的目的，通常称作设计

(一)单纯齐一

单纯齐一也叫整齐一律，是形式美法则中最简单的，它的特点就是最大地避免了混乱状态。单纯是指相同的或相似因素组合在一起；齐一是一种整齐一律的美。

在园林设计中，单纯齐一的纯洁、明净形式能够给人以节奏感、秩序感和条理感。例如行道树株间距相同，笔直延伸；规整的行道树与灌木丛相间排列；绿篱修剪得高低有致、棱角分明，构成一种连续的反复，这些都给人以整齐的美感。

图 10-58　单纯齐一的园林景观

但在运用这一形式时要注意，单纯、简洁不等于纯粹的简单，在设计过程中要避免形态的单调和呆板以及组合方式的无味重复。

(二)多样统一

多样统一是形式美法则中最高、最基本的原则。多样指构成整体的各个部分在形式上的差异性；统一是指整体中的各个部分在形式上具有某种共同性。在园林设计中，无论从园林风格形式、植物、建筑，还是色彩、质地、线条等方面，都要讲求在多样之中求得统一，这样富有变化，不单调。如过于多样而缺少统一会给人以无序、杂乱无章之感；过分统一而缺少变化给人呆板、单调感，而有了变化能带来刺激，打破乏味。

(三)对比微差

各实体或要素之间的差异形成对比。对比可以借助互相烘托陪衬求得变化。而微差是借助彼此之间的细微变化和连续性来求得协调。微差的积累可以使景物逐渐变化，或升高、壮大、浓重而不感到生硬。

在园林设计中，没有对比会产生单调，过多对比又会造成杂乱，只有把对比和微差结合巧妙地结合，才能达到既有变化又协调一致的效果。

图 10-59　高低之间的对比

图 10-60　孔洞之间的微差

(四)对称均衡

对称是指整体的各部分依实际的或假想的对称轴或对称点两侧所形成等形、等量的对应关系,给人以安静、稳定的感觉。均衡是对称中有变化,不单调,在静中倾向于动。

园林设计中的对称均衡分为绝对对称均衡和不绝对对称均衡两种。绝对对称均衡在人们心理上产生理性的严谨、条理性和稳定感。采用这种美学原则的以西方园林居多。因为西方园林所体现的是人工美,不仅布局对称、规则、严谨,就连花草都修整得方方正正,从而呈现出一种几何图案美。

图 10-61 凡尔赛宫

图 10-62 故宫

而中国园林与西方园林不同,特别是中国古典园林,它讲求自然美,在构图中则更侧重于不绝对对称均衡。利用不对称种植造型与环境的恰当配合,可以显现出生动、活泼、流畅和自由的感觉,在视觉上达到不对称均衡。

在平面构图中运用对称法则要避免由于过分的绝对对称而产生单调、呆板的感觉,有的时候,在整体对称的格局中加入一些不对称的因素,反而能增加构图版面的生动性和美感,避免了单调和呆板。

(五)节奏韵律

节奏韵律是指有秩序的变化或有规律的重复出现。在园林设计中,植物的配植讲韵律节奏是使不同的园林植物,随着长短变化作出水平连续起伏的状态,也就是在一定的空间环境中利用各种植物的单体或组成的群体以一定的秩序进行水平配列。有韵律节奏的植物配植可以使作品避免单调而增加生气,表现情趣。

节奏韵律的表现主要有以下几种。

(1)连续韵律。它是指树木或树丛的连续等距的出现诸如园林建筑的栏杆、道路旁的灯饰、水池中的汀步等实物或要素。

(2)渐变韵律。它是指树木的排列变疏或变密,花色变浓或变淡,古塔每层密度逐渐变化等。

图 10-63　连续韵律

图 10-64　渐变韵律

(3)起伏韵律。它主要是指植物的高低变化。

图 10-65　起伏韵律

图 10-66　间隔韵律

(4)间隔韵律。它是指利用间隔距离的长短产生韵律。

(六)比例尺度

如果说和谐便是美,那么比例和尺度便是美的基础和体现。尺度是以人的身高为基准,与物的对比关系,对比使用空间的度量关系;比例则是部分与部分或部分与整体之间的合乎比例的关系。合适的尺度和比例,使人们在行为过程中感到舒适和方便,给人以美的感受;不合适的景观尺度与比例,则会让人们产生别扭与不协调的感受;

如苏州网师园水面的大小不过 350m^2,但它与环绕的月到风来亭、竹外一枝轩、射鸭廊和濯缨水阁等一组建筑物却保持着和谐的比例,堪称小尺度水面的典型例子。

(七)层次渗透

园林中有层次渗透才能有幽深的感受,也才能产生无尽的幻觉。要制造出园林的层次,可以利用建筑物、树木、山石在景物前边或侧面作为陪衬或装饰,使景深加大,加强纵深感;利用漏窗或疏林也可以在主景前蒙上一层面纱,使景物更加诱人多趣;利用水面的倒影、激流、瀑布使景物更加生动鲜活。

图 10-67 立面上的层次

图 10-68 空间的层次

(八)联想意境

联想是思维的延伸,它由一种事物延伸到另外一种事物上。例如红色使人感到温暖、热情、喜庆等;绿色则使人联想到大自然、生命、春天,从而使人产生平静感、生机感、春意等。如古典园林中多因园子面积较小,借助于人工的盛山理水把广阔的大自然风景缩移模拟于咫尺之间,即营造“一拳则太华千寻,一勺则江湖万里”的意境。

意即主观的理念、感情,境即客观的生活、景物。意境产生于艺术创作中此两者的结合,即创作者把自己的感情、理念熔铸于客观生活、景物之中,从而引发鉴赏者类似的情感激动和理念联想。意境是联想的一种结果,是人们接受到的外在表象与个人经验记忆之间的交融,是一种情感需要。

意境贯穿于园林艺术表现之中,即借植物特有的形、色、香、声、韵之美,表现人的思想、品格、意志,创造出寄情于景和触景生情的意境,赋予植物人格化。如松、竹、梅被喻为三君子;玉兰、海棠、牡丹、桂花示长寿富贵。这一从形态美到意境美的升华,不但含意深邃,而且达到了“天人合一”的境界。

第三节 中外园林景观分析与相互影响

一、形式比较

世界园林在总体上是没有本质上的区别的,只是在形式上有所不同。世界园林可以细分为中国园林、伊斯兰园林和西欧园林三大部分,而西欧就是以法国为代表,但究其根本也是与古埃及、古希腊有着一定的血缘关系,再有就是可以笼统地划分为东方园林和西方园林,东方园林是以中国为代表,西方园林则是以法国为代表,两者的造园理论、造园的形式及审美有着很大的差异。

(一)中国园林的风格形式

中国园林造园手法的灵感来源于大自然,追求天然美感是中国园林的基本特征,它强调自然美,人工美则在其次,但同时它又把自然美与人工美高度地结合在一起,把艺术和现实巧妙地融合在一起,在考虑观赏性的同时也加入了园林的实用功能,既可行可游,又可坐可居,是人与自然关系最完美的诠释,这就是我们经常提起的“虽由人作,宛自天开”。

中国园林在造园韵原则上最忌讳见棱见角、一览而尽的表现手法,中国园林的布局总是运用一些欲扬先抑、曲径通幽、高低错落、疏密有致的造园手法,要求园林要庭院重深,处处虚邻,空间上讲究“隔景”、“借景”、“对景”、“藏景”等艺术手法处理,要求循环往复,无穷无尽,在有限的空间里营造出无限的意趣。

(二)西方园林的风格形式

西方园林风格是以法国为代表的园林形式,它与中国园林的造园手法迥然不同,甚至在某些方面是截然相反的。西方园林的布局形式源自古希腊发展的几何学,它深受数理主义美学的影响,排斥自然的组合方式,力求体现严谨的理念,一丝不苟地按几何结构进行设计布局,追求园林布局的几何图案化,所以我们可以在西方园林的布局中轻松地看到透视点(图 10-70),而在中国园林中是很难看到这一点的,这可能也就是透视学首先在西方产生的一个原因。概括来说,西方园林有以下几个特点:

(1)园林建筑在园林中起着主导的地位;

(2)整体布局体现严格的几何图案,在道路的设计上基本采用直线;

(3)草坪布置面积极大,以“绣毯”的形式出现;

(4)追求整体对称和园林的一览无余;

(5)在园林的设计手法上追求写实主义。

图 10-69 美国国会大厦以轴线为主的几何化构图手法

(三)中西园林特点比较

中西园林在艺术风格特点可以简单概括为下表。

表 10-2　中西园林艺术风格特点

类别 项目	西方园林艺术风格	中国园林艺术风格
布局	几何形规则布局	生态型自由式布局
建筑	建筑统帅园林	建筑与园林融为一体
道路	轴线笔直式林荫大道	迂回曲折、曲径通幽
树木	整齐对称	高低错落、疏密得当
花卉	图案花卉,重色彩	盆栽花坛,重姿态
水景	动态水景,喷泉瀑布	静态水景,溪池低泉
空间	草坪铺展	假山起伏
雕塑	具象雕塑(人物、动物)	大型整体假山(太湖石)
风格	骑士的罗马蒂克	文人的诗情画意

二、文化比较

中西方的文化比较是一件相当困难的事情,两者各自的文化历史都十分悠久,不是三言两语就能概括的,在这里我们只能用以小见大的方法来加以诠释。我们首先来解读中国园林和园林路径之间的内在关系。了解中国园林的朋友们都会知道,中国园林路径最大的特点简单来说就是一个“曲”字,我们可以游览一下江南的私家园林,无一例外都是弯弯曲曲的羊肠小道,几乎没有笔直的大道,在中国的文化中我们不难看出这就是中国人的喜好。在中国文化中一向是有着“好曲恶直”的情节,这种文化体现在人们生活的各个方面,中国人几千年的生产生活的经验与灵感都是来源于我们的大自然。我们常说中国的文明是从长江、黄河两河流域的滋养而发展起来的,那么回想一下,我们的两大母亲河哪一条不是弯弯曲曲地流向大海?从理性的角度,我们分析不难得出结果,只有这样的形式才会最大限度地增加被滋养的土地面积,才有可能孕育出更加丰富的生态资源,并且证明地球是在运动着的(图 10-70)。

从感性上来讲,“曲”在心理上是给人以舒缓、祥和、宁静的感觉,而这正是中国人所追求的精神上的修养境界与物质上的生活方式,所以我们现在看到的中国园林大多遵循这个传统理念。

那么园林的设计理念又是什么呢?难道不可以用一个“曲”字一言以蔽之吗?从表面上来看是不大可能,但究其本质来研究还是有这可能的,从很多设计实例中都可加以说明。首先从了解中国园林的设计理念入手,中国园林的设计理念、设计宗旨都有哪些呢?通过几项重点予以归纳总结:其一,园林设计“虽由人作,宛自天开”;其二,“欲扬先抑、曲径通幽”;其三,园林所表达的意境与文化内涵。以上三点不能说囊括园林设计之所有,但也基本能够说明问题,下面我们逐一加以解释。

图 10-70　弯曲的江河是道法自然的结果

在所有关于园林设计的书籍中无一例外地可以找到“虽由人作，宛自天开”的字样，这足以证明其重要地位。这段话传达的信息就是先人在选择居住地的时候是有很多讲究的，比如“背山面水”、“坐北朝南”等，尽量是顺应大自然规律，而不是与大自然大动干戈、刀兵相见，在这方面我们的祖先倒是并不提倡“愚公移山”之精神，这就是我们祖先对待大自然的智慧，也就是常说的“天人合一、道法自然”，这就是古人追求的舒缓、祥和、宁静的生存状态。

说到这里，有人可能就要提出疑问，南方的私家园林是如此，但北方的很多皇家园林却并非如此，就拿古都北京来说：无论是城市布局还是皇宫布局都是以正南正北的经线与纬线加以分割，即所谓以“井”字的间架进行区域划分的，这也是“市井”的由来，“井”字将老北京城划为 9 个区域，而第 9 区就是紫禁城所在的区域(图 10-71)。众所周知，“九”这个数字只有皇家才有权使用。使用这种形式主要是为了体现皇家的权威与地位。如果因此而认为在皇家园林中没有“曲”的元素，那说明你的观察还不够细致，其实太和门前就有一条金水河弯弯曲曲地环抱着紫禁城(图 10-72)。这说明几千年来的生活习性已经演化成为一种约定俗成，甚至已经变成为了一种信仰和精神崇拜。无论这条河的存在是否还有真实的使用价值，也要像某些吉祥符号一样频繁地出现，给人以精神告慰。再有就是被扯到风水学之中去了，这个“曲”在风水学中的解释是聚集和留住“财气”“福气”和“人气”。另外，我们要是身处一个水流湍急的位置(例如黄河壶口瀑布)，那么这种状态与我们看到九曲回肠的涓涓细流所产生的内心感受肯定是截然相反的：前者是躁动不安，后者则是宁静祥和的心理感受。

在这里，当然是宁静祥和的常态更能被人接受。其实顾名思义，风水学所研究的很大一部分就是与“风”和“水”有关的自然科学，比如“背山面水”就是从生活角度出发而言的——人活着就需要吃饭，而吃饭就需要生火烧水，生火烧水就需要有柴有水，那么古人要满足这些生活上的需求就要选择有山有水的地方来居住——这就是我们常说的风水宝地。就算没有山，没有河流，也要选择一处有地下水的地方来生存。而“坐北朝南”的真实意义就在于这样的布局有利于采光和通风，这些都是为了满足人们基本的生理需要的元素，有它的科学道理和实际用途，在这一点上我们毋庸置疑。

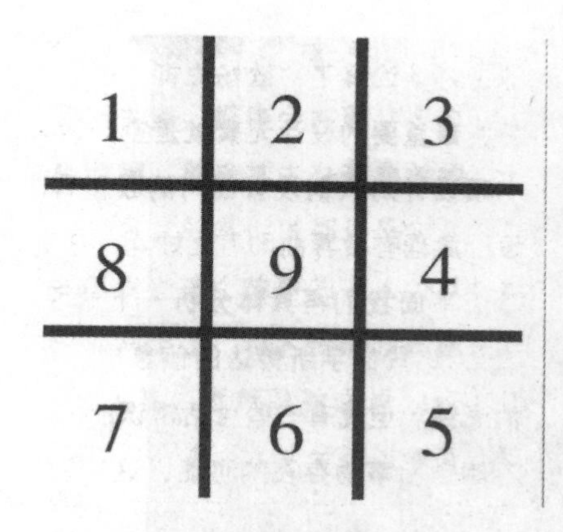

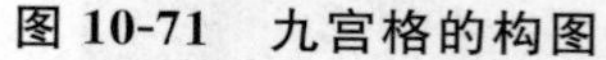

图 10-71　九宫格的构图

图 10-72　弯曲的金水河穿过故宫的前院

在中国园林设计中，还有一个理念就是"欲扬先抑、曲径通幽"，这其中我们又看到了"曲"这个字眼。实际上，这一设计理念解读和理解起来是十分简单的：我们都曾熟读过陶渊明的《桃花源记》，文中有这么一段描述："林尽水源，便得一山，山有小口仿佛若有光，渔人甚异之，便舍船从口入，初及狭才通人，复行数十步，豁然开朗"。这段描述非常好地诠释了"欲扬先抑、曲径通幽"的实际用途与内在含义。在当今的环境空间设计中，最重要的设计元素就是空间诱导性，其目的是为了加强空间的神秘性和趣味性（如果一项设计对人们没有任何的吸引力，可以说它是失败的设计），这与我国古代的园林空间设计原理有着异曲同工之妙。

下面我们再具体分析一下这段文章——"林尽水源，便得一山，山有小口仿佛若有光"，这段文字所传达的信息是山上有一个洞，而信息的重点则是这个洞里还有莫名其妙的光线。但凡有一些生活常识的人对此光线的第一反应就是在山洞的另一端应该还有其他不明空间事物存在的可能，这就是我们所说的空间诱导性。接下来，"渔人甚异之，便舍船从口入，初及狭才通人，复行数十步，豁然开朗"，这段文字表明渔夫对这个山洞产生了浓厚的探索欲望，他的探奇心理被调动了，于是进入了山洞，刚进入的时候发现山洞十分狭窄，只能勉强通过（这样的安排就是要加强空间的神秘性，同时也就加大了空间的趣味性），但"复行数十步，豁然开朗"，这就是我们要说的"欲扬先抑"的设计手法。压抑之后的"豁然开朗"更大程度上是描写人的内心感受，而不完全是对崭新环境的感受，但人与空间产生了有趣的情感互动，这种设计手法在中国园林设计当中比比皆是，举不胜举，其道理非常简单，也很好理解，正像古诗中所描述的"犹抱琵琶半遮面"，藏一半露一半，含羞带涩，给人以遐想，也就是通过曲折含蓄的流动空间的设计手法来表现园林的动态空间布局。

谈到园林的意境与文化内涵的时候，可以说内容极其丰富。中华五千年的文化元素大都能从园林中找到，在这里从几个比较有代表性的事例中进行研究分析。了解我国江南园林文化的人都应知道，园林的所有元素都与中国文化有着千丝万缕的联系，例如建筑的形式、等级，理水的方式与内涵，植物的象征意义，园林名称、建筑的匾额与楹联都有着很深的文化内涵。到了江南的苏州市，我们都会慕名到著名的沧浪亭去一睹风采（图 10-73），但不了解中国文化的人也就是走马观花看个热闹（当然抛开文化内涵单从沧浪亭的建筑形式与建筑造型上来看也是非常赏心悦目），不过这也需要对古建知识有一定的了解。现在，大多数的人对中国古建、中国园林的保护漠不关心，其原因就在于人们对其并不了解，了解之后，我们会发现无论是中国园林还是中国建筑都是相当了不起的文化遗产,是祖先留给我们的无比巨大的财富。

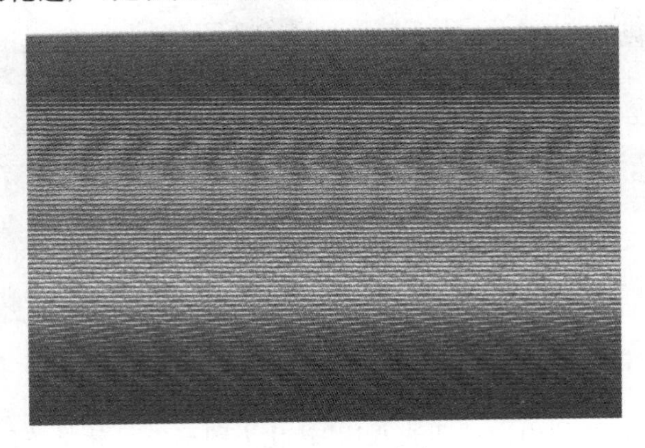

图 10-73 沧浪亭

游览沧浪亭之后,接下来我们还会去游览其他的园林古迹,慢慢会发现"沧浪"这个字眼在苏州园林中经常出现,这不能不让人对其产生兴趣,原来其中是有典故的,而且典故当中的一部分内容还是家喻户晓、耳熟能详的,但可惜的是大多都只是知其一而不知其二,然而恰恰是典故中最高潮精彩的部分却知者甚少。这个故事的主人公就是我们非常熟悉的屈原,大家都知道屈原在被罢官回乡的船上写下了"世人皆醉我独醒,举世皆浊我自清"的名家名句,但故事还有另外一个关键人物,那就是给屈原划船的渔夫,渔夫劝慰心情抑郁的屈原:"沧浪之水清兮可以濯吾缨,沧浪之水浊兮可以濯吾足",这个故事的真实性无法考证,但就算是杜撰的也可以从中看到其高明之处。这个所谓的"渔夫"肯定是一位世外高人,绝不是什么等闲之辈,他的话从字面是干净的河水可以洗我的帽缨,浑浊的河水我可以用它洗脚,但实际上"沧浪"隐喻的是世道和仕途,渔夫的意思说白了就是世道清平的时候可以出世而有所作为,世道浑浊混乱的时候就找个清静的地方一呆就可以了。这个观点正迎合了很多文人士大夫渴望出世和隐世的思想根源,实际上还是一个"曲"字,在"直中求曲",也许这样多少有些圆滑世故,但肯定有其存在的原因,那么这样看来屈原的确是多了些书生气,没有"渔夫"的圆滑世故。这就是我们的文化,谁对谁错、孰高孰低也说不清道不明,所谓仁者见仁智者见智吧。诸如此类的事例还有很多,比如网师园的园名也是源自于此,中国人的生活方式、思维方式、宗教信仰经过了几千年的发展积淀已经深入到了我们每个人的生活当中,想要所有的中国人"直来直去"恐怕也是不大可能的。

以上大概探讨了中国园林空间路径设计和其内在的一些内容,下面结合中国园林道路与西方园林道路设计进行比较和分析。如果说中国园林路径给人的总体印象是一个"曲"字,那么西方园林路径给人的印象就是一个"直"字。目前认为西方园林的发源地是古希腊,古希腊人在丈量土地时发展出几何学,并把几何学的原理和图形大量应用到园林的设计中,所以我们看到西方园林路径的主体元素就是直线,这是对两点间线段距离最短定律的完美诠释。这种设计,其好处是不言而喻的,我们看到比较多的就是"米"字的路径布局,看上去和英国国旗是完全一致的(图10-74、图 10-75)。

图 10-74　法国尚农苏府邸

图 10-75　英国国旗

中国在这方面也有相通的内容，“四通八达”转化为图形符号就是英国国旗的图案，“四通”是四条线，“八达”是四条线的八个端，这种布局可以说是最有效率的。那么我们当代的设计师该如何运用这个“曲”与“直”呢？那要看我们所设计场所的功能和要服务的人群。在私家园林设计和游览性场所，我们可以大量地使用曲线，而在大部分的公共场所则尽量少用或是不用曲线，而以直线为主。在现实生活中，细心观察，我们会发现在路径规划中常有曲线过多和直线分布不合理两大突出问题，这通常是由于不考虑功能性而生硬地划分绿地，或未考虑人们有快速通过该区域的需求而导致的。实际上，任何一个设计都不可能是完美的，设计单纯追求效果的完整、美观而牺牲功能上的需求，是不明智的。路径设计不合理，立小牌子解决不了问题。所以设计必须重视细节问题，真正做到“以人为本”的宗旨，而不是使之成为一句口号。

三、中国园林与外国园林的相互影响

世界各国文化自古就是相互影响、相互融合的，中国园林对世界园林的影响可以追溯到隋唐时期。中国唐代是一个开放度极高的时代，世界各地的人群都聚集到唐朝的首都及各地，唐朝的文化就此被传到了世界各地，其中经过《马可·波罗游记》的宣传，很多西方国家开始了解中国文化，一些欧洲人开始仰慕中国的宫廷和园林的壮美。随着时间的推移，越来越多的西方人来到中国，并且把中国文化图文并茂地加以展现，让世界认识到前所未有的高水平的中国文化，使世人惊奇并折服。

(一)中国园林艺术对英国园林艺术的影响

英国是最早受到中国园林文化影响的西方国家，早在 18 世纪初期，英国就开始探索中国园林的形式并加以模仿，朝着自然式园林的方向发展，它抛弃了绣毯式植坛、笔直的林荫大道、方正的水池，最大的突破就是摒弃了延续千年的几何图案和对称图形的布局形式。众所周知的高尔夫运动就是在这个时期慢慢兴起的，这与自然式园林在英国产生及发展有着密不可分的关系，但究其根本，无论是英国自然式园林，还是高尔夫运动，其鼻祖都在中国。但总而言之，西方学习的是中国园林的“形”，而中国园林真正的文化和灵魂是西方无法模仿的。

(二)中国园林艺术对法国园林艺术的影响

18世纪,英国的自然风景式园林在欧洲开始盛行,并随着英国不断的海外扩张而远播世界各地,法国当然也不会例外。英国园林的造园艺术传到法国,法国人称之为“英中式园林”,或干脆就叫“中国式花园”,法国在受到“英中式园林”影响的同时,也受到了中国文化的直接影响。法国画家王致诚以神父的身份来到中国,目睹了大量的中国园林艺术,并参与绘制《圆明园四十景》,在给法国朋友的书信中,他描述中国园林是“人们所要表现的是天然朴素的乡村,而不是按照对称和比例规则来安排园林宫殿”。还有法国文学大师雨果对圆明园的崇高评价:“在世界的某个角落,有一个世界的奇迹,这个奇迹叫圆明园。请您想象有一座言语无法形容的建筑,某种恍如月宫的建筑,这就是圆明园。请您用大理石、玉石、青铜、瓷器造一个梦,用雪松造它的屋顶,给它上上下下缀满宝石,披上绸缎,这儿建神庙,那儿建宫殿、造城楼,里面放上神像、异兽,饰以珐琅、黄金,施以脂粉,如同是诗人的建筑师建造一千零一夜的一千零一个梦,再填上一座座花园,一方方水池,一眼眼喷泉,加上成群的天鹅、朱鹏和孔雀,总而言之请假设人类幻想的某种令人眼花缭乱的洞府,其外貌是神殿,是宫殿,那就是这座名园。”雨果对中国园林的赞美与向往,亦是法国人对中国园林的赞美与向往,于是法国造园家们开始纷纷效仿中国园林的造园手法。而早在1670年,在凡尔赛宫附近就建造了一座中式建筑“蓝白瓷宫”,凡尔赛宫可以代表法国最高的园林艺术,是里程碑式的建筑园林,是欧洲园林的典范,有人将这看作是中国园林艺术在法国的胜利标志。

(三)中国园林艺术对亚洲邻国园林艺术的影响

相比较而言,中国园林对欧洲园林的影响和对亚洲邻国园林的影响是不能同日而语的,中国园林对日本、朝鲜、越南等邻国的影响是更加深刻的。园林的各个元素几乎没有什么区别,可以说是大同小异,日本、朝鲜的园林建筑基本就是中国隋唐时期的建筑形式,只是在体量上有所不同(中国的建筑体量更为庞大一些),建筑造型与结构则完全是学习中国建筑的形制。在6世纪,佛教由中国传入日本,中国的造园艺术也被日本引进。日本造园师用池中筑岛的方式仿造中国的海上神山,开创了日本典型的园林形制。明末,计成的著作《园冶》流入日本,随后,明末文人朱舜水流亡日本后,除讲学以外,还从事园林创作活动,将江南园林风格带到日本,东京著名的诸侯御园——东京后乐园,便是朱舜水取白《孟子·梁惠王》中“贤者而后乐此”的句意题名。日本庭院的建筑物、配景标题、楹联与园名,都是用中国的古汉语,这就充分证明中国园林对日本园林的重大影响。

参考文献

[1]席跃良.环境艺术设计概论.北京:清华大学出版社,2006
[2]赵平勇.设计概论.北京:高等教育出版社,2003
[3]郑曙旸.环境艺术设计.北京:中国建筑工业出版社,2007
[4](美)弗雷德里克·斯坦纳著;周兴年等译.生命的景观.北京:中国建筑工业出版社,2004
[5]杨先艺.艺术设计史.武汉:华中科技大学出版社,2006
[6]许浩.景观设计:从构思到过程.北京:中国电力出版社,2010
[7]芦影,张国珍.设计史.北京:中国传媒大学出版社,2007
[8]吴家骅.环境艺术设计史纲.重庆:重庆大学出版社,2002
[9]陆小彪,钱安明.设计思维.合肥:合肥工业大学出版社,2006
[10]李晓莹,张艳霞.艺术设计概论.北京:北京理工大学出版社,2009
[11]曲娟.园林设计.北京:中国轻工业出版社,2012
[12]唐学山等.园林设计.北京:中国轻工业出版社,1996
[13]彭泽立.设计概论.长沙:中南大学出版社,2004
[14]俞孔坚.景观:文化、生态与感知.北京:科学出版社,2000
[15]席跃良.艺术设计概论.北京:清华大学出版社,2010
[16]维特鲁威.建筑十书.北京:中国建筑工业出版社,1986
[17]高丰.新设计概论.南宁:广西美术出版社,2007
[18]凌继尧等.艺术设计概论.北京:北京大学出版社,2012
[19]宋奕勤.艺术设计概论.北京:清华大学出版社,2011
[20]邱晓葵.室内设计.北京:高等教育出版社,2008
[21]陆小彪,钱安明.设计思维.合肥:合肥工业大学出版社,2006
[22]邱建等.景观设计初步.北京:中国建筑工业出版社,2010
[23]朱小平,朱彤,朱丹.园林设计.北京:中国水利水电出版社,2012
[24]俞孔坚,刘冬云,孟亚凡.景观设计:专业、学科与教育.北京:中国建筑工业出版社,2003
[25]曹田泉.艺术设计概论.上海:上海人民美术出版社,2009
[26]何永胜,刘超.艺术设计概论.长沙:湖南人民出版社,2007
[27]严国泰,陶凯.景观资源学的学科特点及其课程结构.景观教育的发展与创新:2005 国际景观教育大会论文集.北京:中国建筑出版社,2006
[28](英)爱德华·泰勒著;连树声译.原始文化.南宁:广西师范大学出版社,2005
[29]许浩.空间信息科学的发展对景观规划设计的影响.景观教育的发展与创新:2005 国际景观教育大会论文集.北京:中国建筑工业出版社,2006

［30］Jian Qiu. Old and New Buildings in Chinese Cultural National Parks：Values and Perceptions with Particular Reference to the Mount Emei Buildings. The University Of Sheffield，1997

［31］Naveh Z，Liebeman A. S. Landscape Ecology［M］//Theory and Application. New York：Springer—Verlag，1984：356

［32］Buchwald K.，Engelhart W. eds. Hundback fur Lands—chaftpflege und Naturschutz. Bd. 1. Grundlagen. B1V Vedagsgesellschaft，Munich Bern，Wien，1968

［33］Daniel T. C.，Boster R. S. Measuring Landscape Aesthetics. The Scenic Beauty Estimation Method（USDAForest Service Research Paper RM—167，Fort），1976

［34］Downing A. J. A Treatise on the Theory and Practice of Landscape Gardening，Adapted to North America；with a View to the Development of Country Residences. New York，1841